计算机系列教材

严冬松　武建华　编著

C++.NET
程序设计实训教程

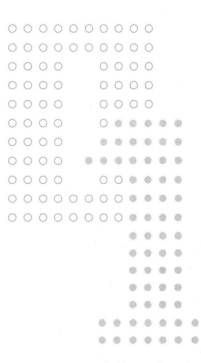

清华大学出版社

北京

内 容 简 介

本书以 Visual Studio .NET 平台的 C++/CLI 语言为技术基础,以软件项目开发为主题,结合应用实例,将内容组织为 16 章,主要内容包括 C++/CLI 的基础知识以及面向对象的基本概念和程序设计、基于 Windows 窗体的设计方法、常用控件的属性和事件以及事件响应函数的编写、基本界面构成及界面设计的方法、多文档界面的设计及数据传递、文件 I/O 及数据库的应用、GDI+基本绘图和图像处理、文本绘制、游戏编程以及综合应用系统设计实例等,使读者较全面地掌握 C++/CLI 语言的知识体系和编程技巧。全书在内容描述上力求通俗易懂,突出实用性和操作性;在内容安排上循序渐进、深入浅出,突出趣味性和应用性。

本书可作为高等学校理工类各专业的程序设计实验教材,也可供软件开发者和编程爱好者参考。

图书在版编目(CIP)数据

C++.NET 程序设计实训教程/严冬松,武建华编著. —北京:清华大学出版社,2018
(计算机系列教材)
ISBN 978-7-302-51258-5

Ⅰ. ①C… Ⅱ. ①严… ②武… Ⅲ. ①C++语言—程序设计—高等学校—教材 Ⅳ. ①TP312.8

中国版本图书馆 CIP 数据核字(2018)第 212049 号

责任编辑:张　民　战晓雷
封面设计:常雪影
责任校对:焦丽丽
责任印制:丛怀宇

出版发行:清华大学出版社
　　　网　　址:http://www.tup.com.cn, http://www.wqbook.com
　　　地　　址:北京清华大学学研大厦 A 座　　　　　　邮　　编:100084
　　　社 总 机:010-62770175　　　　　　　　　　　　邮　　购:010-62786544
　　　投稿与读者服务:010-62776969, c-service@tup.tsinghua.edu.cn
　　　质量反馈:010-62772015, zhiliang@tup.tsinghua.edu.cn
　　　课件下载:http://www.tup.com.cn,010-62795954
印 装 者:清华大学印刷厂
经　　销:全国新华书店
开　　本:185mm×260mm　　　　印　　张:30.25　　　字　　数:701 千字
版　　次:2018 年 11 月第 1 版　　　　印　　次:2018 年 11 月第 1 次印刷
定　　价:59.00 元

产品编号:080106-01

前　言

　　笔者从十多年的教学实践中体会到,强化学习者的编程实践,是对应用程序开发最直接、有效的教学与学习方法。这种建立在强化实践基础上的编程学习将有更为持久的生命力,也将更受企业的青睐。

　　程序设计是一种技能,不是看书和听课就能掌握的,一定要通过上机实践才能将编程知识转化为编程技能。学习编程是一个实践的过程,通过强化的编程训练以及积极的思考,可以很快掌握编程技术,并积累许多宝贵的编程经验。目前 Visual C++ 的实训主要是由学生上机完成教材的例题,题量小,缺少综合性的强化训练,因而本书在训练内容设计上,把一个软件项目开发要做的工作按功能分成多个模块,让学生按模块逐步学习和掌握它们的设计方法和技巧,也就是按软件项目开发的过程及内容,将项目开发的功能分成不同的单元,对各单元的用例进行优化后改成实验操作内容,对每一方面的内容进行专项技能训练,最后再综合组装成一个完整的大项目。经过这样强化训练的学生就能较好地掌握软件项目开发的全过程,能编写出一个功能齐全、界面友好的应用程序项目了。这种与实际项目开发结合的实训教材是有很大需求的。

　　C 和 C++ 一直是最有生命力的程序设计语言。这两种语言为程序员提供了丰富的功能、高度的灵活性和强大的底层控制能力,而这一切都不得不以牺牲学习效率作为代价,特别对 Visual C++ 来说,大部分的程序结构都被封装在 MFC 中,对于初学者来说,程序结构显得十分混乱,学习过程十分艰苦。

　　.NET 是微软公司未来的技术发展方向,其强大的技术优势为人们所推崇,并且在全世界掀起了学习.NET 技术的热潮,掌握该技术,无疑在目前激烈的就业竞争中就掌握了有力武器。

　　Visual C++ .NET 的程序结构十分清晰,易于学习和使用,同时又不失灵活性和强大的功能,在开发能力和效率之间取得了较好的平衡。Visual C++ .NET 与 C♯、Java 等语言非常接近,已成为功能强大的面向对象的编程语言。

　　本书编者长期从事 Visual C++ 和 Visual C++ .NET 教学与应用开发,积累了丰富的经验,了解如何学习才能提高程序设计开发能力,及以较少的时间投入获得实际应用的能力。

　　本书注重实用性。在参考相关教材的基础上,从实际开发经验和技术人员的思维习惯出发,注重问题分析和解题方法,将重点置于问题的解决和代码调试上,使学生获得真正意义上的实践动手能力。本书中的案例已在多届教学中得到广泛的应用,给学习程序设计和软件项目开发带来很大的便利和实效。

　　本书还注重工程实例的巧妙运用,在实例的选择方面,考虑到本书读者主要是在校大学生,缺乏工程经验,因此主要选择学生学习生活中经常接触的领域和常见的游戏程序设计案例,以方便读者加深理解。

学好编程关键在于保持对编程的兴趣。在本书中加入了较多的游戏编程(扑克发牌模拟、英雄无敌游戏、套圈游戏、抓人游戏、贪吃蛇游戏和拼图游戏),以提高学生对编程的兴趣。本书给出的案例有一定的综合性和广泛的应用性,更具有可操作性。

本书以 Visual Studio 2013 为集成开发环境,全面介绍了利用 C++/CLI 语言开发应用程序的相关技术。全书共 16 章:第 1~4 章以开发基于控制台的程序为主,围绕 C++/CLI 基础知识,如函数重载、默认参数、数组与字符串、类与对象、继承和多态等内容进行程序设计训练;第 5~8 章围绕 Windows 窗体界面的开发,介绍 Windows Form 编程基础、窗体、对话框及通用控件、框条控件、容器控件的应用程序设计;第 9~12 章介绍基于 Windows Form 的基本界面设计、多文档界面设计、文件和文件夹操作、数据流技术、数据库应用开发等的应用程序设计;第 13~15 章介绍 GDI+ 的图形绘制、图像处理、文本绘制、打印与导出等核心技术的应用程序设计;第 16 章给出了多媒体播放器的完整设计与实现,并介绍了应用程序的部署与安装方法。

本书由严冬松和武建华共同执笔,在编写过程中,为确保内容的正确性,编者参阅了很多资料,参考了大量的相关书籍和网络资源,在此对相关作者表示衷心的感谢。学生邓其锋、凡梦霞、陈俭辉和张紫萱参与了本书的资料整理和程序的调试验证,在此也向他们表示感谢。

在编写过程中,尽管编者做了很大的努力,但限于水平,书中难免有疏漏之处,恳请广大读者批评指正。如有意见和建议,请联系我们,编者的邮箱是 tyands@qq.com。

编　者

2018 年 5 月

目　　录

第 1 章　C++/CLI 基础训练

实训目的

- 掌握 CLI/CLR 控制台程序的创建和运行。
- 了解命名空间和头文件的作用。
- 掌握数据的输入输出方法和格式。
- 掌握常见错误提示及修改方法,学会使用调试功能。
- 掌握函数默认参数和函数重载的应用。

1.1　基本知识提要

1.1.1　程序设计方法

程序设计方法的发展主要经历了面向过程程序设计和面向对象程序设计两大阶段。

面向过程程序设计(Procedure-Oriented Programming,POP)是一种以过程为中心的编程思想,首先分析并提出解决问题的步骤,然后用函数把这些步骤一步一步实现。在面向过程程序设计中,数据和对数据的操作是分离的。

面向对象程序设计(Object-Oriented Programming,OOP)是将事物对象化,通过对象通信来解决问题。在面向对象程序设计中,数据和对数据的操作是绑定在一起的。

对象是类的实例。每一个对象都应该能够接收数据、处理数据并将数据传达给其他对象。面向对象程序设计将对象作为程序的基本单元,将程序和数据封装在其中,以提高软件的重用性、灵活性和扩展性。

面向对象的三大基本特征如下。

(1)封装。把客观事物封装成抽象的类,隐藏属性和方法的实现细节,仅对外公开接口。

(2)继承。子类可以使用父类的所有功能,并且对这些功能进行扩展。继承的过程就是从一般到特殊的过程。

(3)多态。接口的多种不同的实现方式即为多态。同一操作作用于不同的对象,产生不同的执行结果。在运行时,通过指向基类的指针或引用调用派生类中的虚函数,由此实现多态。

面向对象程序设计提高了程序的灵活性和可维护性,并且在大型项目设计中广为应用。此外,面向对象程序设计要比以往的做法更加便于学习,因为它能够让人们更简单地设计并维护程序,使得程序更加便于分析、设计、理解。

1.1.2　C++/CLI 基本概念

1. C++/CLI

C 和 C++ 一直是最有生命力的程序设计语言,提供了丰富的功能、高度的灵活性和强大的底层控制能力。由于 C++ 从 C 中继承而来,所以 C 程序基本上也是 C++ 程序。一般认为,C++ 适合各种规模的编程;而 C 则更适合小规模和高效的编程。

CLI(Common Language Infrastructure)指的是通用语言基础结构,是一种支持动态组件编程模型的多重结构,是一个在底层操作系统与程序之间有效地运行的实时的软件层,可以支持执行程序中的活动类型及与程序相关联的下部结构的操作。C++/CLI 中的斜线(/)代表 C++ 和 CLI 的捆绑。它是静态 C++ 对象模型到 CLI 的动态组件对象编程模型的捆绑。C++/CLI 代表托管和本地编程的结合,通过 C++/CLI 中的标准扩展,C++ 具有了原来没有的动态编程能力以及一系列的.NET 特性,是 C++ 在.NET 中的一种编程语言。

公共语言运行时(Common Language Runitime,CLR)是一个运行时环境,也是一种受控的执行环境,用它管理代码的执行并使开发过程变得更加简单。CLR 是 CLI 的 Visual C++ 在 Windows 操作系统的实现版本。

2. 命名空间

命名空间是.NET 应用程序代码的一种容器,用于对程序代码及其内容进行分类管理。使用命名空间,还可以有效区分具有相同名称的相同代码。命名空间有两种:系统命名空间和用户自定义命名空间,后者可以解决程序中可能出现的名称冲突问题。

使用 using 引入其他命名空间到当前编辑单元,从而可以直接使用被导入命名空间的标识符,而不需要加上完整的限定名称。但是,如果在该命名空间代码外部使用命名空间的名称,就必须写出该命名空间的限定名称。限定名称包括命名空间所有的分层信息,在不同的命名空间级别之间使用双冒号符号(::)。

1.1.3　数据类型转换

数据类型转换有两种方式:隐式转换和显式转换。

1. 隐式转换

隐式转换是在多种类型数据混合运算时由系统自动完成的。转换规则是:由精度低的数据类型转换为精度高的数据类型,隐式转换一般不会失败,也不会造成信息丢失,无法实现从高精度向低精度转换。

隐式转换需要遵循以下规则。

(1) 参与运算的数据类型不一致时,先转换为同一类型,再进行运算。转换规则为从精度低的类型到精度高的类型转换。

（2）其他数据类型不能转换为 char 型。

（3）不存在浮点型（float、double）与 decimal 之间的隐式转换。

（4）表达式中出现 byte 型与 short 型数据时，必须先转换为 int 型数据。

2. 显式转换

显式转换又称为强制类型转换。显式转换需要用户明确指明要转换的类型。显式转换的一般形式为

(类型说明符) (需要转换的表达式)

显式转换包含所有的隐式转换。但显式转换不一定成功，而且转换过程中有可能出现数据丢失现象。

3. 使用方法进行数据类型的转换

除了可以使用显式转换进行数据转换外，还可以用一些方法实现特定的转换。

（1）Parse 方法。它可以将特定格式的字符串转换为数值型，使用形式为

数值类型名称::Parse(字符串表达式)

凡是数值型数据均可以调用该方法将一个字符串转换为相应的数值类型，但需要保证字符串的格式符合要转换的目的数据类型的格式。

（2）Convert 类的方法。Convert 类提供了一些常用方法，将一种基本数据类型转换为另一种基本数据类型。详见第 3 章的内容。

1.1.4　控制台输入输出

所谓控制台应用程序，就是指那些需要与传统 DOS 操作系统保持某种程序的兼容，同时又不需要为用户提供完善界面的程序，即 DOS 界面的应用程序。

1. 标准 C++ 的输入输出

标准 C++ 的输入输出都是通过对流进行操作来完成的。输入和输出并不是 C++ 语言中的正式组成成分。C 和 C++ 都没有为输入和输出提供专门的语句。输入输出不是由 C++ 本身定义的，而是在编译系统提供的 I/O 库中定义的。

尽管 cin 和 cout 不是 C++ 提供的语句，但是在不致混淆的情况下，为了叙述方便，常常把由 cin 和流提取运算符">>"实现输入的语句称为输入语句或 cin 语句，把由 cout 和流插入运算符"<<"实现输出的语句称为输出语句或 cout 语句。

cout 语句的一般格式为

cout<<表达式 1<<表达式 2<<…<<表达式 n<<endl;

cin 语句的一般格式为

```
cin<<变量 1<<变量 2<<…变量 n;
```

C++ 的输出和输入是用流(stream)的方式实现的。

有关流对象 cin、cout 和流运算符的定义等信息是存放在 C++ 的 I/O 库中的,因此如果在程序中使用 cin、cout 和流运算符,就必须使用预处理命令把头文件 iostream 包含到本文件中,并使用命名空间 std:

```
#include<iostream>
using namespace std;
```

2. C++/CLI 的控制台输入输出的类

在 C++/CLI 中通过控制台窗口进行数据的输入和结果的输出是使用 System 命名空间的 Console 类的静态方法(函数)实现的。控制台输入输出都是字符流,流从键盘流向控制台窗口称为输入,而流从程序流向控制台窗口称为输出。

为了使用 CLR 类库中的 Console 类,在程序的开始应包含如下两行:

```
using namespace System
```

3. C++/CLI 控制台输出

Console 类提供了几个静态方法用于在控制台上输出字符串或含有变量的混合文本。其中,该类的 WriteLine 方法用于在控制台上输出一行文本,并自动换行;而 Write 方法则可以输出单个值,但不会自动换行。例如:

```
Console::WriteLine(L"半径为{0}的圆面积为:{1}", 8, 3.14 * 8 * 8);
```

Write 和 WriteLine 方法都可以接收 0 个、1 个或多个参数,这些参数之间通过逗号(,)隔开,通过格式化占位符({ })来分别引用所带的参数。如果需要插入更多的参数,则可以增加占位符所对应参数的编号,如{0}、{1}、{2}等,并且编号的顺序可以颠倒。例如:

```
Console::WriteLine(L"第{1}个半径为{2}的圆面积为:{0}", 3.14 * 8 * 8, 1, 8);
```

还可以在格式化占位符中指定输出的格式、对齐方式及精度等。

4. C++/CLI 控制台输入

使用 ReadLine 和 Read 方法来获取用户在控制台输入的文本给程序,ReadLine 方法是将整行文本存入一个字符串中,当按下 Enter 键时,则结束文本的读取。该方法返回一个 String^ 类型的变量,以表示一个 String 数据类型的引用,其中包含实际读入的字符串。例如:

```
String^ line=Console::ReadLine();
```

由于 ReadLine 方法将以字符串形式返回输入的内容,所以在需要获取从控制台输入的整数和双精度浮点数时,可以通过这些基本数据类型的包装类的 Parse 方法将字符串解析成该类型的值。例如:

```
int value1=Int32::Parse(Console::ReadLine());      //将输入转换为 int 类型的值
double value2=Double::Parse(Console::ReadLine());
                                        //将输入转换为 double 类型的值
```

如果需要按照逐个字符的读取方式输入数据,那么可以调用 Read 方法读取输入的字符,并将其转换成对应的数字值。例如:

```
char ch=Console::Read();          //读取一个字符,并返回该字符的 ASCII 码
int n=Console::Read();
```

1.1.5 函数

在 C++/CLI 程序中,每一个函数的定义都是由 4 个部分组成的,即函数类型、函数名、形式参数表和函数体,其定义的格式如下:

```
<函数类型><函数名>(<形式参数表>)
{
    <若干语句>          //函数体
}
```

1. 函数类型和返回值

函数类型决定了函数的返回值类型,它可以是除数组类型之外的任何有效的 C++/CLI 数据类型,包括引用、指针等。若函数类型为 void,则表示该函数没有返回值。

在函数体中必须通过 return 语句来指定函数的返回值,且返回值的类型应与函数类型相同。return 语句的格式如下:

```
return (表达式);
```

2. 形式参数表

函数定义中,函数头的形式参数又简称为形参。形式参数表中的每一个形参都是由形参的数据类型和形参名构成的。形参个数可以是 0 个,即没有形参,但小括号不能省略。形参也可以是 1 个或多个,多个形参间要用逗号分隔。

3. 函数体

函数的函数体由在一对大括号中的若干条语句组成,用于实现这个函数执行的功能。

4. 函数的调用和声明

调用函数时,先写函数名,然后紧跟括号,括号里是实际调用该函数时所指定的参数,称为实际参数,简称实参。实参与形参相对应,即实参与形参的个数应相等,类型应一致,且按顺序一一对应来传递数据。函数调用的一般格式为

```
<函数名>(<实参表>);
```

声明一个函数的格式为

<函数类型><函数名>(<形参表>);

1.1.6 函数的默认形参值

在 C++/CLI 中,允许在函数的声明或定义时给一个或多个参数指定默认值。这样在调用时可以不给出实参,而按指定的默认值进行工作。

函数调用的实参按位置解析,默认实参只能用来替换函数调用缺少的尾部实参。在设置函数的默认形参值时要注意:

(1) 当一个函数中需要有多个默认参数时,则在形参表中,默认参数应严格从右到左逐个定义和指定,不能缺少和改变次序。

(2) 当执行带有默认参数的函数调用时,系统按从左到右的顺序将实参与形参结合,当实参的数目不足时,系统将按同样的顺序用声明或定义中的默认值来补齐缺少的参数。

1.1.7 函数重载

函数重载是指 C++/CLI 允许多个同名的函数存在,但同名的各个函数的形参必须有区别:要么形参的个数不同;要么形参的个数相同,但参数类型不同。注意,重载的函数必须具有不同的参数个数或不同的参数类型,若只有返回值的类型不同是不行的。

调用重载函数的匹配顺序应按照下面 3 个原则。

原则 1:寻找一个严格的匹配,如果有一个与实参的数据类型、参数个数完全相同的函数,那么就调用这个匹配的函数。

原则 2:如果通过原则 1 的方法没有找到匹配的函数,则通过内部转换寻求一个匹配,由 C++ 系统对实参的数据类型进行内部转换,转换完毕后,如果有匹配的函数,则调用该函数。

原则 3:若能查出有唯一的一组用户指定的转换,则通过用户定义的转换寻求一个匹配,调用匹配的函数,即在函数调用处,由程序员对实参进行强制类型转换,以此转换后的数据类型作为查找匹配的函数的依据。如果有匹配的函数存在,则调用该函数。

使用默认形参值和使用函数重载主要是基于下面的原因。第一个是对函数的实参进行初始化;第二个是使函数的定义和调用更具有一般性,一般功能相同的函数可以使用相同的函数定义,这样就可以降低编程的复杂性,同时降低程序出错的可能性。

1.2　实训操作内容

1.2.1　成绩计算

1. 实训要求

在 C++/CLI 中分别用 C 语言、标准 C++ 和 C++/CLI 语言实现成绩的计算,即读入平时成绩和考试成绩两个分数,按平时成绩占 40%、考试成绩占 60% 计算并输出总评成绩。

通过本题的操作,掌握 3 种实现方式下的输入与输出。

2. 设计分析

先设计简单的算法,将这个算法用一个程序流程图表示出来,这样解题思路就比较清晰,图 1-1 就是程序执行的大致过程及要设计的内容。

首先要有数据的输入部分,然后进行处理和计算,最后要将程序的计算结果输出,一般的程序都包含这 3 个部分。这里的输入就是输入平时成绩和考试成绩两个分数,计算就是计算总评成绩,最后将总评成绩输出。为理清思路,可将程序流程图再细化一层,写出用伪代码语言表达的算法框图,如图 1-2 所示。

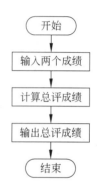

图 1-1　成绩计算程序流程图

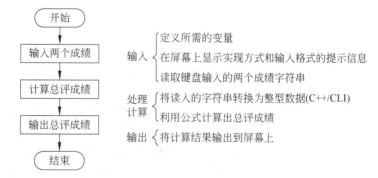

图 1-2　成绩计算程序算法框图

在编写代码时要注意,成绩都是整数,按百分比计算后要转换为整型数据。

3. 操作指导

(1) 在 E 盘文件夹下创建文件夹 VC 和子文件夹"实验一",用于存放本章创建的所有程序项目。

(2) 启动 Visual Studio 2013 集成开发环境,在菜单栏中选择"文件"→"新建"→"项目"命令,弹出"新建项目"对话框。

（3）在对话框的左侧项目类型"模板"中选择 Visual C++ 节点下的 CLR 节点,并在"模板"栏内选择"CLR 控制台应用程序"项。

（4）在"名称"栏中输入项目的名称 Ex1_Score,并在"位置"栏中指定该项目保存的位置,可以单击"浏览"按钮,选择本章的工作路径"E:\VC\实验一\"。确认已勾选"为解决方案建立目录"复选框,单击"确定"按钮后,集成开发环境会自动创建 Ex1_Score 项目,并自动打开源代码编辑窗口。这样就进入了编程环境,可输入程序代码(注意,在输入名称时不能有空格,否则会弹出错误提示)。

（5）在系统提供的默认主项目文件的程序代码基础上,修改为下面的程序代码,实现在 C++/CLI 中使用 C 语言进行输入输出:

```
//Ex1_Score.cpp: 主项目文件
#include "stdafx.h"
#include "stdio.h"
using namespace std;
using namespace System;

int main(array<System::String ^>^args)
{
    //C 语言实现
    int a, b, sum1;
    printf("这是用 C 语言实现的:\n");
    printf("请输入平时成绩和考试成绩,两个数字以逗号隔开。\n");
    scanf("%d,%d", &a, &b);
    sum1=a* 0.4+b* 0.6;
    printf("总评=%d* 0.4+%d* 0.6=%d+%d=%d\n", a, b, int(a* 0.4), int(b* 0.6),
    sum1);{
    return 0;
}
```

（6）选择菜单"调试"→"开始执行(不调试)"命令或者按 Ctrl+F5 键执行程序,在弹出的程序窗口中输入以逗号隔开的两个数字,再按回车键就可以看到运行结果了,如图 1-3 所示。

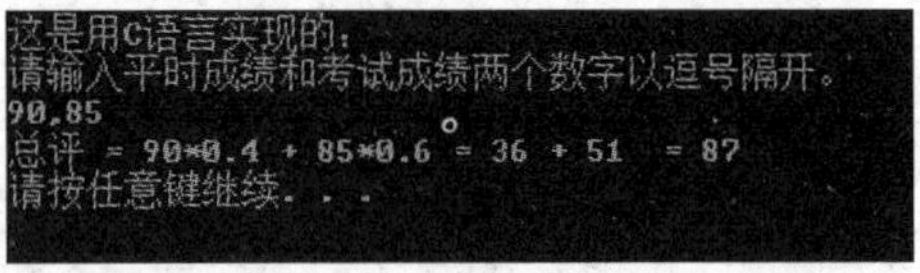

图 1-3　用 C 语言编程实现的运行结果

（7）修改代码,增加用标准 C++ 语言编程实现的部分。

```
//Ex1_Score.cpp: 主项目文件
#include "stdafx.h"
#include "stdio.h"
#include<iostream>
using namespace System;
using namespace std;
int main(array<System::String ^>^args)
```

```
{
    //C语言实现
    int a, b, sum1;
    printf("这是用 C 语言实现的:\n");
    printf("请输入平时成绩和考试成绩,两个数字以逗号隔开。\n");
    scanf("%d,%d", &a, &b);
    sum1=a * 0.4+b * 0.6;
    printf("总评=%d * 0.4+%d * 0.6=%d+%d=%d\n", a, b, int(a * 0.4), int(b * 0.6),
        sum1);
    //标准 C++语言实现
    int c, d, sum2;
    cout<<"这是用标准 C++语言编程实现的:\n";
    cout<<"请输入平时成绩和考试成绩,两个数字以空格隔开。\n";
    cin>>c>>d;
    sum2=c * 0.4+d * 0.6;
    cout<<"总评=c * 0.4+d * 0.6="<<c * 0.4<<"+"<<d * 0.6<<"="<<sum2<<endl;
    return 0;
}
```

运行上面的程序,可以看到如图 1-4 所示的运行结果。

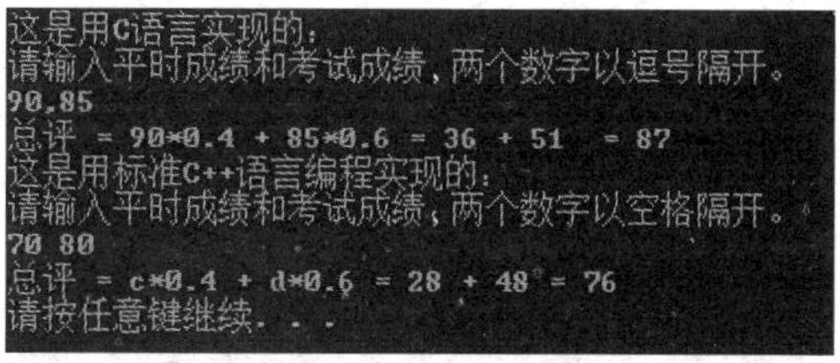

图 1-4　增加用 C++ 语言编程实现部分的运行结果

（8）修改代码,增加用 C++ /CLI 语言编程实现的部分。

```
//Ex1_Score.cpp: 主项目文件
#include "stdafx.h"
#include "stdio.h"
#include<iostream>
using namespace System;
using namespace std;
int main(array<System::String ^>^args)
{
    //C语言实现
    int a, b, sum1;
    printf("这是用 C 语言实现的:\n");
    printf("请输入平时成绩和考试成绩,两个数字以逗号隔开。\n");
    scanf("%d,%d", &a, &b);
```

```
sum1=a * 0.4+b * 0.6;
printf("总评=%d * 0.4+%d * 0.6=%d+%d=%d\n", a, b, int(a * 0.4), int(b * 0.6),
    sum1);
//标准 C++语言实现
int c, d, sum2;
cout<<"这是用标准 C++语言编程实现的:\n";
cout<<"请输入平时成绩和考试成绩,两个数字以空格隔开。\n";
cin>>c>>d;
sum2=c * 0.4+d * 0.6;
cout<<"总评=c * 0.4+d * 0.6="<<c * 0.4<<"+"<<d * 0.6<<"="<<sum2<<endl;
//基于.NET 平台的 C++/CLI 语言实现
Console::WriteLine(L"这是用基于.NET 平台的 C++/CLI 语言编程实现的:");
Console::WriteLine(L"换行输入两个成绩");
int g=int::Parse(Console::ReadLine());
int f=int::Parse(Console::ReadLine());
int sum3=g * 0.4+f * 0.6;
Console::WriteLine(L"总评={0} * 0.4+{1} * 0.6={2}+{3}={4}", g, f,g * 0.4,
    f * 0.6,sum3);
return 0;
}
```

运行上面的程序,可以看到如图 1-5 所示的运行结果。

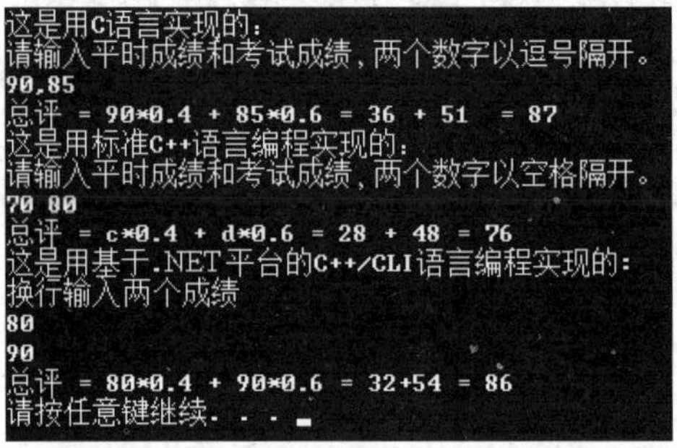

图 1-5　增加用标准 C++ /CLI 语言编程实现的运行结果

4. 扩展练习

(1) 基于.NET Framework 平台的 C++ /CLI 语言部分的两个成绩输入是否可以用逗号隔开或者用分号隔开? 请测试一下。

(2) 语句"Console::WriteLine(L"换行输入两个成绩");"中的 L 有何用? 删除它有何影响?

(3) 若将上面程序中的某一句句尾分号改为中文的分号会出现什么问题? 该怎么解决?

(4) "return 0;"前面的代码"Console::ReadLine();"有什么用? 去掉它有何影响?

1.2.2 圆、圆球和圆柱

1．实训要求

设计一个控制台应用程序项目：当输入圆的半径和圆柱高后，可分别求圆的周长、圆面积、圆球体积、圆柱体积。获取输入的计算项目，然后输出计算结果，输入输出时要有文字提示。

通过本题学习和掌握 C++/CLI 的输入与输出，学会简单的列表项显示方式、C++/CLI 的分支结构、循环结构。

2．设计分析

编程时要考虑这几个问题：列表项如何显示？如何输入圆的半径和圆柱高？如何读入用户的选择项、分项计算和将计算结果显示出来？如何实现多次重复选择、计算的过程？何时结束循环？

实现单次计算程序的流程图比较简单，如图 1-6 所示。

首先是列表项的显示，然后是选择项的输入，最后是按项计算并将计算结果输出，这里的分项计算和输出应该使用分支结构来编程。

要实现可重复多次获取选择的列表项，输出计算结果，就要使用循环结构。在循环中要考虑循环结构的终止条件，这里约定输入选择项 0 时退出循环。

可循环计算的程序流程图如图 1-7 所示。

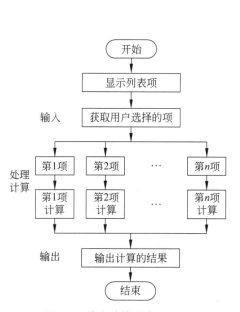

图 1-6　单次计算程序流程图

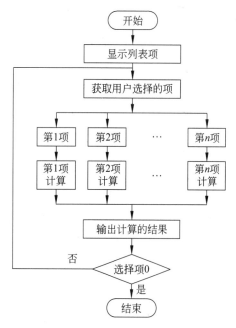

图 1-7　可循环计算的程序流程图

先看前面几个功能的实现。

列表项的输出用控制台的 WriteLine 方法实现,用户选择项的读入用 ReadLine 方法并将它转换为整型数据:

```
nID=Int32::Parse(Console::ReadLine());
```

读入具体的用户选择项后,就依据对应的用户选择项分别进行具体的计算,这里用switch-case 分支结构来判断,根据用户输入的不同来进行不同的计算,每一项的计算公式是不一样的。计算结果存储在变量 dResult 里面,通过 dResult.ToString 将计算结果转换成字符串格式,再输出。

这里给出了单次计算过程的参考程序,程序中用到的变量有半径 r、圆柱高 h、计算结果的存储变量 dResult,都是 double 型数据,程序中设定了半径 r、圆柱高 h 的数值。用整型变量 ID 来指定具体计算哪一项,这里的 PI 用的是 Math 库里的一个常量。

```
double r=2.5, h=4.0, dResult;
int nID;
Console::WriteLine(L"1--计算圆周长");
Console::WriteLine(L"2--计算圆面积");
Console::WriteLine(L"3--计算圆球体积");
Console::WriteLine(L"4--计算圆柱体积");
Console::Write("请选择<1..4>:");
nID=Int32::Parse(Console::ReadLine());
switch(nID)    //选择项
{
case 1:
    dResult=Math::PI * r * 2.0;
    Console::WriteLine("圆周长为:{0}", dResult.ToString());
    break;
case 2:
    dResult=Math::PI * r * r;
    Console::WriteLine("圆面积为:{0}", dResult.ToString());
    break;
case 3:
    dResult=Math::PI * r * r * r * 4/3;
    Console::WriteLine("圆球体积为:{0}", dResult.ToString());
    break;
case 4:
    dResult=Math::PI * r * r * h;
    Console::WriteLine("圆柱体积为:{0}", dResult.ToString());
    break;
}
```

3. 操作指导

(1) 在 Visual Studio 2013 集成开发环境中,选择菜单栏中的"文件"→"新建"→"项目"命令,弹出"新建项目"对话框。在对话框的左侧项目类型"模板"中选择 Visual C++ 节点下的 CLR 节点,并在"模板"栏内选择"CLR 控制台应用程序"项。在"名称"栏中输入项目的名称 CircleAndBall,并在"位置"栏中指定该项目保存的位置,可以单击"浏览"按钮,选择本章的工作路径"E:\VC\实验一\"。单击"确定"按钮后,就创建了 CircleAndBall 项目,并进入了集成开发环境。

(2) 在主项目文件的 main()函数中输入单次计算过程的参考程序代码。

```cpp
//CircleAndBall.cpp: 主项目文件
#include "stdafx.h"
using namespace System;
int main(array<System::String ^>^args)
{
    double r=2.5, h=4.0, dResult;
    int nID;

    Console::WriteLine(L"1--计算圆周长");
    Console::WriteLine(L"2--计算圆面积");
    Console::WriteLine(L"3--计算圆球体积");
    Console::WriteLine(L"4--计算圆柱体积");
    Console::Write("请选择<1..4>:");
    nID=Int32::Parse(Console::ReadLine());
    switch(nID)     //选择项
    {
    case 1:
        dResult=Math::PI * r * 2.0;
        Console::WriteLine("圆周长为: {0}", dResult.ToString());
        break;
    case 2:
        dResult=Math::PI * r * r;
        Console::WriteLine("圆面积为: {0}", dResult.ToString());
        break;
    case 3:
        dResult=Math::PI * r * r * r * 4/3;
        Console::WriteLine("圆球体积为: {0}", dResult.ToString());
        break;
    case 4:
        dResult=Math::PI * r * r * h;
        Console::WriteLine("圆柱体积为: {0}", dResult.ToString());
        break;
    }
    return 0;
}
```

编译并运行程序,观察运行结果。

(3) 调试程序。

① 将光标移到 switch(nID)代码行上,按 F9 键,或右击该行,在弹出的快捷菜单中选择"断点"→"插入断点"命令,插入一个断点,有断点的代码行左边会显示一个橘红色的实心圆点。在实心圆点所在的位置上单击也可插入或删除一个断点。

② 选择菜单"调试"→"启动调试"命令或按快捷键 F5,启动调试器,在弹出的控制台窗口中输入选择项,如输入 2,然后按回车键,程序运行到断点就会停下来,这时可看到断点标记里有一个小箭头,它指向即将执行的代码。

③ 当鼠标移至 nID 变量处时,会弹出一个提示窗口,显示出该变量的值。

④ 选择下方的"自动窗口",就可看到相关变量当前的值。

⑤ 此时选择菜单"调试"→"快速监视"命令,将弹出"快速监视"对话框。其中"表达式"文本框用来输入变量名或表达式,如 nID=3。输入后按回车键或单击"重新计算"按钮,就可在"当前值"列表中显示出相应的内容。若想修改其值的大小,则可按 Tab 键或在列表项的值列中双击该值,再输入新值按,按回车键就可。

⑥ 测试调试工具栏上的按钮或菜单项,熟悉它们的功能,如图 1-8 所示。

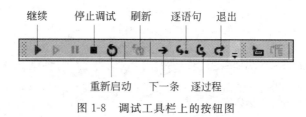

图 1-8　调试工具栏上的按钮图

⑦ 选择菜单"调试"→"继续"命令,继续执行程序至结束。

⑧ 逐行调试。将光标移到 Console::Write((L"1--计算圆周长");代码行,再插入一个断点,重复上述的调试运行,当遇到断点停下来后,选择菜单"调试"→"逐语句"命令或按 F11 键,进行逐语句式的调试运行。注意观察左边的黄色小箭头的移动和下方"自动窗口"的内容。当执行系统函数或调用函数过程时,应使用菜单"调试"→"逐过程"命令或按 F10 键,进行逐过程式的调试运行,或使用菜单"调试"→"跳出"命令跳出某个函数的运行。

(4) 修改程序,增加一个列表项"0--退出",增加循环实现可重复计算功能。

在程序中增加循环结构,使程序运行时能重复执行这个循环体,每次循环都显示列表,可选择不同的列表项,然后分别计算和输出,循环体用大括号括起。

这里使用 while 循环,在循环体的列表项中增加一个选择项"0--退出",并修改选择数字为"0..4"。

```
Console::WriteLine(L"0--退出");
Console::Write("请选择<0..4>:");
```

设定当选择 0 时退出,即添加一个判断,如果是选择项 0 则退出 while 循环,这样就实现了多次循环计算输出。

实现方法有两个。一是使用无条件的 while(1)循环,在分项计算之前添加一个判断,

如果是选择项 0,则用 break 语句中断 while 循环并退出,程序的结构如下:

```
{
    //列表的显示
    //选择项的读入
    if(nID==0) break
    //分项计算和输出
}
```

二是使用有条件的 while 循环,增加循环条件 flag＝true,同时在 switch-case 结构中增加 case 0:flag＝false;的分支,改变 while 循环的条件而中断循环。程序的结构如下:

```
bool flag=true;
while(flag)
{
    //列表的显示
    //选择项的读入
    switch(nID)          //分项计算和输出
    {
    case 0:flag=false;break;
        ...
    }
}
```

按上面的任意一种程序结构修改后,编译运行程序,观察是否达到要求。

(5) 将程序修改为在每次循环时从键盘输入圆的半径和圆柱高数值。

```
double r, h, dResult;
Console::Write("请输入圆的半径 r=:");
r=Double::Parse(Console::ReadLine());
Console::Write("请输入圆柱高 h=:");
h=Double::Parse(Console::ReadLine());
```

编译运行程序,观察运行结果。

1.2.3　最大数

1. 实训要求

Andy 想用 C++ 编写求两个数中的较大数或三个数中最大数的通用函数 max(a,b,c),其中 a、b、c 取值为－10 000～10 000,即在程序中只用一个使用默认参数的方法编写的函数就能实现两个或三个参数的函数调用。

本题主要学习和掌握 C++ /CLI 的函数默认参数的定义及应用。

2. 设计分析

编程设计时要考虑的问题有:含默认参数的通用函数 max(a,b,c)的实现,三个数据的读入,计算最大数时的函数调用,以及最大数的输出。

(1) 默认参数的函数的实现。

函数的返回类型是 int,有三个 int 类型的形式参数,第三个参数设有默认值,默认值为它可以取的最小值。函数的实现代码如下:

```
int max(int x, int y, int z=-10000)
{
    m=x>y?x:y;          //取 x、y 中最大的一个数放在 m 中
    m=m>z?m:z;          //取 m、z 中最大的一个数放在 m 中
    return m;           //返回三个数中的最大一个
}
```

(2) 三个数据的读入。

在屏幕上给出输入提示,再逐个读入三个字符串,并转换成 int 数据,分别赋给 a、b、c 变量存储。实现代码如下。

```
Console::WriteLine(L"请输入三个整数");
Console::WriteLine(L"第一个整数 a");
a=Int32::Parse(Console::ReadLine());
Console::WriteLine(L"第二个整数 b");
b=Int32::Parse(Console::ReadLine());
Console::WriteLine(L"第三个整数 c");
c=Int32::Parse(Console::ReadLine());
```

(3) 函数的调用。

这里可以测试三个数据的调用或两个数据的调用,以检验运行结果。将返回的最大值存储在变量 m 中:

```
m=max(a,b,c);
m=max(a,b);
m=max(b,c);
```

(4) 结果的输出。

在每次调用结束时,就将返回的最大值输出,以节省中间变量。在输出时也可将调用的参数一起输出。实现代码如下:

```
m=max(a,b,c);
Console::WriteLine("({1},{2},{3}) 三个数中最大数为{0}",m,a,b,c);
m=max(a,b);
Console::WriteLine("({0},{1}) 两个数中较大数为{2}\n",a,b,m);
m=max(b,c);
Console::WriteLine("({1},{2}) 两个数中较大数为{0}\n",m,b,c);
```

3. 操作指导

(1) 在 Visual Studio 2013 集成开发环境,选择菜单栏中的"文件"→"新建"→"项目"

命令,在弹出的"新建项目"对话框中选择 Visual C++ →CLR→"CLR 控制台应用程序",输入项目的名称为 MaxN,保存在"E:\VC\实验一\"文件夹中。

（2）在主项目文件的 main()函数中输入上面的参考程序代码。

（3）编译和运行程序,输入下列数据,观察程序的运行结果。

```
-100,0,100
-10000,0,10000
-20000,-10000,20000
```

其中-20000 和 20000 为超出指定范围的数,思考如何处理这一问题。

4．扩展练习

（1）如何确定默认参数的设定值? 如果没有给出 a、b、c 的数值范围,又应如何确定?

（2）如果想修改函数调用为一个参数,即第二个和第三个参数为默认参数,应如何修改?

（3）在函数 max()中可以只设置第一个参数 a 是默认参数吗? 为什么?

1.2.4 圆球和圆柱的体积

1．实训要求

设计一个控制台应用程序项目：当输入圆球的半径和圆柱高后(这里默认圆柱与圆球的半径相同),分别通过调用重载函数 volume 求出圆球和圆柱的体积。

本题主要学习和掌握 C++/CLI 的重载函数的定义及应用。

2．设计分析

圆球体积计算公式为：

volume=PI * r * r * r * 4.0/3.0;

圆柱体积计算公式为

volume=PI * r * r * h;

在输入圆球的半径 r 和圆柱的高度 h 之后,可分别计算出圆球和圆柱的体积,但计算圆球体积时只用一个参数 r,计算圆柱体积时要用两个参数 r 和 h,这两个计算体积的函数在形参个数上是不同的,所以可以使用重载函数的方式重载,根据参数的个数可以区分出调用的是哪个重载函数。

在程序中分别定义两个重载函数,两个重载函数可以这样来编写：

```
double volume(double r)                    //计算圆球的体积
{
    return Math::PI * r * r * r * 4.0/3.0;
}
```

```
double volume(double r, double h)          //计算圆柱的体积
{
    return Math::PI * r * r * h;
}
```

在调用计算圆球体积的函数中使用一个参数 double r,按圆球体积公式写出计算表达式,再返回计算结果。在计算圆柱体积的重载函数中使用两个参数,根据这两个参数计算出圆柱的体积,再返回计算结果。

参考程序如下：

```
double volume(…)
{    //计算圆球的体积
    …
}
double volume(…)
{    //计算圆柱的体积
    …
}
int main(array<System::String ^>^args)
{
    double r, h, dResult;
    Console::WriteLine("请输入圆的半径 r:");
    r=Int32::Parse(Console::ReadLine());
    Console::WriteLine("再输入圆柱的高度 h:");
    h=Int32::Parse(Console::ReadLine());
    dResult=volume(r);                    //计算圆球的体积
    Console::WriteLine("圆球的体积为: {0}", dResult.ToString());
    dResult=volume(r,h);                  //计算圆柱的体积
    Console::WriteLine("圆柱的体积为: {0}", dResult.ToString());
    system("pause");//暂停
    return 0;
}
```

在程序的最后使用下面的语句实现程序运行的暂停：

```
system("pause");
```

这时需要在文件头部添加下面的头文件：

```
#include<stdlib.h>
```

3. 操作指导

(1) 在 Visual Studio 2013 集成开发环境中,选择菜单"文件"→"新建"→"项目"命令,在弹出的"新建项目"对话框中选择 Visual C++ →CLR→"CLR 控制台应用程序",输入项目的名称为 volume,保存在"E:\VC\实验一\"文件夹中。

（2）在主项目文件的 main() 函数中输入上面的参考程序代码。

（3）编译和运行程序,观察程序的运行结果。

4. 扩展练习

函数 volume() 的形参与调用时的实参分别是什么?

1.3　常见问题处理

1. 在工具栏中添加按钮

在 Visual Studio 2013 集成开发环境中可以添加工具栏的按钮,如在调试工具栏中添加"开始执行(不调试)"按钮。

选择菜单"视图"→"工具栏"→"生成"命令,在工具栏的右端单击"添加或移除按钮",选择"自定义"→"命令"→"添加命令"命令,即可在工具栏中添加"开始执行(不调试)"按钮。

2. 运行结束前的暂停

采用不调试方式运行程序,在结束时会自动显示一行提示信息:"请按任意键继续…",然后暂停,让用户可以观看到命令窗口的运行信息,待用户按下任意键时再退出命令窗口。

采用调试方式运行程序或者运行系统生成的 EXE 文件,在结束时不会暂停,感觉命令窗口一闪而过,看不到运行的结果,此时可以在程序的最后添加暂停语句,让用户可以看到命令窗口最后的运行信息。

方法一:在文件头部添加

```
#include<stdlib.h>
```

在最后的"return 0;"之前添加

```
system("pause");
```

方法二:在最后的"return 0;"之前添加

```
Console::Read();
```

3. 使用 MSDN

MSDN(Microsoft Developer Network,微软开发者网络)是微软公司专门为开发人员提供的软件及技术文件服务。在计算机中安装 MSDN 软件,就可以直接查找;如果没有安装 MSDN,可以在网上使用更详细、全面的 MSDN。

方法一:例如想查 WriteLine 这个函数怎么用,可以在百度的查询框中输入下列查询命令,即可很快打开在线 MSDN:

WriteLine site:Microsoft.com

方法二：在微软 MSDN 网站 http://msdn.microsoft.com/zh-cn/library/查询函数。

思考与练习

1. 选择题

（1）.NET Framework 将_____定义为一组规则，所有.NET 语言都应该遵守这个规则，这样才能创建可以与其他语言互操作的应用程序。

    A. CLR   B. JIT   C. MSIL   D. ADO.NET

（2）_____是.NET 平台的核心部分。

    A. .NET Framework   B. C++

    C. VC.NET   D. 操作系统

（3）.NET Framework 有两个主要组件，分别是_____和.NET 基础类库。

    A. 公共语言运行环境   B. Web 服务

    C. 命名空间   D. main()函数

（4）项目文件的扩展名为_____

    A. sln   B. cpp   C. vcxproj   D. suo

（5）在 Visual Studio.NET 开发环境中，在代码编辑器内输入对象的名称后将自动显示出对应的属性、方法、事件列表，以方便选择和避免书写错误，这种技术被称为_____。

    A. 自动访问   B. 协助编程   C. 动态帮助   D. 智能感知

（6）在 Visual C++.NET 中，解决方案和项目之间的关系是_____。

    A. 一个解决方案可以有多个项目   B. 一个项目可以有多个解决方案

    C. 一个解决方案只能有一个项目   D. 一个项目只能有一个解决方案

（7）在 Visual Studio 中，从_____窗口中可以查看当前项目的类和类型的层次信息。

    A. 解决方案资源管理器   B. 类视图

    C. 资源视图   D. 属性

（8）以下对 Read 和 ReadLine 方法的叙述中正确的是_____。

    A. Read 方法一次只能从输入流中读取一个字符

    B. Read 方法可以从输入流中读取一个字符串

    C. ReadLine 方法一次只能从输入流中读取一个字符

    D. ReadLine 方法只在用户按下回车键时返回，而 Read 方法不是

（9）以下对 Write 和 WriteLine 方法的叙述中正确的是_____。

    A. Write 方法在输出字符串的后面添加换行符

    B. 在使用 Write 方法输出字符串时光标将会位于字符串的后面

    C. 在使用 Write 和 WriteLine 方法输出数值变量时必须先把数值变量转换成字

符串

　　　D. 在使用不带参数的 WriteLine 方法时不会产生任何输出

（10）对于以下的 C++/CLI 代码：

```
int main(array<System::String ^>^args)
{   Console::WriteLine("运行结果:{0}", Console::ReadLine());
    Console::ReadLine();
}
```

运行结果为_____。

　　　A. 在控制台窗口显示"运行结果:"

　　　B. 在控制台窗口显示"运行结果:{0}"

　　　C. 在控制台窗口显示"运行结果:,Console:：ReadLine"

　　　D. 如果用户在控制台输入"A",那么程序将在控制台显示"运行结果:A"

（11）假设变量 x 的值为 12,要输出 x 的值,以下语句中正确的是_____。

　　　A. System:：Console:：WriteLine("x")

　　　B. System:：Console:：WriteLine("x",x)

　　　C. System:：Console:：WriteLine("x＝{0}",x)

　　　D. System:：Console:：WriteLine("x＝{x}")

2. 简述题

（1）简述 C++/CLI 语言的基本特点。

（2）简述 C++/CLI 源代码的编译过程。

（3）托管代码和非托管代码有什么区别?

（4）简述 C++/CLI 控制台项目的基本构成。

（5）WriteLine()与 Write()有何区别?

（6）何时使用逐行调试? 何时使用逐过程调试?

（7）如何选择设置断点的位置?

（8）程序根据什么特征来判断调用哪个重载函数?

（9）重载函数有哪些要求?

（10）什么是函数声明,函数声明的格式是怎样的?

第 2 章　C++/CLI 编程进阶

实训目的

- 理解引用的概念和堆内存托管机制。
- 掌握跟踪引用和堆内存变量的定义。
- 掌握函数参数引用的使用。
- 掌握随机数、数组和字符串的定义和使用。
- 掌握多组数据的输入方法和排序算法。

2.1　基本知识提要

2.1.1　引用、跟踪引用及函数参数引用

1. 什么是引用

引用是给某一变量(目标)取一个别名,当建立引用时,程序用另一个变量或对象(目标)的名字初始化该引用。自此,引用和原变量共享存储单元,这样对引用的操作就是对引用目标的操作。

2. 引用的声明

在变量前加上 &,例如:

```
int &i=x;
```

i 是 x 的一个引用(reference),x 是被引用物(referent)。i 相当于 x 的别名,对 i 的任何操作就是对 x 的操作。i 既不是 x 的副本,也不是指向 x 的指针,其实 i 就是 x。

声明一个引用,不是定义一个新变量,它只表示该引用名是目标变量名的一个别名,所以系统并不给引用分配存储单元。

3. 普通 C++ 引用的定义

普通 C++(也称本地 C++)引用的定义格式为

```
<数据类型>&<引用名 1>[, &<引用名 2>, …];
```

跟踪引用类似于本地 C++ 引用,用于表示某对象的别名。可以给堆栈上的值对象、CLR 堆上的跟踪句柄创建跟踪引用。

与本地 C++ 引用的定义方式不同,C++/CLI 通过 % 符号定义句柄的跟踪引用。如下面的格式:

```
<数据类型>%<引用名 1>[, %<引用名 2>, …];
```

4. 引用的使用

在引用的使用中,应注意以下几点:

(1) 一旦一个引用被声明,则该引用名就只能作为目标变量名的一个别名来使用,不能再把该引用名作为其他变量名的别名。

(2) 对该引用名赋值,就是对该引用对应的目标变量名赋值。

(3) 对引用名求地址,就是对目标变量名求地址。

5. 函数参数引用

当函数的形参声明为实参的引用时,对形参值的改变就是对该引用对应的实参值的改变。所以可以通过在函数中修改形参来改变实参值,这种修改可直接作用于变量,所以更方便,更易于理解。

使用引用传递函数的参数,在内存中并没有产生实参的副本,它直接对实参操作;当参数传递的数据量较大时,用引用传递参数比用一般变量的效率更高,且占用的内存空间更少。

但引用目标不能为空,即必须代表或指向某一目标对象,且不能重新赋值。

2.1.2　内存托管

在程序运行过程中根据需要而使用的动态分配的一块内存就是堆内存,这种内存分配方式是动态分配,而不是静态分配(如数组)。

普通 C++ 分配内存空间是使用 new 指令,释放内存空间是使用 free 指令,由编程者用指针管理和维护。

与普通 C++ 自己管理和维护堆内存不同,在 C++/CLI 中动态分配的内存是由 CLR 来管理和维护的,这种堆被称为 CLR 堆。当不需要 CLR 堆时,CLR 自动将其删除并回收,同时 CLR 还能自动地压缩堆内存以避免产生不必要的内存碎片。这种机制能够避免内存泄漏和内存碎片,被称为垃圾回收。由于垃圾回收机制会改变堆中对象的地址,因此不能在 CLR 堆使用普通 C++ 指针,因为如果指针指向的对象地址发生了变化,则指针将不再有效。为了能够安全地访问堆对象,CLR 提供了跟踪句柄(类似于普通 C++ 指针)和跟踪引用(类似于普通 C++ 引用)。

CLR 堆由操作符 gcnew 创建,为了与普通 C++ 指针区分,用^来替换 *。从语义角度看,它们的区别大致如下:

(1) gcnew 返回的是一个句柄(handle),而 new 返回的是实际的内存地址。

(2) gcnew 创建的对象由虚拟机托管,而 new 创建的对象必须自己来管理和释放。

凡是在 CLR 堆上创建的对象必须被跟踪句柄引用,这些对象包括:

(1) 用 gcnew 操作符显式创建在堆上的对象。

(2) 所有的引用数据类型(数值类型默认分配在堆栈上)。

跟踪句柄也遵循先定义后使用的规则。定义一个跟踪句柄的格式如下：

<数据类型>^<句柄名 1>[, ^<句柄名 2>, …];

若声明跟踪句柄的数据类型是基本数值类型，那么这样的句柄就是值类型的跟踪句柄。同时，它仍然是在 CLR 堆上创建的。

正是由于这个原因，值类型的跟踪句柄不能参与算术运算，但它的本质又等同于本地 C++ 中的指针，所以取值时是通过 *（解除引用）运算符来进行的。

2.1.3 CLR 数组

数组是内存空间中顺序排列的同类型对象的集合，除了标准 C++ 数组的使用外，CLR 还增加了 Array 类和 ArrayList 类数组类型。

1. Array 类数组定义与创建

在创建 CLR 数组时，需要通过关键字 array 定义数组对象的跟踪句柄，并且需要在 array 关键字后通过尖括号（"<>"）为数组中的元素指定数据类型。例如：

```
array<int>^ value;                    //声明一个数组元素为 int 类型的数组跟踪句柄
array<String^>^ lines=nullptr;   //声明一个数组元素为字符串的数组，并初始化为空
```

在声明数组变量的同时，可以通过 gcnew 运算符在堆上创建 CLR 数组，并且还可以通过小括号指定新创建的数组所能够包含元素的数目。

每个 CLR 数组都包含 Length 属性，记录数组中所能包含的元素数量（即数组的长度），而 CLR 数组中的 LongLength 属性将以 64 位表示数组长度。可以通过 -> 运算符访问数组对象中的属性。例如：

```
array<int>^ data=gcnew array<int>(100);             //创建一个长度为 100 的整型数组
Console::WriteLine(L"数组的长度为：{0}", data->Length);   //输出数组的长度为 100
```

数组可以在创建时通过元素列表初始化，也可以通过 gcnew 在创建数组对象时显式地初始化数组。例如：

```
array<double>^ sample1={3.4, 2.3, 6.8, 1.2, 5.5, 4.9, 7.4, 1.6};
array<double>^ sample2=gcnew array<double>{3.4,2.3,6.8,1.2,5.5,4.9,7.4,1.6};
array<String^>^ names={L"Jack",L"John",L"Joe",L"Jessica",L"Jim",L"Joanna"};
```

与标准 C++ 数组相同，CLR 数组中元素的索引值同样从 0 开始，可以通过 [ ] 运算符访问数组指定位置的元素，也可以通过 for each 循环遍历数组中的所有元素。例如：

```
array<int>^ value={3, 5, 6, 8, 6};
for each(int item in value)        //遍历数组
    Console::Write(L"{0, 5}, ", item);
Console::WriteLine();
```

2. Array 类的方法

Array 类是所有数组类型的抽象基类，它提供了创建数组以及对数组进行操作、搜索和排序的方法。在 CLR 中，数组实际上是对象，而不是像 C/C++ 中那样的可寻址连续内存区域，可以使用 Array 具有的属性以及类成员。Array 类的常用方法如表 2-1 所示。

表 2-1　Array 类的常用方法

方 法 名 称	说　　明
BinarySearch	通过二分查找法从数组中查找某个元素
Copy/CopyTo	复制数组中的某些元素或所有元素到另一个数组中
IndexOf/LastIndexOf	搜索指定的元素，并返回出现在数组中的第一个或最后一个索引
Reverse	将数组中的部分元素或所有元素的原始顺序反转
Sort	对数组中的部分元素或所有元素进行排序
GetValue/SetValue	取得数组中某个位置中的值或在某个位置设置指定的值

由于 Array 类是抽象类，因此不能创建它的对象，但它提供了一些静态方法，通过类名来调用这些静态方法。

1) 数组排序

Array 类提供了一组 Sort 静态方法，分别用于对数组中的部分元素或整个数组进行排序。Sort 方法使用快速排序(quick sort)算法对数组中的元素进行排序，因此该方法执行的是不稳定排序。也就是说，如果数组中两个元素相等，则排序后其所处的顺序可能会与排序前不同。Array 类的 Sort 方法及重载方法的声明如下：

```
static void Sort(array<T>^ array);
static void Sort(array<T>^ array, int index, int length);
static void Sort(array<T1>^ keys, array<T2>^ items);
static void Sort(array<T1>^ keys, array<T2>^ items, int index, int length);
```

Sort 方法还可以对两个相关的数组进行排序。其中，第一个数组中的元素作为第二个数组对应元素的键，当对第一个数组中的元素排序后，将对第二个数组中元素的顺序进行相应的调整，以使其与第一个数组中的元素相对应。例如：

```
array<double>^ grades={ … };    //若 grades 中值为 3.0, 4.0, 2.0, 1.0
array<String^>^ names={ … };    //若 names 中值为"A", "B", "C", "D"
Array::Sort(grades, names);     //排序后, grade 中元素顺序为 1.0, 2.0, 3.0, 4.0
                                //排序后, names 中元素顺序为"D", "C", "A", "B"
```

2) 查找元素

Array 类提供了一组 BinarySearch 静态方法，可以通过二分查找法从一维数组的所有或部分元素中搜索特定的元素，并返回该元素在数组中的索引。BinarySearch 方法的声明如下：

```
static int BinarySearch(array<T>^ array, T value);
static int BinarySearch(array<T>^ array, int index, int length, T value);
```

BinarySearch 方法返回一个 int 类型的整数值,如果其返回值小于 0,则说明该元素未包含在数组中。然而需要说明的是,在通过 BinarySearch 方法查找元素时,其查找的数组中的元素必须是有序排列的,因此在搜索之前必须对数组进行排序。例如:

```
Array::Sort(data);
int pos=Array::BinarySearch(data, value);
```

3. 多维数组

在创建 CLR 数组时,如果在尖括号中未指定数组的维数,那么默认是创建一维数组。而在创建 CLR 多维数组时,需要在尖括号内的元素类型后面指定数组的维数,维数中间用逗号隔开。例如,下面的语句创建了一个 4 行 5 列的二维数组,总共有 20 个元素:

```
array<int,2>^ data=gcnew array<int, 2>(4, 5);    //创建一个二维数组,且为 4 行 5 列
```

访问 CLR 多维数组中元素的方法是分别通过多个用逗号分隔的索引值访问每一个元素,而不能用一个索引值访问整个一行。例如,如果需要访问 CLR 二维数组中第 i 行、第 j 列的元素,那么需要通过[i,j]的方式来访问。

4. 数组的数组

由于在创建 CLR 数组时,可以将数组元素指定为任意的对象类型,所以如果将数组元素指定为一个数组的跟踪句柄类型,那么也就创建了数组的数组,即所谓的锯齿形数组。例如:

```
array<array<String^>^>^grades=gcnew array<array<String^>^>(5);
```

跟踪句柄 grades 引用了一个包含 5 个元素的数组,其中每个元素实际上也是数组的跟踪句柄,并且它们都引用一个元素为 String^类型的数组。那么可以通过以下方式来初始化 grades 所引用的数组。

```
grades[0]=gcnew array<String^>{L"王林", L"程明"};
grades[1]=gcnew array<String^>{L"韦平平", L"李方", L"林一凡"};
grades[2]=gcnew array<String^>{L"赵琳", L"张强民", L"王敏", L"张薇"};
grades[3]=gcnew array<String^>{L"李计", L"马琳", L"孙研", L"孙祥庆", L"罗林琳"};
grades[4]=gcnew array<String^>{L"李红庆", L"吴薇华"};
```

5. ArrayList 类数组

ArrayList 类数组是动态数组,也称线性列表。ArrayList 类是 Array 类数组的优化版本(该类位于命名空间 System::Collctions 中),区别在于 ArrayList 类提供了大部分集合类具有而 Array 类没有的功能,下面是 ArrayList 类的部分特点:

(1) Array 类的容量或元素个数是固定的,而 ArrayList 类的容量可以根据需要动态

扩展,通过设置 ArrayList::Capacity 的属性值可以执行重新分配内存和复制元素等操作。

（2）可以通过 ArrayList 类提供的方法在集合中追加、插入或移除一组元素,而在 Array 类中一次只能对一个元素进行操作。

（3）在 ArrayList 类中可以存放多种数据类型,此时的取值操作要强制转换,也称为拆箱。

但 Array 类也具有 ArrayList 类没有的灵活性,例如:

（1）Array 类的起始下标是可以设置的,而 ArrayList 类的起始下标始终是 0。

（2）Array 类可以是多维的,而 ArrayList 类始终是一维的。

定义 ArrayList 类的对象的语法格式如下:

```
ArrayList ^数组名=gcnew ArrayList([初始容量]);
```

例如,以下语句定义一个 ArrayList 类的对象 myarr,可以将它作为一个数组使用:

```
ArrayList ^myarr=gcnew ArrayList();
```

ArrayList 类的常用属性有:

- Count:获取 ArrayList 中实际包含的元素数。
- Capacity:获取或设置 ArrayList 类可包含的元素数。

ArrayList 类的常用方法如下:

- Add(Object^):将对象添加到 ArrayList 类的结尾处。
- Remove(Object^):从 ArrayList 类中移除特定对象的第一个匹配项。
- Clear:从 ArrayList 类中移除所有元素。
- ToArray(Type^):将 ArrayList 类的元素复制到一个指定元素类型的新数组中。

2.1.4 随机数

用 rand() 函数生成随机数,但严格意义上说生成的只是伪随机整数(pseudo-random integral number)。

生成随机数时需要指定一个种子。如果在程序内循环,那么下一次生成随机数时调用上一次的结果作为种子;但如果分两次执行程序,那么由于种子相同,生成的随机数也是相同的。

在实际应用中,一般将系统当前时间作为种子,这样生成的随机数更接近实际意义上的随机数。

int rand() 函数产生一个随机整数。

void srand(unsigned int_seed) 函数产生一个随机种子,实际应用时必须放在生成随机数前且需要头文件 time.h 支持,例如以当前时间作为种子:

```
srand(unsigned(time(NULL)));。
```

srand 和 rand 函数都包含在 stdlib.h 头文件里。

由于 rand 产生的随机数的范围是 0 到 rand_max,而 rand_max(32 767)是一个很大的数,如果要产生某个区间的随机数,可以通过适当的算术表达式实现,例如:

```
k=rand()%MAX;           //产生[0,MAX)的整数
k=a+rand()%(b-a+1);     //产生[a,b]的整数
k=rand()%(Y-X+1)+X;     //产生从X到Y的整数
```

2.1.5 字符串

1. 字符串的成员函数

C++/CLI 中的字符串是由 System 命名空间中的 String 类来表示的,每个 String 类对象都是动态的,字符串都是由 System::Char 类型的字符序列组成的。String 类提供了许多操作字符串的成员函数,如表 2-2 所示。

表 2-2 String 类的成员函数

成 员 函 数	说　　明
Compare/CompareTo	比较两个指定的 String 对象或将当前对象与指定的 String 对象进行比较
StartsWith/EndsWith	判断当前对象的开始与结尾是否与指定的字符串匹配
IndexOf/IndexOfAny	获取一个或多个字符(或任何字符)在当前对象中的第一个匹配项的索引
LastIndexOf/LastIndexOfAny	获取一个或多个字符(或任何字符)在当前对象中的最后一个匹配项的索引
Clone/Copy/CopyTo	获取当前对象的引用或复制对象或复制指定数目的字符
Concat/Insert/Join	连接、插入或拼接一个新的字符串
PadLeft/PadRight	右对齐/左对齐,不够的地方用空格或指定的字符来填充以达到对齐时指定的总长度
Trim/TrimEnd/TrimStart	将当前字符串的前面或末尾的一组指定字符去除
Remove/Replace	从当前字符串删除指定个数的字符或将当前字符串替换成指定的字符
ToLower/ToUpper/ToCharArray	将当前字符串转换成小写或大写或 Unicode 字符数组
SubString/Split	获取子串或将当前字符串按指定的分隔符拆分成子串
Format	格式化字符串,将字符串指定位置的字符替换为其他的表示形式

2. 字符串创建与使用

字符串可直接创建,也可通过连接字符串生成:

```
String^ str=(L"ABCD");
String^ saying=gcnew String(L"I Like C++/CLI");
```

连接字符串有 3 种方式：一是使用＋连接，二是使用 Concat 静态函数，三是使用 Join 函数。

通过使用＋运算符不仅可以连接多个字符串，而且可以将数字、bool 值等非字符串相连接，并自动将这些非字符串量转换成字符串。例如：

```
String ^str1=L"The size "+L"is ";        //str1="The size is "
String ^str2=str1+9+L'x'+9;              //str2="The size is 9x9"
String ^str3=str1+true;                  //str3="The size is true"
```

通过 String 类的静态函数 Concat 可以将多个对象（最多支持 4 个）或 String 类型元素的数组连接成为一个新的字符串，并返回新字符串的 String 对象。例如：

```
String ^sName="张三";
String ^sNum="2014051234";
String ^str=L"学生姓名:"+sName+L"\n";
str=String::Concat(str, L"学生学号:", sNum, L"\n");
```

通过 Join 函数可将数组中的多个字符串连接成一个新的字符串，字符串之间用指定的分隔符来分开。例如：

```
array<String^>^names={L"Jill", L"Ted", L"Mary", L"Eve", L"Bill"};
String ^separator=L", ";
String ^joined=String::Join(separator, names);
```

IndexOf 函数用于检索字符串中某个特定的字符或字符串首次出现的位置。IndexOf 函数有多种重载形式，常见的形式如下：

IndexOf(char value)：用于定位某一字符在字符串中出现的位置。

Indexof(string value)：用于定位某一个字符串在另一字符串中出现的位置。

IndexOf(char value,int start,int len)：在字符串中从 start 开始，查找 len 个字符，检索字符在字符串中出现的位置（注意：start＋len 不能大于源字符串的长度）。

说明：

(1)字符串的首字符从 0 开始计数，区分大小写。

(2)如果字符串中不包含这个字符或字符串，返回−1。

```
String ^str1=L"This is C++Program ";
String ^str2=L"C++";
Console::WriteLine("{0},str1->IndexOf(str2));           //输出 8
```

SubString 函数可以获取字符串中的子串，有多种重载方式，常用的有如下形式：

SubString(int startIndex)：从 startIndex 指定的位置开始截取子串，一直到字符串末尾。

Substring(int startIndex,int length)：从 startIndex 开始截取 length 长度的子串。

例如：

```
String ^s="C++Program";
String ^s1,^s2;
s1=s->Substring(4);          //s1 的值为 Program
s2=s->Substring(0,3);        //s2 的值为 C++
```

String 类提供了 Trim、TrimStart 和 TrimEnd 3 个函数用来删除字符串两头、头部和尾部的空格或指定的字符。

可使用 String 类的 PadLeft 和 PadRight 函数分别在字符串的左边或右边填充空格或指定的字符。

String 类的 ToUpper 和 ToLower 函数可将整个字符串转换为大写或小写字母。

String 类的 Insert 函数可以在字符串指定的位置处插入一个字符串。

使用 String 类的 Replace 函数可以用另一个字符代替字符串中指定的字符，或者用另一个子串代替给定子串。

从字符串中抽取一个子串的操作使用 String 类的 Substring 函数来完成。

String 类的 Split 函数将字符串按指定的分隔符拆分成多个子串，函数原型为

```
Array<String^>^Split(array<wchar_t>^ separator,int count);
```

例如：

```
split=words->Split(delimiter,num);
```

将调用字符串的函数 Split，按分隔符 delimiter 拆分为 num 个子串。

对于每个对象来说，都可以使用 ToString 函数来获取当前对象的可读字符串；但对于数据对象（常量或变量）而言，还可在 ToString 中指定前面的标准数字格式和自定义的数字格式。

3. 输出格式项

Write 和 WriteLine 输出函数可用格式项指定输出对齐、精度和格式字符串等内容。每个格式项用一对大括号包围，完整格式为：

{索引[,对齐][:格式子串]}

其中：

- 索引：表示在该处插入引用的参数数值，序号为参数的索引号。
- 对齐：是一个带符号的整数，正数为右对齐，负数为左对齐，数值为格式字段的宽度。
- 格式子串：指定格式类型及精度。

2.2　实训操作内容

2.2.1　放大器与交换器

1. 实训要求

Andy 送给 Mary 一个特殊的放大器,这个放大器可以将输入给它的两个内容分别进行加法放大和乘法放大。Mary 拿到后又对其加以改进,增加了一个装置,可以将两个输出的内容进行交换再输出。

放大器用函数 Alter(x,y)来表示,这里 x 和 y 是 double 型数据,放大器的功能就是把 x 的值变为 x＋y,y 的值变为 x×y 之后再返回。最后,通过调用交换器的函数 Swap(x,y)交换两个值。

现在要求使用引用的方法编写无返回值的放大器函数 Alter(x,y)和交换器函数 Swap(x,y),在主程序里检查这两个函数的功能,程序可以重复多次操作。当输入数据 x＝0,y＝0 时,程序就结束。

程序运行测试样例可参考表 2-3 的数据。

表 2-3　程序运行测试样例

样例输入	样例输出
2.3 6.5	x＝8.8,y＝14.95 x＝14.95,y＝8.8
3.0 6.0	x＝9,y＝18 x＝18,y＝9
−2.0 8.0	x＝6,y＝−16 x＝−16,y＝6
0 0	(程序结束)

2. 设计分析

通过函数调用只能返回一个参数,而这个放大器要返回两个参数,可使用引用的方法实现。当函数的形参声明为实参的引用时,对形参值的改变就是对该引用对应的实参值的改变,所以可以通过在函数中修改形参来改变实参的值。放大器函数 Alter(x,y)和交换器函数 Swap(x, y)可以定义如下:

```
void Alter(Double &a, Double &b)      //无返回值的放大器函数
{
    Double c=a;
    a=a+b;                            //按规则进行放大
```

```
        b=c * b;
    }
    void Swap(Double &a, Double &b)          //无返回值的交换器函数
    {
        Double t=a;
        a=b;                                 //交换两个数据
        b=t;
    }
```

上面两个函数都包含两个引用方式的形参,两个形参是实参的引用,是两个实参的别名,虽然函数没有返回值,但当形参发生改变的时候,实参也就发生了改变,所以变量的返回值是靠两个形参带回的。

在 Alter 函数体里面要实现两个放大功能,也就是 a 的值变为 a+b,b 的值变为 a＊b,但是执行第一条语句之后,a 与前面的 a 就不同了,所以在执行 a＝a+b 之前,要把执行前的 a 先保存在中间变量 c 中,再进行 a＝a+b 的运算,然后再进行 b＝a＊b(也就是 b＝c＊b)的运算。经过这样的运算之后,x、y 的数值就得到了放大,实参的值也发生了改变,输出的就是放大后的结果。同理,在交换器函数 Swap(x, y)中交换 a、b,也就是对 x、y 进行了交换。

根据题目的要求,程序流程图如图 2-1 所示。

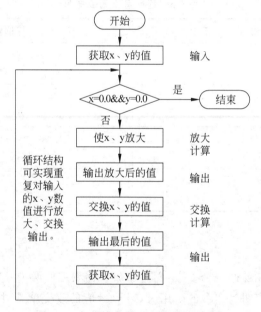

图 2-1　实现放大器和交换器的流程图

程序开始之后,首先获取 x 和 y 的值,然后判断 x 和 y 是否同时为 0。如果 x、y 同时为 0,则程序结束;如果 x、y 不同时为 0,执行循环体。首先调用 Alter 函数将 x 和 y 的值放大,接着调用 Alter 函数将放大后的 x 和 y 的值交换,再输出放大和交换后的 x 和 y 的值。下一次循环开始获取 x、y 的值,再执行循环体里面的内容。

主函数 main 的参考程序代码如下：

```cpp
int main(array<System::String ^>^args)
{
    double x,y;
    x=double::Parse(Console::ReadLine());        //读入 x 数据
    y=double::Parse(Console::ReadLine());        //读入 y 数据
    while(x !=0.0 && y !=0.0)                     //当两个数同时为 0 时就退出
    {
        Alter(x, y);                             //使用放大器
        Console::WriteLine("x={0},y={1}", x, y); //输出放大后的数值
        Swap(x, y);                              //使用交换器
        Console::WriteLine("x={0},y={1}", x, y); //输出交换后的数值
        x=double::Parse(Console::ReadLine());    //读入下一个 x 数据
        y=double::Parse(Console::ReadLine());    //读入下一个 y 数据
    }
    return 0;
}
```

3. 操作指导

（1）在 VC++ 中新建一个 CLR 控制台应用程序，输入项目的名称为 Converter，保存在"E：\VC\实验二\"文件夹中。

（2）在主项目文件的 main 函数前面输入上面定义的放大器函数 Alter(x,y) 和交换器函数 Swap(x, y)程序代码。

（3）完善给出的 main 函数程序代码。

（4）编译，运行，观察程序的运行结果，如图 2-2 所示。

图 2-2　放大器和交换器程序运行结果

（5）将放大器和交换器函数的参数改为使用引用方式实现，分析输出结果。

```cpp
void Alter(double %a, double %b)        //使用引用方式实现的放大器函数
{
    double c=a;                         //按规则进行放大
    a=a+b;
    b=c * b;
}
void Swap(Double %a, Double %b)         //使用引用方式实现的交换器函数
{
    Double t=a;
    a=b;                                //交换两个数据
    b=t;
}
```

（6）将放大器和交换器函数的参数改为跟踪句柄方式实现，分析输出结果。

```
void Alter(double ^a, double ^b)        //使用跟踪句柄方式实现的放大器函数
{
    double ^c=a;
    a= * a+ * b;                        //按规则进行放大
    b= * c *  * b;
}
void Swap(Double ^a, Double ^b)         //使用跟踪句柄方式实现的交换器函数
{
    Double ^t=a;
    a= * b;                             //交换两个数据
    b= * t;
}
```

（7）如果在跟踪句柄方式的实现中，赋值语句的变量前也使用 *（解除引用）运算符，设置适当的断点或在函数中增加中间变量的输出来观察和分析程序执行的结果。

```
void Alter(double ^a, double ^b)        //使用跟踪句柄方式实现放大器函数
{
    double ^c=a;
    * a= * a+ * b;                      //按规则进行放大
    * b= * c *  * b;
    Console::WriteLine("放大时 x={0},y={1}", a, b);
}
void Swap(Double ^a, Double ^b)         //无返回值的交换器函数
{
    Double ^t=a;
    * a= * b;                           //交换两个数据
    * b= * t;
    Console::WriteLine("交换时 x={0},y={1}", a, b);
}
```

4. 扩展练习

（1）程序中的 Alter 和 Swap 函数是否有返回值？调用这两个函数的结果是通过什么途径返回的？

（2）在放大器函数 Alter 中使用以下语句能否实现其功能，为什么？

```
x=x+y;
y=x * y;
```

2.2.2 新学员排队

1. 实训要求

Andy 想编写一个程序对一组新学员进行排队操作，学员的信息有姓名和身高，操作

的功能是分别用函数来实现学员数据的输入、按身高数据进行升序排序及输出排序后学员的数据,请编程实现这个想法。

2. 设计分析

在主函数中先定义两个数组,一个是学员的姓名,另一个是学员的身高,然后调用数据输入函数来输入数据,调用排序函数对数据进行排序,再调用输出函数输出排序后的数据。程序流程图如图 2-3 所示。

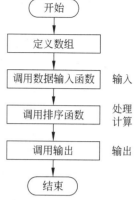

学员信息中姓名为字符串数组 Names,身高为整型数组 Heights,在定义数组时初始化数组大小为 10,代码如下:

```
array<String^>^ Names=gcnew array<String^>(10);
array<inst>^ Heights=gcnew array<int>(10);
```

图 2-3　新学员排队程序流程图

需要定义两个功能函数:输入数据函数 inputdata 和输出数据函数 outputdata。在输入数据函数 inputdata 中读入学员的姓名和身高数据,并通过形参的数组变量带回到主程序中。在输出数据函数 outputdata 中,将形参接收到的数组变量的数据分别输出,可使用下标运算符[]访问数组的元素,也可以通过 for each 循环遍历数组中的元素。这两个函数代码如下:

```
void inputdata(array<String^>^ Names, array<int>^ Heights)
{
    for(int i=0; i<Names->Length; i++)
    {
        Console::Write(L"请输入第{0}个姓名:", i+1);
        Names[i]=Console::ReadLine();
        Console::Write(L"请输入第{0}个身高:", i+1);
        Heights[i]=int::Parse(Console::ReadLine());
    }
}
void outputdata(array<String^>^ &Names, array<int>^ Heigths)
{
    Console::WriteLine(L"\n 按身高排序后的身高及学员姓名:");
    /* for each(int height in Heights)
        Console::Write(L"\t{0}", height);
    Console::WriteLine();
    for each(String^ name in Names)
        Console::Write(L"\t{0}", name);
    Console::WriteLine(); */
    for(int i=0; i<Names->Length; i++)
    {
        Console::Write(L"{0}\t", Names[i]);
```

```
        Console::WriteLine(L"{0}", Heights[i]);
    }
}
```

可使用数组类提供的 Array::Sort 静态方法,对数组中的部分元素或整个数组进行排序,这里使用对两个相关的数组按第一个参数——身高进行升序排序的方法。

```
Array::Sort(Heights, Names);        //对数组按第一个参数身高进行升序排序
```

3. 操作指导

(1) 在 VC++ 中新建一个 CLR 控制台应用程序,输入项目的名称为 LinedUp,保存在"E:\VC\实验二\"文件夹中。

(2) 在主项目文件的 main 函数前面输入上面定义的输入数据函数 inputdata 和输出数据函数 outputdata 的程序代码。

(3) 参考下面的程序代码完善 main 函数:

```
array<String^>^ Names=gcnew array<String^>(10);
array<int>^ Heights=gcnew array<int>(10);
inputdata(Heights, Names);          //数据的输入
Array::Sort(Heights, Names);        //对数组按第一个参数进行排序
outputdata(Heights, Names);         //输出结果
```

(4) 编译并运行程序,测试下面的数据,观察程序的运行结果。

Jill	Mary	Bill	Zoe	Jean
163	128	180	179	160
Ted	Eve	Ned	Dan	Kathy
168	175	176	198	183

(5) 当输入数据量较多而且每次运行都要输入相同的数据时,在调试时可以采取复制、粘贴方法简化输入数据的操作。在记事本中编辑好数据,并复制数据到剪贴板。运行时,右击窗口标题,在快捷菜单中选择"编辑"→"粘贴"命令,程序就从剪贴板中读取所需的数据,如图 2-4 所示。

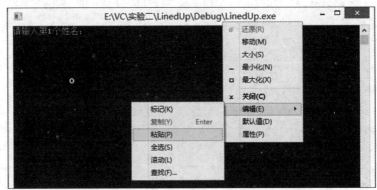

图 2-4　运行时将复制的输入数据粘贴到命令窗口

4．扩展练习

（1）如果想改为降序排序，应修改哪条语句？如何修改？
（2）当数据量较大时，如何调整输出的格式？写出修改后的语句。
（3）查找并输出身高居中位的学员姓名。

2.2.3 扑克发牌模拟

1．实训要求

一副扑克牌有 54 张牌，其中 52 张是正牌，另 2 张是副牌（大王和小王）。52 张正牌又分为 13 张一组，并以♠（spade，黑桃）、♥（heart，红心）、♣（club，梅花）、◆（diamond，方块）4 种花色表示各组，每组花色的牌包括 1～10（1 通常表示为 A）以及字母 J、Q、K 标示的 13 张牌，1～10 的牌以花色图案数代表，而 J、Q、K 用人头牌代表。利用随机数产生 52 张牌的随机顺序，然后分发给 4 个人，再对每个人手中的牌进行排序，输出排序后每个人手中所持的牌。请编程实现这个想法。

2．设计分析

随机数在游戏编程中起到很重要的作用，如扑克类游戏中的随机发牌、俄罗斯方块的随机生成等。

本题可通过随机数组和数组常量的模拟实现将一副扑克牌随机发牌给 4 个玩家，然后进行排序，再显示发牌结果，程序的流程图如图 2-5 所示。

图 2-5　扑克发牌模拟程序流程图

（1）定义数组。

使用两个常量数组来存储 52 张牌，定义如下：

```
array<String^>^ wSuit={ "Hearts", "Diamonds", "Clubs", "Spades" };
array<String^>^ wFace={ "A", "2", "3", "4", "5", "6", "7", "8","9", "10", "J",
    "Q", "K" };
```

52 张牌的随机顺序不能有重复,用一个二维数组来存储发牌前的顺序:

```
int wDeck[4][13]={ 0 };
wDeck[i][j]=k;
```

表示第 i 种花色的大小为 j 的牌放在了第 k 个位置,其中 0≤i<4,0≤j<13,1≤k≤52。

4 个玩家手上所持的 13 张牌用一个二维数组来存储,定义如下:

```
array<String^, 2>^ wPai=gcnew  array<String^, 2>(4, 13);      //定义二维数组
```

(2) 洗牌算法设计。

洗牌的算法用自然语言描述如下:

```
for(k=1 to 52)
{    随机生成第 i 种花色的大小是 j 的牌
         while(这张牌重复)
         {
         重新随机生成第 i 种花色的大小是 j 的牌
     }
     第 k 张牌为第 i 种花色大小为 j
}
```

实现洗牌的函数代码如下:

```
void shuffle(array<int, 2>^ wDeck)
{    //洗牌
    int r;
    int card, row, column;

    for(card=1; card<=52; card++)
    {
        r=rand();
        row=r %4;                //第 card 张牌为第 row 种花色
        r=rand();
        column=r %13;            //第 card 张牌为第 row 种花色,大小为 column
        while(wDeck[row,column] !=0)    //已发牌,再产生新牌
        {
            r=rand();
            row=r %4;                    //第 row 种花色
            r=rand();
            column=r %13;                //第 row 种花色,大小为 column
        }
        wDeck[row,column]=card;
    }
}
```

（3）发牌算法设计。

发牌的算法用自然语言描述如下：

```
for(k=1 to 52)
{   找出第 k 张牌的花色 i 和大小 j(wDeck[row, column]==card)
    按顺序分发给第 m 个玩家第 n 张牌
    (wPai[card %4, card %13]=wFace[column]+" of "+wSuit[row])
    显示第 m 个玩家的第 n 张牌
}
```

实现发牌的函数程序代码如下：

```
void deal (array<int, 2>^ wDeck, array<String^>^ wFace, array<String^>^ wSuit,
        array<String^, 2>^ wPai)
{   //发牌
    int card, row, column;
    Console::WriteLine(L"     A     B     C     D");
    for(card=1; card<=52; card++)      //第 card 张牌
    {
        for(row=0; row<=3; row++)
        {
            for(column=0; column<=12; column++)
            {
                if(wDeck[row,column]==card)     //取出第 card 张牌的花色和大小
                {   //发给第 card %4 个玩家的第 card %13 张牌
                    wPai[(card-1) %4, (card-1) %13]=wFace[column]+" of "+wSuit
                    [row];
                    if((card-1)%4==3)               //将该牌输出
                        Console::WriteLine(L"{0,5} of {1,-8}", wFace[column],
                            wSuit[row]);
                    else
                        Console::Write(L"{0,5} of {1,-8}\t", wFace[column],
                            wSuit[row]);
                }
            }
        }
    }
}
```

（4）整理、排序及输出。

4 个人得到的牌存储在二维数组 wPai 中。要将 4 个人的牌进行排序，就要用到数组的排序方法，但数组的排序仅可用一维数组，所以在排序前要将二维数组 wPai 转换为一维数组 sPai，再用一维数组 sPai 分段排序。整理、排序及输出的算法用自然语言描述如下：

```
定义一维数组 sPai(array<String^>(52);)
将二维数组 wPai 转换为一维数组 sPai(sPai[row * 13+column]=wPai[row,column];)
for(i=0 to 3)
```

一维数组 sPai 分段排序(Array::Sort(sPai,row * 13,13);)

按 4 列分别输出排序后 4 个玩家所持的牌(sPai[row * 13+column])

实现整理排序及输出的函数如下：

```
void sort(array<String^, 2>^ wPai)
{
    int row, column;
    array<String^>^ sPai=gcnew array<String^>(52);
    for(row=0; row<=3; row++)
    {
        for(column=0; column<=12; column++)
        sPai[row * 13+column]=wPai[row,column];
    }
    for(row=0; row<=3; row++)
    {
        Array::Sort(sPai,row * 13,13);        //将 4 个玩家手上的牌重新排序
    }
    Console::WriteLine(L"        A        B        C        D");
    for(column=0; column<=12; column++)
    Console::WriteLine(L"    {0,-19},    {1,-19},    {2,-19},    {3,-19}",
        sPai[column], sPai[13+column], sPai[26+column], sPai[39+column]);
}
```

3. 操作指导

(1) 在 VC++ 中新建一个 CLR 控制台应用程序,输入项目的名称为 Poker,保存在 "E:\VC\实验二\"文件夹中。

(2) 在主项目文件的 main 函数前面添加包含的头文件,输入上面定义的 3 个函数的程序代码:

```
#include<time.h>
#include"stdlib.h"
void shuffle(…);          //洗牌
void deal(…);             //发牌
void sort(…);             //整理排序及输出
```

(3) 参考下面的程序代码完善 main 函数:

```
int main(array<System::String ^>^args)
{
    array<String^>^ wSuit={ "Hearts", "Diamonds", "Clubs", "Spades" };
    array<String^>^ wFace={ "A", "2", "3", "4", "5", "6", "7", "8","9", "10",
        "J", "Q", "K" };
    array<String^, 2>^ wPai=gcnew array<String^, 2>(4, 13);   //定义二维数组
    array<int, 2>^ wDeck=gcnew array<int, 2>(4, 13);
```

```
Console::WriteLine(L"发牌如下:");
srand(unsigned(time(NULL)));
shuffle(wDeck);                                        //洗牌
deal(wDeck, wFace, wSuit, wPai);                       //发牌
Console::WriteLine(L"排序整理后的牌如下:");
sort(wPai);                                            //整理、排序及输出
return 0;
}
```

输出的结果如图 2-6 所示。

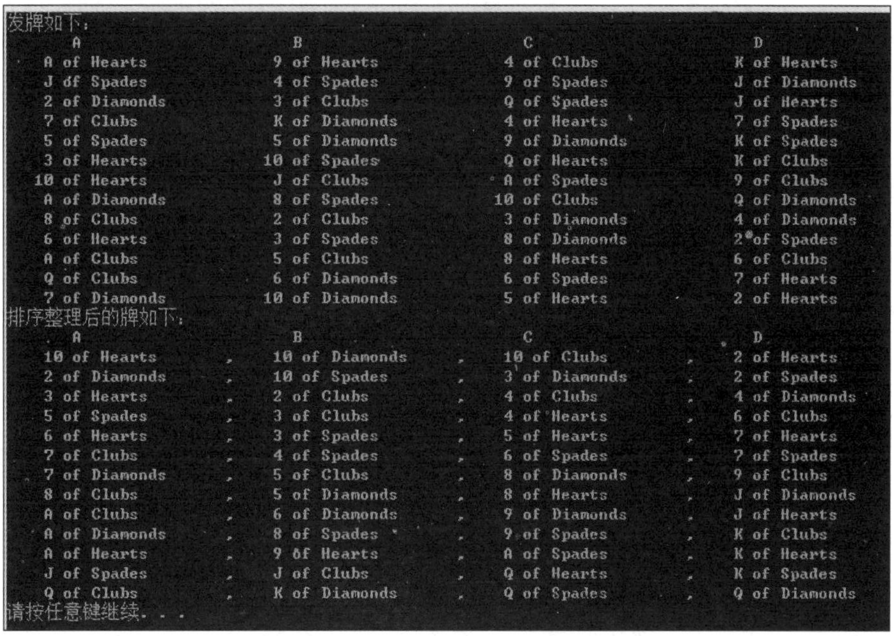

图 2-6 扑克发牌模拟程序运行结果

（4）使用数组的数组方法实现程序。

可以使用数组的数组方法来实现，在主函数中定义一个跟踪句柄 sPais，引用一个包含 4 个元素的数组（4 个玩家）。其中每个元素实际上也是数组的跟踪句柄，并且它们都引用一个元素为 String 类型的数组。定义及初始化如下：

```
//定义数组的数组
array<array<String^>^>^ sPais=gcnew array<array<String^>^>(4);
for(row=0; row<4; row++)    //初始化数组的数组
    sPais[row]=gcnew array<String^>(13);
```

对程序作如下修改。

调用发牌函数修改为

```
deal(wDeck, wFace, wSuit, sPai);        //发牌
```

在发牌函数中,发每个牌的语句修改为

```
sPais[(card-1)%4][(card-1) %13]=wFace[column]+" of "+wSuit[row];
```

调用排序函数修改为

```
sort(sPai);            //整理排序及输出
```

在排序函数中对每个玩家进行排序的语句修改为

```
for(row=0; row<=3; row++)
    Array::Sort(sPais[row]);
```

输出各个玩家所持的牌的语句修改为

```
for(column=0; column<=12; column++)
    Console::WriteLine(L"    {0,-19},    {1,-19},    {2,-19},    {3,-19}",
        sPais[0][column],sPais[1][column],sPais[2][column],sPais[3][column]);
```

按上述方法修改程序,观察程序运行的结果。

2.2.4 分解器

1. 实训要求

Andy 在做一个与设备通信的项目,遇到一个将接收到的信息进行分解的问题,她想编写一个分解器,可以将接收到的一组用符号分隔的数值字符串分解成 num(num<10)个单独的数值,以便在程序中进行计算和输出。请编程实现这个功能。

样例输入:

```
4                    //数值的个数 num
23,65 30,68          //用逗号和空格分隔的数值字符串
```

样例输出:

```
23
65
30
60
```

2. 设计分析

要实现这个分解器的功能,主要考虑以下问题:数值字符串中数值的个数和分隔符如何确定? 如何将这个字符串分解成 num 个单独的数值字符串,再将单独的数值字符串转换为数值量? 如何重复多次执行分解功能? 程序流程图如图 2-7 所示。

"读入子串个数 num"和"获取一行数值字符串 words"的操作都可用控制台的输入语句 ReadLine 来实现,以模拟通信时的接收过程。重点是将数值字符串 words 拆分成

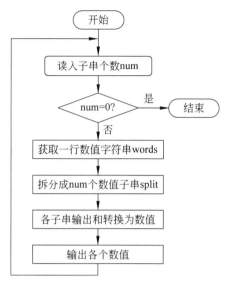

图 2-7 分解器程序流程图

num 个数值子串 split 的实现,这要用到字符串的 Split 方法,实现代码为

```
split=words->Split(delimiter,num);
```

这里的 delimiter 是一个字符数组,先定义一个分隔符字符串 delimStr,指定可能用到的分隔符,代码为

```
String^ delimStr=" ,";          //以空格或逗号分隔
```

再调用字符串的 ToCharArray 方法将 delimStr 转换为字符数组,代码为

```
array<Char>^delimiter=delimStr->ToCharArray();
```

通过字符串的 Split 方法分解出多个数值字符串 split,形成一个字符串数组,可以用 for each 遍历取出各个数值字符串,将它转换为数值量。代码为

```
for each(String ^s in split)
    data[i++]=Convert::ToInt32(s);
```

要实现重复执行,需增加循环结构,在循环体内判断 num＝＝0 时就退出循环。用自然语言描述的算法如下:

```
while(1)
{
    读入子串个数 num
    if(num==0)break;            //退出循环
    获取一行数值字符串 words
    将字符串 words 按指定的分隔符 delimiter 拆分成 num 个子串
    for each(String ^s in split)
        data[i++]=Convert::ToInt32(s);
```

```
    for(i=0; i<num; i++)
        输出 data[i]
}
```

3. 操作指导

（1）在 VC++ 中新建一个 CLR 控制台应用程序，输入项目的名称为 Splitter，保存在"E:\VC\实验二\"文件夹中。

（2）结合上面的设计分析，完善 main 函数。

```
#include "stdafx.h"
#include "stdlib.h"
using namespace System;
int main(array<System::String ^>^args)
{
    String^ delimStr=",";                              //以空格或逗号分隔
    array<Char>^delimiter=delimStr->ToCharArray(); //转换为单个字符数组
    String ^words;                          //一组用符号分隔的数值字符串
    array<String ^>^split=nullptr;          //数值字符串数组
    array<int>^ data=gcnew array<int>(10); //转换后的数值
    int num, i;
    while(1)
    {
        ...
    }
        return 0;
}
```

4. 扩展练习

（1）修改程序，增加冒号分隔符，并验证程序的运行结果。

（2）修改程序，对输入的一组数据进行求和，最后输出和的值。

思考与练习

1. 选择题

（1）在 C++ 语言中，函数重载的主要方式有两种，包括_____和参数类型不同的重载。

    A. 参数名称不同的重载   B. 返回类型不同的重载

    C. 函数名不同的重载   D. 参数个数不同的重载

（2）以下关于函数重载的说法中正确的是_____。

    A. 如果两个函数名称不同，而参数的个数不同，那么它们可以构成函数重载

    B. 如果两个函数名称相同,而返回值的数据类型不同,那么它们可以构成函数重载

    C. 如果两个函数名称相同,而参数的数据类型不同,那么它们可以构成函数重载

    D. 如果两个函数名称相同,而参数的个数相同,那么它们一定不能构成函数重载

(3) 关于 Array 类数组和 ArrayList 类数组的维数,以下说法正确的是

    A. Array 类数组可以有多维,而 ArrayList 类数组只能是一维

    B. Array 类数组只能是一维,而 ArrayList 类数组可以有多维

    C. Array 类数组和 ArrayList 类数组都只能是一维

    D. Array 类数组和 ArrayList 类数组都可以是多维

(4) 以下程序的输出结果是_____。

```
#include "stdafx.h"
int main(array<System::String ^>^args)
{
    int i;
    int a[10];
    for(i=9; i>=0; i--)
        a[i]=10-i;
    System::Console::WriteLine("{0},{1},{2}", a[2], a[5], a[8]);
    return 0;
}
```

  A. 2,5,8　　　　　B. 7,4,1　　　　　C. 8,5,2　　　　　D. 3,6,9

(5) 以下程序的输出结果是_____。

```
#include "stdafx.h"
using namespace System;
using namespace System::Collections;
int main(array<System::String ^>^args)
{
    array<int>^num={ 1, 3, 5 };
    ArrayList ^arr=gcnew ArrayList();
    for(int i=0; i<num->Length; i++)
        arr->Add(num[i]);
    arr->Insert(1, 4);
    Console::WriteLine(arr[2]);
    return 0;
}
```

  A. 1　　　　　　　B. 3　　　　　　　C. 4　　　　　　　D. 5

(6) 以下程序的输出结果是_____。

```
#include "stdafx.h"
using namespace System;
int main(array<System::String ^>^args)
{
    array<int>^num={ 1, 3, 5, 4, 2};
    Array::Reverse(num);
    for each(int i in num)
        Console::Write("{0}",i);
    Console::WriteLine();
    return 0;
}
```

A. 12345   B. 54321   C. 24531   D. 13542

2. 简述题

(1) 什么是引用？
(2) 使用引用方式定义函数的参数有何好处？
(3) 函数重载有什么要求？
(4) 函数重载的匹配原则是什么？

第3章 类 与 对 象

实训目的

- 认识面向对象程序设计方法。
- 掌握类与对象的有关概念、定义与使用。
- 掌握数值类、引用类的定义与使用。
- 掌握类的特殊函数的定义、调用时机。
- 掌握程序集和类库的使用。
- 掌握类的标题属性和索引属性的定义与使用。

3.1 基本知识提要

3.1.1 类与对象概述

1. 类与对象简介

对象(object)是要研究的任何事物,对象由数据(描述事物的属性)和作用于数据的操作(体现事物的行为)构成一个独立整体。一个对象有状态、行为和标识3种属性。

类(class)是一个共享相同结构和行为的对象的集合,是对一组有相同属性和相同操作的对象的抽象特点的定义。通常来说,类定义了事物的属性和它可以做到的事情(它的行为)。类可以为程序提供模板和类型。一个类的方法和属性被称为成员。方法是允许作用于该类对象上的各种操作。

类是在对象之上的抽象,对象则是类的具体化,是类的实例。

面向对象的3个基本特征如下:

(1)封装。把客观事物封装成抽象的类,将数据和操作捆绑在一起,创造出一个新的类型的过程称为封装。封装是将接口与实现分离的过程,隐藏属性和方法的实现细节,仅对外公开接口。

(2)继承。子类自动共享父类的数据和方法的机制称为继承。子类可以对基类的行为进行扩展、覆盖、重定义。

(3)多态。接口的多种不同的实现方式即为多态。同一操作作用于不同的对象,产生不同的执行结果。在运行时,通过指向基类的指针或引用来调用派生类中的虚函数来实现多态。

对象根据接收的消息而做出动作。同一消息为不同的对象接收时可产生完全不同的动作,这种现象称为多态性。利用多态性,可发送一个通用的信息,而将所有的实现细节都留给接收消息的对象自行决定,这样,同一消息即可调用不同的方法。通过在派生类中重定义基类函数(定义为重载函数或虚函数)来实现多态性。

面向对象程序设计的思想主要是针对大型软件设计而提出的,使得软件设计更加灵活,能够很好地支持代码复用和设计复用,并且使得代码具有更好的可读性和可扩展性,使得程序更加便于分析、设计、理解。

2. 类的定义

在普通 C++ 中,类的声明格式一般如下:

```
class<类名>              //声明部分
{                        //{和}括起的部分为类体
private:
    [<私有型数据和函数>]
public:
    [<公有型数据和函数>]
}
    <各个成员函数的实现> //实现部分
```

类中的数据和函数都是类的成员,分别称为数据成员和成员函数。

数据成员又称为成员变量,是用来描述状态等的属性,常用变量来定义。

成员函数又称为方法,用来对数据成员进行操作。

成员函数既可以在类中定义,也可先在类中声明函数原型,然后在类外定义,这种定义又称为成员函数的实现。

需要说明的是,成员函数在类外实现时,必须用作用域运算符“::”来告知编译系统该函数所属的类。即:

```
<函数类型> <类名> ::<函数名>(<形式参数>)
{
    ...
}
```

在定义格式上,C++/CLI 类的声明与普通 C++ 类相同,只是 C++/CLI 可以定义“值”和“引用”两种具有不同特性的结构和类。

value struct 定义的为“值”结构。

value class 定义的为“值”类。

ref struct 定义的为“引用”结构。

ref class 定义的为“引用”类。

“值”和“引用”的区别在于:“值”类型的对象(变量)包含的是自身的数据内容;而“引用”类型的变量则是对“引用”类型对象的一个引用,实际上是引用对象的跟踪句柄,包含的是对象的地址。

C++/CLI 类与普通 C++ 类的区别如下:

(1) C++/CLI 值类和引用类中不能包含普通 C++ 数组和 C++ 类对象的数据成员。

(2) C++/CLI 值类和引用类中不能包含友元函数。

(3) C++/CLI 值类和引用类中不能含有类似于 C 语法中位字段的数据成员。

(4) C++/CLI 值类和引用类中的成员函数不能声明成 const,而应使用关键字 literal 修饰。

当定义为数值类的变量时,将直接在堆栈中创建该变量中的数据项所使用的内存,并且每个变量总是包含自己的数据。当然,还可以通过 gcnew 运算符从 CLR 堆中创建数值类的对象,但这种情况需要定义一个引用该数值类对象的跟踪句柄,并通过该句柄访问数值类对象中的数据项。

由于类是一种数据类型,系统在类的声明时并不会为其分配内存空间,所以在定义类中的数据成员时,不能对其进行初始化(仅静态成员除外)。

一旦定义类后,就可以用类来定义变量,这个变量就称为具有该类属性的对象,是类的一个实例。

3. 数值类和引用类

1) 数值类

数值类是相对简单的数据类型,主要用于表示具有有限个数据成员的简单对象。数值类定义格式与普通 C++ 类一样,只是关键字不同而已。

2) 引用类

引用类不仅超越了普通 C++ 类,而且没有数值类的那些限制。与数值类不同的是,引用类并没有默认的复制构造函数和赋值运算符,所以,若已定义的引用类需要进行复制或赋值时,那么必须显式地定义复制构造函数或重载赋值运算符。

4. 成员访问权限

成员访问权限有 public(公有)、private(私有)和 protected(保护),它们只是限定了对象以及在类继承的子类访问成员的权限,当用类外对象来访问成员时,只能访问 public 成员,而对 private 和 protected 成员均不能访问。

定义类时应注意以下几点事项:

(1) 在类体中不允许对定义的数据成员进行初始化。

(2) 类中的数据成员的类型可以是任意的,包含整型、浮点型、字符型、数组、指针和引用等,也可以是对象。另一个类的对象可以作为该类的成员,但是类自身的对象则不可以,而类自身的指针或引用则可以。当另一个类的对象作为这个类的成员时,如果另一个类的定义在后,需要提前说明。

(3) 在类内部定义的函数默认为 inline,即内联函数,成员函数必须在类内部声明,但不一定在类内部定义。

(4) 一般将类定义的说明部分或者整个定义部分(包含实现部分)放到一个头文件中。

3.1.2 构造函数、析构函数和终结器

1. 构造函数

构造函数在创建类对象时自动执行,通常用于一些数据的初始化工作。

C++ 规定,一个类的构造函数必须与相应的类同名,它可以带参数,也可以不带参数,与一般的成员函数定义相同,可以重载,也可以有默认的形参值。实际上,在类定义时,如果没有定义任何构造函数,则编译器自动为类隐式生成一个不带任何参数的默认构造函数。以下是对构造函数的几点说明:

(1) 系统在生成类的对象时自动调用构造函数。同时,指定对象括号里的参数就是构造函数的实参。

(2) 在 C++ 中,变量的初始化可以有下列两种等价形式:

```
int a(5);            //C++初始化格式
int b=5;             //C 初始化格式
```

(3) 有多个构造函数时,系统将根据指定的参数个数来寻找匹配的构造函数,若找不到,则构造失败。

(4) 由于对象的初始化可能采用带括号的函数构造方式,因此可用初始化列表方式对类中构造函数的成员初始化。

构造函数有以下几种:

(1) 无参数构造函数。

如果创建一个没有定义任何构造函数的类,则系统会自动生成默认的无参构造函数,函数体为空,什么都不做。如果显式地定义无参构造函数,系统就不会再自动生成默认的构造函数。

(2) 一般构造函数。

一般构造函数(也称重载构造函数)可以有各种参数形式,一个类可以有多个一般构造函数,前提是参数的个数或者类型不同(基于 C++ 的重载函数原理),创建对象时根据传入的参数不同调用不同的构造函数。

(3) 复制构造函数。

复制构造函数的参数为类对象本身的引用,用于根据一个已存在的对象复制出一个该类的新对象,一般在函数中会将已存在对象的数据成员的值复制一份放到新创建的对象中。

引用类的复制构造函数与标准 C++ 类的复制构造函数相同,在为 C++/CLI 引用类定义复制构造函数时,同样需要指定该引用类型对象的引用。例如:

```
Circle(Circle% circle)
{ Radius=circle.Radius; }
```

也可以将跟踪句柄作为复制构造函数的形参,创建该引用类型的对象时,可以直接通

过其他对象的跟踪句柄复制对象中的数据。例如：

```
Circle(Circle^ circle)
{ Radius=circle->Radius; }
```

（4）静态构造函数。

在 C++/CLI 中，引用类和值类可以有一个静态构造函数，用来满足类中静态成员的初始化需要，它不同于一般静态成员函数，它不能带参数，而且必须是私有的。另外，静态构造函数也只能在运行时由系统自动调用。

2. 析构函数和终结器

析构函数的功能是释放一个对象，在删除对象前做一些清理工作，它与构造函数的功能正好相反。

析构函数只有在下列情况下才会被自动调用：

（1）当对象定义在一个函数体中，该函数调用结束后，析构函数被自动调用。

（2）用 new 为对象分配动态内存，当使用 delete 释放对象时，析构函数被自动调用。

（3）当某个引用类的句柄离开其作用域时，或者当该类的对象是另一个正在被销毁的对象的组成部分时，类的析构函数将被调用。

（4）对引用类的句柄应用 delete 运算符，这样也会调用析构函数。

为普通 C++ 类实现析构函数的首要原因是要处理在堆上分配的数据成员，但该理由显然不适用于引用类，因此在引用类中很少需要定义析构函数。当类对象要使用不被垃圾回收器管理的其他资源时，才需要定义析构函数，也可以使用另一种名为终结器（finalizer）的类成员来清除这样的资源。

终结器是一种特殊的引用类函数成员，是在销毁对象的时候由垃圾回收器自动调用的。

在 C++/CLI 中，定义类的终结器的方式与定义析构函数的方式类似，其区别在于需要通过！符号来代替析构函数中的～符号。

3. 调用顺序

构造函数和析构函数（终结器）的执行顺序是，先构造后析构（终结），后构造先析构（终结），类似于栈的操作，先进后出。

注意，如果析构函数被显式调用，或者因为对某个对象应用 delete 运算符而被调用，那么垃圾回收器将不会为该对象调用终结器。在派生类中，调用终结器的顺序与调用析构函数的顺序相同，因此最基本的类的终结器被首先调用，然后是类层次结构中下一个类的终结器被调用，最后被调用的是最后派生的那个类的终结器。

因此，如果某个类既有终结器，又有析构函数，则销毁对象时只能调用其中之一。如果以编程方式销毁对象，则析构函数被调用；如果对象因离开作用域而自然消亡，则终结器被调用。

4. this 关键字

this 关键字在类中使用,它是对当前实例的引用。在声明一个类后,当创建该类的一个对象时,该对象隐含有一个 this 引用,其作用是引用当前正在操作的对象。this 关键字用在方法、构造函数或属性中,用于区分类的成员和本地变量或参数。

3.1.3　程序集和类库

程序集是.NET 框架编程的基本组成部分,它是一个或多个托管模块以及一些资源文件的逻辑组合,其中包含了一个或多个类型定义文件和资源文件的集合。

如果一个项目只包含类(以及其他相关的类型定义,但没有入口点),该项目就称为类库。类库项目编译为.DLL 程序集,在其他项目中添加对类库项目的引用,就可以访问它的内容。

程序集的典型分组是通过命名空间来实现的。通过 using 指令来将特定命名空间引入到当前程序文件中,这样就可在程序中直接使用该空间所包含的类型。

当创建自己的类库时,需要通过命名空间(程序集)来包含这些类,这些类所在的程序集就称为父程序集。

对程序集的访问使用可见性修饰符来描述,可见性修饰符有以下两个:

(1) 私有的(private):表示这些类仅在其父程序集中才可见。

(2) 公有的(public):表示该类在其驻留的父程序集外都是可见和可访问的。

3.1.4　标量属性与索引属性

类的私有成员数据不能为对象所引用,为了能设置和获取私有成员变量的数据,往往需要在类中提供相应的公有成员函数(方法),而 C++/CLI 提供了属性机制,使这个过程的实现和操作变得更为便捷,在 C++/CLI 类定义中通过关键字 property 来定义属性,这里属性指狭义的概念,也称为索引器,与前面所谈的"属性"概念并不完全一样。

类的属性有两种类型:标量属性和索引属性。标量属性相当一个数据成员,而索引属性是一组值,相当于一个数组。

每个属性一般包含两个处理函数:set 和 get。set 函数用来存储或者设置属性的值,就是"写"操作;而 get 函数用来获取属性的值,就是"读"操作,必须返回与属性类型相同的返回值。若一个属性只有 get 处理函数,则该属性就是只读的;同样若只有 set 处理函数,则该属性就是只写的。

1. 标量属性

标量属性用于获取或设置一个单值,通过关键字 property 来定义标量属性,并为该属性分别定义 set 和 get 两个存取函数。其中,set 函数必须有与属性类型相同的形参,而 get 函数必须返回与属性类型相同的返回值。在类中定义标量属性时可以不提供 set 和

get 函数定义,这种属性被称为平凡标量属性。此时,编译器会自动为每个平凡标量属性提供默认的 get 和 set 函数的定义,并在 get 函数中返回属性的值,同时在 set 函数中把属性值设定与该属性类型相同的实参。

2. 索引属性

索引属性对应类中的一组值,其访问方式与访问数组元素相同,都是通过下标运算符［］访问。在定义索引属性时,需要在属性名后通过中括号指定访问索引属性的索引数据类型。索引的数据类型可以指定为 int 类型,也可以指定为其他的数据类型。索引属性包含两种类型:默认索引属性和有名索引属性。默认索引属性的属性名称是关键字default,并且可以直接通过类对象名称与下标运算符来访问;有名索引属性的属性名称是一个常规名称,并通过该属性名称与下标运算符访问。

3.1.5 常用类和结构

1. Math 类

Math 类位于 System 命名空间中,它包含了实现常用算术运算功能的方法,这些方法都是静态方法,可通过"Math::方法名(参数)"来使用,其中定义了两个常量 PI 和 E,常用的方法有 Abs、Exp、Log、Max、Min、Pow、Round 及三角函数等。

注意:一个类的方法有静态方法和非静态方法之分。对于静态方法,只能通过类名来调用;而对于非静态方法,需通过类的对象来调用。

2. Convert 类

Convert 类位于 System 命名空间中,用于将一个值类型转换成另一个值类型。这些方法都是静态方法,可通过"Convert::方法名(参数)"来使用,常用的方法如表 3-1 所示。

表 3-1　Convert 类的常用方法

方　法	说　　明	方　法	说　　明
ToBoolean	将数据转换成 Boolean 类型	ToInt64	将数据转换成 64 位整数类型
ToDateTime	将数据转换成日期时间类型	ToNumber	将数据转换成 Double 类型
ToInt16	将数据转换成 16 位整数类型	ToObject	将数据转换成 Object 类型
ToInt32	将数据转换成 32 位整数类型	ToString	将数据转换成 String 类型

3. DateTime 结构

DateTime 结构位于 System 命名空间中,DateTime 类型表示值范围在公元 1753 年1 月 1 日 00:00:00 到公元 9999 年 12 月 31 日 23:59:59 之间的日期和时间,通过以下语法格式定义一个日期时间变量:

```
DateTime 日期时间变量=new DateTime(年,月,日,时,分,秒);
```

例如,以下语句定义了两个日期时间变量:

```
DateTime d1=new DateTime(2017,10,1);
DateTime d2=new DateTime(2017,12,1,8,15,20);
```

其中,d1 的值为 2017 年 10 月 1 日 00:00:00,d2 的值为 2017 年 12 月 1 日 8:15:20。DateTime 结构的常用属性如表 3-2 所示。

表 3-2 DateTime 结构的常用属性

属　　性	说　　明
Date	获取此实例的日期部分
Day	获取此实例所表示的日期为该月中的第几天
DayOfWeek	获取此实例所表示的日期是星期几
DayOfYear	获取此实例所表示的日期是该年中的第几天
Hour	获取此实例所表示日期的小时部分
Minute	获取此实例所表示日期的分钟部分
Millisecond	获取此实例所表示日期的毫秒部分
Month	获取此实例所表示日期的月份部分
NOW	获取一个 DateTime 对象,该对象设置为此计算机上的当前日期和时间,即本地时间
Second	获取此实例所表示日期的秒部分
TimeOfDay	获取此实例的当天时间
Today	获取当前日期
Year	获取此实例所表示日期的年份部分

3.2　实训操作内容

3.2.1　立方体

1. 实训要求

立方体有长、宽和高 3 个维度的数值,当立方体的 3 个量确定后,就可计算出它的体积。下面的程序是立方体类的简单定义与实现:

```
#include "stdafx.h"
#include "stdlib.h"
using namespace System;
ref class Cube
```

```
{
private:
    double Length, Width, Height, Volume;          //长、宽、高和体积
public:
    //无参构造函数
    Cube(): Length(0), Width(0), Height(0)          //显式无参构造函数
    {
        Volume=Length * Width * Height;
        Console::WriteLine(L"无参构造函数");
    }
    //有参构造函数
    Cube(double l, double w, double h): Length(l), Width(w), Height(h)
    {
        Volume=Length * Width * Height;
        Console::WriteLine(L"有参构造函数,参数为{0} * {1} * {2}",l,w,h);
    }
    void ShowRes(void)
    {
        Console::WriteLine("立方体的体积为:{0}",  Volume);
    }
};
int main(array<System::String ^>^args)
{
    Cube ^cube1=gcnew Cube;                         //A:调用无参构造函数
    Cube ^cube2=gcnew Cube(4, 5, 6);                //B:调用有参构造函数
    cube1->ShowRes();
    cube2->ShowRes();
    return 0;
}
```

在此基础上按下列要求进行操作,观察和分析程序运行的结果。

(1) 在主函数中定义立方体类对象,如 Cube a,b(2,3,4);。

(2) 考虑立方体的某一个面,增加一个需要两个参数的构造函数,可计算和输出对应的面积,在主函数中定义立方体类对象 Cube c(4,5)来测试。

(3) 根据某个立方体对象定义新的对象和跟踪句柄,即在类中使用复制构造函数来构造对象,在主函数中添加测试语句。

(4) 增加计算立方体质量的功能,如果立方体的密度 p=0.9,用字面值字段 literal 定义这个参数,然后增加一个计算和输出立方体质量的 ShowQua 函数,在主函数中调用该函数,然后输出某个立方体的质量。

(5) 增加类的析构函数和终结器,在执行程序时显示这些函数何时被调用,调用的顺序又如何。

(6) 在主函数的结尾增加 delete cube2 语句之后,观察运行结果发生什么变化。

（7）修改类中的数据成员 Height 为只读字段，观察运行结果有何变化。

2. 设计分析

上面所给程序定义立方体类名为 Cube，其私有数据成员如下：

```
double Length, Width, Height, Volume;        // 长、宽、高和体积
```

成员函数包括一个无参的构造函数和一个有参的构造函数以及一个用来显示体积的成员函数。

为了在执行程序时显示出这些函数何时被调用，可以在这些函数内添加一行输出，从输出结果可以看到函数被执行的顺序，例如：

```
Console::WriteLine(L"无参构造函数");
```

3. 操作指导

（1）在 VC++ 中新建一个 CLR 控制台应用程序，输入项目的名称为"立方体"，保存在"E:\VC\实验三\"文件夹中。

（2）复制或输入所给的程序代码到主项目文件中，编译并运行程序，理解程序运行的结果。

（3）在主程序中增加定义 Cube 对象的语句，然后观察运行结果，如图 3-2 所示。

```
int main(array<System::String ^>^args)
{
    Cube ^cube1=gcnew Cube;              //A:调用无参构造函数
    Cube ^cube2=gcnew Cube(4, 5, 6);     //B:调用有参构造函数
    cuble1->ShowRes();
    cuble2->ShowRes();
    Cube a,b(2,3,4);
return 0;
}
```

图 3-1　立方体程序运行结果之一

图 3-2　立方体程序运行结果之二

在主函数中增加对象 a 和 b，其中对象 b 给出了初始参数，可以看到运行结果中增加了两行，构造对象 a 时调用了无参构造函数，构造对象 b 时调用了有参构造函数。

（4）增加一个调用长度和宽度两个参数的构造函数，通过长度和宽度计算和输出某个面的面积，然后在主函数中增加定义测试两个参数的对象和跟踪句柄，再观察运行结果，如图 3-3 所示。

```
Cube(double l, double w): Length(l), Width(w)
{
    Volume=Length * Width;
    Console::WriteLine(L"2个参数的构造函数,面积为:{0}", Volume);
}
int main(array<System::String ^>^args)
{
    Cube ^cube1=gcnew Cube;                  //A:调用无参构造函数
    Cube ^cube2=gcnew Cube(4, 5, 6);         //B:调用有参构造函数
    cuble1->ShowRes();
    cuble2->ShowRes();
    Cube a,b(2,3,4);
    Cube c(4,5);
    Cube^d=gcnew Cube(5, 6);
    return 0;
}
```

　　运行结果显示：对于对象 c 调用两个参数的构造函数，面积是 20；对于对象 d 调用两个参数的构造函数，面积是 30。运行结果正确。

　　（5）在类中使用复制构造函数来构造对象，在主函数中根据某个对象定义新的对象和跟踪句柄，并输出它的体积。

图 3-3　立方体程序运行结果之三

　　定义复制构造函数有两种方式：引用类的跟踪句柄方式和引用对象方式。在函数体中就是将引用的各个对象取出来，分别赋给当前对象的各个参数。

　　先使用引用类的跟踪句柄方式，在形参列表中第一个参数是引用类的跟踪句柄，所以取出对象成员的时候采用了指针的方式。

```
Cube(Cube ^cube)
{    //复制构造函数,第一个参数是引用类的跟踪句柄
    Length=cube->Length;
    Width=cube->Width;
    Height=cube->Height;
    Volume=Length * Width * Height;
    Console::WriteLine(L"跟踪句柄方式的复制构造函数,体积为:{0}", Volume);
}
```

　　再使用引用对象方式，在形参列表中第一个参数是引用类的引用对象。取出对象成员的时候使用的是引用的对象，代码中使用了点运算符。

```
Cube(Cube %cube)
{    //复制构造函数,第一个参数是引用类的引用对象
```

```
        Length=cube.Length;
        Width=cube.Width;
        Height=cube.Height;
        Volume=Length * Width * Height;
        Console::WriteLine(L"引用对象的复制构造函数,体积为:{0}", Volume);
    }
```

在主函数中增加语句,依据某个已有对象来定义新的对象或跟踪句柄:

```
int main(array<System::String ^>^args)
{
    Cube ^cube1=gcnew Cube;                  //A:调用无参构造函数
    Cube ^cube2=gcnew Cube(4, 5, 6);         //B:调用有参构造函数
    cuble1->ShowRes();
    cuble2->ShowRes();
    Cube a,b(2,3,4);
    Cube c(4,5);
    Cube ^d=gcnew Cube(5, 6);
    Cube ^cube3=gcnew Cube(cube2);
    Cube ^cube4=gcnew Cube( * cube2);
    Cube cube5(cube2);
    Cube ^cube6=gcnew Cube(b);
    Cube cube7(b);
    return 0;
}
```

图 3-4 立方体程序运行结果之四

前面已经创建了对象的跟踪句柄 cube2,依据 cube2 来创建一个新对象的句柄 cube3,或者依据 cube2 对象来创建一个新的对象 cube4,依据跟踪句柄 cube2 来创建 cube5 对象,或者依据对象 b 来创建跟踪句柄 cube6,再依据对象 b 来创建对象 cube7。这里的 cube3、cube4、cube6 是对象的跟踪句柄,cube5、cube7 是对象。

运行结果如图 3-4 所示。

从运行结果中可以看到,cube3、cube5 调用的是引用类的跟踪句柄方式的复制构造函数,cube4、cube6、cube7 用的是复制对象句柄所指向的对象,调用的是引用对象的复制构造函数。运行结果表明了复制构造函数形参和实参的对应关系。

(6)增加计算立方体质量的功能,如果立方体的密度 p=0.9,就用字面值字段 literal 定义这个参数,然后增加一个计算和输出质量的 ShowQua 函数,在主函数调用该函数,然后输出某个立方体的质量。

在类中增加一个常量说明的 literal 语句,说明这个变量是字面值字段,再增加一个成员函数,输出立方体质量,质量为体积乘以密度。

```
literal double p=0.9;
void ShowQua(void)
{
    Console::WriteLine("立方体的质量为：{0}",  Volume * p);
}
```

在主函数中增加一条语句，如果输出 cube2 的质量，就通过 cube2 调用它的成员函数
来输出其质量。

```
int main(array<System::String ^>^args)
{
    Cube ^cube1=gcnew Cube;                //A:调用无参构造函数
    Cube ^cube2=gcnew Cube(4, 5, 6);       //B:调用有参构造函数
    cuble1->ShowRes();
    cuble2->ShowRes();
    Cube a,b(2,3,4);
    Cube c(4,5);
    Cube ^d=gcnew Cube(5, 6);
    Cube ^cube3=gcnew Cube(cube2);
    Cube ^cube4=gcnew Cube( * cube2);
    Cube cube5(cube2);
    Cube ^cube6=gcnew Cube(b);
    Cube cube7(b);
    cube2->ShowQua();
    return 0;
}
```

运行结果如图 3-5 所示，可以看到立方体质量
为 108。

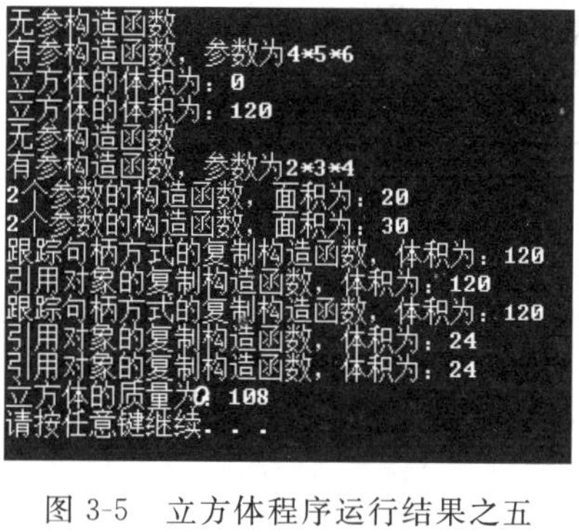

(7) 在类的定义中增加类的析构函数和终结
器函数定义，为了能识别出函数什么时候被调用和
调用时是哪个对象，在类的析构函数中输出一行
"调用析构函数，体积为：{0}"，在终结器函数中也
同样输出一行"调用终结器函数，体积为：{0}"。

图 3-5　立方体程序运行结果之五

```
~Cube()
{
    Console::WriteLine(L"调用析构函数,体积为：{0}", Volume);
}
!Cube()
{
    Console::WriteLine(L"调用终结器函数,体积为：{0}", Volume);
}
```

为了标志程序运行结束的位置，在主函数中增加一行输出语句，代码如下：

```
int main(array<System::String ^>^args)
{
    Cube ^cube1=gcnew Cube;                       //A:调用无参构造函数
    Cube ^cube2=gcnew Cube(4, 5, 6);              //B:调用有参构造函数
    cube1->ShowRes();
    cube2->ShowRes();
    Cube a, b(2, 3, 4);
    Cube c(4, 5);
    Cube ^d=gcnew Cube(5, 6);
    Cube ^cube3=gcnew Cube(cube2);
    Cube ^cube4=gcnew Cube(*cube2);
    Cube cube5(cube2);
    Cube ^cube6=gcnew Cube(b);
    Cube cube7(b);
    cube2->ShowQua();
    Console::WriteLine("程序运行结束。");
    return 0;
}
```

图 3-6　立方体程序运行结果之六

在执行完最后一行输出，程序结束前，程序将继续运行，释放占用的空间，释放完毕才正式结束。从图 3-6 所示的运行结果可以看到调用析构函数和终结器函数的顺序。

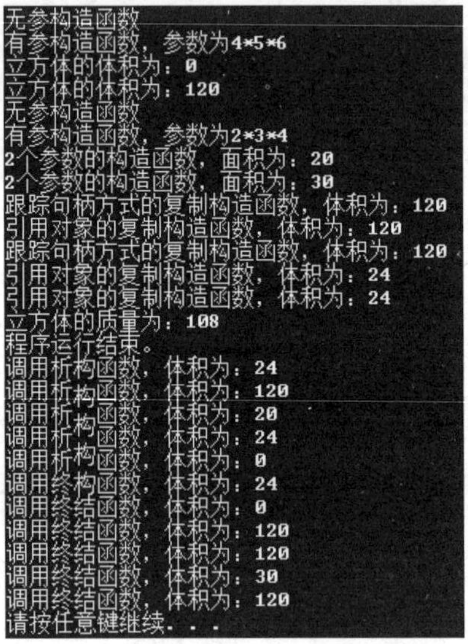

（8）在主函数的结尾增加 delete cube2 语句，观察运行结果发生了什么变化。

```
int main(array<System::String ^>^args)
{
    Cube ^cube1=gcnew Cube;                       //A:调用无参构造函数
    Cube ^cube2=gcnew Cube(4, 5, 6);              //B:调用有参构造函数
    cuble1->ShowRes();
    cuble2->ShowRes();
    Cube a,b(2,3,4);
    Cube c(4,5);
    Cube ^d=gcnew Cube(5, 6);
    Cube ^cube3=gcnew Cube(cube2);
    Cube ^cube4=gcnew Cube(*cube2);
    Cube cube5(cube2);
    Cube ^cube6=gcnew Cube(b);
    Cube cube7(b);
    cube2->ShowQua();
    delete cube2;
    return 0;
}
```

运行结果如图 3-7 所示。

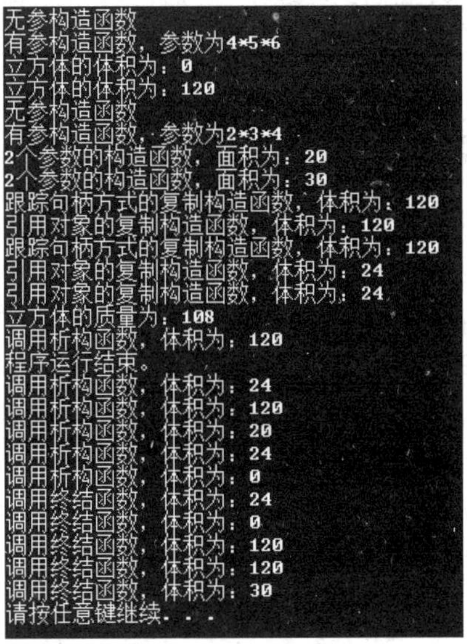

图 3-7　立方体程序运行结果之七

可以看到,在程序运行结束之前就显示了"调用析构函数,体积为:120",后面的终结器函数因此少了一个。

(9) 将立方体的数据成员 Height 定义为只读字段:

```
//double Length, Heigt, Width, Volume;
double Length, Width, Volume;
initonly double Height;
Cube(double l, double w): Length(l), Width(w)
{
    Volume=Length * Width;
    Height=2 * Height;   //可以
    Console::WriteLine(L"2 个参数的构造函数,面积为:{0}",Volume);
}
void ShowQua(void)
{
    Height=2 * Height; //不可以
    Console::WriteLine("立方体的质量为:{0}",  Volume * p);
}
```

为了观察函数对字段的影响,改变构造函数和成员函数中 Height 的值,在编译运行时出现以下错误:

"Cube::Height":initonly 数据成员的左值只允许在类"Cube"的实例构造函数中使用

注释掉不可以执行的那一行语句后,再次编译运行,观察此时的运行结果有何变化。

从中可以发现 initonly 数据成员允许在构造函数中进行修改,而不能在成员函数中修改,且 initonly 字段可以在运行时初始化,而不是在编译时就确定了实际的值,也就是 initonly 字段可以在类的构造函数中初始化,然而当这类字段的数据变量被初始化后就不能再被更改了。

3.2.2 类库与协作编程

1. 实训要求

能让两名开发者轻松地协作编写代码的实时协作插件 Teletype 可以改善开发人员的工作流程,而 Visual Studio Live Share 即时共享功能可实现 VS IDE 和 VS Code 的实时协作编辑和调试,让结对编程的开发者能实时看到对方的代码,可用于寻求帮助、解决 bug、结对编程等。

.NET 框架编程的程序集是一个或多个托管模块以及一些资源文件的逻辑组合,可包含一个或多个类型定义文件和资源文件的集合。它可让开发者实现非实时的协作编程。

A 与 B 协作完成一个学生类的定义及通过日期计算年龄和最高分功能的项目,A 负责编写学生类的定义和主函数,而 B 则负责编写实现两功能的代码给 A,然后在 A 的程序中调用 B 的方法函数完成项目要求。

2. 设计分析

可用程序集或类库的方法实现。按程序集实现的方法是:B 提供给 A 的是头文件 .h,而 A 在项目中采用包含.h 头文件和使用命名空间的方法,如下:

```
#include "..//LibTest//LibTest.h"
using namespace LibTest;
```

而调用 B 的方法函数的代码为

```
LibTest::Calc::Max(cja, cjb, cjc),
LibTest::Calc::calcage(Birth)
```

按类库实现的方法是:B 将代码编译生成类库文件,并提供给 A,而 A 则将类库文件放在当前路径中,在项目中采用命名空间的方法,如下:

```
#using<LibTest.dll>
```

而调用 B 的方法函数的代码为

```
LibTest::Calc::Max(cja, cjb, cjc),
LibTest::Calc::calcage(Birth)
```

3. 操作指导

(1) 创建一个名为 Ex_Lib 的 CLR 控制台应用程序,并在"新建项目"对话框中选中

"为解决方案创建目录"复选框。

（2）创建程序集类库。创建项目后再选择"文件"→"添加"→"新建项目"菜单命令，弹出"添加新项目"窗口。在右侧的"模板"类型中选中"类库"，在"名称"编辑框中输入LibTest，在"解决方案"下拉列表中选择"添加到解决方案"项，单击"确定"按钮。

（3）在文档窗口中会自动显示出 LibTest.h 文档内容，在这里添加下列代码：

```
//LibTest.h
#pragma once
using namespace System;
namespace LibTest
{
    public ref class   Calc
    {
    public:
        static int calcage(String ^Birth)          //通过日期计算年龄
        {
            DateTime ^today=DateTime::Now;
            DateTime ^birthday=gcnew DateTime();
            birthday=Convert::ToDateTime(Birth);
            int age=today->Year-birthday->Year;
            return age;
        }
    public:
        static int Max(int a, int b, int c)          //求最高分
        {
            int max= (a>b ? a: b);
            max= (max>c ? max: c);
            return max;
        }
    };
}
```

（4）将文档窗口切换到 Ex_Lib.cpp 文件，输入下面的代码：

```
#include "stdafx.h"
#include "..//LibTest//LibTest.h"
using namespace LibTest;
using namespace System;
ref class Student
{
private:
    String ^No, ^Name, ^Birth;
    int cja, cjb, cjc;
public:
    Student(String ^No, String^Name, String^Birth, int cja, int cjb, int cjc)
```

```
    {
        this->No=No;       //this->No 是数据成员,No 是形参变量
        this->Name=Name;
        this->Birth=Birth;
        this->cja=cja;
        this->cjb=cjb;
        this->cjc=cjc;
    }
    void Showinfo()
    {
        Console::WriteLine("学号:{0}, 姓名:{1}, 最高分:{2}, 年龄:{3}",
            No, Name, LibTest::Calc::Max(cja, cjb, cjc),
            LibTest::Calc::calcage(Birth));
    }
};
int main(array<System::String ^>^args)
{
    Student ^s1=gcnew Student("0001", "汪小明", 85, 70, 90, "1996-11-02");
    s1->Showinfo();
    return 0;
}
```

（5）编译并运行，观察和理解运行结果，如图 3-8 所示。

学号:0001, 姓名:汪小明, 最高分:90, 年龄:22
请按任意键继续. . .

图 3-8　类库编程运行结果

（6）将文档窗口切换到 LibTest.h 文件，然后选择"生成"→"生成 LibTest"菜单命令，生成成功后，转到文件夹 Ex_Lib\Debug 中，将 LibTest.dll 文件复制到 Ex_Lib\Ex_Lib 文件夹中。

（7）将文档窗口切换到 Ex_Lib.cpp 文件，将 #include 命令行改为

```
#using<LibTest.dll>
```

编译并运行，可以看到运行结果是一样的。

（8）将 B 的代码中求最高分的方法函数访问符 Public 修改为 Private，再次生成类库 LibTest.dll，提供给 A 来重新编译，分析出现的情况和原因。

3.2.3　标量属性

1. 实训要求

下面的程序定义学生档案引用类 Stud，其中定义了成绩 Score 的标量属性和静态属性 num、sum。

```
ref class Stud
{
```

```cpp
    int no,deg;                      //学号、成绩
    System::String ^name;            //姓名
public:
    static int sum;                  //静态属性
    static int num;                  //静态属性
public:
    property double Score {
        double get() { return deg; }
        void set(double d) {
            deg=d;
            if(d<0)deg=0;
            if(d>100) deg=100;
        }
    }
    void disp(){ Console::WriteLine(L"{0,-5}{1,-8}{2,3}", no, name, deg); }
    static double avg(){ return sum/num; }
    ...
};
int main(array<System::String ^>^args)
{
    Stud s1(1, "李四", 89), s2(2, "陈可", 78), s3(3, "张半", 96);
    Stud ^s4=gcnew Stud(4, "王五", 90);
    Console::WriteLine(L"学号   姓名      成绩");
    s1.disp();
    s2.disp();
    s3.disp();
    s4->disp();
    return 0;
}
```

按下列要求完成操作:

(1) 完善 Stud 类的定义,写出 Stud 的构造函数和析构函数。

(2) 在 main 函数中编写代码,输出学生的总分、人数和平均分。

(3) 在主函数中增加通过对象修改属性值和通过对象句柄修改属性值的语句,并输出修改后的结果。

```cpp
s2.Score=80;                                                //A
Console::WriteLine(L"学生的分数为{0} ",s2.Score);          //B
s4->Score=86;                                               //C
Console::WriteLine(L"学生的分数为{0} ",s4->Score);         //D
```

(4) 在主函数中增加删除对象句柄 s4 后,再次输出,观察结果有什么变化。

```cpp
delete s4;
Console::WriteLine(L"总分={0}, 人数={1},平均分={2}", Stud::sum, s1.num, s4->
```

```
avg());
```

（5）在类中增加两个简单属性（平凡标题属性）：身高 height 和体重 weight，在主函数中增加下列语句，分析在什么地方调用默认的 set 函数和 get 函数。

```
s3.height=170;
s3.weight=60.5;
Console::WriteLine(L"身高={0},体重={1}", s3.height,s3.weight);
```

2. 设计分析

（1）从 main 函数分析，这里使用了含 3 个参数的构造函数，调用一次构造函数，就说明产生了一个新对象，即增加了一个新学生，所以学生数 num 要累加 1 个，总分也要累加。同理，在析构函数中学生数 num 要减少 1 个，相应总分也要减少。代码如下：

```
Stud(int n, System::String ^na, int d)
{
    no=n; deg=d;
    name=na;
    sum+=d;
    num++;
}
~Stud()
{
    sum -=deg;
    num--;
}
```

（2）Stud 类有静态属性 num、数据成员 sum 和求平均值的静态函数 avg，这些都可在主函数中调用，数据输出语句为

```
Console::WriteLine(L"总分={0}, 人数={1},平均分={2}",
Stud::sum, s1.num, s4->avg());
```

（3）在类的定义中增加这两个简单属性的定义，但是没有给出对应的函数声明，这样它们就变成了简单属性，也就是平凡标量属性，它们将使用系统提供的默认的 set 和 get 函数。

```
property double height;
property double weight;
```

3. 操作指导

（1）创建一个 CLR 控制台应用程序项目，在主项目文件窗口中复制上面给出的程序代码。

（2）参考上面的分析，完善 Stud 的构造函数和析构函数，编译并运行，结果如图 3-9

所示。

可以看到 4 个学生的情况。

（3）在 main 函数中增加输出学生的总分、人数和平均分的代码：

```
Console::WriteLine(L"总分={0},人数={1},平均分={2}",
Stud::sum, s1.num, s4->avg());
```

运行结果如图 3-10 所示。

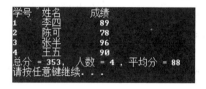

图 3-9　标量属性运行结果之一　　　　图 3-10　标量属性运行结果之二

可以看到 4 个学生的情况及学生的总分、人数和平均分。注意，这 3 个量使用了 3 种不同的调用方法。

（4）在主函数中增加通过对象修改属性值的语句：

```
s2.Score=80;                                        //A
Console::WriteLine(L"学生的分数为{0}",s2.Score);      //B
s4->Score=86;                                       //C
Console::WriteLine(L"学生的分数为{0}",s4->Score);     //D
```

从图 3-11 所示的运行结果可以看到 s2 和 s4 学生的成绩已经被修改，即在 A 和 C 语句中调用了 set 函数，在 B 和 D 语句中调用了 get 函数。其中 s2 是对象，s4 是对象句柄。

（5）在主函数中增加删除对象句柄 s4 的语句：

```
delete s4;
Console::WriteLine(L"总分={0},人数={1},平均分={2}", Stud::sum, s1.num, s4->
avg());
```

编译并运行，结果如图 3-12 所示。

图 3-11　标量属性运行结果之三　　　　图 3-12　标量属性运行结果之四

从运行结果可以看到，删除对象 s4 时自动调用了析构函数，所以输出的 3 个数据都发生了变化。

（6）在类中的 public 段增加两个简单属性（平凡标题属性）：身高 height 和体重

weight，代码如下：

```
property double height;
property double weight;
```

在主函数中增加下列语句：

```
s3.height=170;
s3.weight=60.5;
Console::WriteLine(L"身高={0},体重={1}", s3.height,s3.weight);
```

编译并运行，得到如图 3-13 所示的结果。

从运行结果可以看到，调用了系统默认的 set 函数，对 s3 的两个属性进行了修改，并调用了默认提供的 get 函数获取了它们的值。

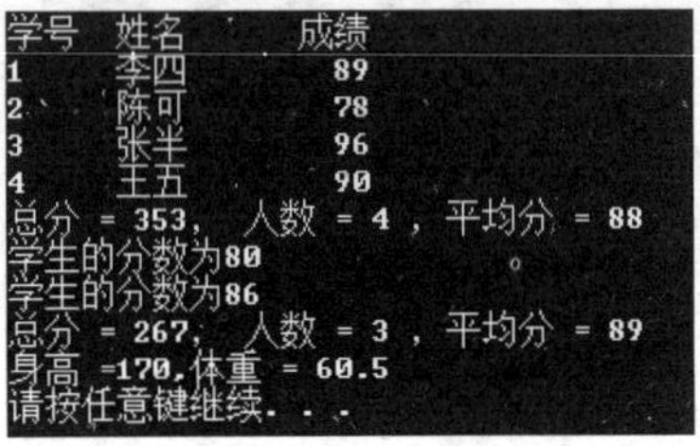

图 3-13　标量属性运行结果之五

3.2.4　索引属性

1. 实训要求

下面的程序定义了学生成绩类 Stud，包括学号、姓名、课程名称和课程成绩数据，其中使用了数组类型的数据成员，为了能够对这些数组成员进行读取和设置数值而使用了索引属性，课程名称（KCMC）使用的是默认索引属性。代码如下：

```
ref class Stud
{
    int no;                      //学号
    System::String ^name;        //姓名
    array<String^>^ KCMC;        //课程名称
    array<int>^ KCCJ;            //课程成绩
public:
    Stud(int n, String^na,int cj1,int cj2,int cj3,int cj4,int cj5)
    {
        no=n;
        name=na;
        KCMC=gcnew array<String^>{"语文", "数学", "物理", "化学", "英语"};
        KCCJ=gcnew array<int>(5);
        KCCJ[0]=cj1; KCCJ[1]=cj2;
        KCCJ[2]=cj3; KCCJ[3]=cj4; KCCJ[4]=cj5;
    }
public:
    property String ^default[int]
    {
        String ^get(int index)
        {
```

```
            if(index<0)    index=0;
            else if(index>KCMC->Length-1)
                index=KCMC->Length-1;
            return KCMC[index];

        }
    }//KCMC
};
int main(array<System::String ^>^args)
{
    Stud s1(1, "张三", 60, 70, 80, 90, 87);
    Stud s2(2, "李四", 65, 75, 85, 95, 96);
    Stud ^s3=gcnew Stud(3, "王五", 63, 73, 83, 93, 83);
    Console::WriteLine(L"学号 姓名    {0,-4}{1,-4}{2,-4}{3,-4}{4,-4}",
        s1[0], s1[1], s2[2], s3[3], s3[4]);
    return 0;
}
```

按下列要求完成操作：

（1）完善 Stud 类的定义，对 KCCJ 数组成员使用名称索引属性（有名索引属性）来设置和获取，名称为 CJ。

（2）增加一个成员函数 disp 来显示当前学生的各个数据。

（3）在 main 函数中编写代码调用成员函数 disp 输出学生的各个数据。

（4）如果在 main 函数中增加对 KCMC 对象的设置操作，例如：

s1[1]="算术";

会出现什么错误？为什么？

2. 设计分析

对 KCCJ 数组成员定义名称索引属性，名称为 CJ，对 CJ 定义它的 get 和 set 函数，可以获取或设置下标对应课程的成绩。两个属性都应对下标范围进行检查，以正确设置和获取对应的值。代码如下：

```
property int CJ[int]
{
    int get(int index)
    {   if(index<0) index=0;
        else if(index>KCCJ->Length-1)
            index=KCCJ->Length-1;
        return KCCJ[index];
    }
    void set(int index,int deg)
    {   if(index<0) index=0;
```

```
    else if(index>KCCJ->Length-1)
        index=KCCJ->Length-1;
    KCCJ[index]=deg;
    }
}
```

通过成员函数 disp 来显示当前学生的各个数据。代码如下：

```
void disp()
{
    Console::WriteLine(L"{0,-4}{1,-6}{2,5},{3,5},{4,5},{5,5},{6,5}",
        no, name, CJ[0], CJ[1], CJ[2], CJ[3], CJ[4]);
}
```

在主函数中定义两个学生对象和一个学生对象句柄，修改它们的数据，再调用成员函数输出各个学生的数据。

```
//修改属性值
s1.CJ[0]=76; s3->CJ[0]=80;
s1.disp();
s2.disp();
s3->disp();
```

3. 操作指导

（1）创建一个 CLR 控制台应用程序项目，在主项目文件窗口中复制上面所给的程序代码。编译并运行，运行结果如图 3-14 所示。

图 3-14　索引属性运行结果之一

可以看到，通过默认索引输出了课程名称 KCMC 的值。注意，其中的输出语句

```
Console::WriteLine(L"学号 姓名    {0,-4}{1,-4}{2,-4}{3,-4}{4,-4}",
    s1[0], s1[1], s2[2], s3[3], s3[4]);
```

使用了 3 个对象的属性值。

（2）参考上面的分析，完善 Stud 类的有名索引属性的定义。

（3）参考上面的分析，增加 Stud 类的成员函数 disp。

（4）在 main 函数中编写代码，调用成员函数 disp 输出学生的各个数据。

```
//修改属性值
s1.CJ[0]=76; s3->CJ[0]=80;
s1.disp();
s2.disp();
s3->disp();
```

然后编译并运行,结果如图 3-15 所示。

图 3-15　索引属性运行结果之二

可以看到,通过默认索引输出了课程名称 KCMC 的值,同时也通过有名索引 CJ 输出了 3 个学生的课程成绩的值。

(5) 在 main 函数中增加以下代码:

```
s1[1]="算术";
```

编译时出现错误:

```
error C3070: "Stud::default": 属性没有"set"方法
```

这是因为对 KCMC 属性只定义了它的 get 函数,而没有定义它的 set 函数,所以不能修改它的属性值。只要添加 KCMC 属性的 set 函数,程序就可正常运行,获得正确的结果。

通过这个程序可以看到两种索引属性的异同点:

- 默认索引属性的属性名称是关键字 default,可以直接通过类对象名称与下标运算符来访问。
- 有名索引属性的属性名称是自定义的名称,通过该对象的名称与下标运算符来访问。

思考与练习

1. 选择题

(1) 面向对象的主要特点可概括为_____。
   A. 可分解性、可组合性和可分类性
   B. 抽象性、继承性、封装性和多态性
   C. 继承性、封装性和多态性
   D. 封装性、易维护性、可扩展性和可重用性

(2) C++/CLI 中最基本的类是_____。
   A. Control　　　　B. Component　　　　C. Object　　　　D. Class

(3) 类的属性和方法的默认访问修饰符是_____。
   A. public　　　　B. private　　　　C. internal　　　　D. protected

(4) 以下论述中不正确的是_____。
   A. 对象变量是对象的一个引用
   B. 对象不可以作为函数的参数传递

    C. 一个对象可以作为另一个对象的数据成员

    D. 对象是类的一个实例

(5) 下列关于构造函数的描述中正确的是_____。

    A. 构造函数名必须与类名相同　　　　B. 构造函数不可以重载

    C. 构造函数不能带参数　　　　　　　D. 构造函数可以声明返回值类型

(6) 下面有关析构函数的说法中不正确的是_____。

    A. 析构函数是在删除实例时执行的

    B. 析构函数不能显式调用

    C. 析构函数的调用是由垃圾回收器决定的

    D. 析构函数可以重载

(7) 类 ClassA 有一个名称为 M1 的方法,在程序中有以下一段代码,假设该段代码是可以执行的,则修饰 M1 方法时一定使用了_____修饰符。

```
ClassA ^obj=gcnew ClassA();
ClassA->M1();
```

    A. public　　　　B. static　　　　C. public static　　　D. virtual

(8) 在类的定义中,类的_____描述了该类的对象的行为特征。

    A. 类名　　　　　　　　　　　　　　B. 方法

    C. 所属的命名空间　　　　　　　　　D. 私有域

2. 简述题

(1) 面向对象的主要特点有哪些?

(2) 定义一个类时,哪些要定义为属性,哪些要定义为方法? 如何确定?

(3) 类可以使用哪些修饰符? 各有什么含义?

(4) 类包括哪些成员?

(5) 静态成员与实例成员的区别是什么?

(6) 简述构造函数和析构函数的主要作用以及特点,这两种函数分别是在什么时候被调用的?

(7) 在定义类时,其数据成员的变量命名对主函数有影响吗? 为什么?

(8) 简述数值类与引用类的区别。

(9) 成员函数定义放在类内与放在类外有何区别?

(10) 程序集有什么作用?

(11) 简述 C++ 中命名空间的作用。

(12) 简述 C++ 中类成员的几种访问方式。

(13) 什么情况下要使用索引属性? 试比较两种索引属性的异同点。

第 4 章 继承与多态

实训目的
- 掌握派生类的定义及使用。
- 掌握虚函数的定义及使用。
- 掌握多态性的特点及条件。
- 掌握接口、委托和事件的定义及使用。

4.1 基本知识提要

4.1.1 继承与派生类

1. 继承与派生的定义

类可以有子类,也可以有其他类,形成类层次结构。

通过封装能将对象的定义和对象的实现分开,通过继承能体现类与类之间的关系以及由此带来的动态联编和实体的多态性,从而构成了面向对象的基本特征。

类的继承是指新类从基类那里得到基类的特征,也就是继承基类的数据和函数。从一个或多个以前定义的类(基类)产生新类的过程称为派生,这个新类又称为派生类。派生就是创建一个具有其他类的属性和行为的新类的能力。

2. 派生类的声明

在普通 C++ 中,派生类的一般声明语法为

```
class <派生类名>: [继承方式] <基类名>
{
    派生类成员声明;
};
```

其中:

(1) class:类声明的关键字,派生类也是一个类。

(2) 派生类名:新生成的类名。

(3) 继承方式:规定了访问从基类继承的成员的方式。继承方式关键字为 private、public 和 protected,分别表示私有继承、公有继承和保护继承。如果不显式地给出继承方式关键字,系统默认是私有继承(private)。类的继承方式指定了派生类成员以及类外对象对于从基类继承来的成员的访问权限。

(4) 派生类成员:指除了从基类继承来的所有成员之外新增加的数据和函数成员。

3. 多继承的声明

在多继承中,各个基类名之间用逗号隔开,多继承的声明语法为

```
class<派生类名>:[继承方式] 基类名 1,[继承方式] 基类名 2,…,[继承方式] 基类名 n
{
    派生类成员声明;
};
```

在 C++/CLI 中只能公有继承基类,在子类或派生类中只能引用基类的公有继承(public)和保护继承(protected)成员。

4.1.2 多态性与虚函数

1. 多态性

所谓多态性就是当不同对象接收到相同消息时能产生不同的动作。同一种操作作用于不同的类的实例,不同的类的实例将进行不同的解释,最后产生不同的执行结果。

多态性也称后约束(late binding)或动态约束(dynamic binding),它常用虚函数(virtual function)来实现。

C++ 支持两种多态性:编译时的多态性和运行时的多态性。

(1) 编译时的多态性:通过函数名重载或运算符重载实现的多态性。

(2) 运行时的多态性:在程序的运行过程中,根据具体的执行环境来动态地确定调用哪一个函数,通过虚函数来实现的多态性。

2. 虚函数

1) 虚函数的定义

为实现基于向上类型转换而假设的函数称作虚函数,通过设计一个以基类型作为参数的顶层函数,就可通过虚函数实现基类及其所有子类相似功能的统一管理,而不用考虑不同对象自身的类型。

虚函数用关键字 virtual 来声明。一般虚函数的定义语法是

```
virtual <函数类型><函数名>(形参表)
{
    函数体
}
```

当基类中的某个成员函数被定义为虚函数时,在其派生类中通常要对该函数重新定义,就可以在此类层次中具有该成员函数的不同版本。

虚函数的作用是基于共同的方法,针对个体差异而采用不同的策略,也就是实现多态性,多态性是将接口与实现分离。当编译器编译虚函数时,将用动态连接的方式进行编译,即在编译时不确定该虚函数的版本,而是用一种虚函数表机制,在运行过程中根据其

所指向的实例决定使用函数的哪一个版本。

2）虚函数与函数重载的区别

在一个派生类中重新定义基类的虚函数是函数重载的另一种特殊形式，但它不同于一般的函数重载。

一般的函数重载只要函数名相同即可，函数的返回值类型及所带的参数可以不同。

但当重载一个虚函数时，也就是说，在派生类中重新定义此虚函数时，则要求函数名、返回值类型、参数个数、参数类型以及参数的顺序都与基类中的原型完全相同，不能有任何不同。

虚函数的调用规则是：根据当前对象，优先调用对象本身的虚成员函数。这有点像名字支配规律，不过虚函数是动态绑定的，是在执行时"间接"调用实际上要绑定的函数。

3）虚函数实现多态性的条件

运行时的多态性用关键字 virtual 指示 C++ 编译器对调用虚函数进行动态联编。这种多态性是程序运行到此处才动态确定的。

使用虚函数并不一定产生多态性，也不一定使用动态联编。实现多态性的前提条件有如下 3 条：

（1）定义基类的公有派生类。类之间的继承关系采用公有派生，满足赋值兼容性规则。

（2）改写了同名虚函数。在基类中将该函数说明为 virtual（虚函数）。在基类的公有派生类中一模一样地重载该虚函数。

（3）定义指向基类的指针（或引用）变量，用它指向基类的公有派生类对象：使用基类指针（或引用）指向派生类对象

4）多态性的实现

多态性可以简单地概括为"一个接口，多种方法"，程序在运行时才决定调用的函数。而多态的目的则是为了接口重用，即不论传递过来的究竟是哪个类的对象，函数都能够通过同一个接口调用到适应各自对象的实现方法。

5）抽象函数、密封函数和 new 函数

在为类定义虚函数时，还可以在类声明的最后通过 abstract 关键字说明该类为一个抽象函数，抽象函数等价于标准 C++ 中的纯虚函数，类中定义的抽象函数不能有任何代码，仅仅是一个函数声明。例如：

```
ref claas Shape
{
    public:
    Virtual void ShowArea() abstract;
    Virtual void Showvolume() abstract;
};
```

抽象函数没有提供默认实现，所以在派生类中必须实现这些抽象函数。

如果定义的类中包含抽象函数并且并未声明为抽象类，那么该类将隐式地作为一个抽象类，这种情况下不能定义该类的实例对象，并且，如果该类的派生类不是一个抽象类，

那么其派生类需要实现基类的所有抽象函数,否则派生类也将隐式地作为一个抽象类。

如果基类中某个成员函数不想被派生类重载,那么可以通过 sealed 关键字将该函数说明为密封函数,这样可以防止该函数被其派生类扩展。

通常情况下可以通过 override 关键字重写基类中的函数,但是有些时候可能需要定义与基类中某个函数名相同的函数,并且不让新函数参与多态行为。此时可以通过 new 关键字说明新函数,同时隐藏基类中声明的相同的函数。

4.1.3　接口

接口是一系列方法的声明,是一些方法特征的集合,一个接口只有方法的特征,没有方法的实现,因此这些方法可以在不同的地方被不同的类实现,而这些实现可以具有不同的行为(功能)。

在 C++/CLI 中不允许多继承,但通过接口可以实现多继承的功能。接口主要定义一个规则,让派生的子类按标准实现应用程序的功能。接口是一种协议,它比类内涵更广,它不仅可以有类的成员函数和属性,还有事件。

使用面向接口的编程可以对外只暴露接口,而隐藏具体的实现,这样就可以保证软件的安全性。

在定义接口类时,需要通过 interface class 组合关键字来说明该类为一个接口类。默认接口引用类和数值类的所有成员都是公有的,并且这些成员实际上也都是抽象的。

接口类的定义格式如下:

```
interface class<接口名>{…}
```

例如:

```
interface class IShape
{
    void ShowArea();
    void ShowVolume();
}
```

在接口中只能定义成员,但是没有成员的实现。接口一旦被继承,子类需要把接口中所有成员实例化(通过具体的可执行代码实现接口抽象成员的操作)。

当定义了一个类并实现了某个接口时,如果该类是非抽象类,那么就必须实现接口中的函数,并用 virtual 关键字说明这些函数。实现的接口与继承自基类的方式相同,在类名的后面通过冒号(":")指定接口的名称。如果该类还实现了其他接口,多个接口之间通过逗号分隔。例如:

```
ref class Shape abstract: IShape { … }
ref class Circle: Shape, IShape
{
    virtual void ShowArea() { … }
```

```
    virtual void ShowVolume() { … }
}
ref class Cylinder: Circle, IShape
{
    virtual void ShowArea() { … }
    virtual void ShowVolume() { … }
}
```

在类的多态特性上,接口类提供了与基类相同的功能。通过接口实现多态,就是首先定义一个接口,然后用不同的类去实现这个接口,完成接口中的方法。如果通过接口类型的跟踪句柄引用任何实现了该接口的类的对象,那么可以通过该跟踪句柄调用这些对象中实现该接口的成员函数,从而获得多态的行为。

4.1.4 委托

在 C++ /CLI 中不允许将函数指针作为参数传递给其他函数(方法)。解决的办法就是使用委托的机制。

委托就是封装了一系列函数指针的引用类。包含指针的一个委托对象可以传给另一个方法,这个方法在接收到指向委托的指针后,就能调用委托所包含的方法。

任何类或对象中的方法都可以通过委托来调用,唯一的要求是方法的参数类型和返回值必须与委托的参数类型和返回值完全匹配。

创建和实现委托的步骤是:创建委托→创建被委托的函数→将函数放入委托中→向委托列表中添加委托或者从委托列表中移除委托→调用委托。

委托的作用其实与生活中的代理业务功能接近,下面就以一个代理公司为例来理解委托的定义与使用:

(1) 开设一家代理公司。

(2) 规范定义各个业务过程。

(3) 为代理公司添加或取消代理业务。

(4) 某个人找代理公司代理业务。

(5) 通过代理办理对应的业务。

委托类型的声明语法如下:

```
public delegate<返回类型><委托名>(<参数列表>)
```

例如,定义一个委托 Handler,相当于定义了一个函数指针,这个函数的形参是一个整型参数,没有返回值:

```
public delegate void Handler(int value);
```

定义委托类型后,就可以通过 gcnew 运算符创建该委托类型的委托对象(实例化),此时可以将一个函数指针作为参数来调用委托的构造函数。

例如,假设定义了一个名为 HandlerClass 的引用类,类中有 4 个成员函数与委托

Handler 的参数类型和返回值完全匹配：

```
public ref class HandlerClass
{
protected:
    int value;
public:
    HandlerClass(): value(1) {}
    static void Fun1(int n){Console::WriteLine(L"调用 Fun1=n+1={0}",n+1); }
    static void Fun2(int n) { Console::WriteLine(L"调用 Fun2=n-1={0}", n-1); }
    void Fun3(int n) { Console::WriteLine(L"调用 Fun3=n+value={0}", n+value); }
    void Fun4(int n) { Console::WriteLine(L"调用 Fun4=n-value={0}", n-value);}
};
```

委托实例化的语法格式如下：

<委托类型><实例化对象名>=gcnew<委托类型>(<注册函数>)

或

<委托类型><实例化对象名>=gcnew<委托类型>(实例对象的引用,<注册函数>)

通过 gcnew 运算符创建 Handler 委托类型的委托对象，并将 HandlerClass 引用类的 Fun1 函数指针传递给该对象。例如：

```
Handler^ handler1=gcnew Handler(&HandlerClass::Fun1);
```

以上代码通过 gcnew 运算符创建 Handler 委托类型的委托对象，并将 HandlerClass 引用类的 Fun1 函数指针传递给该对象。

```
HandlerClass^ obj1=gcnew HandlerClass();
Handler^handler2=gcnew Handler(obj1,&HandlerClass::Fun3);
```

以上代码创建 Handler 委托类型的委托对象 handler2，其中，传递给委托构造函数的第二个参数的函数指针将由第一个参数指定的实例对象使用，因此在调用该委托对象时，实际上是通过实例对象调用指定的函数 Fun3。

若用一个整型参数来调用 Handler 委托对象，那么实际上是调用 HandlerClass 类的 Fun1 函数，也可以通过该对象的 Invoke 函数来调用 Fun1 函数。例如：

```
handler1(8);            //输出显示：调用 Fun1=n+1=9
handler1->Invoke(8);    //输出显示：调用 Fun1=n+1=9
```

委托引用类型还分别重载了＋＝和－＝运算符，用于将多个调用列表的委托对象组合成一个新的委托对象并从委托中调用列表中的某一项。调用列表就是一个已排序的委托集，其中的每个元素就是该委托的调用函数，执行时它们是按函数出现的顺序被调用。如：

```
handler1+=gcnew Handler(&HandlerClass::Fun2);
```

```
handler1(8);                  //输出显示:调用 Fun1=n+1=9
                              //输出显示:调用 Fun2=n-1=7
handler2+=gcnew Handler(obj1, &HandlerClass::Fun4);
handler2(9);                  //输出显示:调用 Fun3=n+value=10
                              //输出显示:调用 Fun4=n-value=8
handler1 -=gcnew Handler(&HandlerClass::Fun1);
handler1(6);                  //输出显示:调用 Fun2=n-1=5
```

4.1.5　事件

事件(event)可以理解为某个对象所发出的消息,以通知特定动作(行为)的发生或状态的改变。行为的发生可能是来自用户交互,如鼠标单击;也可能源自其他的程序逻辑。在这里,触发事件的对象被称为事件发出者(sender),捕获和响应事件的对象被称为事件接收者(receiver)。

在事件通信中,负责事件发起的类对象并不知道哪个对象或方法会接收和处理(handle)这一事件。这就需要一个中介(类似指针处理的方式),在事件发出者与接收者间建立关联,这个中介就是委托。无论哪种应用程序模型,事件在本质上都是利用委托实现的。

1. 事件的声明

由于事件是利用委托来实现的,因此,在声明事件之前,需要先定义一个委托。例如:

```
public delegate void MyEventHandler();
```

定义了委托以后,就可以用 event 关键字声明事件。例如:

```
public event MyEventHandler handler;
```

若要引发该事件,可以定义引发该事件时要调用的方法。例如:

```
public void onHander {handier();}
```

在程序中,可以通过＋＝或者－＝运算符向事件添加委托,来注册或取消对应的事件。例如:

```
myEvent Handler+=new MyEventHandler(myEvent Method);
myEvent Handler -=new MyEventHandler(myEvent Method);
```

2. 通过事件使用委托

事件在类中声明且生成,且通过使用同一个类或其他类中的委托与事件处理程序关联。包含事件的类用于发布事件,这被称为发布器(publisher)类,其他接收该事件的类被称为订阅器(subscriber)类。事件使用发布器-订阅器(publisher-subscriber)模型。

发布器是一个包含事件和委托定义的对象,事件和委托之间的联系也定义在这个对象中。发布器类的对象调用这个事件,并通知其他对象。

订阅器是一个接收事件并提供事件处理程序的对象。在发布器类中的委托调用订阅器类中的方法(事件处理程序)。

根据上面的描述和委托的含义,使用自定义事件,需要完成以下步骤:

(1) 声明(定义)一个委托类型,或使用.NET 程序集提供的委托类(型)。

(2) 在一个类(事件定义和触发类,即事件发出者)中声明(定义)一个事件绑定到该委托,并定义一个用于触发自定义事件的方法。

(3) 在事件响应类(当然发出者和接收者也可以是同一个类,不过一般不会这样处理)中定义与委托类型匹配的事件处理方法。

(4) 在主程序中订阅事件(创建委托实例,在事件发出者与接收者之间建立关联)。

(5) 在主程序中触发事件。

4.2 实训操作内容

4.2.1 派生的圆桌

1. 实训要求

用普通 C++ 类设计一个圆类 circle,圆类 circle 含有私有数据成员半径 double radius;再设计一个桌子类 table,桌子类 table 含有私有数据成员高度 double height;在此基础上再设计一个圆桌类 roundtable,圆桌类 roundtable 是从前两个类派生的,并增加了私有数据成员颜色 Color color,其中颜色 Color 采用枚举来定义:enum class Color {Green,Red,Blue,Yellow,White};在类外定义了一个显示数据的成员函数 Show,输出每一个圆桌的高度、面积和颜色等数据。类的层次结构图如图 4-1 所示。

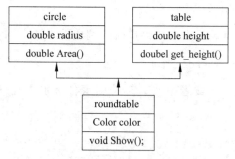

图 4-1 类的层次结构图

(1) 使用下面的主函数进行测试,在主函数中定义多个圆桌类的对象,要求通过这个对象调用它所具有的 Show 函数显示数据,观察运行结果。

```
int main(array<System::String ^>^args)
{
    roundtable rtable1(1,3,Color::Red);
```

```
        roundtable rtable2(2,5,Color::Green);
        roundtable rtable3(3,6,Color::Blue);
        rtable1.show();
        rtable2.show();
        rtable3.show();
        return 0;
    }
```

（2）为 3 个类添加构造函数和析构函数，在这些函数执行时显示信息，以了解派生类中的构造和析构的顺序。

（3）分别将类修改为数值类和引用类，编译并运行，分析出现的问题。

（4）通过类视图直观地了解各个类的关系和成员。

2. 设计分析

首先定义颜色的枚举类型：

```
public enum class COLORS{Green=1, Red, Blue, Yellow, White};
```

定义基类 circle 及其私有数据、构造函数和显示面积的成员函数。

```
class circle
{
    double radius;
public:
    circle(double r):radius(r){}
    double area(){return Math::PI * radius * radius;}
};
```

定义另一个基类 table 及其私有数据、构造函数与获取高度的成员函数。

```
class table
{
    double height;
public:
    table(double h):height(h){}
    double get_height(){return height;}
};
```

再定义一个派生类，它是由前面两个基类派生出来的。在派生类构造函数之后分别利用参数来构造它的基类。另外在类外增加一个显示数据的成员函数 Show，显示圆桌的高度、面积和颜色。

```
class roundtable:public circle, public table //派生类
{
    COLORS color;
public:
```

```
roundtable(double r, double h, COLORS c):circle(r), table(h)
{
    color=c;
}
void show();
};
void roundtable::show()
{
    Console::WriteLine("圆桌的高度＝{0},面积＝{1,5:F1},颜色是：{2}",
        get_height(), area(), color.ToString("F"));//可用格式："g,G,f,F";
}
```

3. 操作指导

(1) 创建一个 CLR 控制台应用程序项目,在主项目文件窗口中添加上面分析的 3 个
类的定义代码,复制上面所给的主函数代码。编译并运行,运行结果如图 4-2 所示。

图 4-2　派生的圆桌程序运行结果之一

(2) 为 3 个类添加构造函数和析构函数,增加一行信息显示语句,代码如下:

```
class circle
{
    double radius;
public:
    circle(double r):radius(r)
    {
        Console::WriteLine("圆的构造函数,r={0}", r);
    }
    double area()
    {
        return Math::PI * radius * radius;
    }
    ~circle()
    {
        Console::WriteLine("圆的析构函数,r={0}", radius);
    }
};
class table
{
    double height;
public:
```

```
        table(double h):height(h)
        {
            Console::WriteLine("桌子的构造函数,h={0}",h);
        }
        double get_height()
        {
            return height;
        }
        ~table()
        {
            Console::WriteLine("桌子的析构函数,h={0}", height);
        }
    };
    class roundtable:public circle, public table //派生类
    {
        COLORS color;
    public:
        roundtable(double r, double h, COLORS c):circle(r), table(h)
        {
            color=c;
            Console::WriteLine("圆桌的构造函数,Color={0}", color.ToString("g"));
        }
        void show();
        ~roundtable()
        {
            Console::WriteLine("圆桌的析构函数,Color={0}", color.ToString("g"));
        }
    };
```

编译并运行,运行结果如图 4-3 所示。

从运行结果可以看到派生类的构造顺序,先调用基类的构造函数,再调用派生类的构造函数。对于同是某个类的基类(如 circle、table),则是按声明的顺序来确定先后。析构的顺序正好与构造顺序相反,先调用派生类的析构函数,再调用基类的析构函数。

(3) 将类修改为数值类,将类定义改为 value class。编译时出现的第一个问题是"值类型不能包含用户定义的特殊成员函数",即数值类中不能包含有析构函数。将所有的析构函数注释后,再次编译,则出现第二个问题:"value 类只能有一个非接口基类",即派生类 roundtable 无法从 circle 和 table 类多继承,即值类型不能实现多继承,只能从接口类中实现多继承。

将类定义修改为引用类,编译时出现的问题与数值类相同。

(4) 如果希望直观地了解各个类的关系和成员,可在解决方案资源管理器中选择"类视图"选项卡,即可得到如图 4-4 所示的类视图。可看到项目中包含的各个类及其属性、方法、基类和派生类。

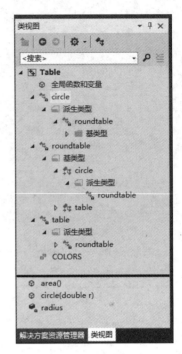

图 4-3 派生的圆桌程序运行结果图之二　　　　图 4-4 类视图

4. 扩展练习

（1）在创建派生类对象时，构造函数、析构函数执行的次序是怎样的？以本题为例说明圆桌类的两个基类（圆类和桌子类）在派生类中的构造和析构顺序。

（2）基类对象在构造函数中采用什么方式进行初始化？

4.2.2 几何体

1. 实训要求

对于某个确定的几何体，可以计算它的体积和某个面的面积，不同的几何体的计算公式是不同的，可以抽象出共同的方法，再将各种几何体抽象出一个公共的基类，实现几何体的类层次。为此定义一个基类 Shape，包含共有的显示面积的成员函数 ShowArea 和显示体积的成员函数 ShowVolume。然后派生出几何体 Circle 类和 Cylinder 类，各有成员函数 ShowArea 和 ShowVolume，派生类成员函数各自完成不同的功能。现请用不同方式来调用这些函数，测试和分析运的结果。

（1）在主函数中使用基类的句柄分别指向不同的派生类对象来调用这两个函数，会是什么结果？是否实现了多态性？

（2）修改程序，将成员函数 ShowArea 和 ShowVolume 改为虚函数，再分析运行结果和多态的特性。

（3）修改程序，将 Cylinder 类虚函数 ShowVolume 中的 override 关键字改为 new，再分析运行结果和多态的特性。

2. 设计分析

根据题意，设计基类 Shape 和两个派生类 Circle 和 Cylinder，代码如下：

```
ref class Shape
{
public:
    void ShowArea()
    {
        Console::WriteLine(L"Shape 类中的 ShowArea");
    }
    void ShowVolume()
    {
        Console::WriteLine(L"Shape 类中的 ShowVolume");
    }
};
ref class Circle: Shape
{
public:
    void ShowArea()
    {
        Console::WriteLine(L"Circle 类中的 ShowArea");
    }
};
ref class Cylinder: Shape
{
public:
    void ShowArea()
    {
        Console::WriteLine(L"Cylinder 类中的 ShowArea");
    }
    void ShowVolume()
    {
        Console::WriteLine(L"Cylinder 类中的 ShowVolume");
    }
};
```

3. 操作指导

（1）创建一个 CLR 控制台应用程序项目，在主项目文件窗口中添加上面分析的 3 个类的定义代码。

（2）在主函数中定义 3 个类的跟踪句柄，分别把派生类的句柄赋给基类句柄，通过使用基类的句柄分别指向不同的派生类对象来调用两个成员函数，输入如下代码：

```
int main(array<System::String ^>^args)
{
    Shape ^shape1;
    Circle ^cir1=gcnew Circle();
    Cylinder ^cy1=gcnew Cylinder();
    shape1=cir1;
    shape1->ShowArea();
    shape1->ShowVolume();
    shape1=cy1;
    shape1->ShowArea();
    shape1->ShowVolume();
    return 0;
}
```

编译并运行,运行结果如图 4-5 所示。

从运行结果看到,调用的都是基类的成员函数,没有实现多态性。

(3)修改程序,将所有成员函数 ShowArea 和 ShowVolume 改为虚函数:

图 4-5　几何体程序运行结果之一

```
ref class Shape
{   virtual void ShowArea() {…}
    virtual void ShowVolume(){…}
};
ref class Circle: Shape
{
    virtual void ShowArea() override {…}
};
ref class Cylinder: Shape
{
    virtual void ShowVolume() override {…}
    virtual void ShowArea() override {…}
}
```

图 4-6　几何体程序运行结果之二

再次编译并运行,运行结果如图 4-6 所示。

第一行输出说明调用的是派生类 Circle 类的 ShowArea 函数。因为在 Circle 类中重载了这个虚函数,通过基类句柄指向派生类对象时就调用派生类 Circle 的这个函数,而 ShowVolume 在 Circle 类中没有重载,所以第二行输出的还是基类的这个函数。

当基类句柄指向第二个对象的时候,第二个对象分别重载了这两个函数,所以调用的是派生类的这两个函数。

这里因为有了虚函数,通过基类句柄所指向的不同对象调用同名的成员函数,它就调用不同对象对应的虚函数,这样就实现了多态性。

（4）修改程序，将 Cylinder 类虚函数 ShowVolume 中的 override 关键字改为 new：

```
virtual void ShowVolume() new {…}
```

再次编译并运行，运行结果如图 4-7 所示。

正常情况下，用 override 关键字重载基类中的函数，如果改用 new 关键字，就隐藏了 Cylinder 类中的 ShowVolume 函数，而且这个虚函数不参与多态行为。从运行结果可以验证这一点。

图 4-7　几何体程序运行结果之三

4.2.3　英雄无敌

1. 实训要求

目前，游戏产业已经成为计算机领域的一个相当庞大以及重要的分支，因此有必要学习和了解游戏的编程。

角色扮演游戏是由玩家扮演游戏中的一个或数个角色，有完整的故事情节的游戏。下面编写一个简单的角色扮演游戏——英雄无敌，游戏中每个角色都属于一个类（图 4-8），为这个类的具体对象，它有生命值、战斗力等属性。

　Soldier类　　　　　Dragon类　　　　　Phoenix类　　　　　Angel类

图 4-8　几种游戏角色

角色能够相互攻击（图 4-9），攻击对方时也会被对方反击，攻击和反击的行为都有相应的动作，角色的行为是通过对象的成员函数来实现的。攻击某个角色，并调用被攻击角色的受伤函数，以减少被攻击角色的生命值，直至生命值降到 0 时，这个角色就被消灭了。

在游戏程序中应该有相应的动画和相应的动作，为了简单起见，下面只用文字信息说明战斗或者攻击的场面。

（1）设计游戏程序的类层次体系，实现游戏的战斗；

（2）将游戏版本升级，增加新的角色——ThunderBird（雷鸟），如图 4-10 所示。

2. 设计分析

非多态实现思路是为每个角色类编写攻击 Attack、反击 FightBack 和受伤 Hurted 这 3 个成员函数。

图 4-9　角色能够相互攻击　　　　　　图 4-10　新增游戏角色 ThunderBird

Attact 函数表现攻击动作,攻击某个角色,并调用被攻击角色的 Hurted 函数,以减少被攻击角色的生命值,同时也调用被攻击角色的 FightBack 函数,遭受被攻击角色反击。

Hurted 函数减少自身生命值,并表现受伤动作。

FightBack 函数表现反击动作,并调用被反击对象的 Hurted 成员函数,使被反击对象受伤。

非多态实现方法编写的类如下:

```
ref class Soldier
{
private:
    int nPower;                 //代表攻击力
    int nLifeValue;             //代表生命值
public:
    int Attack(Angel ^pAngel)
    {
        //表现攻击动作的代码
        pAngel->Hurted(nPower);
        pAngel->FightBack(this);
    }
    int Attack(phoenix ^pphoenix)
    {
        //表现攻击动作的代码
        pphoenix->Hurted(nPower);
        pphoenix->FightBack(this);
    }
    int Hurted (int nPower)
    {
        //表现受伤动作的代码
        nLifeValue -=nPower;
    }
    int FightBack(Angel ^pAngel)
    {
        //表现反击动作的代码
        pAngel ->Hurt(nPower/2);
```

```
    }
    int FightBack(phoenix ^ pphoenix)
    {
        //表现反击动作的代码
        pphoenix->Hurt(nPower/2);
    }
}
```

有几种角色,Soldier 类中就会有几个 Attack 成员函数和 FightBack 成员函数,对于其他类,比如 Dragon 等,也是这样。

如果游戏版本升级,增加了新的角色 ThunderBird,则程序改动较大,所有的类都需要增加如下的 Attack、FightBack 等成员函数,在角色种类多的时候,工作量较大。

```
int Attack (ThunderBird ^pThunderBird);
int FightBack(ThunderBird ^pThunderBird);
```

以上为非多态的实现方法,先为每个角色定义一个引用类,它有相应的攻击力、生命值的数据,攻击的成员函数中要指明攻击的具体对象,受伤要减少生命值,还要定义被相应对象反击的函数,有几种角色,每个类就有 $n-1$ 个攻击成员函数和 $n-1$ 个反击成员函数。如果游戏版本升级,那么非多态实现方法改动较大,所有类都需要增加成员函数,在角色种类多的时候,工作量较大。

下面再看多态类的实现方法,首先抽象各种角色,提取共同特性,设置一个抽象的基类 Creature(生物、动物、人),并且使 Soldier、Dragon、Phoenix 和 Angel 等其他类都从 Creature 派生而来,如图 4-11 所示。

图 4-11 英雄无敌类层次图

角色能够互相攻击,攻击敌人和被攻击时都有相应的动作,动作是通过对象的成员函数实现的,把互相攻击抽象为一个基类句柄来传递参数。

实现方法是:先定义抽象基类 Creature,并定义攻击动作的 Attack、被攻击角色反击的 FightBack 和使被攻击角色受伤的 Hurted 成员函数的抽象函数,把互相攻击对象抽象为一个基类句柄来传递参数。要求这些抽象函数在派生类中必须有实现的代码。再定义 Soldier、Dragon、Phoenix 和 Angel 等角色类,且都是从 Creature 派生而来的,并重写抽象函数的实现。代码如下:

```
ref class Creature abstract
{
public:
    int nPower;                                   //代表攻击力
    int nLifeValue;                               //代表生命值
    String ^sName;                                //代表角色的名字
public:
    virtual void Attack(Creature ^pCreature) abstract;    //抽象函数
```

```
        virtual int Hurted(int nPower) abstract;
        virtual int FightBack(Creature ^pCreature) abstract;
        Creature(int Power, int lifeValue, String ^name):nPower(Power), nLifeValue
            (lifeValue), sName(name){}
};
ref class Dragon: public Creature
{
public:
    virtual void Attack(Creature ^pCreature) override
    {
        //表现攻击动作的代码
        Console::WriteLine(L"Dragon {0} 向 {1} 攻击", this->sName, pCreature->
            sName);
        pCreature->Hurted(nPower);
        pCreature->FightBack(this);
    }
    virtual int Hurted(int nPower) override
    {
        //表现受伤动作的代码
        Console::WriteLine(L"Dragon {0} 遭到攻击受伤", this->sName);
        nLifeValue -=nPower;
        return nLifeValue;
    }
    virtual int FightBack(Creature ^pCreature) override
    {
        //表现反击动作的代码
        Console::WriteLine(L"Dragon {0} 向 {1} 发出反击", this->sName,
            pCreature->sName);
        pCreature->Hurted(nPower/2);
        return nPower/2;
    }
    Dragon(int Power, int lifeValue, String ^name):Creature(Power, lifeValue,
        name){}
};
ref class Soldier: public Creature
{
public:
    Soldier(int Power, int lifeValue, String ^name):Creature(Power, lifeValue,
        name){}
    virtual void Attack(Creature ^pCreature) override{
        //表现攻击动作的代码
        Console::WriteLine(L"Soldier{0} 向{1}攻击", this->sName, pCreature->
            sName);
        pCreature->Hurted(nPower);
```

```
            pCreature->FightBack(this);
        }
        virtual int Hurted(int nPower)override
        {
            //表现受伤动作的代码
            Console::WriteLine(L"Soldier {0} 遭到攻击受伤", this->sName);
            nLifeValue -=nPower;
            return nLifeValue;
        }
        virtual int FightBack(Creature ^pCreature)override
        {
            //表现反击动作的代码
            Console::WriteLine(L"Soldier {0} 向 {1} 发出反击", this->sName,
                pCreature->sName);
            pCreature->Hurted(nPower/2);
            return nPower/2;
        }
};
ref class Angel: public Creature
{
public:
    Angel(int Power, int lifeValue, String ^name):Creature(Power, lifeValue,
        name){}
    virtual void Attack(Creature ^pCreature) override{
        //表现攻击动作的代码
        Console::WriteLine(L"Angel{0} 向{1}攻击", this->sName, pCreature->
            sName);
        pCreature->Hurted(nPower);
        pCreature->FightBack(this);
    }
    virtual int Hurted(int nPower)override
    {
        //表现受伤动作的代码
        Console::WriteLine(L"Angel {0} 遭到攻击受伤", this->sName);
        nLifeValue -=nPower;
        return nLifeValue;
    }
    virtual int FightBack(Creature ^pCreature)override
    {
        //表现反击动作的代码
        Console::WriteLine(L"Angel {0} 向 {1} 发出反击", this->sName,
        pCreature->sName);
        pCreature->Hurted(nPower/2);
        return nPower/2;
```

```
        }
    };
    ref class Phoenix: public Creature
    {
    public:
        Phoenix(int Power, int lifeValue, String ^name):Creature(Power, lifeValue,
            name){}
        virtual void Attack(Creature ^pCreature) override{
            //表现攻击动作的代码
            Console::WriteLine(L"Phoenix{0}向{1}攻击", this->sName, pCreature->
                sName);
            pCreature->Hurted(nPower);
            pCreature->FightBack(this);
        }
        virtual int Hurted(int nPower)override{
            //表现受伤动作的代码
            Console::WriteLine(L"Phoenix {0} 遭到攻击受伤", this->sName);
            nLifeValue -=nPower;
            return nLifeValue;
        }
        virtual int FightBack(Creature ^pCreature)override{
            //表现反击动作的代码
            Console::WriteLine(L"Phoenix {0} 向 {1} 发出反击", this->sName,
                pCreature->sName);
            pCreature->Hurted(nPower/2);
            return nPower/2;
        }
    };
```

在主函数中定义各个角色类的对象,并使各个角色间进行战斗,例如:

```
Dragon ^dragon=gcnew Dragon(30, 400, "drag");
Soldier ^soldier=gcnew Soldier(30, 400, "soldier");
Angel ^angel=gcnew Angel(20, 300, "angel");
Phoenix ^phoenix=gcnew Phoenix(30, 500, "phoenix");
dragon->Attack(angel);          //(1)
dragon->Attack(phoenix);        //(2)
soldier->Attack(angel);         //(3)
soldier->Attack(phoenix);       //(4)
```

如果游戏版本升级,增加了新的角色——ThunderBird,就要新增类 ThunderBird。可仿照角色类的定义,定义一个新角色类即可,不需要在已有的类里专门为新怪物增加成员函数,对已有的角色无须任何改动,代码如下:

```
ref class ThunderBird: public Creature
{
```

```
public:
    ThunderBird(int Power, int lifeValue, String ^name):Creature(Power,
        lifeValue, name){}
    virtual void Attack(Creature ^pCreature) override{
        //表现攻击动作的代码
        Console::WriteLine(L"ThunderBird {0} 向 {1} 攻击", this->sName,
            pCreature->sName);
        pCreature->Hurted(nPower);
        pCreature->FightBack(this);
    }
    virtual int Hurted(int nPower)override{
        //表现受伤动作的代码
        Console::WriteLine(L"ThunderBird {0} 遭到攻击受伤", this->sName);
        nLifeValue -=nPower;
        return nLifeValue;
    }
    virtual int FightBack(Creature ^pCreature)override{
        //表现反击动作的代码
        Console::WriteLine(L"ThunderBird {0} 向 {1} 发出反击", this->sName,
            pCreature->sName);
        pCreature->Hurted(nPower/2);
        return nPower/2;
    }
};
```

再具体使用这些类的代码来测试：

```
ThunderBird ^Bird=gcnew ThunderBird(10, 200, "bird");
dragon->Attack(Bird);        //(5)
```

由此也可以看出，使用多态类的实现方法，升级时的代码改动和增加量是很少的。

3. 操作指导

（1）创建一个 CLR 控制台应用程序项目，在主项目文件窗口中添加上面分析的基类定义及 4 个角色类的定义代码，复制上面给出的主函数代码。编译并运行，运行结果如图 4-12 所示。

观察运行结果，每 4 行显示为一个攻击与反击的过程中的调用及输出情况。

（2）如果游戏版本升级，增加了新的角色——ThunderBird，就按上面分析中的代码新增角色类 ThunderBird 的定义。在主函数中增加 ThunderBird 类的对象 Bird，并使 Bird 加入游戏的战斗中，代码如下：

```
ThunderBird ^Bird=gcnew ThunderBird(10, 200, "bird");
dragon->Attack(Bird);        //(5)
```

编译并运行，运行结果如图 4-13 所示。

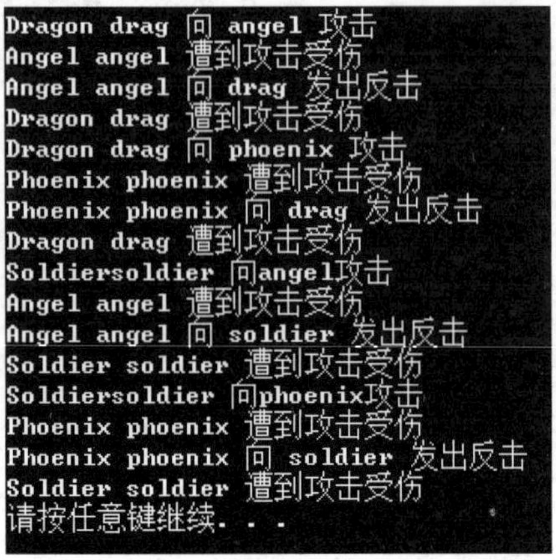

图 4-12　英雄无敌程序运行结果之一

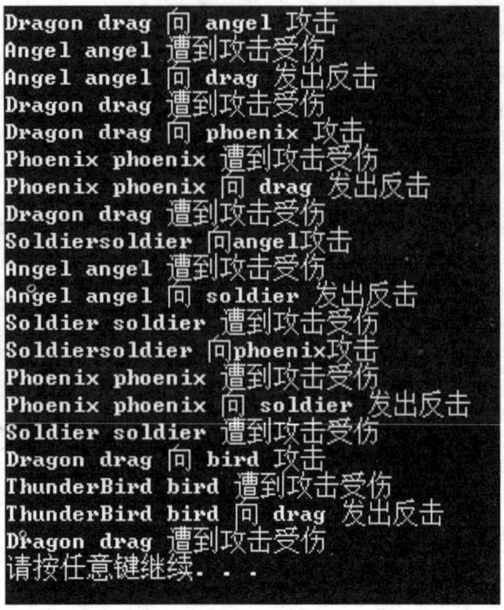

图 4-13　英雄无敌程序运行结果之二

最后 4 行是 Bird 加入游戏的战斗中的情况。在此基础上可以增加更多的角色类和动作，编程还是比较简单、易理解的。

这是简单的版本，没有游戏中的状态和动画，大家可以在此基础上进行扩充和完善。

通过此游戏的编程，应掌握类的多态性及使用，掌握抽象类和抽象函数的定义和使用。使用动态联编可以使程序员对程序进行高度抽象，设计出可扩充性好的程序。

4.2.4　吃水果的接口

1. 实训要求

多态性就像日常生活中吃水果一样，同样是吃水果，但是吃的方式各不相同，吃香蕉和吃橘子要剥皮，苹果可以不削皮直接吃。下面以吃水果为例，说明通过接口实现多态性和多继承的方法。

按下列步骤定义接口，然后用不同的类去实现这个接口，完成接口中的方法。运行程序，观察运行结果，理解程序中使用到的接口、多继承、抽象类、抽象函数、虚函数等概念。

（1）定义水果吃法的 IFruit 接口和水果吃法的 Eat 方法。

（2）定义显示水果食性的 DFruit 接口和显示水果食性的 Diets 方法。

（3）定义水果基类 Fruit，产生水果的派生 Banana 和 Apple，再分别用 Banana 类和 Apple 类来实现 IFruit 接口，用不同的方式吃水果。

（4）定义吃水果的食客类来调用 Eat 方法。

（5）增加一种温性的水果 litchi（荔枝），增加一个食客，测试执行的结果。

2. 设计分析

（1）定义水果吃法的接口 IFruit，在接口中定义一个水果吃法的方法 Eat：

```
//定义水果吃法的接口
interface class IFruit{
    void Eat();        //定义水果吃法的方法
};
```

（2）定义显示水果食性（寒、热、温、凉）的接口 IDiets，在接口中定义一个显示水果食性的方法 Diets：

```
//定义显示水果食性的接口
interface class IDiets{
    void Diets();       //定义显示水果食性的方法
};
```

（3）定义一个水果抽象基类 Fruit，其私有数据成员 nLifeValue 和 sName 分别代表水果的能量值和水果的名字，并定义两个抽象函数 Shape 和 ForEat。

```
//定义水果基类
ref class Fruit abstract
{
public:
    property int nLifeValue;           //代表水果能量值
    property String ^sName;            //代表水果的名字
public:
    virtual void Shape()abstract;
    virtual void ForEat()abstract;
};
```

（4）定义一个由水果派生的香蕉类 Banana，并实现上面两个接口和两个抽象函数。在抽象函数 Shape 中显示"香蕉是长条形的。"，实现两个接口中的成员函数 Eat 和 Diets，分别显示"吃香蕉要剥皮吃！"和"香蕉是凉性的！"，并在抽象函数 ForEat 中调用两个接口定义的虚函数 Eat 和 Diets。

```
//定义香蕉类,多继承,先写基类,再写接口
ref class Banana:public Fruit, public IFruit, public IDiets
{
public:
    Banana(int lifeValue, String ^na)
    {
        nLifeValue=lifeValue;
        sName=na;
    };
    virtual void Shape() override{Console::WriteLine("香蕉是长条形的。");}
    virtual void ForEat() override{       //调用接口定义的虚函数
        Eat();
        Diets();
```

```
        }
        virtual void Diets() { Console::WriteLine("香蕉是凉性的!"); }
        virtual void Eat() { Console::WriteLine("香蕉要剥皮吃!"); }
    };
```

(5) 定义一个由水果派生的苹果类 Apple,并实现上面两个接口和两个抽象函数。在抽象函数 Shape() 中显示苹果是圆形的,同样要实现两个接口中的成员函数 Eat 和 Diets,分别显示"苹果可以不削皮直接吃!"和"苹果是温性的!"并在抽象函数 ForEat 中调用两个接口定义的虚函数 Eat 和 Diets。

```
//定义吃苹果的类来实现接口
//定义吃苹果的类,多重继承,先写基类,再写接口
ref class Apple:public Fruit, public IFruit, public IDiets
{
public:
    Apple(int lifeValue, String ^na)
    {
        nLifeValue=lifeValue;
        sName=na;
    }
    virtual void Shape() override{Console::WriteLine("苹果是圆形的。");}
    virtual void ForEat() override{      //调用接口定义的虚函数
        Eat();
        Diets();
    }
    virtual void Eat() { Console::WriteLine("苹果可以不削皮直接吃!"); }
    virtual void Diets() { Console::WriteLine("苹果是温性的!"); }
};
```

(6) 定义一个吃水果的食客类 EatFruit,其私有成员变量 eLifeValue、eName 分别为食客所获得的能量和食客的名字。定义一个成员函数 ForEatFruit,其中用 Fruit 对象作为方法的参数来实现用不同的方式吃水果,在函数中调用基类定义的虚函数 fru->Shape() 显示水果的形状,通过调用基类定义的虚函数来调用接口定义的虚函数 fru->ForEat() 显示水果的食性和吃法。当食客吃了该水果后,就增加了该水果的能量,然后显示"吃过了{0},增加能量{1},能量已达{2}!"的提示信息。

```
//定义吃水果的食客类或游戏客类来调用 Eat 方法
ref class EatFruit
{
    //用 Fruit 作为方法的参数来实现用不同的方式吃水果
    int eLifeValue;
    String ^eName;           //代表食客的名字
public:
    EatFruit(int value, String ^name)
    {
        eLifeValue=value;
```

```
            eName=name;
        }
        void ForEatFruit (Fruit ^fru)
        {
            fru->Shape();        //调用基类定义的虚函数
            fru->ForEat();       //通过调用基类定义的虚函数来调用接口定义的虚函数
            //fru->Diets();      //此处不能直接调用基类的接口函数
            eLifeValue+=fru->nLifeValue;
            Console::WriteLine("{3}吃过了{0},增加能量{1},能量已达{2}!",
                fru->sName, fru->nLifeValue, eLifeValue, eName);
        }
    };
```

(7) 在主函数中创建一个吃水果类的食客实例 diners1(罗麻),创建香蕉类的实例香蕉 1,创建苹果类的实例苹果 1,分别通过 diners1 调用 ForEatFruit 函数吃香蕉 1 和苹果 1,测试程序运行情况。代码如下：

```
int main(array<System::String ^>^args)
{
    EatFruit ^diners1=gcnew EatFruit(100, "罗麻");  //创建食客类的实例
    Banana ^banana=gcnew Banana(10, "香蕉1");        //创建香蕉类的实例香蕉1
    Apple ^apple=gcnew Apple(20, "苹果1");           //创建苹果类的实例苹果1
    //banana->Diets();                              //此处可以直接调用基类的接口函数
    diners1->ForEatFruit(banana);
    diners1->ForEatFruit(apple);
    return 0;
}
```

3. 操作指导

(1) 创建一个 CLR 控制台应用程序项目,在主项目文件窗口中添加上面给出的代码。再复制上面给出的主函数代码。编译并运行,运行结果如图 4-14 所示。

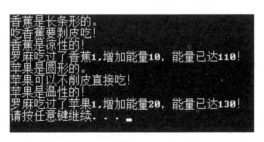

图 4-14   吃水果的接口程序运行结果

观察运行结果,前 4 行显示为食客罗麻吃香蕉 1 的情况,后 4 行显示为食客罗麻吃苹果 1 的情况。每个都显示出水果的形状、吃法、食性和吃了之后所获得的能量值。运行结果是正确的。

（2）参考前面两种水果类的定义，增加水果类 Litchi，在主函数中增加一个食客实例，代码如下：

```
Apple ^apple2=gcnew Apple(20, "苹果 2");          //创建苹果类的实例苹果 2
Litchi ^litchi=gcnew Litchi(20, "荔枝 1");        //创建荔枝类的实例荔枝 1
EatFruit ^diners2=gcnew EatFruit(80, "任天");     //创建食客类的实例
diners2->ForEatFruit(litchi);
diners2->ForEatFruit(apple2);
```

编译并运行程序，检验程序的运行结果。

4.2.5　委托与代理

1. 实训要求

下面通过模仿一个中介代理公司代办业务的方式来介绍委托的定义与使用方法。中介代理公司为一个委托 CorDelegate，代办业务的形式可以多种多样，如一个全局函数、某个类的静态成员、一般公有成员等，并在 main 函数中通过该委托来调用其对应的函数。

2. 设计分析

设计的思路如下：

（1）开设一家中介代理公司。定义一个委托 CorDelegate，可以依据提供的姓名办理相关业务。

（2）规范定义各个业务过程。有全局的"网络业务"、针对个人的静态成员的"水费业务"、一般公有成员的"房产业务"、一般公有成员的"汽车业务"，定义这些函数执行的功能，可以简单地在函数中输出一行对应的信息。

（3）为中介代理公司添加或取消代理业务。构造委托，同时将函数指针放入委托中，增加或取消委托。

（4）如出现有办理业务需求的某个人，就只需提供该人的姓名，即要执行的函数的实参，以姓名对应执行的 Common 类的方法。

（5）某个人找中介代理公司代理业务。用实参调用委托对象。

（6）通过中介代理办理对应的业务。就是用实参分别调用在委托调用列表中的相应函数。

3. 操作指导

（1）创建一个 CLR 控制台应用程序项目，在主项目文件中按下列步骤操作。

（2）创建委托。用 delegate 定义一个委托 CorDelegate，相当于创建一个中介代理公司，只有一个形参，形参是一个字符串，对应业务需求人的姓名。代码如下：

```
delegate void CorDelegate(String ^name);
```

（3）创建委托方法（规范定义各个业务过程）。

用于委托的方法可以是一个全局函数、一个静态方法或一个公有的成员。

全局函数有全局的"网络业务",输出"代理{××}的网络业务!"。

为定义个人类的常用业务,先定义一个 Common 类,再定义类的静态成员"水费业务"和一般公有成员"房产业务""汽车业务",并定义其函数的实现,输出相应的信息。这些业务都是依据某个人的姓名就可办理的业务,即函数的形参是一个字符串。

```
//全局函数
void Nets(String ^name)                //全局的"网络业务"
{
    Console::WriteLine(L"代理{0}的网络业务!", name);
}
//类的静态成员和一般公有成员
ref class Common
{
public:
    static void Water(String ^name);   //静态成员:水费业务
    void House(String ^name);          //一般公有成员:房产业务
    void Car(String ^name);            //一般公有成员:汽车业务
};
void Common::Water(System::String ^name)
{
    Console::WriteLine(L"代理{0}的水费业务!", name);
}
void Common::House(System::String ^name)
{
    Console::WriteLine(L"代理{0}的房产业务!", name);
}
void Common::Car(System::String ^name)
{
    Console::WriteLine(L"代理{0}的汽车业务!", name);
}
```

(4) 用多种方法为中介代理公司添加或取消代理业务。在主函数中创建具体的Cor1 中介代理公司,用多种方法将代理业务的函数放入委托对象 Cor1 中,如使用委托的构造函数方式,直接将被委托的函数指针作为其构造函数参数,再使用重载的十=运算符对委托对象 Cor1 再增加"水费业务"的函数指针委托。再使用两个参数方式定义指针委托,第一个参数用来指定在 CLR 堆上通过 gcnew 运算符创建的某个常用业务 Common类的实例对象 business1 的引用,而第二个参数用来指定该对象的实例函数"房产业务"和"汽车业务"的地址,使用重载的十=运算符增加委托对象 Cor1 的这两个函数指针委托。代码如下:

```
CorDelegate ^Cor1;                     //创建具体的代理公司 Cor1
Cor1=gcnew CorDelegate(&Nets);         //全局函数
```

```
Cor1+=gcnew CorDelegate(& Common::Water);              //静态成员函数
Common ^ business1=gcnew Common();                     //类的实例对象的引用
Cor1+=gcnew CorDelegate(business1, &Common::House);    //公有成员函数
Cor1+=gcnew CorDelegate(business1, &Common::Car);      //公有成员函数
```

（5）如果出现有办理业务需求的某个人，如李晨，就只需提供该人的姓名，即要执行的函数的实参，以姓名对应执行的 Common 类的方法。

（6）使用方式一执行委托，通过委托对象的 Invoke 函数执行委托。

```
Cor1->Invoke(L"李晨");       //执行委托方式一：通过委托对象的 Invoke 函数执行委托
```

（7）使用重载的－＝运算符取消"水费业务"的委托，再用方式二执行委托，直接调用委托对象执行委托。

```
//取消委托
Cor1 -=gcnew CorDelegate(& Common::Water);
Console::WriteLine(L"取消某个业务后。");
Cor1(L"李晨");              //执行委托方式二：直接调用委托对象执行委托
```

（8）按照上述思路和代码进行编程，然后编译、运行程序，可以看到如图 4-15 所示的运行结果。

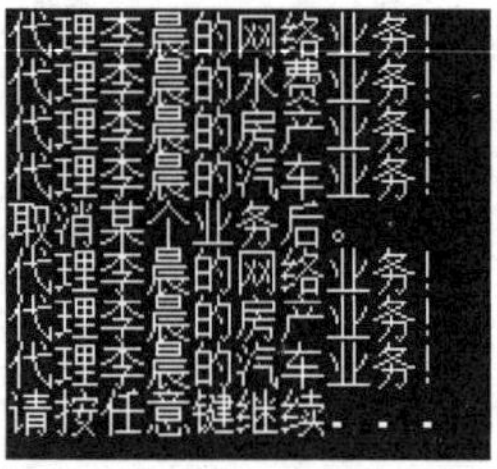

图 4-15　委托与代理程序运行结果

前 4 行分别输出代理李晨的"网络业务""水费业务""房产业务"和"汽车业务"。在取消"水费业务"的委托后，输出 3 行，分别是代理李晨的"网络业务""房产业务"和"汽车业务"。运行结果是正确的。

4．扩展练习

在此基础上增加一个"电费业务"委托办理，并加入委托中，测试执行委托的结果。

4.2.6　按钮事件

1．实训要求

在窗口界面的设计中，按钮是一个常用的控件，对鼠标在按钮上触发的单击、双击或鼠标移动事件都可进行响应处理，下面就实现按钮事件的响应处理编程。

事件可作为类的成员，以使对象能够在特定事件发生时发出信号，并通过委托自动调用相应的函数以响应这些事件。所以这里的按钮委托类型为 DelegateButton，按钮类型为 Buttons，按钮类有一个私有数据成员——按钮显示的文本 text，3 个模拟鼠标动作触发事件的成员函数——Click、DBClick 和 Move，按钮的 3 个事件——单击事件 EventBtnClick、双击事件 EventBtnDBClick 和移动事件 EventBtnMove，以及响应 3 个事件的处理函数——Btn_EventClick、Btn_EventDBClick 和 Btn_EventMove。

在主函数中定义了两个按钮对象实例 button1 和 button2，按钮的名字属性分别为

Button1 和 Button2,文本属性分别为"确定"和"取消"。为按钮添加事件,并触发这些事件,观察程序的运行结果。

2. 设计分析

对事件响应处理需要定义委托,包含在事件被触发时将要调用的函数的指针,然后通过 event 关键字定义该委托引用类型的委托对象,以声明该事件。

首先定义一个 DelegateButton 按钮委托类型以及一个 Buttons 引用类按钮类型,按钮类有一个私有数据成员 Text,为按钮显示的文本。再定义 3 个可触发事件的成员函数 Click、DBClick 和 Move,再订阅(声明)按钮的单击事件 EventBtnClick、双击事件 EventBtnDBClick 和移动事件 EventBtnMove,通过成员函数触发 3 个事件,并定义事件的处理函数,其中移动事件触发调用的是静态函数。然后在 main 函数中创建 Buttons 类型的对象 button1 和 button2,分别对应"确定"和"取消"按钮,并通过这两个对象分别触发这 3 个事件。

3. 操作指导

(1) 创建一个 CLR 控制台应用程序项目,在主项目文件中按下列步骤操作。

(2) 创建委托。用 delegate 定义一个委托 DelegateButton,它是无参的,无返回值类型。在特定事件发生时,通过该委托自动调用相应的函数以响应这些事件。

```
public delegate void DelegateButton();        //定义委托
```

(3) 定义按钮类型 Buttons,在类定义中声明了 3 个事件——单击事件、双击事件和移动事件。定义了一个按钮显示文本的私有数据成员;

```
ref class Buttons {
public:
    event DelegateButton ^EventBtnClick;              //声明单击事件
    event DelegateButton ^EventBtnDBClick;            //声明双击事件
    event DelegateButton ^EventBtnMove;               //声明移动事件
private:
    String ^text;                                     //按钮显示的文本
    ...
};
```

(4) 再定义 3 个触发事件的成员函数 Click、DBClick 和 Move,分别引发对应的单击事件 EventBtnClick、双击事件 EventBtnDBClick 和移动事件 EventBtnMove,在每个函数中都输出一行用于识别的信息。

```
void Click()
{
    Console::WriteLine("你触发了鼠标单击事件");
    EventBtnClick();         //引发事件调用 Btn_EventClick()
}
```

```
void DBClick()
{
    Console::WriteLine("你触发了鼠标双击事件");
    EventBtnDBClick();         //引发事件调用 Btn_EventDBClick()
  }
void Move()
{
    Console::WriteLine("你触发了鼠标移动事件");
    EventBtnMove();            //引发事件调用 Btn_EventBtnMove
}
```

（5）定义事件的响应函数。在类内定义响应函数 Btn_EventClick、Btn_EventDBClick 的实现，在类外定义静态函数 Btn_EventMove 的实现，在每个函数中都输出一行用于识别的信息。

在类内定义单击和双击的响应函数：

```
void Btn_EventClick()
{Console::WriteLine("响应单击'{0}'按钮的处理", Text);}
void Btn_EventDBClick()
{Console::WriteLine("响应双击'{0}'按钮的处理", Text);}
```

在类外定义移动的响应函数：

```
static void Btn_EventMove()
{Console::Write("响应鼠标在按钮上飘过");}
```

（6）在 Buttons 引用类的构造函数中添加按钮的单击事件和双击事件，指明事件发生时要调用的处理函数分别是类内的 Btn_EventClick、Btn_EventDBClick 函数。

```
Buttons(String ^text)
{
    this->text=text;
    //订阅事件
    this->EventBtnClick+=gcnew DelegateButton(this, &Buttons::Btn_
        EventClick);
    this->EventBtnDBClick+=gcnew DelegateButton(this, &Buttons::Btn_
        EventDBClick);
}
```

（7）在主函数中定义按钮对象实例 button1，按钮的文本属性为"确定"，为按钮添加移动事件并指明事件的处理函数为类外定义的静态函数 Btn_EventMove。

```
//定义用户对象
Buttons ^button1=gcnew Buttons("确定");
//订阅事件,指明事件发生时要调用的是类外的定义 Btn_EventMove 函数
button1->EventBtnMove+=gcnew DelegateButton(Btn_EventMove);
```

（8）调用按钮 button1 的成员函数 Click、DBClick 和 Move，在这 3 个成员函数中将

分别触发对应的 3 个事件。由于在按钮类的构造函数中已将 EventBtnClick 和 EventBtnDBClick 委托分别指定了 Btn_EventClick 和 Btn_EventDBClick 函数指针,而在主函数中将 EventBtnMove 委托指定了 Btn_EventMove 函数指针,所以当这 3 个事件被触发时,将自动调用其对应的函数以对事件进行处理。

```
//引发事件
button1->Click();
button1->DBClick();
button1->Move();
```

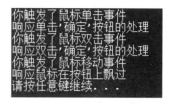

编译并运行,可以得到如图 4-16 所示的运行结果。

可以看到触发 Button1 按钮的 3 个事件及响应事件处理函数的输出。

图 4-16　按钮事件程序运行结果之一

(9) 在主函数中定义按钮对象实例 button2,按钮的文本属性为"取消"。调用按钮 button2 的成员函数 Click、DBClick 和 Move。

```
//定义用户对象
Buttons ^button2=gcnew Buttons("取消");
button2->Click();
button2->DBClick();
button2->Move();
```

编译并运行,可以得到如图 4-17 所示的运行结果。

可以看到触发 button2 按钮的 3 个事件及前面两个事件响应处理函数的输出,而没有响应 Move 事件的处理函数的输出。

(10) 对按钮按对象实例 button1,使用双参数方式取消双击事件的委托,再调用按钮 button1 的成员函数 DBClick。

```
button1->EventBtnDBClick -=gcnew DelegateButton(button1, &Buttons::Btn_
    EventDBClick);
button1->DBClick();
```

编译并运行,可以得到如图 4-18 所示的运行结果。

图 4-17　按钮事件程序运行结果之二　　　　图 4-18　按钮事件程序运行结果之三

可以看到触发 button1 按钮的 DBClick 事件输出，却没有响应该事件的处理函数的输出。

4. 扩展练习

增加一个按钮的右击事件和相应的函数，编译并运行，分析运行的结果。

思考与练习

1. 选择题

(1) 在 C++ 中，一个类_____。

    A. 可以继承多个类   B. 可以实现多个接口

    C. 在一个程序中只能有一个子类   D. 只能实现一个接口

(2) 以下关于继承机制的叙述中正确的是_____。

    A. 在 C++ 中任何类都可以被继承

    B. 一个子类可以继承多个父类

    C. object 类是所有类的基类

    D. 继承有传递性，如果 A 类继承 B 类，B 类又继承 C 类，那么 A 类也继承 C 类

(3) 继承具有_____，即当基类本身也是某一个类的派生类时，派生类会自动继承间接基类的成员。

    A. 规律性   B. 传递性   C. 重复性   D. 多样性

(4) 使用继承的优点是_____。

    A. 基类的大部分功能可以通过继承关系自动进入派生类

    B. 继承将基类的实现细节暴露给派生类

    C. 一旦基类实现出现 bug，就会通过继承的传播影响到派生类的实现

    D. 可在运行期决定是否选择继承代码，有足够的灵活性

(5) 在定义类时，如果希望类的某个方法能够在派生类中进一步改进，以处理不同的派生类的需要，应将该方法声明成_____。

    A. virtual 方法   B. sealed 方法   C. public 方法   D. override 方法

(6) 在派生类中对基类的虚函数进行重写，要求在派生类的声明中使用_____。

    A. virtual   B. static   C. new   D. override

(7) 以下关于虚函数的描述中正确的是_____。

    A. 虚函数能在程序运行时动态确定要调用的函数，因而比非虚函数更灵活

    B. 定义虚函数时，基类和派生类的函数定义语句中都要带上 virtual 修饰符

    C. 重写基类的虚函数时，为消除隐藏基类成员的警告，需要带上 new 修饰符

    D. 重写虚函数时，需要同时带上 override 和 virtual 修饰符

(8) 多态是指两个或多个不同对象对于同一个消息做出不同响应的方式，C++ 中的多态不能通过_____实现。

    A. 接口   B. 抽象类   C. 虚方法   D. 密封类

（9）在 C++ 中,利用 sealed 修饰的类_____。

    A. 不能继承   B. 可以继承   C. 表示基类   D. 表示抽象类

（10）以下关于抽象类的叙述中错误的是_____。

    A. 抽象类可以包含非抽象方法

    B. 包含抽象类方法的类一定是抽象类

    C. 抽象类不能被实例化

    D. 抽象类可以是密封类

（11）在 C++ /CLI 中,接口与抽象基类的区别在于_____。

    A. 抽象类可以包含非抽象方法,而接口不包含任何方法的实现

    B. 抽象类可以被实例化,而接口不能被实例化

    C. 抽象类不能被实例化,而接口可以被实例化

    D. 抽象类能够被继承,而接口不能被继承

（12）以下关于抽象类和接口的叙述中正确的是_____。

    A. 在抽象类中所有的方法都是抽象方法

    B. 继承自抽象类的子类必须实现其父类(抽象类)中的所有抽象方法

    C. 在接口中可以有方法实现,在抽象类中不能有方法实现

    D. 一个类可以从多个接口继承,也可以从多个抽象类继承

（13）以下关于接口和类的区别的叙述中正确的是_____。

    A. 类可以继承,而接口不可以   B. 类不可以继承,而接口可以

    C. 类可以多继承,而接口不可以   D. 类不可以多继承,而接口可以

（14）以下关于接口的说法中,_____是错误的。

    A. 一个类可以有多个基类和基接口

    B. 抽象类和接口都不能被实例化

    C. 抽象类自身可以定义成员,而接口不可以

    D. 类不可以多继承,而接口可以

（15）以下说法中不正确的是_____。

    A. 一个类可以实现多个接口

    B. 一个派生类可以继承多个基类

    C. 在 C++ 中实现多态,在派生类中重写基类的虚函数的必须在前面加 override

    D. 子类能添加新方法

（16）以下_____关键字用于定义委托类型。

    A. delegate   B. event   C. this   D. value

（17）以下关于委托和委托类型的叙述中正确的是_____。

    A. 委托不是一种类的成员

    B. 委托必须在类中定义

    C. 定义委托需要使用 delegate 关键字

    D. 委托类型是一种数据类型

(18) 有下列语句:

```
namespace NS
{public delegate void Hello(string^);}
```

该语句的作用是_____。

    A. 在 NS 命名空间中定义了一个名称为 Hello 的全局方法

    B. 在 NS 命名空间中声明了函数 Hello 的原型

    C. 在 NS 命名空间中声明了一个名称为 Hello 的函数指针

    D. 在 NS 命名空间中声明了一个名称为 Hello 的委托类型

(19) 以下_____关键字用于定义事件。

    A. delegate   B. event   C. this   D. value

(20) 将发生的事件通知其他对象(订阅者)的对象称为事件的_____。

    A. 广播者   B. 通知者   C. 发行者   D. 订阅者

(21) 已知接口 IHello 和类 Base1、Derived1 的声明如下:

```
interface class IHello
{
    void Hello();
};
ref class Base1:IHello
{
    public:virtual void Hello()
    {System::Console::WriteLine("HelloinBase!");}
};
ref class Derived1:Base1
{
public:
    virtual void Hello()override
    {System::Console::WriteLine("Hello in Derived!");}
};
```

则下列语在控制台中的输出结果为_____。

```
IHello ^x=gcnew Derived1();
x->Hello();
```

    A. Hello in Base! Hello in Derived!   B. Hello in Derived!

    C. Hello in Derived! Hello in Base!   D. Hello in Base!

(22) 以下程序的输出结果是_____。

```
ref class Vehicle
{
private:
    int speed=10;
public:
    property int Speed
    {
```

```
        int get(){ return speed; }
        void set(int value){ speed=value; System::Console::WriteLine("禁
            止驶入"); }
    }
};
ref class NewVehicle: Vehicle
{
public:
    NewVehicle()
    {
        if(this->Speed>=20)
            System::Console::Write("机动车!");
        else
            System::Console::Write("非机动车!");
    }
};
int main(array<System::String ^>^args)
{
        NewVehicle ^tong=gcnew NewVehicle();
        tong->Speed=30;
    return 0;
}
```

A. 禁止驶入非机动车!   B. 非机动车! 禁止驶入
C. 禁止驶入机动车!   D. 机动车禁止驶入!

2. 填空题

(1) 在继承中,如果只有一个基类,则这种继承称为_____;如果基类名有多个,则这种继承称为_____。

(2) 当基类中的某个成员函数被声明为虚函数后,此虚函数就可以在一个或多个派生类中被重新定义。在派生类中重新定义时,其函数原型,包括_____、_____和_____以及_____和_____,都必须与基类中的原型完全相同。

3. 简述题

(1) 简述 C++ 中类继承的特点。
(2) 简述 C++ 中类继承时调用构造函数和析构函数的执行次序。
(3) 简述 C++ 中方法重写和重载的区别。
(4) 简述 C++ 中抽象类的特点。
(5) 简述 C++ 中接口的特点。
(6) 简述 C++ 中实现委托的具体步骤。
(7) 什么是事件? 如何预订与取消事件?
(8) 什么是多态性? 在 C++ 中是如何实现多态的?
(9) 总结实现多态性的 3 个条件。

第5章 窗体和对话框设计

实训目的

- 掌握 Windows 编程的基本方法。
- 掌握常用属性设置及使用。
- 掌握事件的添加与响应处理。
- 掌握对话框的定义及使用。

5.1 基本知识提要

5.1.1 Windows 编程

微软公司推荐 MFC、ATL 和 CLR 这 3 个内置的库,它们涵盖了 Windows 的各种开发方法和开发应用。从编程所处层次而言,ATL32 为最底层,其次是 MFC,然后是 CLR。ATL(Active Template Library)用于编写 COM 程序。

MFC(Microsoft Foundation Classes)是指微软公司提供的类库(class library),以 C++ 类的形式封装了 Windows API,并且包含一个基于 Document/View 的应用程序框架,采用消息流动机制,以减少应用程序开发人员的工作量。其中的类包含大量 Windows 句柄封装类和很多 Windows 的内建控件和组件的封装类。MFC 封装的范围包括 GUI、I/O、数据库、网络编程等方面,用于创建本地应用程序。但是这个库 GUI 处理的效率并不是很高,应用程序框架和与 UI 处理相关的代码会占较大的代码量。

CLR(Common Language Runtime)是.NET 的公共语言运行库或公共语言运行时,和 Java 虚拟机一样是一个运行时环境,它负责资源管理(内存分配和垃圾回收等),并保证应用和底层操作系统之间必要的分离。CLR 是 C++ /CLI 在 Windows 操作系统下的 Visual Studio 实现版本。CLR 核心的实现和 C♯、VB.NET 一样,都是基于公共语言运行库。.NET Framework 封装了大量的系统 API,以类库的形式提供给开发者。CLR 具有跨平台、跨语言的特性,各种语言都可以使用 CLR 开发.NET 平台上的应用程序。

本章以.NET Framework 为基础的 CLR 项目进行窗体应用程序的开发。窗体应用程序可以直接调用其他托管代码或者本机代码,也可以被其他托管代码调用。

在.NET 框架中提供了 Windows Forms 的窗体应用程序的开发框架。该框架提供了一个有条理的、面向对象的、控件导向的、可扩展的类集,使用户得以开发丰富的 Windows 应用程序,可通过 Windows 窗体设计器进行窗体设计,这样就可以创建 Windows 应用程序了。

Windows 窗体应用程序中的窗体和控件都由.NET 运行时基类库中的类表示,并且它们都包含一组用于指定窗体或控件的外观和行为的属性,大多数类都被包含在

System∷Windows∷Form 命名空间中。

5.1.2　窗体应用程序设计

1. 创建窗体应用程序的过程

（1）新建项目。

在"项目类型"列表框中指定项目的类型为 Visual C++，在 Visual C++ 节点下的 CLR 节点，在"模板"列表框中选择"Windows 窗体应用程序"，在"名称"和"位置"文本框中设定项目文件的名字和保存位置，然后单击"确定"按钮，进入 Visual Studio 2013 的主界面。

如果没有该项目类型，请安装 Visual Studio 2013 C++ Windows 窗体应用程序补丁。

（2）界面设计。

系统自动为用户生成了一个空白窗体，名称为 Form1，下一步则是进行 Form1 窗体的界面设计。

① 添加控件：向窗体中添加必要的控件。

② 调整控件的尺寸和位置：可通过设置控件的相应属性来实现或直接用鼠标调整控件的尺寸和位置。

③ 对控件进行布局：对多个控件进行对齐、大小、间距、叠放次序等操作。

（3）设置属性。

设置这些属性来控制窗体控件的外观，有两种方法：一种是通过窗体设计器的属性窗口来设置，另一种是直接通过代码来设置 Form 类的属性。

（4）编写程序代码。

为控件添加相应的事件处理程序。

Windows 应用程序采用的是事件驱动机制，当 Windows 窗体中有任意一个事件发生时，系统都要调用一个事件方法。这个事件方法可以从窗体或控件的基类继承，但继承的事件方法只能具有通用功能。如果希望在事件发生时完成一些特定操作，则需要添加控件的处理程序，重新定义相应的事件方法。

双击窗体上的控件，进入控件默认事件的处理程序，或使用"属性"窗口中的事件列表，在事件列表中双击该事件即可。

Visual Studio 2013 会自动生成相应的事件方法，并自动把该事件方法与控件的相应事件绑定，系统生成的事件方法是不包含任何语句的空方法，需要开发者自行完成代码的编写。

（5）程序运行与调试。

2. 窗体应用程序的结构

当创建 Windows 窗体项目后，Visual Studio 将自动创建与项目名称相同的项目文件夹。在该文件夹中包含解决方案文件(＊.sln)、项目工程文件(＊.vcxproj)及源文件(＊.cpp、＊.h)等文件。

在项目的.cpp 文件中,main 方法的代码如下:

```
#include "stdafx.h"
#include "Form1.h"
using namespace MyForm;
[STAThreadAttribute]
int main(array<System::String ^>^args)
{
    //在创建任何控件之前启用 Windows XP 可视化效果
    Application::EnableVisualStyles();
    Application::SetCompatibleTextRenderingDefault(false);
    //创建主窗口并运行它
    Application::Run(gcnew Form1());
    return 0;
}
```

当 Form 类构造函数被 Windows 窗体应用程序调用时,窗体生命周期就开始了。main 函数中在调用 Application 类的 Run 方法之前,需要先创建 Form 对象并将其传递给 Run 方法。

Application 类的 Run 方法用于在当前线程上开始运行标准应用程序消息循环,并根据传递的 Form1 对象来显示该窗体。程序的窗体由定义在 Form1.h 头文件中的 Form1 类表示。Form1 类继承自 System::Windows::Forms::Form 类,其中定义了一个在窗体中添加的控件成员,并在该类的构造函数中调用了 InitializeComponent 方法,在该方法中初始化该控件和窗体。

5.1.3　窗体 Forms 类

1. 窗体 Forms 类的继承结构

窗体 Forms 类的继承结构如图 5-1 所示。因此,窗体是其他控件的容器,并拥有与其他控件相同的属性、方法和事件。

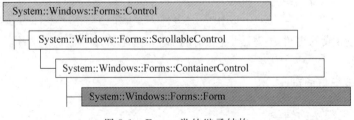

图 5-1　Forms 类的继承结构

2. 窗体 Forms 属性

1）外观（Appearance）

外观属性组中包含了窗体外观界面的相关属性，包括窗体的背景颜色、背景图像、字体、前景颜色及窗体的标题等，如表 5-1 所示。

表 5-1　窗体 Forms 类外观属性

属　　性	说　　明
BackColor	窗体的背景颜色，可以为系统预定义、Web 颜色及用户自定义颜色值
ForeColor	窗体的前景色，用于表示显示的文本的颜色
BackgroundImage	窗体的背景图像，该图像是 bmp、jpg 或 gif 格式的外部图像文件
Cursor	当鼠标指针移动到窗体时显示的光标形状，默认为箭头
Font	窗体中文本的字体及大小
FormBorderStyle	窗体的边框和标题栏的外观和行为，默认为可调整大小的边框
Text	显示在窗体标题栏上的文本

2）布局（Layout）

布局属性组中的属性用于指定窗体的大小、位置及状态等，如表 5-2 所示。

表 5-2　窗体 Forms 类布局属性

属　　性	说　　明
AutoSize	指定窗体是否自动调整自身大小以适应其内容的大小
Location	窗体左上角以屏幕坐标表示的坐标位置
MaximumSize	窗体可以调整的最大大小，以像素为单位
MinimumSize	窗体可以调整的最小大小，以像素为单位
Size	窗体的大小，以像素为单位
StartPosition	窗体在第一次显示时的坐标位置
WindowState	窗体的初始可视状态，可以为默认、最大化和最小化状态

其中，涉及位置属性的值以 Point 结构表示，该结构中包含了单击在屏幕上的 x 坐标和 y 坐标；涉及大小属性的值以 Size 结构表示，该结构中包含了以像素为单位的高度和宽度值。Point 和 Size 结构类型的定义为

```
typedef struct tag_POINT{LONG x,y;} Point;
typedef struct tag_SIZE{LONG Height,Width;} Size;
```

3）窗口样式（Windows Style）

窗口样式组中的属性用于指定在窗体中某些特定元素是否显示以及窗体行为等，如表 5-3 所示。例如，可以设置窗体的 MaximizeBox 和 MinimizeBox 属性为 true，从而让窗

体中包含最大化和最小化按钮;而设置 TopMost 属性为 true 可以让窗体始终显示在所有窗口的最前端。

表 5-3 窗体 Forms 类窗口样式属性

属　　　性	说　　　明
HelpButton	指定窗体的标题栏上是否有"帮助"按钮
Icon	指定窗体的图标,并在窗体的系统菜单栏中和在窗体最小化时显示
IsMdiContainer	指定该窗体是否是 MDI 容器,在创建 MDI 窗体时需要指定为 true
MaximizeBox	指定窗体标题栏的右上角是否有最大化按钮
MinimizeBox	指定窗体标题栏的右上角是否有最小化按钮
ShowIcon	指定是否在窗体的标题栏中显示图标
ShowInTaskbar	指定当窗体运行后是否出现在 Windows 任务栏中
TopMost	指定窗体是否始终显示在未设置该属性的所有窗体之上

3. 窗体 Form 类事件

Windows 应用程序是由事件驱动的。用户执行操作前,程序会一直等待。用户执行操作时,窗体或控件将向应用程序发送一个事件。编程人员可以在应用程序中编写特定方法来处理事件,程序接收到事件时,将调用此方法。

Form 类提供了大量事件,用于响应对窗体执行的各种操作。可以通过＋＝运算符向控件或窗体对象中添加事件处理方法。但往往不通过写语句添加窗体事件,而是通过窗体的属性窗口直接添加。窗体的常用事件如表 5-4 所示。

表 5-4 窗体的常用事件

事　　　件	说　　　明
Activated	在使用代码激活或用户激活窗体时发生
BackColorChanged	控件背景颜色(BackColor 属性值)改变时发生
Click	在单击控件时发生
ClientSizeChanged	在客户区大小(ClientSize 属性值)改变时发生
CursorChanged	在鼠标形状改变时发生
DoubleClick	在双击控件时发生
Enter	在控件成为该窗体的活动控件时发生
FormClosed	在关闭窗体后发生
FormClosing	在关闭窗体前发生
KeyDown	在首次按下某个键时发生
KeyUp	在释放键时发生

续表

事　件	说　明
KeyPress	在控件具有焦点并且用户按下并释放某个键后发生
Load	在用户加载窗体前发生
MouseClick	在鼠标单击控件时发生
MouseDoubleClick	在鼠标双击控件时发生
MouseDown	在鼠标指针位于控件上并按下鼠标左键时发生
MouseEnter	在鼠标指针进入控件的可见部分时发生
MouseMove	在鼠标指针移到控件上时发生
MouseUp	在鼠标指针位于控件上并释放鼠标左键时发生
Paint	在控件需要重绘时发生
SizeChanged	当控件大小(Size 属性)改变时发生

4. 窗体上各事件的引发顺序

事件编程是 Windows 应用程序设计的基础,在 Windows 窗体和窗体控件上预设了许多事件,当用户设置了某些事件处理方法时,系统会自动捕获事件并执行相应的事件处理方法。

当一个窗体启动时,常见事件的处理顺序如下:

(1) 本窗体上的 Load 事件。

(2) 本窗体上的 Activated 事件。

(3) 本窗体上的其他 Form 级事件。

(4) 本窗体包含的对象的相应事件。

当一个窗体被卸载时,常见事件的处理顺序如下:

(1) 本窗体上的 Closing 事件。

(2) 本窗体上的 FormClosing 事件。

(3) 本窗体上的 Closed 事件。

(4) 本窗体上的 FormClosed 事件。

5. 窗体的常用方法

窗体提供了很多方法,用户可以直接使用这些方法实现窗体的功能。窗体的常用方法如表 5-5 所示。

表 5-5　窗体的常用方法

方　法	说　明
Activate	激活窗体并给予焦点
Close	关闭窗体

方　　法	说　　明
Focus	为控件设置输入焦点
Hide	对用户隐藏控件
OnClick	引发 Click 事件
OnClosed	引发 Closed 事件
OnClosing	引发 Closing 事件
OnDoubleClick	引发 DoubleClick 事件
OnFormClosed	引发 FormClosed 事件
OnFormClosing	引发 FormClosing 事件
OnGotFocus	引发 GotFocus 事件
OnLoad	引发 Load 事件
OnMouseClick	引发 MousClick 事件
OnMoucDoubleClick	引发 MouseDoubleClick 事件
OnMouseDown	引发 MouseDown 事件
OnMouseEnter	引发 MouseEnter 事件
OnMouseLeave	引发 Mouseleave 事件
OnMouseMove	引发 MouseMove 事件
Refresh	使工作区无效,并立即重绘自己和任何子控件
Show	将窗体显示为无模式对话框
ShowDialog	将窗体显示为模式对话框

5.1.4　鼠标事件和键盘事件

1. 鼠标事件

Control 类的鼠标事件用于处理鼠标操作产生的各种事件。其中,所有相关的事件(如 MouseMove、MouseUp 等)都与 MouseEventHandler 委托配合工作。例如:

```
this->MouseDown+=gcnew MouseEventHandler(this, &Form1::Form1_MouseDown);
…
void Form1_MouseDown(Object ^sender, MouseEventArgs ^e);
```

MouseEventHandler 委托提供了一个 MouseEventArgs 类型的参数,其中包含了许多处理鼠标行为所需的信息。MouseEventArgs 类的属性如表 5-6 所示。

表 5-6　MouseEventArgs 类的属性

属　　性	说　　明
Button	获取产生鼠标事件的鼠标键,由 MouseButtons 枚举指定
Clicks	获取鼠标键被按下和释放的次数
Delta	获取鼠标滚轮转动的次数,利用正负号表示滚动方向
X 和 Y	获取鼠标单击时的 x 和 y 坐标

2. 键盘事件

处理键盘输入事件和响应鼠标事件类似。键盘事件(如 KeyDown 和 KeyUp 等)和 KeyEventHandle 委托配合使用,该委托提供了一个 KeyEventArgs 类型的参数。 KeyEventArgs 类的属性如表 5-7 所示。

表 5-7　KeyEventArgs 类的属性

属　　性	说　　明
Alt	获取一个 bool 值以指示 Alt 键是否被同时按下
Control	获取一个 bool 值以指示 Ctrl 键是否被同时按下
Shift	获取一个 bool 值以指示 Shift 键是否被同时按下
Handled	获取或设置一个值,该值指示事件处理程序是否处理过此事件
KeyCode	对 KeyUp 或 KeyDown 事件获取键盘的代码
KeyData	对 KeyUp 或 KeyDown 事件获取键盘的数据
KeyValue	对 KeyUp 或 KeyDown 事件获取键盘的数值
Modifiers	指示哪些修饰符键(Ctrl、Shift 或 Alt)被按下

KeyData(数据)、KeyCode(键)和 KeyValue(键值)的关系如下:

Enter 键:KeyData＝KeyCode＝Enter,keyValue＝13。

A 键:KeyData＝KeyCode＝A,KeyValue＝65。

方向键对应的 KeyCode 为 System::Windows::Forms::Keys::Up、Down、Left、Right。

键盘事件 KeyPress 提供一个 KeyPressEventArgs 类型的参数,是 wchar_t 类型。

KeyPress 和 KeyDown、KeyUp 之间的区别如下:

(1) KeyPress 主要用来捕获数字(包括 Shift＋数字的符号)、字母(包括大小写)、小键盘等除了 F1 ～ F12、Shift、Alt、Ctrl、Insert、Home、PgUp、Delete、End、PgDn、 ScrollLock、Pause、NumLock、{菜单键}、{开始键}和方向键外的 ANSI 字符。

(2) KeyPress 只能捕获单个字符,KeyDown 和 KeyUp 可以捕获组合键。

(3) KeyPress 可以捕获单个字符的大小写,KeyDown 和 KeyUp 对于单个字符捕获的 KeyValue 都是一个值,也就是不能判断单个字符的大小写。

（4）KeyPress 不区分小键盘和主键盘的数字字符，KeyDown 和 KeyUp 区分小键盘和主键盘的数字字符。

（5）KeyDown 和 KeyUp 通常可以捕获键盘上除了 PrtScn 以外的所有按键，而 PrtScn 按键用 KeyPress、KeyDown 和 KeyUp 都不能捕获。

3. Tab 键次序

Tab 键次序就是按 Tab 键时焦点在控件间移动的顺序。当向窗体中放置控件时，系统自动按顺序为每个控件指定一个 Tab 键次序，其数值反映在控件的 TabIndex 属性中。其中，第一个控件的 TabIndex 属性值为 0，第二个控件的 TabIndex 属性值为 1，依此类推。

当在窗体上设计好控件后，可以选择"视图"→"Tab 键顺序"命令查看各控件的 TabIndex 属性值。此时可以按顺序单击各控件改变它们的顺序。当再次选择"视图"→"Tab 键顺序"命令时不再显示各控件的 TabIndex 属性值。在执行窗体时，通过按 Tab 键将焦点移到下一个控件。

5.1.5 窗体与对话框

1. 窗体的调用

在实现复杂的功能时，一个项目中除主窗体以外，常常还需要多个不同性质的窗体。

在创建一个窗体时，系统会自动在应用程序中创建 Form 类的一个实例对象，当前显示的窗体就是一个类的对象。同样，当要在当前窗体中显示另一个窗体时，必须在当前窗体中创建另一个窗体的实例，格式如下：

新窗体类窗体 ^实例名=gcnew 新窗体类();

实例化一个窗体类的对象是不能让窗体显示出来的，还要调用该对象的方法才能显示出窗体，窗体的显示分为模式对话框方式显示与无模式对话框方式显示两种。

以无模式对话框方式显示该窗体：

窗体实例名->Show();

Show 方法以无模式对话框方式显示该窗体，即新窗体显示后，主窗体（调用窗体）和子窗体（被调用窗体）之间可以任意切换，互不影响。

以模式对话框方式显示该窗体：

窗体实例名->ShowDialog();

ShowDialog 方法以模式对话框方式显示该窗体，即新窗体显示后，必须操作完子窗体并关闭子窗体后才能操作主窗体。

2. 对话框

对话框是一种特殊的窗体,用于与用户交互和检索信息。其特点是无窗体控制按钮,边框大小固定,并且可以返回在对话框中选择的结果。对话框可分为用户自定义对话框、消息对话框和通用对话框。

1) 用户自定义对话框

选择"项目"→"添加类"菜单命令,在弹出的"添加类"窗口中,选择 Visual C++ 节点下的 CLR 类型,这时在右侧模板列表中显示出该类型的所有类模板,选中"Windows 窗体",在"名称"文本框中输入窗体类名,再单击"确定"按钮就创建了用户自定义对话框。

在窗体属性窗口中,将外观属性边框样式 FormBorderStyle 设为 FixedDialog(固定的对话框样式的粗边框)。

将该窗体的窗口样式 MinimizeBox 和 MaximizeBox 设置为 False,即在标题栏上不显示最小化和最大化按钮。

一般来说,需要将该窗体的布局属性 StartPosition 设置为 CenterScreen(屏幕居中)。

通常在窗体的右下角添加两个按钮(设为 button1 和 button2),分别用来设置为杂项属性的 AcceptButton 和 CancelButton。

当调用 ShowDialog 模式显示对话框后,单击 button1 或 button2 两个按钮会使该对话框返回设定的 System::Windows::Forms::DialogResult 枚举值。DialogResult 枚举值如表 5-8 所示。

表 5-8　DialogResult 枚举值

枚举值	说　　明	枚举值	说　　明
None	模式对话框继续运行	Retry	单击"重试"按钮时返回的结果
OK	单击"确定"按钮时返回的结果	Ignore	单击"忽略"按钮时返回的结果
Cancel	单击"取消"按钮时返回的结果	Yes	单击"是"按钮时返回的结果
Abort	单击"中止"按钮时返回的结果	No	单击"否"按钮时返回的结果

2) 消息对话框

消息对话框 MessageBox 用于向用户显示通知信息。一般情况下,一个消息对话框包含标题文字、信息提示文字内容、信息图标及用户响应的按钮等。它允许开发人员根据自己的需要设置相应的内容,创建符合自己要求的消息对话框。

消息对话框 MessageBox 类不能创建 MessageBox 类实例,而只能调用其静态成员方法 Show 来显示消息内容,它还有如下几种重载的版本,其参数也是枚举值,如表 5-9 所示。

```
static DialogResult Show(String ^text);
static DialogResult Show(String ^text,String ^caption);
static DialogResult Show(String ^text,String ^caption,MessageBoxButtons
    btns);
```

```
static DialogResult Show(String ^text,String ^caption,MessageBoxButtons btns,
    MessageBoxIcon icon);
static DialogResult Show(String ^text,String ^caption,MessageBoxButtons btns,
    MessageBoxIcon icon,MessageBoxDefaultButton defaultButton);
```

在 Show 方法的参数中,使用 MessageBoxButtons 来设置消息对话框要显示的按钮的个数及内容,使用 MessageBoxIcon 枚举类型作为参数,定义显示在消息对话框中的图标。尽管可供选择的图标只有 4 个,但是在该枚举类中共有 9 个成员。Show 方法将返回一个 DialogResult 枚举值,指明用户在此消息对话框中所做的操作。这些枚举值如表 5-9 所示。

表 5-9　MessageBox 类的枚举值

枚　举　值	含义及说明
MessageBoxButtons::AbortRetryIgnore	在消息对话框中提供"中止""重试"和"忽略"3 个按钮
MessageBoxButtons::OK	在消息对话框中提供"确定"按钮
MessageBoxButtons::OKCancel	在消息对话框中提供"确定"和"取消"两个按钮
MessageBoxButtons::RetryCancel	在消息对话框中提供"重试"和"取消"两个按钮
MessageBoxButtons::YesNo	在消息对话框中提供"是"和"否"两个按钮
MessageBoxButtons::YesNoCancel	在消息对话框中提供"是""否"和"取消"3 个按钮
DialogResult::Abort	单击了"中止"按钮,消息对话框的返回值是"中止"(Abort)
DialogResult::Cancel	单击了"取消"按钮,消息对话框的返回值是"取消"(Cancel)
DialogResult::Ignore	单击了"忽略"按钮,消息对话框的返回值是"忽略"(Ignore)
DialogResult::No	单击了"否"按钮,消息对话框的返回值是"否"(No)
DialogResult::OK	单击了"确定"按钮,消息对话框的返回值是"确定"(OK)
DialogResult::Retry	单击了"重试"按钮,消息对话框的返回值是"重试"(Retry)
DialogResult::None	没有单击任何按钮,消息对话框没有任何返回值
DialogResult::Yes	单击了"是"按钮,消息对话框的返回值是"是"(Yes)
MessageBoxIcon::Asterisk MessageBoxIcon::Infomation	圆圈中有一个字母 i 的提示符号图标
MessageBoxIcon::error MessageBoxIcon::Hand MessageBoxIcon::Stop	背景为红色且圆圈中有白色叉号的错误警告符号图标
MessageBoxIcon::Exclamation MessageBoxIcon::Warning	背景为黄色的三角形中有!的符号图标
MessageBoxIcon::Question	圆圈中有一个问号的符号图标
MessageBoxIcon::None	没有任何图标

3）通用对话框

通用对话框由系统提供的类封装，这些通用对话框都是模式对话框，而且具有两个通用的方法：ShowDialog 和 Reset。ShowDialog 方法用来显示对话框，并返回一个 DialogResult 枚举值；Reset 方法用来将对话框的所有属性重新设置为默认值。通用对话框类如表 5-10 所示。

表 5-10 通用对话框类

通用对话框类	说 明
ColorDialog	颜色对话框，用于显示可用的颜色以及允许用户自定义颜色
FileDialog	文件对话框，允许用户打开或保存一个文件。需要说明的是，FileDialog 是抽象类，无法直接创建，也无法从该类继承
OpenFileDialog	FileDialogo 的派生类，用于显示一个打开文件的对话框
SaveFileDialog	FileDialog 的派生类，用于显示一个保存文件的对话框
FolderBrowserDialog	文件夹浏览对话框，用于选择文件夹
FontDialog	字体对话框，用于从列出的可用字体中选择一种字体
PageSetupDiaiog	页面设置对话框，用于设置页面参数
PrintDialog	打印对话框，用于设置打印机的参数及打印文档

5.2 实训操作内容

5.2.1 窗体

1. 实训要求

创建一个 Windows 窗体应用程序，将窗体的标题改为"关于窗体"，在窗体中显示文字和图片，在窗体中有两个按钮，如图 5-2 所示。单击"关于我"按钮显示编程者的个人信息对话框，单击"确定"按钮退出窗体应用程序。

图 5-2 窗体应用程序的运行效果

2．设计分析

在进行设计时，要掌握一个基本方法，即先明确对什么对象实现什么功能或是要做什么，然后再设计怎么做。

例如这里要做的事情有如下：

（1）修改窗体标题。

（2）显示一行文字。

（3）显示一幅图片。

（4）添加按钮。

（5）对按钮事件进行处理。

然后针对每件事情分别处理，具体如下：

（1）修改窗体标题。

操作的对象是窗体，对窗体的标题进行修改，即修改窗体的标题属性 Text。方法是右击窗体，在快捷菜单中选择"属性"命令，在"属性"对话框中找到 Text 属性，将 Text 的属性值改成"关于窗体"，这样就可以看见窗口的标题已经修改了。

（2）显示一行文字。

这是通过控件显示文字内容，需要在窗体中添加一个显示文字的标签控件。方法是在窗体中添加一个标签控件 Label，在工具箱中找到并单击标签控件 Label，然后在窗体中单击，控件就添加到窗体中了。修改 Label 控件的 Text 属性，将它改为"欢迎进入Windows Form 世界"。再选择它的字体属性 Font，修改为合适的字体和大小，修改好之后单击"确定"按钮，字体就改变了。

（3）显示一幅图片。

显示图片要使用图片框控件 PictureBox，用同样的方法添加一个图片框控件PictureBox，用鼠标在窗体中拉出一个方框作为显示图片的范围，通过它的 image 属性指定具体的图片文件名，单击 Image 属性右边的按钮，选择一幅图片插入进来，插入的图片尺寸可能与方框的尺寸不一样，这个时候可修改它的 SizeMode 属性，选择 StretchImage（拉伸图片）显示方式。

（4）添加按钮。

通过按钮与用户交互。在窗体中添加两个按钮控件 Button。找到工具箱的按钮控件 Button，在窗体中拉出一个按钮。要改变按钮上的文字，就要修改按钮的 Text 属性，此处将按钮的 Text 属性改为"关于我"。用同样的方法再添加一个按钮，把它的 Text 属性改为"确定"。

（5）对按钮事件进行处理。

程序运行及用户交互是基于事件驱动机制实现的，应用程序代码可以响应事件来执行一系列的操作，这称为事件处理，它是通过 C++/CLI 委托来实现的，相应的处理函数称为处理方法。

下面对这两个按钮添加事件处理代码。选中"关于我"按钮，选择属性窗口的事件按钮，这样就显示了它的所有事件。选择 Click（鼠标单击）事件，在右边输入它的事件处理函数名 button1Click,然后按回车键,或者双击这个空格,使用默认的函数名,这样就添加了这个按钮的事件处理方法。

在这个事件方法中要实现的功能是弹出一个消息对话框来显示一些消息。在函数中调用系统提供的消息对话框函数 MessageBox::Show 显示这些信息,而括号里面就是要显示的内容"欢迎使用窗体,我是 C++ 程序员!"。

```
private: System::Void button1Click(System::Object ^sender, System::EventArgs
^e) {
    MessageBox::Show(L"欢迎使用窗体,我是 C++程序员!");
}
```

再回到窗体界面,采用第二种方法来添加"确定"按钮的事件处理方法,双击这个按钮,按默认的函数名添加并自动进入事件处理函数。这个按钮的功能是要退出程序,所以事件代码是调用系统的退出函数 Application::Exit()。

```
private: System::Void button2_Click(System::Object ^sender, System::EventArgs
^e) {
    Application::Exit();
}
```

3. 操作指导

(1) 启动 Visual Studio 2013 集成开发环境,然后选择"文件"→"新建"→"项目"菜单命令,弹出"新建项目"对话框。

(2) 在对话框的左边窗格中,选择 Visual C++ →CLR 节点,并在右侧窗格中选择"Windows 窗体应用程序"。然后在"名称"文本框中输入项目的名称 MyForm,并指定该项目保存的位置。单击"确定"按钮后将新建 MyForm 项目,并自动弹出窗体设计器。

(3) 适当调整窗体的大小,并在"属性"窗口中修改窗体的 Text 属性为"我的窗体"。将窗体的 MaximizeBox、MinimizeBox 属性设置为 False。然后在工具箱中选择 Button 控件,并拖动到窗体中,添加一个按钮控件。

(4) 在窗体中选中 button1 按钮,然后单击"属性"窗口中的事件按钮 ,并在"操作"分组中为 Click 事件添加处理方法 Button1Click。

(5) 为按钮添加 Click 事件的处理方法后,集成开发环境将自动弹出代码编辑器并定位到该方法的实现位置。在处理方法中添加如下代码:

```
private: System::Void button1Click(System::Object ^sender, System::EventArgs
^e) {
    MessageBox::Show(L"欢迎使用窗体,我是 C++程序员!");      //无模式显示信息对话框
}
```

(6) 用同样的方法添加另外一个按钮 button2,修改窗体的 Text 属性为"确定"。为按钮添加 Click 事件的处理方法,在处理方法中添加如下代码:

```
private: System::Void button2_Click(System::Object ^sender, System::EventArgs
```

```
^e) {
    Application::Exit();
}
```

(7) 最后选择“生成”→“生成解决方案”菜单命令用于编译、生成解决方案,并选择“调试”→“开始执行(不调试)”菜单命令运行程序,测试运行效果。

5.2.2　键盘与鼠标事件

1. 实训要求

创建一个 Windows 窗体应用程序,在窗体中处理所有的键盘与鼠标事件。按下键盘的方向键,可使窗体进行相应移动,按下其他键则显示键的代码;按下鼠标左右键,则显示相应的按键消息并对窗体进行缩放,在窗体中滚动鼠标滚轮,窗体就会上下移动。

2. 设计分析

这里要处理键盘与鼠标事件。

(1) 当按下键盘的方向键时,窗体进行相应移动;按下其他键则显示键的代码。

键盘事件有 KeyDown 和 KeyUp,且与 KeyEventHandle 委托配合使用,该委托提供一个 KeyEventArgs 类型的参数 e,依据 e 的成员值进行相应的操作。

窗体的位置由窗体的 Location 属性设置(Point 点结构类型)。要对窗体进行相应的移动,就是按方向改变 Location 的位置坐标的 X 或 Y 的值。如果是方向键,则对应的 KeyCode 为 System::Windows::Forms::Keys::Up、Down、Left、Right,如图 5-3 所示。

键盘的KeyDown事件:
- 向上,nYStep=-1
- 向下,nYStep=1
- 向左,nXStep=-1
- 向右,nXStep=1

图 5-3　键盘方向键及实现功能

代码如下:

```
int nXStep=0, nYStep=0;
System::Drawing:: pt=this->Location;              //记录当前的定位坐标
switch(e->KeyData)
{
    case System::Windows::Forms::Keys::Up:        //向上
        nYStep=-1;    break;
    case System::Windows::Forms::Keys::Down:      //向下
        nYStep=1;     break;
    case System::Windows::Forms::Keys::Left:      //向左
        nXStep=-1;    break;
    case System::Windows::Forms::Keys::Right:     //向右
        nXStep=1;     break;
}
if((nXStep!=0) || (nYStep!=0))
```

```
{
    pt.X+=nXStep;
    pt.Y+=nYStep;
    this->StartPosition=FormStartPosition::Manual;
    this->Location=pt;                          //通过 pt 设置窗体的位置
}
```

用 e—>Shift、e—>Alt 和 e—>Control 的 bool 值判断是否按下了对应键,如果按下了某个功能键,就显示对应的信息。这些信息通过字符串的连接组织在一起,可通过窗体的标题显示出来。

```
String ^str, ^strShift, ^strCtrl, ^strAlt;
    if(e->Shift) strShift=L"Shift+";    else strShift=L"";
    if(e->Control) strCtrl=L"Ctrl+";else strCtrl=L"";
    if(e->Alt) strAlt=L"Alt+";      else strAlt=L"";
    str=String::Concat(L"KeyDown: ", strShift, strCtrl, strAlt, e->KeyCode);
    this->Text=str;    //在窗体的标题中显示出来
```

(2)处理键盘的 KeyPress 事件,通过参数 e—>KeyChar 进行判别,这里增加了按 Esc 键时则退出程序的功能。

```
if(e->KeyChar==(wchar_t)(System::Windows::Forms::Keys::Escape))
    this->Close();
else {
    String ^str=String::Concat(L"KeyPress: ",e->KeyChar.ToString());
    this->Text=str;      //在窗体的标题中显示出来
}
```

(3)按下鼠标左键和右键,则显示相应的按键消息并对窗体进行缩放。滚动鼠标滚轮,窗体就会相应上下移动。鼠标按键与实现功能如图 5-4 所示。

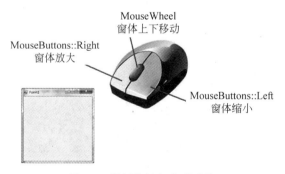

图 5-4 鼠标按键与实现功能

所有鼠标相关的事件都与 MouseEventHandler 委托配合工作,MouseEventHandler 委托提供了一个 MouseEventArgs 类型的参数 e,包含了处理鼠标行为所需的信息。根据 e—>Button 可判断出是按了鼠标的左键还是右键。根据 e—>X、e—>Y 可获得当前鼠标点的坐标。鼠标事件算法流程图如图 5-5 所示。

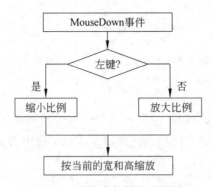

图 5-5 鼠标事件算法流程图

当按下鼠标键时发生 MouseDown 事件,为窗体添加 MouseDown 事件处理方法 On_MouseDown,弹出信息窗口。代码如下:

```
String ^str="鼠标";
if(e->Button==System::Windows::Forms::MouseButtons::Left)
    str+="左键按下,坐标为";
if(e->Button==System::Windows::Forms::MouseButtons::Right)
    str+="右键按下,坐标为";
str+=Point(e->X, e->Y);
MessageBox::Show(str);
```

窗体的 Size 属性决定窗体区域大小,根据按下的鼠标键来决定窗体的缩放,这里用到了缩放比例 double scale,如果按下鼠标左键则缩小,如果按下鼠标右键则放大。代码如下:

```
double scale=1.0;
if(e->Button==System::Windows::Forms::MouseButtons::Left)      //按下鼠标左键
    scale=0.9;
if(e->Button==System::Windows::Forms::MouseButtons::Right)     //按下鼠标右键
    scale=1.1;
System::Drawing::Size size=this->Size;
if(scale !=1.0) {
    int w=(int)(size.Width * scale);
    int h=(int)(size.Height * scale);
    this->Size=System::Drawing::Size(w, h);       //通过 w,h 设置窗体大小
}
```

滚动鼠标滚轮对应的是 MouseWheel 事件,但它无法在窗体属性窗口的事件页面直接添加,只能手动添加或借助其他事件添加,如借助 MouseMove 事件添加,方法是先在 MouseMove 事件右侧框中输入处理方法 Form1_MouseWheel,然后按回车键,进入代码页,添加处理函数:

```
this->StartPosition=FormStartPosition::Manual;      //设置 StartPositon
```

```
System::Drawing::Point pt=this->Location;
pt.Y -=e->Delta/10;          //通过鼠标滚动的次数改变 pt 的 Y 属性
this->Location=pt;
```

再在代码行中找到 InitializeComponent 函数体,将委托中的 MouseMove 事件改成
MouseWheel 事件:

```
this->MouseWheel+=gcnew System::Windows::Forms::MouseEventHandler(this,
&Form1:: Form1_MouseWheel);     //向 MouseEventHandler 委托添加 MouseWheel 事件
```

3. 操作指导

(1) 创建一个 Windows 窗体应用程序"键盘与鼠标事件",在打开的窗体设计器中单击 Form1 窗体,在属性窗口中单击事件图标按钮,切换到事件页面中,从中可以看出该窗体可以处理的所有事件。

(2) 选定要处理的 KeyDown 事件,在该事件的右侧框中输入事件处理的方法名称 Form1_KeyDown,然后按回车键。

(3) 在 Form1_KeyDown 方法中添加下列代码:

```
private: System::Void Form1_KeyDown(System::Object ^sender,
System::Windows::Forms::KeyEventArgs ^e)
{
    int nXStep=0, nYStep=0;
    System::Drawing::Point pt=this->Location;
    String ^str, ^strShift, ^strCtrl, ^strAlt;
    switch(e->KeyData) {
        case System::Windows::Forms::Keys::Up:        //向上
            nYStep=-1; break;
        case System::Windows::Forms::Keys::Down:      //向下
            nYStep=1; break;
        case System::Windows::Forms::Keys::Left:      //向左
            nXStep=-1; break;
        case System::Windows::Forms::Keys::Right:     //向右
            nXStep=1; break;
        default:
            if(e->Shift) strShift=L"Shift+";
                else strShift=L"";
            if(e->Control) strCtrl=L"Ctrl+";
                else strCtrl=L"";
            if(e->Alt) strAlt=L"Alt+";
                else strAlt=L"";
            str=String::Concat(L"KeyDown: ", strShift, strCtrl, strAlt, e->KeyCode);
            this->Text=str;     //在窗体的标题中显示出来
            break;
```

```
    }
    if((nXStep!=0) || (nYStep!=0))
    {
        pt.X+=nXStep;
        pt.Y+=nYStep;
        this->StartPosition=FormStartPosition::Manual;
        this->Location=pt;      //通过 pt 设置窗体的位置
    }
}
```

编译并运行,测试运行效果,检验是否能响应键盘上的数字键、字母键,功能键和其他键等,是否能区分大小写等,如图 5-6 所示。

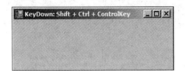  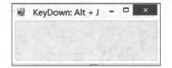

图 5-6　键盘事件运行测试效果图

(4) 类似地,为窗体添加 KeyPress 事件处理方法 Form1_KeyPress,输入下列代码:

```
private: System::Void Form1_KeyPress(System::Object ^sender,
    System::Windows::Forms::KeyPressEventArgs ^e)
{
    if(e->KeyChar==(wchar_t)(System::Windows::Forms::Keys::Escape))
        this->Close();
    else {
        String ^str=String::Concat(L"KeyPress: ",e->KeyChar.ToString());
        this->Text=str;      //在窗体的标题中显示出来
        MessageBox::Show(str);
    }
}
```

编译并运行,测试运行效果。为观看运行效果,建议将 Form1_KeyDown 函数中的输出语句 this->Text=str;注释掉,即在 KeyDown 事件发生时不再输出。检验是否能响应键盘上的数字键、字母键、功能键和其他键,是否能区分大小写等。比较 KeyPress 事件与 KeyDown 事件的不同。最后按 Esc 键,检验是否能退出程序。

(5) 为鼠标事件增加处理函数,增加按下鼠标键时弹出信息窗口的语句。为窗体添加 MouseDown 事件处理方法 Form1_MouseDown,输入下列代码:

```
private: System::Void Form1_MouseDown (System::Object ^ sender, System::
Windows::Forms::MouseEventArgs ^e)
{
    String ^str="鼠标";
    if(e->Button==System::Windows::Forms::MouseButtons::Left)
```

```
        str+="左键按下,坐标为";
    if(e->Button==System::Windows::Forms::MouseButtons::Right)
        str+="右键按下,坐标为";
    str+=Point(e->X, e->Y);
    MessageBox::Show(str);        //弹出信息窗口显示
}
```

编译并运行,测试运行效果。

(6) 在 Form1_MouseDown 方法中添加下列代码,根据按下的鼠标按钮来对窗体进行缩放:

```
private: System::Void Form1_MouseDown(System::Object ^sender,
    System::Windows::Forms::MouseEventArgs ^e)
{
...
    double scale=1.0;
    if(e->Button==System::Windows::Forms::MouseButtons::Left)        //按下鼠标左键
        scale=0.9;
    if(e->Button==System::Windows::Forms::MouseButtons::Right)        //按下鼠标右键
        scale=1.1;
    System::Drawing::Size size=this->Size;
    if(scale !=1.0) {
        int w=(int)(size.Width * scale);
        int h=(int)(size.Height * scale);
        this->Size=System::Drawing::Size(w, h);        //通过 w,h 设置窗体大小
    }
}
```

(7) 编译运行,测试运行效果。为观看运行效果,建议将函数中的 MessageBox::Show(str);输出语句注释掉,检验是否实现在窗体中单击鼠标左键后窗口缩小,而右击鼠标则使窗口放大的功能。如果在窗体标题处单击,有效果吗?

(8) 借助 MouseMove 事件添加滚轮事件 MouseWheel 的处理函数。在 Form1 窗体的属性窗口中,先在 MouseMove 事件右侧框中输入处理方法名称 Form1_ MouseWheel,然后按回车键。在 Form1_MouseWheel 方法中添加下列代码:

```
private: System::Void Form1_MouseWheel(System::Object ^sender,
System::Windows::Forms::MouseEventArgs ^e)
{
    this->StartPosition=FormStartPosition::Manual;        //设置 StartPosition
    System::Drawing::Point pt=this->Location;
    pt.Y -=e->Delta/10;        //通过鼠标滚动的次数改变 pt 的 Y 属性
    this->Location=pt;
}
```

(9) 在代码页中,找到 InitializeComponent 函数体,将委托中的 MouseMove 事件修

改为 MouseWheel 事件：

```
this->MouseWheel+=gcnew System::Windows::Forms::MouseEventHandler(this,
    &Form1:: Form1_MouseWheel);//向 MouseEventHandler 添加 MouseWheel 事件
```

编译测试并运行,在窗体中滚动鼠标滚轮时窗口是否会上下跟随移动。

(10) 在 Form1 窗体中添加 Load 事件处理函数 Form1_Load,通过添加代码来设置窗体 Form 类的属性。

```
private: System::Void Form1_Load(System::Object ^sender, System::EventArgs
^e) {
    this->Text=L"设置窗体属性";        //重置标题
    this->CenterToScreen();           //居中
    this->Opacity=0.8;                //80%
}
```

编译并运行,观察运行效果。

4. 扩展练习

如果想滚动鼠标滚轮使窗口水平移动,应如何修改代码？

```
private: System::Void Form1_MouseWheel (System::Object ^ sender, System::
Windows::Forms::MouseEventArgs ^e)
{
    ...
    pt.X -=e->Delta/10;                //算出沿 X 轴移动后的坐标
    ...
}
```

编译、运行并测试。

5.2.3 套圈游戏

1. 实训要求

使用两种显示模式实现套圈游戏编程。主窗体有两个按钮：单击"游戏说明"按钮,使用模式窗体打开"游戏说明窗体";单击"开始游戏"按钮,使用无模式窗体打开"游戏窗体";游戏的内容就是用鼠标拖动游戏窗体,使其与主窗体的左上角重合,即为套圈成功。

单击"开始游戏"按钮,弹出一个大小与应用程序窗体相同、标题为"游戏窗体"的半透明窗体(子窗体)。在子窗体中按住鼠标左键不放,移动鼠标将移动子窗体。当子窗体和主窗体完全重合后释放鼠标左键,将弹出消息对话框,显示"恭喜,你成功了!"消息,否则显示"Sorry! 单击【开始游戏】按钮,重新开始!",然后子窗体自动消失。套圈游戏的运行效果如图 5-7 所示。

图 5-7　套圈游戏的运行效果

2. 设计分析

要新建两个窗体：一个是"游戏说明窗体"，窗体内只显示一行文字信息；另一个是半透明的"游戏窗体"，对游戏窗体的鼠标移动事件进行判断处理。主窗体上的控件有两个按钮，对一个按钮的单击事件处理是显示一个模式窗体，对另一个按钮的单击事件处理是显示一个无模式窗体。程序的算法设计主要考虑以下几方面：

(1) 子窗体跟随鼠标移动而移动，只有当鼠标左键按下再移动时，窗体才跟随着移动。

(2) 当鼠标左键释放时，要判断子窗体和主窗体是否完全重合。

(3) 根据判断结果显示不同内容。

(4) 两个窗体要以不同的模式显示。

鼠标移动操作的流程图如图 5-8 所示。

流程图中有 3 个事件：鼠标按下、鼠标移动和鼠标释放。当鼠标按下时记录鼠标状态和位置；当鼠标移动时要根据鼠标偏移量改变窗体

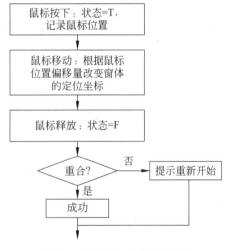

图 5-8　鼠标移动操作的流程图

的定位坐标；当鼠标释放时状态改变，从而判断两窗体左上角定位坐标是否重合，如果重合则成功。

程序中需要有记录鼠标是否按下、鼠标位置和主窗体位置的变量：

```
private: bool bIsMouseDown;      //鼠标是否已按下
private: Point ptMouse;          //鼠标位置
```

```
public: Point ptMainForm;          //主窗体的位置
```

通过窗体的 Location 属性可获取窗体当前位置,通过事件参数 e 的 X、Y 值可获取鼠标当前位置。即:

```
ptMainForm=this->Location
ptMouse=Point(e->X, e->Y);
```

窗体显示模式有两种:
(1) 模式对话框:thefrm—>ShowDialog();。
(2) 无模式对话框:thefrm—>Show();。

3. 操作指导

(1) 创建窗体应用程序 EX_Ringtoss。

(2) 设置窗体属性并添加按钮控件。修改 Form1 的 Text 属性为"套圈游戏",窗体的大小(Size)调整为"300,200"。添加一个按钮控件,按钮显示文本为"游戏说明"。再添加一个按钮控件,按钮显示文本为"开始游戏"。

(3) 添加一个窗体。选择菜单"项目"→"添加类"→CLR→"Windows 窗体"命令,窗体类名为 HelpForm,窗体标题为"游戏说明窗体",窗体大小为"320,120"。

(4) 在 HelpForm 窗体中添加一个标签控件 Label,文本内容为"用鼠标拖动游戏窗体使其与主窗体的左上角重合。",适当调整字体的大小和位置。

(5) 再添加另一个窗体,窗体类名为 GameForm,窗体标题为"游戏窗体",窗体大小为"300,200",将不透明度属性 Opacity 改为 70%。

(6) 在游戏窗体 GameForm 中添加适当的事件处理函数。鼠标在窗体上按下并拖动,就有按下、移动和释放事件,添加对应的处理代码。

① 指定 MouseDown 事件的处理方法 GameForm_MouseDown 的代码,并在代码前添加如下的变量,用来记录当鼠标按下时的状态和位置。

```
private: bool bIsMouseDown;          //鼠标是否已按下
private: Point ptMouse;              //鼠标位置
public: Point ptMainForm;            //主窗体的位置
private: System::Void GameForm_MouseDown(System::Object ^sender,
    System::Windows::Forms::MouseEventArgs ^e)
{
    if(e->Button==Windows::Forms::MouseButtons::Left) {
        ptMouse=Point(e->X, e->Y);       //单击鼠标时获取当前鼠标的坐标
        bIsMouseDown=true;
    }
    else
        bIsMouseDown=false;
}
```

② MouseMove 事件的处理方法 GameForm _MouseMove 的代码如下：

```
private: System::Void GameForm_MouseMove(System::Object ^sender,
    System::Windows::Forms::MouseEventArgs ^e)
{
    if(!bIsMouseDown) return;
    //根据鼠标位置的 X、Y 偏移量移动窗体
    Point pt=this->Location;
    this->StartPosition=FormStartPosition::Manual;
    pt.X+=e->X-ptMouse.X;
    pt.Y+=e->Y-ptMouse.Y;
    this->Location=pt;          //通过鼠标的位移量移动游戏窗体
}
```

③ 处理 MouseUp 事件，这里使用了自定义函数 CheckIt 来判断两个窗体坐标是否重合，重合时将弹出消息对话框，显示"恭喜，你成功了！"消息，否则显示"Sorry！单击【开始游戏】按钮，重新开始！"的消息。MouseUp 事件的处理方法 GameForm_MouseUp 的代码如下：

```
private: System::Void GameForm _MouseUp(System::Object ^sender,
    System::Windows::Forms::MouseEventArgs ^e)
{
    bIsMouseDown=false;        //初始化下次游戏的变量
    //调用判断方法 CheckIt
    if(CheckIt())
        MessageBox::Show("恭喜你成功了!");
    else
        MessageBox::Show("Sorry!单击【开始】按钮,重新开始!");
    this->Close();             //关闭窗口
}
private: bool CheckIt()
{
    if(ptMainForm==this->Location)
        return true;
    else
        return false;
}
```

（7）添加 Form1 窗体按钮事件处理代码。

① 回到主窗体，为"游戏说明"按钮添加 Click 事件处理方法 Form1_Help，在方法中先定义一个子窗体的句柄，然后通过句柄用模式对话框的方式打开一个子窗体，代码如下：

```
private: System::Void Form1_Help (System::Object ^sender, System::EventArgs ^e) {
    HelpForm ^thefrm=gcnew HelpForm ();
    thefrm->ShowDialog();      //模式对话框
}
```

② 再回到主窗体,为"开始游戏"按钮添加 Click 事件处理方法 Form1_Game,类似地定义这个窗体的一个句柄,通过句柄以无模式对话框方式打开子窗体,在此之前要记录主窗体的坐标,以便与游戏窗体的坐标进行对比。代码如下:

```
private: System::Void Form1_Game(System::Object ^sender, System::EventArgs
^e)
{
    GameForm ^thefrm=gcnew GameForm ();
    thefrm->ptMainForm=this->Location;          //获取主窗体的位置
    thefrm->Show();
}
```

(8) 在 Form1.h 文件前面添加另外两个窗体类的头文件包含及变量定义:

```
#include "HelpForm.h"
#include "GameForm.h"
```

编译并执行程序,出现了"套圈游戏"窗体。单击"游戏说明"按钮,出现游戏说明窗体,这时候不能回到主窗体,只能在子窗体中操作。关闭子窗体后,单击"开始游戏"按钮,出现游戏窗体,鼠标位于窗体内部时拖曳游戏窗体移动,使其与主窗体重合。若没有重合,游戏失败,再弹出窗体重新拖曳,直到两个窗体左上角坐标重合,游戏才算成功。弹出游戏窗体时是可以回到主窗体操作的,在游戏中可以弹出很多游戏窗体,这种就是无模式的窗体打开方式。

4. 扩展练习

(1) 程序运行后,若多次单击"开始游戏"按钮,出现多个"游戏窗体",拖动这些子窗体,看看能不能出现前面的结果,分析其原因。

(2) 若在子窗体的标题栏处拖动子窗体,则不会弹出消息对话框,这是为什么?

(3) 要使两个窗体完全重合,对操作的精度要求太高,难度较大。可降低游戏的难度,即两窗体的位置相差在一定范围内,就可认为是重合了,如何实现?

提示:可使用 this->Location.X,this->Location.Y 辅助判断,用 Math::Abs() 求出绝对值,只要绝对值小于某个值就可。

5.2.4 五运六气

1. 实训要求

创建一个 Windows 窗体应用程序,窗体的标题为"五运六气"。在窗体中显示一行文字信息,通过第一行的"字体"按钮打开字体对话框调整这行文字的字体,通过"颜色"按钮打开颜色对话框调整这行文字的颜色。第一行按钮还有"打开文件""保存文件"和"文件夹浏览"3 个按钮,分别打开对应的通用对话框。第二行的 5 个按钮通过不同的方式使用消息对话框显示多行文字信息,每个按钮的调用返回信息或在消息提示框中所单击的按钮信息都显示在最下面的一行标签文字中。单击"退出"按钮时显示再次确认退出的功能。五运六气项目运行效果如图 5-9 所示。

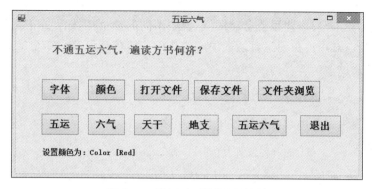

图 5-9　五运六气项目运行效果

2. 设计分析

第一行和最后一行文字的显示都是使用标签控件 Label 实现的,第一行按钮打开对应的通用对话框,第二行的前 5 个按钮调用消息对话框。

"字体"按钮对应调用字体对话框,可定义一个字体对话框对象实例 dlg,通过实例 dlg 调用字体对话框,再判断返回值,如果单击"确定"按钮,返回 OK,就相应改变标签 label1 的字体,同时将选择的字体信息显示在标签 label2 上,但是要记得在调用字体对话框之前先把字体对话框的字体设置为当前标签 label1 显示的字体。代码如下:

```
FontDialog ^dlg=gcnew FontDialog();              //字体对话框
dlg->Font=this->label1->Font;
if(dlg->ShowDialog()==System::Windows::Forms::DialogResult::OK)
{
    label1->Font=dlg->Font;
    label2->Text=(L"设置字体为: "+dlg->Font);
}
```

"颜色"按钮对应调用颜色对话框,与字体对话框的调用类似。

```
ColorDialog ^dlg=gcnew ColorDialog();            //颜色对话框
dlg->Color=this->label1->ForeColor;
//单击"确定"按钮时返回的结果
if(dlg->ShowDialog()==System::Windows::Forms::DialogResult::OK)
{
    label1->ForeColor=dlg->Color;
    label2->Text=(L"设置颜色为: "+dlg->Color);
}
```

"打开文件""保存文件"和"文件夹浏览"3 个按钮分别打开对应的通用对话框,与字体对话框的调用相似。返回值分别是指定的文件名或文件夹路径名。在打开文件时可指定对话框的标题、可使用的文件扩展名及默认的扩展名,对所选择的文件可使用下面的语句来执行：

```
System::Diagnostics::Process::Start(dlg->FileName);        //运行文件
```

第二行的前 5 个按钮调用消息对话框，使用不同的按钮、图标方式来调用消息对话框显示其对应内容，对用户在消息对话框中所选择的按钮信息保存在变量 rebnt 中，为此要定义一个枚举变量：

```
System::Windows::Forms::DialogResult rebnt;
```

再将它的值转换为字符串在标签控件中显示出来：

```
label2->Text=L"最后选择的按钮为："+rebnt.ToString();
```

程序退出时要增加再次确认的功能，可在窗体的 FormClosing 事件中添加事件处理函数 On_Closing，调用消息对话框，判断是确认退出时才正式退出，否则执行 e—>Cancel＝true;中断退出操作，如图 5-10 所示。当然也可以在"退出"按钮的处理函数中添加确认功能。如果单击窗体右上角的关闭按钮，则不执行确认退出的功能。

图 5-10　确认退出运行效果图

3. 操作指导

（1）创建一个 Windows 窗体应用程序"五运六气"。在打开的窗体设计器中，单击 Form1 窗体，在窗体属性窗口中，将 Text 属性内容修改成"五运六气"。

（2）向窗体添加两个标签控件、11 个按钮控件，按图 5-9 适当地调整大小和位置，并在其属性窗口中修改 Text 属性，如表 5-11 所示。

表 5-11　控件设计列表

控件名	控件的 Text	Click 响应函数	TAB
label1	不通五运六气，遍读方书何济？		1
label2	返回信息		2
button1	字体	FontDialog	3
button2	颜色	ColorDialog	4
button3	打开文件	OpenFileDialog	5
button4	保存文件	SaveFileDialog	6
button5	文件夹浏览	FolderBrowserDialog	7
button6	五运	MessageBox::Show	8
button7	六气	MessageBox::Show	9
Button8	天干	MessageBox::Show	10
Button9	地支	MessageBox::Show	11
Button10	五运六气	MessageBox::Show	12
Button11	退出	Close	13

（3）在各按钮的属性窗口的事件页面中，分别添加 Click 事件处理方法，在代码前增加枚举变量的定义，并在各方法中添加下列代码：

```cpp
System::Windows::Forms::DialogResult rebnt;
private: System::Void button1_Click(System::Object ^sender, System::EventArgs
^e) {
    FontDialog ^dlg=gcnew FontDialog();     //字体对话框
    dlg->Font=this->label1->Font;
    if(dlg->ShowDialog()==System::Windows::Forms::DialogResult::OK)
    {
        label1->Font=dlg->Font;
        label2->Text=(L"设置字体为："+dlg->Font);
        //MessageBox::Show(L"选定的字体为"+dlg->Font->Name);
    }
}
private: System::Void button2_Click(System::Object ^sender, System::EventArgs
^e) {
    ColorDialog ^dlg=gcnew ColorDialog();     //颜色对话框
    dlg->Color=this->label1->ForeColor;
    if(dlg->ShowDialog()==System::Windows::Forms::DialogResult::OK)
                                              //单击"确定"按钮时返回的结果
    {
        label1->ForeColor=dlg->Color;
        label2->Text=(L"设置颜色为："+dlg->Color);
    }
}
private: System::Void button3_Click(System::Object ^sender, System::EventArgs
^e) {
    OpenFileDialog ^dlg=gcnew OpenFileDialog();
    dlg->Title="我的文件打开对话框";
    dlg->Filter="影像文件（*.avi）|*.avi|所有文件（*.*）|*.*";
    dlg->DefaultExt="txt";
    if(dlg->ShowDialog()==System::Windows::Forms::DialogResult::OK)
    {
        label2->Text=L"选定打开文件为:"+dlg->FileName;
        System::Diagnostics::Process::Start(dlg->FileName);     //运行文件
    }
}
private: System::Void button4_Click(System::Object ^sender, System::EventArgs
^e) {
    SaveFileDialog ^dlg=gcnew SaveFileDialog();
    if(dlg->ShowDialog()==System::Windows::Forms::DialogResult::OK)
    {
        label2->Text=L"选定保存文件为:"+dlg->FileName;
```

```
        }
    }
    private: System::Void button5_Click(System::Object ^sender, System::EventArgs
    ^e) {
        FolderBrowserDialog ^dlg=gcnew FolderBrowserDialog();
        if(dlg->ShowDialog()==System::Windows::Forms::DialogResult::OK)
        {
            label2->Text=L"选定的路径为:"+dlg->SelectedPath;
        }
    }
    private: System::Void button6_Click(System::Object ^sender, System::EventArgs
    ^e) {
        rebnt=MessageBox::Show(L"五运,简称"运气"。指木、火、土、金、水\r\n"+
            "五行之气的五个阶段在天地间相互推移、运行变化。\r\n"+
            "五运有岁运、主运、客运的不同。", "五运",
            MessageBoxButtons::AbortRetryIgnore, MessageBoxIcon::Information);
        label2->Text=L"最后选择的按钮为: "+rebnt.ToString();
    }
    private: System::Void button7_Click(System::Object ^sender, System::EventArgs
    ^e) {
        rebnt=MessageBox::Show(L"六气,指风、热(暑)、火、湿、燥、寒等六种气候的转变。\r\n"+
            "六气分为主气、客气、客主加临三种,主气测常,客气测变。\r\n"+
            "客主加临则是一种常变结合的综合分析方法。", "六气",
            MessageBoxButtons::YesNoCancel, MessageBoxIcon::Warning);
        label2->Text=L"最后选择的按钮为: "+rebnt.ToString();
    }
    private: System::Void button8_Click(System::Object ^sender, System::EventArgs
    ^e) {
        rebnt=MessageBox::Show(L"甲、乙、丙、丁、戊、巳、庚、辛、壬、癸,\r\n"+
            "以十天干定"运"", "十天干",
            MessageBoxButtons::YesNo, MessageBoxIcon::Question);
        label2->Text=L"最后选择的按钮为: "+rebnt.ToString();
    }
    private: System::Void button9_Click(System::Object ^sender, System::EventArgs
    ^e) {
        rebnt=MessageBox::Show(L"子、丑、寅、卯、辰、巳、午、未、申、酉、戌、亥, \r\n"+
            "以这十二地支定"气"", "十二地支", MessageBoxButtons::RetryCancel,
            MessageBoxIcon::Hand, MessageBoxDefaultButton::Button2);
        label2->Text=L"最后选择的按钮为: "+rebnt.ToString();
    }
    private: System:: Void button10 _ Click (System:: Object ^ sender, System::
    EventArgs ^e) {
        rebnt=MessageBox::Show(L"\t\t 五运六气\r\n 可以了解气候及个人体质情况,分析疾
            病,指导健康调理。\r\n"+ "2008年戊戌年的五运六气是: \r\n"+"中运: 火运太过,
```

```
            \r\n"+"六气：太阳寒水司天,太阴湿土在泉;", "五运六气",
            MessageBoxButtons::YesNo, MessageBoxIcon::Asterisk);
        label2->Text=L"最后选择的按钮为: "+rebnt.ToString();
}
private: System:: Void button11 _ Click (System:: Object ^ sender, System::
EventArgs ^e) {
        this->Close();
}
private: System::Void Form1_FormClosing(System::Object ^sender,
            System::Windows::Forms::FormClosingEventArgs ^e) {
        MessageBoxButtons buttons=MessageBoxButtons::YesNo;
        if(System::Windows::Forms::DialogResult::Yes !=
            MessageBox::Show(L"你是否真的要退出?",
            L"确认",                               //标题
            buttons,                              //按钮
            MessageBoxIcon::Question,             //图
            MessageBoxDefaultButton::Button1))    //默认按钮
            e->Cancel=true;
}
```

（4）编译、运行并测试程序。

① 注意观察信息提示对话框的显示形式、显示内容的分行、按钮的个数及文本内容等。

② 选择"视图"→"Tab 键顺序"命令，改变并测试 Tab 键的顺序。

③ 改变打开文件的扩展名,单击不同的文件,检验是否能执行文件。

思考与练习

1. 选择题

（1）当用户单击窗体上的命令按钮时,会引发命令按钮控件的_____事件。
   A. Click   B. Leave   C. Move   D. Enter

（2）在 C++ 中,Application::Exit()和 Form→Close()的区别是_____。
   A. Application::Exit()只能关闭其中一个窗体
   B. Form→Close()能关闭所有窗体
   C. Application::Exit()退出整个应用程序,若 Form 不是启动窗体,则 Form→Close()只关闭当前窗体
   D. 以上都不对

（3）在程序中为使变量 myForm 引用的窗体对象显示为对话框,必须_____。
   A. 使用 myForm→ShowDailog()方法显示对话框
   B. 将 myForm 对象的 isDialog 属性设为 true
   C. 将 myForm 对象的 BorderStyle 枚举属性设置为 FixdDialog

D. 将变量 myForm 改为引用 System∷Windows∷Dialog 类的对象

（4）变量 openFileDialog1 引用一个 OpenFileDialog 对象，为检查用户在退出对话框时是否单击了"确定"按钮，应检查 openFileDialog1.ShowDialog（）的返回值是否等于＿＿＿＿＿

    A. DialogResult∷OK   B. DialogResult∷Yes

    C. DialogResult∷No   D. DialogResult∷Cancel

（5）以模式化的方式显示窗体，需要调用窗体的＿＿＿＿＿方法。

    A. Show   B. ShowDialog   C. Visible   D. Enabled

（6）若要显示消息对话框，必须调用 MessageBox 类的＿＿＿＿＿静态方法。

    A. Show   B. ShowDialog   C. ShowBox   D. ShowMessage

（7）运行程序时，系统自动执行启动窗体的＿＿＿＿＿事件。

    A. DoubleClick   B. Click   C. Enter   D. Load

（8）若要使命令按钮不可操作，要对＿＿＿＿＿属性进行设置。

    A. Visible   B. Enabled   C. BackColor   D. Text

（9）变量 openFileDialog1 引用了一个 OpenFileDialog 对象，为检查用户在退出对话框时是否单击了"打开"按钮，应检查在 openFileDialog1∷ShowDialog（）的返回值是否等于＿＿＿＿＿。

    A. DialogResult∷OK   B. DialogResult∷Yes

    C. DialogResult∷No   D. DialogResult∷Cancel

（10）为使 myForm 引用的窗体对象显示为无模式对话框，必须＿＿＿＿＿。

    A. 使用 myForm∷ShowDialog 方法显示对话框

    B. 将 myForm 对象的 isDialog 属性设为 true

    C. 将 myForm 对象的 FormBorderStyle 属性设置为 FixedDialog

    D. 使用 myForm∷show 方法显示对话框

2. 简述题

（1）什么是事件？在 Windows 窗体应用程序中如何为事件添加处理函数的方法？

（2）常用的鼠标事件有哪些？它们的委托和事件的参数类各有哪些？

（3）常用的键盘事件有哪些？它们的委托和事件的参数类各有哪些？

（4）模式和无模式对话框的区别是什么？

（5）如何判断调用对话框的返回值？

（6）如何使用被调用对话框的属性？

（7）如何设置启动窗体？

第6章 常用控件设计

实训目的

- 掌握常用控件的添加与处理。
- 掌握常用控件的属性设置及使用。
- 掌握常用控件的事件处理方法。

6.1 基本知识提要

6.1.1 控件的常用属性和事件

1. 控件

控件是指对数据和方法的封装。控件可以有自己的属性和方法,其中属性是控件数据的简单访问者,方法则是控件的一些简单而可见的功能。使用控件应该掌握控件的属性、方法和事件。

用 Windows Forms 开发应用程序的大部分工作都涉及一个或多个窗体的管理,并通过一系列控件来管理用户界面以及控制应用程序与用户之间的交互。其中,大多数控件都派生自 System::Windows::Forms::Control 类。

2. 控件的外观属性

控件的 TextAlign 和 ImageAlign 属性用来设置控件中的文本和图像的对齐方式。一共有 9 种对齐方式,分别表示在垂直和水平方向的上、中、下和左、中、右的对齐方式,如表 6-1 所示。

表 6-1 对齐方式

对 齐 方 式	说　　明
TopLeft	垂直方向顶部对齐,水平方向左边对齐
TopCenter	垂直方向顶部对齐,水平方向居中对齐
TopRight	垂直方向顶部对齐,水平方向右边对齐
MiddleLeft	垂直方向中间对齐,水平方向左边对齐
MiddleCenter	垂直方向中间对齐,水平方向居中对齐
MiddleRight	垂直方向中间对齐,水平方向右边对齐
BottomLeft	垂直方向底边对齐,水平方向左边对齐
BottomCenter	垂直方向底边对齐,水平方向居中对齐
BottomRight	垂直方向底边对齐,水平方向右边对齐

控件的 FlatStyle 属性用来设置控件的平面样式外观。它有 4 种样式：

- Flat：表示平面的。
- Popup：控件常态是以平面显示，当鼠标指针移动到该控件时，控件外观变成三维的。
- Standard：默认的外观样式，是三维的，也是最常见的样式。
- System：表示控件的外观是由操作系统决定的。

3. 控件的布局属性

控件有以下 3 个布局属性：

（1）AutoSize 属性。用来自动调整控件的大小，当为 true 时，控件的高度和宽度被自动调整，以便能完整显示控件中的内容。

（2）Anchor（锚定）属性。一个控件可以锚定到其父容器的一个或多个边缘。将控件锚定到其父容器，可确保当调整父容器的大小时，锚定的边缘与父容器的边缘的相对位置保持不变。

（3）Dock（停靠）属性。除了锚定外，控件还可以停靠到其父容器的左边缘（DockStyle：：Left）、上边缘（DockStyle：：Top）、右边缘（DockStyle：：Right）和下边缘（DockStyle：：Bottom）或者停靠到所有边缘（DockStyle：：Fill）并充满父容器。

4. 控件的常用事件

表 6-2 列出了控件的常用事件。

表 6-2 控件的常用事件

事　　件	说　　明
Click	在单击控件时发生
DoubleClick	在双击控件时发生
EnabledChanged	在 Enabled 属性值更改时发生
Enter	在控件成为该窗体的活动控件时发生
GotFocus	在控件获得焦点时发生
Invalidated	在控件的显示需要重绘时发生
Leave	在输入焦点离开控件时发生
LostFocus	在控件失去焦点时发生
Paint	在控件需要重绘时发生
TextChanged	在 Text 属性值更改时发生
SizeChanged	在控件大小（Size 属性）更改时发生
Validated	在控件完成验证时发生
Validating	在控件正在验证时发生
VisibleChanged	在 Visible 属性值更改时发生

6.1.2 标签

标签控件(Label)主要用于文字和信息的显示,除具有控件常用属性外,Label 类还为标签控件提供了 TabIndex(Tab 键次序)和 UseMnemonic(使用第一个字符作为助记符)等属性。

标签控件的使用较简单,在实际使用中一般不会涉及它的事件和方法。

6.1.3 按钮、单选按钮和复选框

1. 按钮

按钮控件(Button)允许用户通过单击来执行操作。按钮既可以显示文本,又可以显示图像。当按钮被单击时,它看起来像是被按下,然后被释放。每当单击按钮时,即执行Click 事件处理程序,可将代码放入 Click 事件处理函数以执行自己的操作。

2. 单选按钮

单选按钮(RadioButton)的外形是在文本前有一个圆圈。当它被选中时,单选按钮的圆圈里就出现一个黑点。当选中同组单选按钮中的某个单选按钮时,则其余的单选按钮的选中状态就会清除,保证了多个选项始终只有一个被选中。

3. 复选框

复选框(CheckBox)的外形是在文本前有一个空心方框。当它被选中时,空心方框中就加上一个√标记。通常复选框只有选中和未选中两种状态,若复选框前面的方框中有一个灰色底纹的√,则这样的复选框是三态复选框。

6.1.4 组框

组框控件(GroupBox)在外观上是一个带标题(Text 属性)的方框,也称分组框,通常用来对窗体上的多个控件进行逻辑分组,此时组框的功能是一个容器控件。

组框的典型用途是对单选按钮控件进行逻辑分组。

6.1.5 图片框

图片框控件(PictureBox)可以显示目前最常见的图像文件中的内容,如 BMP、WMF、ICO、JPEG、GIF 或 PNG 等。该类的 Image 属性用于指定要显示的外部图像文件。SizeMode 属性用于控制图片框控件处理图像位置和控件大小的方式,该属性可以为Normal(默认)、AutoSize、CenterImage 或 StretchImage。

6.1.6　文本框

文本框(TextBox)类的 Text 属性用于设置在文本框控件中显示的文本。默认情况下,最多可以在一个文本框中输入 2048 个字符。如果将 Multiline 属性设置为 true,则最多可以输入 32KB 的文本,此时为多行文本框。TextBox 类的常用属性如表 6-3 所示。

表 6-3　TextBox 类的常用属性

属　　性	说　　明
Text	获取或设置文本框内的文本
TextAlign	指定文本框内的文本的对齐方式
Multiline	设置文本框是否能够接收多行文字,值为 true 表示能够自动换行
MaxLength	设置文本框中能够输入的最大字符串长度,默认值为 32 767
ScrollBars	指定文本框中是否显示水平或垂直滚动条
PasswordChar	该字符用于屏蔽单行文本框中的密码字符
ReadOnly	设置文本框是否为只读。只读模式时用户不能进行其他操作
SelectionStart	设置在文本框中选定的文本的起始字符位置
SelectionLength	设置在文本框中选定的文本的长度
SelectedText	设置在文本框中选定的文本

文本框控件最常用的事件是 TextChanged 事件,该事件表示文本框的 Text 属性已发生改变。另外,TextBox 类中还提供了一些方法,以完成对文本框中的内容进行某些操作,这些方法如表 6-4 所示。

表 6-4　TextBox 类的常用方法

方　法	说　　明	方　法	说　　明
Clear	清除文本框中的文字	Paste	将剪贴板内容粘贴到文本框内
AppendText	向文本框内添加文字	Select	选择文本框中指定范围的文本
Copy	复制文本框的文字到剪贴板	SelectAll	选择文本框中的所有内容
Cut	剪切文本框的文字到剪贴板		

6.1.7　掩码文本框

掩码文本框控件(MaskedTextBox)是一个增强型的 TextBox 控件,它支持用于接收或拒绝用户输入的声明性语法,用来控制文本的格式,如果输入的内容不满足规定的格式,则控件不会接收该输入。通过使用 Mask 属性,无须在应用程序中编写任何自定义验

证逻辑,即可指定下列输入格式要求:

(1) 必需的输入字符。

(2) 可选的输入字符。

(3) 掩码中的给定位置所需的输入类型。例如,只允许数字、只允许字母或者允许字母和数字。

(4) 掩码的原义字符,或者应直接出现在掩码文本框中的字符,例如电话号码中的连字符(-)或者价格中的货币符号。

(5) 输入字符的特殊处理。例如,将字母字符转换为大写字母。

6.1.8 数字旋钮

数字旋钮控件(NumericUpDown)是数字文本框加上可以上下旋转的按钮,用来输入数字,如图 6-1 所示。

图 6-1 数字旋钮控件

数字旋钮控件的主要属性为 Value、Maximum(默认值为 100)、Minimum(默认值为 0)和 Increment(默认值为 1)。Value 属性设置该控件中选定的当前数字。Increment 属性设置用户单击向上或向下按钮时值的调整量。当焦点移出该控件时,将根据最大值和最小值验证输入值。

数字旋钮控件的主要事件是 ValueChanged,当 Value 内容改变时,就会引发这个事件。该控件的主要方法有 UpButton 和 DownButton,按 Increment 量来增加或减少控件中的数值。

数字旋钮控件的属性 Text 和 Value 的区别是:Text 值只要键盘 KeyUp 事件发生后就改变(就是按下又松开了键盘键);Value 要等到按回车键确认或 NumericUpDown 控件失去输入焦点时改变,此时触发 NumericUpDown 的 ValueChanged 事件。

6.1.9 日期时间

日期时间控件(DateTimePicker)用来设置或显示日期和时间,如图 6-2 所示,默认时单击控件右边的下拉按钮,即可弹出月历控件可供选择日期,通过属性的设置可以在日期时间控件内显示时间或以不同方式显示日期,设置或者选择时间。

图 6-2 日期时间控件

属性值 Value 是 DateTime 结构类型,可以通过 System::DateTime::Now()来获取当前日期时间。

6.1.10 月历

月历控件(MonthCalendar)为用户查看和设置日期信息提供了一个直观的图形界

面。该控件显示一个网格,在网格中显示了包含月份的日期编号,这些日期排列在星期一到星期日的 7 个列中。可以单击月份标题任何一侧的箭头按钮来选择不同的月份。

MonthCalendar 控件与 DateTimePicker 控件不同的是,MonthCalendar 只能设置或选择日期,而 DateTimePicker 控件除了可用来设置或选择日期外,还可用来设置或选择时间。

可选择一定范围的日期,在 DateRangeEventArgs 类中有两个成员：Start、End,分别表示用户选定范围的第一个和最后一个日期值。

6.1.11 弹出式信息组件

弹出式信息组件实际上并不是一个控件,而是一个组件,当把该组件拖放到窗体设计器上时,它就会显示在窗体设计器下方的组件栏中。弹出式信息组件用来弹出特殊的信息,主要有以下 3 种：

(1) 工具提示控件(ToolTip)组件。

该组件用于工具提示,可与任何控件相关联,在用户指向控件时显示相应的文本,可为窗体中多个控件提供 ToolTip 属性。主要方法有 SetToolTip。

```
public:void SetToolTip(Control ^control, String ^caption);
```

其中,参数 control 表示要设置提示文本的控件,参数 caption 表示文本字符串。

(2) 错误提示控件(ErrorProvider)组件。

该组件对窗体或控件上的用户输入在 Validated 事件中进行验证,当输入错误时,在控件旁边显示一个错误图标,当鼠标放在该错误图标上时,将显示错误信息的提示。主要方法有 SetError。

```
public:void SetError(Control ^control,String ^value);
```

其中,参数 control 表示要设置错误描述字符串的控件,参数 value 表示错误描述字符串。

(3) 帮助提示控件(HelpProvider)组件。

该组件将帮助文件与 Windows 应用程序相关联,为控件提供区分上下文的帮助,允许挂起控件,显示帮助主题。主要方法有 SetHelpString。

```
public:virtual void SetHelpString(Control ^ctl, String ^helpString);
```

其中,参数 control 表示要设置关联帮助字符串的控件,参数 helpString 表示帮助字符串。

6.1.12 链接标签

链接标签控件(LinkLabel)与 Label 控件类似,但它可以支持超级链接的跳转功能。例如,可使用链接标签在 IE 中显示 Web 站点主页或加载与应用程序关联的日志文件等。

在链接标签控件中,控件的文本可以指定多个超级链接,显示的每个超级链接都是 LinkLabel::Link 类的一个实例,每个超级链接可在应用程序内执行不同的任务。

有两种方式可将超级链接添加到链接标签控件中。一是指定 LinkArea 属性,这也是最快捷的方式,但它只能在控件的标签文本内指定单个超级链接。另一个是使用 linklabel.linkCollection 类的 add 方法,可以添加多个超链接,用户可以通过 links 属性访问该集合来使用此方法。

可以使用 linkarea 属性来指定新的链接区域来重写这个默认的链接或者使用 add 方法指定链接,也可以使用 remove 方法移除默认超级链接。

6.1.13 网页导航

网页导航控件(WebBrowser)使用户可以在窗体内的各个网页间进行导航控制。

网页导航控件有以下常用方法:

```
Navigate(String urlString);  //浏览 urlString 表示的网址
Navigate(string urlString, string targetFrameName, byte[] postData, string
    additionalHeaders);         //浏览 urlString 表示的网址,并发送 postData 中的消息
                     //通常在登录一个网站的时候就会把用户名和密码作为 postData 发送出去
GoBack();                      //网页后退
GoForward();                   //网页前进
Refresh();                     //刷新网页
Stop();                        //停止
GoHome();                      //浏览主页
```

网页导航控件有以下常用属性:

Document:获取当前正在浏览的文档。

DocumentTitle:获取当前正在浏览的网页标题。

StatusText:获取当前状态栏的文本。

Url:获取当前正在浏览的网址的 URL。

ReadyState:获取浏览的状态。

6.1.14 WebRequest 类和 HttpWebRequest 类

WebRequest 是.NET Framework 的请求/响应模型的抽象基类,用于访问 Internet 数据。使用该请求/响应模型的应用程序可以用不指定协议的方式从 Internet 请求数据。HttpWebRequest 类要用 http://或 https://(指定协议)的方式从 Internet 请求数据,在这种方式下,应用程序处理 WebRequest 类的实例,而协议特定的派生子类则执行请求的具体细节。

因为 WebRequest 类和 HttpWebRequest 类都是一个抽象类,不能使用构造函数创建实例,而应使用派生子类的 Create 方法初始化新的实例对象,所以实例对象在运行时

的实际行为由派生子类的 System. Net. WebRequest. Create 方法来确定。

GetResponse 方法向 RequestUri 属性中指定的资源发出同步请求并返回包含该响应的 HttpWebResponse。当要向资源发送数据时，GetRequestStream 方法返回用于发送数据的 Stream 对象。

6.2 实训操作内容

6.2.1 学生成绩

1. 实训要求

创建一个 Windows 窗体应用程序 ScoreDlg，用来向窗体输入学生成绩，当成绩输入结束，单击"确定"按钮时显示出刚输入的成绩，单击"取消"按钮则直接退出，如图 6-3 所示。

图 6-3　学生成绩程序运行效果

2. 设计分析

本题主要考虑的问题如下：

（1）对话框的外观设置。一般用作对话框的窗体，将窗体的 FormBorderStyle 属性选为 FixedDialog，将 MaximizeBox 和 MinimizeBox 属性均选为 False。

（2）控件的添加与属性设置。同类控件较多时，可先设置好第一个控件的属性，再用复制和粘贴方法制作其他的控件，减少操作步骤。

（3）控件的对齐。可使用布局工具栏上的按钮调整控件的对齐位置。

（4）利用标签控件制作水平蚀线。水平蚀线可作为窗体界面区域的分隔，利用标签控件制作，这时先将标签的 AutoSize 属性改为 False，将标签拉长，消除 Text 属性内容，再调整高度。

（5）控件信息的获取与显示。当单击"确定"按钮时，收集各控件的信息存入字符串 str 中，暂时用消息对话框显示出来。

3. 操作指导

（1）新建一个 Windows 窗体应用程序，项目名为 ScoreDlg。窗体标题为"学生成绩输入"，将 FormBorderStyle 属性选为 FixedDialog，将 MaximizeBox 和 MinimizeBox 属性均选为 False，窗体的字体设置为宋体加粗五号字，调整窗体大小至宽度为 321。

（2）参看图 6-4 的控件布局，向窗体添加 5 个标签控件，保留默认的控件名，分别将其 Text 属性内容修改成"姓名:""学号:""成绩 1:""成绩 2:"和"成绩 3:"，然后使用布局工具栏按钮调整其大小和位置，例如 5 个标签控件统一左对齐，使垂直间距相等。

（3）添加两个文本框控件和 3 个数字旋旋钮控件，保留默认的控件名，依次将 3 个数字旋钮控件的 Increment 和 DecimalPlaces 分别设为 0.5 和 1，将它们的宽度调整（拉长）为 120。

（4）在"成绩 3:"控件下方再添加一个标签控件，用于制作水平蚀线，将标签的 AutoSize 属性改为 False，将标签拉长，消除 Text 属性内容，将 BorderStyle 属性选择为 Fixed3D，并将 Size 属性中的最后一个数值（控件高度）改为 2，调整水平蚀线的位置。

（5）在水平蚀线下方添加两个按钮，保留默认的控件名称，在各个按钮的属性窗口中，分别将 button1、button2 的 Text 属性内容改为"确定"和"取消"。在"确定"按钮的属性窗口中，将其 DialogResult 属性选择为 OK。在"取消"按钮的属性窗口中，将其 DialogResult 属性选择为 Cancel。结果如图 6-4 所示。

图 6-4　学生成绩输入窗体设计

（6）在窗体设计器中为按钮 button1 添加 Click 事件处理方法 button1_Click，并添加下列代码:

```
private: System::Void button1_Click(System::Object ^sender, System::EventArgs
^e) {
    String ^str=L"学生姓名: "+this->textBox1->Text+L"\n";
    str=String::Concat(str, L"学生学号: ", this->textBox2->Text, L"\n");
    str=String::Concat(str, L"成绩是: ", numericUpDown1->Value.ToString()+", "+
        numericUpDown2->Value.ToString()+", "+numericUpDown3->Value.ToString());
    MessageBox::Show(str, "输入学生的数据",MessageBoxButtons::OK,
        MessageBoxIcon::Information);
}
```

（7）在窗体设计器中为按钮 button2 添加 Click 事件处理方法 button2_Click，并添加下列代码:

```
private: System::Void button2_Click(System::Object ^sender, System::EventArgs
^e) {
    this->Close();
}
```

（8）编译、运行程序，测试运行效果。

6.2.2　学生基本情况

1．实训要求

创建一个 Windows 窗体应用程序 StudentForm，用来向窗体输入学生基本情况的数据，当数据输入结束，单击"确定"按钮时显示出刚输入的数据，单击"取消"按钮则关闭窗体，如图 6-5 所示。

图 6-5　学生基本情况运行效果

2．设计分析

设计时主要考虑以下问题：

（1）对姓名文本框的输入增加校验，不允许姓名为空，同时增加对该控件的工具提示信息、帮助信息和错误提示信息。即添加 Validated 事件处理方法，并添加下列代码：

```
this->textBox1->Text=this->textBox1->Text->Trim();
if(this->textBox1->Text->Length<1)
    this->errorProvider1->SetError(this->textBox1,"学生姓名不能为空,要输入
        姓名!");
else
    this->errorProvider1->SetError(this->textBox1,"");
```

在窗体加载时设置：

```
this->helpProvider1->SetShowHelp(this->textBox1,true);
this->helpProvider1->SetHelpString(this->textBox1,"在此输入学生姓名");
this->toolTip1->SetToolTip(this->textBox1,"在此文本框中输入学生姓名");
```

（2）"性别"和"生源"两组单选按钮一定要用分组框分开。

（3）使用掩码文本框输入出生日期，当出生日期输入完成后，即可计算出其年龄，所以年龄的数字旋钮的 Enable 属性为 False。掩码格式为"0000 年 90 月 90 日"。其中，0 表示数字，必选；9 表示数字或空格，可选。

为掩码文本框控件添加 MaskInputRejected 事件处理方法，给出错误提示：

```
this->toolTip1->ToolTipTitle="输入格式错误";
toolTip1->Show("在日期中只允许(0-9)的数字", maskedTextBox1, maskedTextBox1->
Location, 5000);
```

添加掩码文本框的 TextChanged 事件处理方法 On_Change，在代码中取出今天的日期的年份，与输入日期的年份相减计算出年龄，更新到年龄的数字旋钮中：

```
String ^str1=DateTime::Now.Year.ToString("");
String ^str2=maskedTextBox1->Text->ToString()->Substring(0,4);
if(str2->Trim()->Length>=4)
    this->numericUpDown1->Value=Convert::ToInt16(str1)-
        Convert::ToInt16(str2);
```

（4）入学成绩中的 3 个数字旋钮的数值一旦改变，都影响到总分，可以每次都重新计算这 3 科的成绩。调用同一个事件处理函数 On_NumChange。

```
this->numericUpDown5->Value=this->numericUpDown2->Value
        +this->numericUpDown3->Value+this->numericUpDown4->Value;
```

（5）注意单选按钮和复选框的判断方法和编程的方法。单选按钮在循环判断过程中，如果一旦有发现选中的，就要中止循环；而对于复选框的循环判断就要一直循环到结束。

（6）"获奖情况"是多行文本框，添加 TextChanged 事件处理方法，在代码中统计文本的行数和字符数，并更新到旁边的"行数"和"字数"文本框中。

（7）"确定"按钮的功能是收集窗体中控件的信息，集成到一个字符串中，再将字符串输出，并关闭窗体，而"取消"按钮则是直接关闭窗体，两个按钮都要添加按钮图标。在实际应用时，应将收集到的信息存入数据库中。

（8）在加载窗体而在显示之前的 Load 事件中，要处理如下的事情：单选按钮和复选框的初始值设置，出生日期的初始值设置和年龄的计算更新，总分的初始值，文本框的一些提示信息的设置等。

3. 操作指导

（1）修改设计界面的布局模式为按网格点捕捉。启动 Visual Studio，选择"工具"→"选项"菜单命令，弹出"选项"窗口，选中左侧的"Windows 窗体设计器"项，在右侧"布局设置"中单击 LayoutMode(布局模式)下拉列表,从中选择 SnapToGrid(捕捉到点),单击"确定"按钮,如图 6-6 所示。

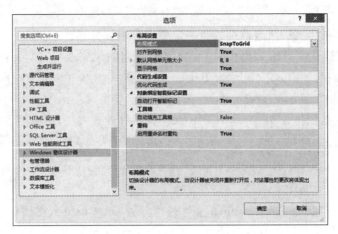

图 6-6　修改布局模式

(2) 新建一个 Windows 窗体应用程序,项目名为 StudentForm。窗体标题为"学生基本情况"。

(3) 向窗体添加表 6-5 中的控件,然后调整其大小和位置。

表 6-5　向窗体添加的控件列表

对　　象	控　　件	其 他 属 性
文本框(姓名)	textBox1	
文本框(学号)	textBox2	
组框(性别)	groupBox1	
单选按钮(男)	radioButton1	
单选按钮(女)	radioButton2	
组框(生源)	groupBox2	
单选按钮(内招)	radioButton3	
单选按钮(外招)	radioButton4	
掩码格式文本框(出生日期)	maskedTextBox1	Mask 为短日期,BeepOnError=trueText=1996-01-01
数字旋钮(现年龄)	numericUpDown1	Enable=False
组框(入学成绩)	groupBox3	
数字旋钮(语文)	numericUpDown2	
数字旋钮(数学)	numericUpDown3	
数字旋钮(外语)	numericUpDown4	
数字旋钮(总分)	NumericUpDown5	Enable=False
组框(兴趣爱好)	groupBox4	

续表

对　　象	控　　件	其 他 属 性
复选按钮(足球)	checkBox1	
复选按钮(音乐)	checkBox2	
复选按钮(美术)	checkBox3	
复选按钮(武术)	checkBox4	
图片框(照片)	pictureBox1	
组框(获奖情况)	groupBox5	
文本框(获奖内容)	textBox3	Multiline＝True
文本框(行数)	textBox4	Enable＝False
文本框(字符数)	textBox5	Enable＝False
按钮(确定)	button1	OK
按钮(取消)	button2	Cancel
工具信息提示	toolTip1	
帮助信息提示	helpProvider1	按 F1 键时显示
错误信息提示	errorProvider1	

（4）添加照片和图标。选择图片框控件，再单击 Image 属性后的⬚按钮，弹出"打开文件"对话框，导入一幅相片大小的图片。再设置按钮上的图标，单击按钮 Image 属性后的⬚按钮，弹出"打开文件"对话框，选择一个图标文件，设置按钮的 ImageAlign 属性为MiddleLeft。

（5）为窗体添加 Load 事件处理方法 Form1_Load，并添加下列初始代码：

```cpp
private: System::Void Form1_Load(System::Object ^sender, System::EventArgs
^e) {
    this->radioButton1->Checked=true;
    this->radioButton3->Checked=true;
    this->checkBox1->Checked=true;
    this->helpProvider1->SetShowHelp(this->textBox1,true);
    this->helpProvider1->SetHelpString(this->textBox1,"在此输入学生姓名");
    this->toolTip1->SetToolTip(this->textBox1,"在此文本框中输入学生姓名");
    this->numericUpDown1->Value=(int::Parse(DateTime::Now.ToString(L
        "yyyy")))-(int::Parse((maskedTextBox1->Text->ToString())->
        Substring(0,4)));
    this->numericUpDown5->Value=this->numericUpDown2->Value
        +this->numericUpDown3->Value+this->numericUpDown4->Value;
}
```

（6）为窗体 textBox1 控件添加 Validated 事件处理方法 On_Validated，并添加下列代码：

```
private: System::Void On_Validated(System::Object ^sender, System::EventArgs
^e) {
    this->textBox1->Text=this->textBox1->Text->Trim();
    if(this->textBox1->Text->Length<1)
        this->errorProvider1->SetError(this->textBox1,"学生姓名不能为空,要输
            入姓名!");
    else
        this->errorProvider1->SetError(this->textBox1,"");
}
```

（7）为窗体 MaskedTextBox 控件添加 TextChanged 事件处理方法 maskedTextBox1_Change，并添加下列代码：

```
private: System::Void maskedTextBox1_Change(System::Object ^sender, System::
EventArgs ^e) {
    String ^str1=DateTime::Now.Year.ToString("");
    String ^str2=maskedTextBox1->Text->ToString()->Substring(0,4);
    if(str2->Trim()->Length>=4)
        this->numericUpDown1->Value=Convert::ToInt16(str1)-
            Convert::ToInt16(str2);
}
```

（8）为窗体 MaskedTextBox 控件添加 MaskInputRejected 事件处理方法 maskedTextBox1_inputRejected，并添加下列代码：

```
private: System::Void maskedTextBox1_inputRejected(System::Object ^sender,
    System::Windows::Forms::MaskInputRejectedEventArgs ^e) {
    this->toolTip1->ToolTipTitle="输入格式错误";
    toolTip1->Show("在日期中只允许输入 0~9 的数字", maskedTextBox1,
        maskedTextBox1->Location,5000);
}
```

（9）为窗体中"语文""数学"和"外语"3 个数字旋钮控件添加 ValueChanged 事件处理方法 On_NumChange，并添加下列代码：

```
private: System::Void On_NumChange(System::Object ^sender, System::EventArgs
^e) {
    this->numericUpDown5->Value=this->numericUpDown2->Value
        +this->numericUpDown3->Value+this->numericUpDown4->Value;
}
```

（10）为窗体中的"获奖情况"多行文本框添加 TextChanged 事件处理方法 On_TextChanged，并添加下列代码：

```
private: System::Void On_Textchanged(System::Object ^sender, System::
EventArgs ^e) {
    int strNum=0;
    int lineNum=textBox3->Lines->Length;
    array<String ^> ^tempArray=gcnew array<String ^>(lineNum);
    tempArray=this->textBox3->Lines;
    for(int i=0;i<lineNum;i++)
        strNum+=tempArray[i]->Length;
    this->textBox4->Text=lineNum.ToString();
    this->textBox5->Text=strNum.ToString();
}
```

(11) 为窗体中的按钮 button1 添加 Click 事件处理方法 button1_Click,并添加下列
代码:

```
private: System::Void button1_Click (System::Object ^sender, System::
EventArgs ^e) {
    String ^str=L"学生姓名: "+this->textBox1->Text+L"\n";
    str=String::Concat(str, L"学生学号: ",this->textBox2->Text,L"\n");
    str=String::Concat(str, L"性别是: ");
    //获取性别的选项
    for(int i=0; i<this->groupBox1->Controls->Count; i++)
    {
        RadioButton ^btn=safe_cast<RadioButton^>(groupBox1->Controls[i]);
        if(btn->Checked) {
            str=String::Concat(str, btn->Text, L"\n");
            break;
        }
    }
    str=String::Concat(str, L"生源是: ");
    //获取生源的选项
    array<RadioButton^>^btn2s=gcnew array<RadioButton^>{radioButton3,
        radioButton4};
    for each(RadioButton ^btn in btn2s)
    {
        if(btn->Checked) {
            str=String::Concat(str, btn->Text, L"\n");
            break;
        }
    }
    str=String::Concat(str, L"现年龄: ",this->numericUpDown1->Value,L"\n");
    str=String::Concat(str, L"入学总分为: ",this->numericUpDown5->Value,L"\n");
    str=String::Concat(str, L"兴趣爱好主要是: \n");
    //获取兴趣爱好的选项
    for(int i=0; i<this->groupBox4->Controls->Count; i++)
```

```
    {
        CheckBox ^check=safe_cast<CheckBox^>(groupBox4->Controls[i]);
        if(check->Checked) {
            str=String::Concat(str, L"\t",check->Text, L"\n");
        }
    }
    str=String::Concat(str, L"获奖情况为：\n",this->textBox3->Text,L"\n");
    //最后结果显示
    MessageBox::Show(str, L"学生的基本情况");
}
```

(12) 编译并运行程序,观察运行效果。

6.2.3　用户登录窗体

1. 实训要求

创建一个用户登录窗体,在窗体中输入用户名及密码,并选择用户登录身份后单击"登录"按钮,则弹出一个消息框显示这些信息。单击"重置"按钮,则清空文本框控件中的内容,并将复选框、单选按钮设置为默认值。最后为前一题的应用程序增加用户登录窗体。用户登录窗体运行效果如图 6-7 所示。

图 6-7　用户登录窗体运行效果

2. 设计分析

(1)"登录"按钮的处理函数中,要对用户名和密码的输入内容进行判断,如果某一个为空,或用户名不存在,或密码不正确等,都要作相应的处理。

(2) 要预先设置窗体的初始状态,为窗体添加 Load 事件处理函数,默认为普通用户身份,不显示密码等。

(3) 运行一个项目软件,首先出现的是登录窗体,输入登录信息通过验证后,才可以正式进入系统,使用系统的功能。用户登录窗体流程图如图 6-8 所示。

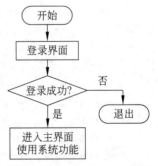

图 6-8　用户登录窗体流程图

　　登录窗体是在其他窗体之前出现的或者是在其他窗体中首先调用的,通过验证后才继续往下运行。处理办法有两种:

　　① 在主项目中,增加一个登录窗体,先启动登录窗体,验证通过后再调用主窗体的功能。在调试时可通过选择菜单"项目"→"设为启动项目"命令来调整启动项目的调用顺序。

　　② 单独创建主项目和登录窗体的项目,然后将两个项目合并到一个解决方案中,一般是将登录窗体项目合并到主项目中,再按上述流程修改调用语句。本题就采用这个方法实现。

　　(4) 将两个项目合并到一个解决方案中,会出现命名的冲突,此时就要使用命名空间来限定是哪个项目的命名。

3. 操作指导

　　(1) 新建一个 Windows 窗体应用程序,项目名称为 LoginForm。在窗体属性窗口中,将窗体标题 Text 属性修改为"用户登录",将 FormBorderStyle 属性选为 Fixed3D,将 MaximizeBox 和 MinimizeBox 属性均设置为 False。

　　(2) 参照图 6-9 的内容向窗体中添加相应的控件,调整其大小和位置,并分别为这些控件设置相应的属性。

图 6-9　用户登录窗体设计图

　　(3) 在窗体中选择"显示密码"复选框,单击"属性"窗口中的 ⚡ 事件按钮,并为 CheckedChanged 事件添加处理方法 checkBox1_CheckedChanged。在该方法中设置 TextBox 控件的选项为 PasswordChar 以显示输入的密码。代码如下:

```
System::Void checkBox1_CheckedChanged (System::Object ^ sender, System::
EventArgs ^e) {
    textBox2->PasswordChar=checkBox1->Checked ? 0: '*'; //取消或设置密码字符
}
```

　　(4) 在窗体中选择"登录"按钮,在"属性"窗口中添加 Click 事件的处理方法 button1_Click。在该方法中取得用户输入的用户名及密码,并取得用户选择的登录身份,弹出一个消息框显示这些信息。代码如下：

```
System::Void button1_Click(System::Object ^sender, System::EventArgs ^e) {
    if(textBox1->Text==String::Empty || textBox2->Text==String::Empty)
    {
        //用户名或密码为空
        MessageBox::Show("用户名或密码不能为空!", "提示", MessageBoxButtons::
            OK, MessageBoxIcon::Information);
        return;
    }
    if(textBox1->Text->Equals("admin") && textBox2->Text->Equals("123"))
    {   //用户名和密码都正确
        String ^strLogon=L"欢迎进入! \r\n";       //显示用户输入的信息
        strLogon+=textBox1->Text+L"\r\n";
        strLogon+=textBox2->Text+L"\r\n";
        strLogon+=L"登录身份: ";
        if(radioButton1->Checked) strLogon+=L"普通用户\r\n";
        else if(radioButton2->Checked) strLogon+=L"高级用户\r\n";
        else if(radioButton3->Checked) strLogon+=L"管理员\r\n";
        else strLogon+=L"未知身份\r\n";
        MessageBox::Show(strLogon, "登录成功", MessageBoxButtons::OK,
            MessageBoxIcon::Information);
        this->DialogResult=System::Windows::Forms::DialogResult::OK;
        this->Close();
    }
    else if(!textBox1->Text->Equals("admin"))
    {   //用户名错误
        MessageBox::Show("用户名错误,请重新输入!", "警告", MessageBoxButtons::
            OK, MessageBoxIcon::Warning);
        textBox1->Focus();
        textBox1->SelectAll();
    }
    else
    {   //密码错误
        MessageBox::Show("密码错误,请重新输入!", "警告", MessageBoxButtons::OK,
            MessageBoxIcon::Warning);
        textBox2->Focus();
        textBox2->SelectAll();
    }
}
```

（5）在"属性"窗口中为"重置"按钮添加 Click 事件的处理方法 button2_Click，并在该方法中分别清空 TextBox 控件中的内容，并将复选框、单选按钮设置为默认值。代码如下：

```
System::Void button2_Click(System::Object ^sender, System::EventArgs ^e) {
    textBox1->Clear();                  //清空用户名
    textBox2->Clear();                  //清空密码
    checkBox1->Checked=false;           //不显示密码
    radioButton1->Checked=true;         //默认为普通用户身份
}
```

（6）在"属性"窗口中为"取消"按钮添加 Click 事件的处理方法 button3_Click，代码如下：

```
System::Void button3_Click(System::Object ^sender, System::EventArgs ^e) {
    this->DialogResult=System::Windows::Forms::DialogResult::Cancel;
    this->Close();
}
```

（7）为窗体添加 Load 事件处理函数，设置窗体的初始状态。代码如下：

```
private: System::Void Form1_Load(System::Object ^sender, System::EventArgs
^e) {
    checkBox1->Checked=false;           //不显示密码
    radioButton1->Checked=true;         //默认为普通用户身份
    textBox2->PasswordChar='*';         //设置密码字符
}
```

编译并运行程序，测试运行结果。

（8）项目的合并。把本题的解决方案关闭后，将 LoginForm 子文件夹复制到上一题的 StudentForm 文件夹中，打开上一题的 StudentForm 的解决方案，选择菜单"文件"→"添加"→"现有项目"命令，选择 LoginForm 项目，将其添加到 StudentForm 的解决方案中。

（9）两个项目的默认启动窗体都为 Form1。现要增加命名空间的限定，明确是具体哪个项目中的 Form1 窗体。分别在主程序文件 *.cpp 中，将主函数中传递给 Run 的主窗体 Form1 对象修改为

```
StudentForm.cpp
Application::Run(gcnew StudentForm::Form1());
LoginForm.cpp
Application::Run(gcnew LoginForm::Form1());
```

（10）设置启动项目。选择菜单"项目"→"设为启动项目"命令来调整启动项目的调用顺序。本题将 StudentForm 作为启动项目主窗体来运行，再调用登录窗体项目的 LoginForm 窗体，故在 StudentForm.h 文件中包含 LoginForm 的头文件 LoginForm.h 及命名空间，增加以下代码：

```
#include "..//LoginForm //Form1.h"
namespace StudentForm {
    using namespace LoginForm;
```

```
...
}
```

(11) 修改 LoginForm.h 文件,在主窗体的 Load 事件中添加调用登录窗体,输入的用户名和密码都正确时才可继续,否则不往下执行(指定的用户名和密码分别是 admin,123,登录按钮的 DialogResult 为 OK)。

```
//StudentForm 文件 Form1 的 Form1_Load()添加
LoginForm::Form1 ^theform=gcnew LoginForm::Form1 ();
if(theform->ShowDialog()!=System::Windows::Forms::DialogResult::OK)
{this->Close(); }
```

(12) 在登录窗体中增加一个输入密码错误次数的限制,例如,第 3 次密码错误时退出登录界面,应该如何修改代码?

运行程序,观察效果,理解各代码的含义。

说明:如果把 LoginForm 作为启动项目,再调用 StudentForm 项目,也是可以的,但因 StudentForm 项目中用到了一些资源文件,如图标、图片等,运行时会出现"未能找到任何适合于指定的区域或非特定区域性的资源"的错误,在类文件中用 namespace 来描述位置,而资源文件中并没有这行代码,所以要增加识别位置的命名空间。解决方法是:首先查看项目中是否存在 Resources.resx 相关的文件,找到它的位置,代码如下:

```
System::ComponentModel::ComponentResourceManager ^resources= (gcnew
    System::ComponentModel::ComponentResourceManager(Form1::typeid));
```

然后把尾部的内容更改为(StudentForm::Form1::typeid)。

6.2.4　天气预报

1. 实训要求

创建一个 Windows 窗体应用程序,在程序中实现网页信息的抓取和显示,如抓取某个城市的实时天气信息,并在界面中显示月历、网页和网址链接功能,如图 6-10 所示。

2. 设计分析

(1) 首先要明确,在网络上抓取信息是有限制的。类似国家气象局、国家统计局的数据,如天气预报数据,属于公开的公共数据,抓取这类信息肯定是合法的。因为这是政府部门提供的公共信息的一部分。在互联网上没有公开声明版本的信息,只要是用来学习而不应用于商业目的,是可以抓取信息的。但是如果抓取商业网站的数据,或将抓取的信息用于商业目的,或者在网站协议中明确规定了版权的信息,则抓取信息存在侵权的可能。

(2) 抓取网站上的数据要用到网站源码,且此源码是固定不变、不重复的,否则会索引不到。抓取网站上的数据的方法是:①找到网址;②打开网页,查看源码;③找到源码中你所需要的数据,看看它放在哪个标签里,从标签里取出来;④分析其中的规则,例如

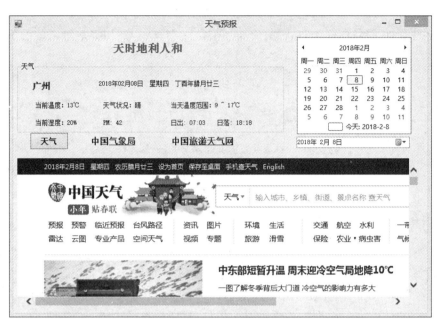

图 6-10　天气预报程序运行效果

对应的信息是在哪个 div 等之内的；⑤写正则表达式以提取对应的数据。

（3）获取页面源码。

.NET Framework 的 WebRequest 类和 HttpWebRequest 类是请求/响应模型的抽象基类，用于访问 Internet 数据。使用派生子类的 System.Net.WebRequest.Create 方法初始化新的实例对象。在运行时通过实例对象的 GetResponse 方法向指定的资源发出同步请求并返回包含该响应的 HttpWebResponse。当要向资源发送请求时，GetRequestStream 方法返回用于发送数据的 Stream 流对象，使用 UTF-8 字符编码，通过流对象获取网页的所有源码，并保存在字符串 webHtmlStr 中，代码如下：

```
WebRequest ^request=WebRequest::Create("https://www.tianqi.com/guangzhou/");
WebResponse ^response=request->GetResponse();
StreamReader ^reader=gcnew StreamReader(response->GetResponseStream(),
    Encoding::GetEncoding("UTF-8"));
String ^webHtmlStr=reader->ReadToEnd();    //网页源码内容
```

这里的 WebRequest 类要使用 System::Net 的命名空间，Encoding 类要使用 System::Text 的命名空间，StreamReader 类要使用 System::IO 的命名空间。

（4）在源码中找出需要的数据，从标签里提取出来，显示在对应的标签控件中。在提取字符串时要使用字符串的一些实例方法：

SubString(int startIndex)：从 startIndex 指定的位置开始提取，一直到字符串末尾。

Substring(int startIndex,int length)：从 startIndex 开始提取长度为 length 的字符串。

Indexof(string value)：用于定位某个字符串在另一个字符串中出现的位置。

Split(array<wchar_t> ^separtor,int count)：将从当前字符串按指定的分隔符拆

分成多个子串。

源代码中的一些符号(如"和\)前面要加上转义字符\。例如提取城市的数据的代码如下：

```
String ^buff1=webHtmlStr->Substring(webHtmlStr->IndexOf("…"));
label2->Text=buff1->Substring(buff1->IndexOf("<h2>"), buff1->IndexOf
    ("</h2>")-buff1->IndexOf("<h2>"))->Split('>')[1];
```

(5) 月历和日期时间控件各有特点，应掌握从中提取数值的方法。

(6) LinkLabel 控件默认其 Text 属性内容是连接热点，可通过修改其 LinkArea 属性改变热点字符。

3. 操作指导

(1) 创建 Windows 窗体应用程序项目"天气预报"。在打开的窗体设计器中，单击 Form1 窗体，在窗体属性窗口中，将窗体属性 Text 修改成"天气预报"。

(2) 在窗体 Form1 中，参照图 6-11 进行布局，添加 10 个 Label 控件、两个 LinkLabel 控件和一个 WebBrowser 控件，再添加月历控件、日期时间控件和一个按钮。

图 6-11　天气预报窗体设计图

(3) 设置控件的属性。Label1 控件文本为"天时地利人和"，其他 Label 控件可保留原文本，设置 LinkLabel1 控件的 LinkArea 属性为"2，5"，设置 LinkLabel2 控件的 LinkArea 属性为"2，7"，设置 WebBrowser 控件的 URL 属性为某个网页的网址，如中国天气网 http://www.weather.com.cn/。

(4) 添加 LinkLabel1 控件的 LinkClicked 事件处理方法 linkLabel1_LinkClicked，并添加下列代码：

```
private: System::Void linkLabel1_LinkClicked (System::Object ^sender,
    System::Windows::Forms::LinkLabelLinkClickedEventArgs ^e)
{
    this->linkLabel1->LinkVisited=true;
    System::Diagnostics::Process::Start("https://www.tianqi.com/");
}
```

（5）添加 LinkLabel2 控件的 LinkClicked 事件处理方法 linkLabel2_LinkClicked，并添加下列代码：

```
private: System::Void linkLabel2_LinkClicked(System::Object ^sender, S
    ystem::Windows::Forms::LinkLabelLinkClickedEventArgs ^e) {
    this->linkLabel1->LinkVisited=true;
    System::Diagnostics::Process::Start("IExplore.exe", "http://www.
        tourweather.com.cn/");
}
```

（6）添加"天气"按钮 Click 事件处理函数，抓取天气信息，代码如下：

```
try
{
    WebRequest ^request=WebRequest::Create("https://www.tianqi.com/
    guangzhou/");
    WebResponse ^response=request->GetResponse();
    StreamReader ^reader=gcnew StreamReader(response->GetResponseStream(),
        Encoding::GetEncoding("UTF-8"));
    String ^webHtmlStr=reader->ReadToEnd();
    reader->Close();
    response->Close();
    String ^buff1=webHtmlStr->Substring(webHtmlStr->IndexOf("<dt>
        <img src=\"http://content.pic.tianqijun.com/content/20170919/
        307c11c79e3d08e0abdf9cb57b731ea5.jpg\" alt=\"广州天气预报\"></dt>"));
    String ^buff2=webHtmlStr->Substring(webHtmlStr->IndexOf("</i></p>"));
    String ^buff3=webHtmlStr->Substring(webHtmlStr->IndexOf("<dd class=
        \"shidu\">"));
    String ^buff4=webHtmlStr->Substring(webHtmlStr->IndexOf("<dd class=
        \"kongqi\">"));
    label2->Text=buff1->Substring(buff1->IndexOf("<h2>"), buff1->IndexOf
        ("</h2>")-buff1->IndexOf("<h2>"))->Split('>')[1];
    String^s=buff1->Substring(buff1->IndexOf("<dd class=\"week\">"),
        buff1->IndexOf("<dd class=\"weather\">")-buff1->IndexOf("<dd
        class=\"week\">"))->Split('>')[1];
    label3->Text=s=s->Substring(0, s->Length-4);
    label4->Text="当前温度："+buff1->Substring(buff1->IndexOf("<b>"),
        buff1->IndexOf("</b>")-buff1->IndexOf("<b>"))->Split('>')[1]+"℃";
    label5->Text="天气状况："+buff2->Substring(buff2->IndexOf("<b>"),
```

```
        buff2->IndexOf("</b>")-buff2->IndexOf("<b>"))->Split('>')[1];
    label6->Text="当天温度范围:"+buff2->Substring(buff2->IndexOf("</b>"),
        buff2->IndexOf("</span>")-buff2->IndexOf("</b>"))->Split('>')[1];
    label7->Text="当前"+buff3->Substring(buff3->IndexOf("<b>"),
        buff3->IndexOf("</b>")-buff3->IndexOf("<b>"))->Split('>')[1];
    label8->Text=buff4->Substring(buff4->IndexOf("<h6>"),
        buff4->IndexOf("</h6>")-buff4->IndexOf("<h6>"))->Split('>')[1];
    label9->Text=buff4->Substring(buff4->IndexOf("<span>"),
        buff4->IndexOf("<br />")-buff4->IndexOf("<span>"))->Split('>')[1];
    label10->Text=buff4->Substring(buff4->IndexOf("<br />"),
        buff4->IndexOf("</span>")-buff4->IndexOf("<br />"))->Split('>')[1];
    }
    catch(Exception ^e)
    MessageBox::Show(e->Message);
}
```

(7) 添加"天气"按钮事件处理函数中用到的几个类的命名空间。代码如下:

```
using namespace System::IO;
using namespace System::Net;
using namespace System::Text;
```

(8) 为月历控件添加 DateChanged 事件处理函数,当月历的日期改变后,与日期时间控件所显示的日期同步,代码如下:

```
private: System::Void monthCalendar1_DateChanged(System::Object ^ sender,
System::Windows::Forms::DateRangeEventArgs ^e)
{
    this->dateTimePicker1->Value=e->Start;
}
```

(9) 为日期时间控件添加 ValueChanged 事件处理函数,当日期时间日期改变后,与月历控件所显示的日期同步,代码如下:

```
private: System::Void dateTimePicker1_ValueChanged(System::Object ^sender,
System::EventArgs ^e)
{
    monthCalendar1->SelectionStart=dateTimePicker1->Value;
    monthCalendar1->SelectionEnd=dateTimePicker1->Value;
}
```

(10) 单击文档窗口顶部的"Form1.h[设计]"标签,切换到窗体设计页面,单击窗体,为 Form1 添加 Load 事件的处理方法 Form1_Load,在这里为 LinkLabel2 控件添加设置超链接的颜色及初始化天气的信息:

```
private: System::Void Form1_Load(System::Object ^sender, System::EventArgs ^e)
{
```

```
this->linkLabel2->LinkColor=Color::Blue;
this->linkLabel2->ActiveLinkColor=Color::Green;
button1_Click(sender, e);
}
```

（11）编译并运行程序，对各个链接标签和导航按钮进行测试。

思考与练习

1. 选择题

（1）在程序中，文本框控件的_____属性用来设置其是否为只读的。

    A. ReadOnly   B. Locked   C. Lock   D. Style

（2）设置文本框的_____属性可以使其显示多行文本。

    A. PasswordChar   B. ReadOnly   C. Multiline   D. MaxLength

（3）在 Windows 应用程序中，如果复选框控件的 Checked 属性值设置为 true，表示_____。

    A. 该复选框被选中   B. 该复选框不被选中

    C. 不显示该复选框的文本信息   D. 显示该复选框的文本信息

2. 简述题

（1）什么是按钮控件？按钮控件有哪些？

（2）修改什么属性实现按钮禁用？修改什么属性实现按钮隐藏？

（3）什么是锚定和停靠，如何设置控件的锚定和停靠？

（4）文本框控件和数字旋钮控件的特点分别是什么？

（5）如何设置 NumericUpDown 控件显示十六进制的数值？

第7章 框条控件设计

实训目的

- 了解框条控件的属性和事件。
- 掌握框条控件的添加与属性设置。
- 掌握框条控件的事件处理及使用。

7.1 基本知识提要

7.1.1 列表框

列表框控件(ListBox)用于显示一组列表项,用户可以从中选择一项或多项,但是不能直接编辑列表框的数据。如果列表项总数超过可以显示的项数,列表框会自动添加一个滚动条,使用户可以滚动查看所有选项。

1. 列表框控件的常用属性

列表框控件的常用属性如表 7-1 所示。

表 7-1 列表框控件的常用属性

属　　　　性	说　　　　明
Items	指定列表框中的列表项,是一个集合
Items->Count	返回列表框中的总项目数
Sorted	指定列表框中的项目是否按字母表顺序排列,true 为排序
SelectedItem	获得列表框中被选择的列表项
SelectedIndex	获取或设置选中项在列表框中的索引,索引值从 0 开始
SelectedIndices	获取一个集合,该集合包含了列表框中所有选中项的索引
ScrollAlwaysVisible	指定列表框中是否始终显示滚动条,而不管列表框中有多少项
MultiColumn	指定列表框是否以多列的形式显示项目
SelectionMode	指定列表框将是单项选择(默认)、多项选择还是不可选择

1) 列表框的单项选择

可以使用 ListBox 类的 SelectedItem 和 SelectedIndex 属性来获取或设置当前选中的列表项的内容和索引。除此之外,ListBox 类的 SetSelected 方法可以用来设置或消除指定列表项的选定,其原型如下:

```
void SetSelected(int index, bool value);
```

2）列表框的多项选择

当列表框的 SelectionMode 属性设置为 MultiSimple（多选）或 MultiExtended（扩展多选）后，就可以在列表框中进行多项选择。

ListBox 类的 Items、SelectedItems 和 SelectedIndices 属性都是集合类。在列表框中，这些集合类的元素关系可以用图 7-1 来表示。

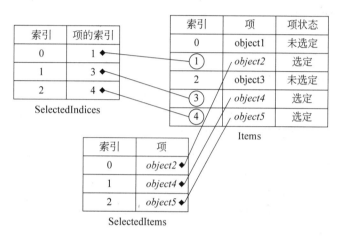

图 7-1　ListBox 类的集合类属性的元素关系

2. 列表框控件的常用事件

列表框控件的常用事件有 Click 和 SelectedIndexChanged。单击列表框时，将引发 Click 事件。列表框的 SelectedIndex 属性值改变时，将引发 SelectedIndexChanged 事件。

3. 列表框控件的方法

1）列表框控件的常用方法

ListBox 类的 Items 属性是 ObjectCollection 集合类，其中存储了列表框中的所有列表项。可以通过该类提供的一组方法来向列表框中添加项、删除项和获得项的计数等。常用的方法声明如下：

```
int Add(Object ^item);              //向列表框中添加一项
int AddRange(Object ^item);         //向列表框中添加多项
void Clear();                       //从列表框的集合中删除所有项
bool Contains(Object ^value);       //确定指定的项是否位于集合内
void Insert(int index, Object ^item); //将项插入到列表框的指定索引处
void Remove(Object ^value);         //从列表框的集合中删除指定的对象
void RemoveAt(int index);           //删除列表框的集合中指定索引处的项
```

2）列表框控件的操作

（1）添加列表项。

列表框创建时是一个空的列表，需要添加或插入一些列表项。ListBox 类的 Items 属性就是用来绑定或控制这些列表项的，它是一个 ObjectCollection 集合类，使用该集合类的 Add、AddRange 和 Insert 方法可以向列表框添加列表项。

如果要在集合内的特定位置插入某个对象，可使用 Insert 方法，例如：

```
//使用 Add 方法
listBox1->Items->Add(L"列表项");
//使用 Insert 方法在列表中指定位置插入字符串或对象
listBox1->Items->Insert(0, L"列表项");
//向 Items 集合分配整个数组
array<System::Object^>^ItemObject=gcnew array<System::Object^>(10);
for(int i=0; i<ItemObject->Length; i++) {
    ItemObject[i]=String::Concat(L"Item", i.ToString());
}
listBox1->Items->AddRange(ItemObject);
```

进入窗体设计界面时，在列表框的属性窗口中，单击 Items 属性右侧的■按钮，弹出"字符串集合编辑器"窗口，从中可以为列表框添加初始列表项（每输入一行后按回车键），如图 7-2 所示。

图 7-2　字符串集合编辑器

（2）列表项的删除。

使用 Clear、Remove 和 RemoveAt 可以删除列表框中的列表项。Clear 方法用来删除列表框中的所有列表项，Remove 和 RemoveAt 分别用来删除指定列表项或指定索引的列表项。例如：

```
//删除索引号为 0 的列表项
listBox1->Items->RemoveAt(0);
//删除当前选择项
listBox1->Items->Remove(listBox1->SelectedItem);
//删除 "列表项 1" 的列表项
listBox1->Items->Remove(L"列表项 1");
```

```
//调用 Clear 方法从集合中移除所有项
listBox1->Items->Clear();
```

（3）查找列表项。

为了保证列表项不会重复地添加在列表框中，有时还需要对列表项进行查找。
ListBox 类成员方法 FindString 和 FindStringExact 分别用来在列表框中查找匹配的列
表项。其中，FindStringExact 的查找精度最高。这两个方法声明如下：

```
int FindString(String* s);
int FindString(String* s, int startIndex);
int FindStringExact(String* s);
int FindStringExact(String* s, int startIndex);
```

（4）移动当前项指针到指定位置。

```
ListBox->SelectIndex=0;                          //移至首条
ListBox->SelectIndex=ListBox->Items->Count-1;    //移至尾条
ListBox->SelectIndex=ListBox->SelectIndex-1;     //移至上一条
ListBox->SelectIndex=ListBox->SelectIndex+1;     //移至下一条
```

7.1.2　组合框

组合框控件（ComboBox）是将文本框控件与列表框控件的特性结合为一体的组合控
件，兼具文本框控件与列表框控件两者的特性。

组合框类的 DropDownStyle 属性确定要显示的组合框的样式，包括如下选项：

- Simple：简单的下拉列表组合框，文本可编辑，始终显示列表。
- DropDown：默认下拉列表组合框，文本可编辑，必须单击下拉箭头才能看到表中
的选项。
- DropDownList：下拉式列表组合框，文本部分不可编辑，必须单击下拉箭头才能
看到表中的选项。

组合框的 3 种显示类型如图 7-3 所示。

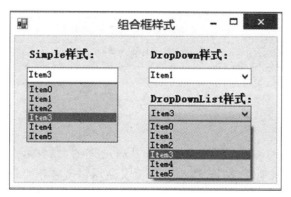

图 7-3　组合框的 3 种显示样式

组合框控件的常用事件有以下 3 个:

- SelectedIndexChanged: 当 SelectedIndex(当前选择的列表项索引)属性更改后发生。
- SelectionChangeCommitted: 当选择项发生更改并且提交了该更改后发生。
- DropDown: 当组合框的下拉框部分显示时发生。

7.1.3 可选列表框

可选列表框控件(CheckedListBox)类似于列表框和复选框控件的综合体,扩展了列表框的功能,允许用户在列表框内对列表项进一步选择具体内容。可选列表框控件的主要属性如表 7-2 所示。

表 7-2　可选列表框控件的主要属性

属　　性	说　　明
Items	指定控件对象中的所有项
MultiColumn	决定是否以多列的形式显示各项
ColumnWidth	当控件对象支持多列时,指定各列所占的宽度
CheckOnClick	决定是否在第一次单击某复选框时即改变其状态
SelectionMode	指示复选框列表控件的可选择性。None 表示所有选项都处于不可选状态,One 则表示所有选项均可选
Sorted	表示控件对象中的各项是否按字母顺序排序显示
CheckedItems	表示控件对象中选中项的集合,该属性是只读的
CheckedIndices	表示控件对象中选中项索引的集合

可选列表框控件的常用事件有 Click 和 DoubleClick,常用方法如表 7-3 所示。

表 7-3　可选列表框控件的常用方法

方　　法	说　　明
SetItemChecked	设置列表中的某个复选框的选中状态
SetSelected	选中或清除列表中的指定项

7.1.4 进度条

进度条控件(ProgressBar)用来表示任务执行的进度,或表示一个进程的进展情况,当执行复杂的计算或其他任务时显得更有意义。使用进度条还可以表示温度、水平面高度或类似的测量值。

ProgressBar 类的 Style 属性用于显示进度条的样式,有 3 种样式,其值分别是

Blocks、Continuous 和 Marquee,分别表示从左向右分步递增的分段块、从左向右填充的连续块和以字幕方式显示在进度条中滚动的块,如图 7-4 所示。

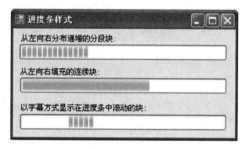

图 7-4 进度条控件的 3 种样式

通过设置 ProgressBar 类的 Minimum 和 Maximum 属性指定进度条滚动的上限和下限,这两个属性的默认值分别为 0 和 100,而 Value 属性用于表示进度条的当前值。还可以调用该类的 PerformStep 方法按照 Step 属性的数值增加进度条的 Value 值,或者通过 Increment 方法直按照指定的数值增加进度条的 Value 值。

7.1.5 滚动条

滚动条控件(ScrollBar)用于实现滚动效果,根据滚动条的走向,可分为垂直滚动条和水平滚动条两种类型,分别实现上下和左右调整工作区,这两种类型滚动条的组成部分都是一样的,两端都有两个箭头按钮,中间有一个可沿滚动条方向移动的滚动块,如图 7-5 所示。

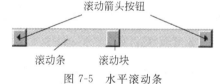

图 7-5 水平滚动条

对滚动条进行操作时需要对 Scroll 事件进行处理,该事件由 ScrollEventArgs 类来传递参数,该类的 NewValue 属性用来设置或获取滚动条中新的 Value 值,Type 属性用来获取产生的具体的滚动事件的类型,它是 ScrollEventType 枚举值之一。

7.1.6 滑动条

滑动条控件(TrackBar,也叫跟踪条或轨道条)类似于滚动条控件,一般用于在大量

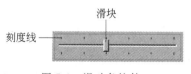

图 7-6 滑动条控件

信息中进行浏览或者用于以可视形式调整数字设置,用一个带有轨道和滑块的小窗口以及窗口上的刻度让用户选择一个离散数据或一个连续的数值区间。滑动条控件有两部分:滑块和刻度线,如图 7-6 所示。

可以通过以下方式配置滑动条的 Value 属性值滑动的范围:通过设置 Minimum 属性指定该范围的下限,设置 Maximum 属性指定该范围的上限。LargeChange 属性定义

当滑块长距离移动时对 Value 属性进行增减的量，SmallChange 属性定义当滑块短距离移动时对 Value 属性进行增减的值。Orientation 属性指示滑动条水平显示或垂直显示。TickFrequency 属性用来获取或设置一个值，该值指定控件上绘制的刻度之间的增量。TickStyle 属性用来获取或设置一个值，该值指示如何显示滑动条上的刻度线。

滑动条控件的常用事件是 ValueChanged，该事件在滑动条控件的 Value 属性值改变时发生。

7.1.7 定时器

定时器控件(Timer)用于实现按用户定义的时间间隔来触发某个事件，它是基于单线程的定时器，可以像其他控件一样被拖放到窗体中，但它却没有其他控件的外观。

定时器控件的时间间隔由 Interval 属性定义，其值以毫秒为单位。Timer 类的 Enable 属性用于指定定时器是否正在运行，可以通过设置该属性的值以控制定时器的运行状态，或者通过该类的 Start 和 Stop 方法来启动和停止定时器。当该组件启用时，它将按每一个时间间隔引发一个 Tick 事件，并自动调用该事件的处理方法。

7.1.8 随机数类

随机数类 Random 提供了产生伪随机数的方法，该方法必须由 Random 类创建的对象调用。Random 类创建对象的格式为

```
Random ^随机对象名称=gcnew System::Random();
```

如果要声明一个随机对象 r，则代码为

```
Random ^r=gcnew System::Random();
```

现假定已经声明了一个随机对象 r，则随机方法的使用见表 7-4。

表 7-4 常用随机方法的使用

方法与属性格式	功 能 说 明	示 例	示 例 结 果
对象名称—>Next( )	产生随机整数	r—>Next( )	随机整数
对象名称—>Next(整数)	产生 0 到指定整数的随机整数	r—>Next()	0~100 的随机整数
对象名称—>Next(整数 1，整数 2)	产生两个指定整数之间的随机整数	r—>Next(−10,10)	−10~10 的随机整数
对象名称—>Next(Double)	产生 0.0~1.0 的随机实数	r—>Next(Double)	0.0~1.0 的随机实数

使用 Random 对象产生某区间内的随机整数时，下界包含在随机数内，而上界不包含在随机数内。

7.2 实训操作内容

7.2.1 学生成绩操作

1. 实训要求

设计"学生成绩操作"窗体,当单击"添加"按钮时,弹出"学生成绩输入"对话框,输入数据后,将学号添加到组合框中。选择组合框中的学号后,学生数据在"学生成绩记录"文本框中显示出来。单击"删除"按钮能删除组合框中当前选择的学生成绩记录。单击"修改"按钮能将当前选择的学生成绩显示在"学生成绩记录"文本框中。单击"确定"按钮,该记录的内容被修改。该程序运行效果如图 7-7 所示。

图 7-7　学生成绩操作程序运行效果

2. 设计分析

要制作这样的窗体,主要考虑下面的算法:

(1) 学生数据的存储。

(2) 窗体之间数据的传递。

(3) 当单击"添加"按钮时,将学号添加到组合框中,学生数据在"学生成绩记录"框中显示出来。

(4) 调用"学生成绩输入"对话框的处理。

(5) 选择组合框中的学号后,学生数据在"学生成绩记录"框中显示出来。

(6) 删除组合框中当前选择的学生成绩记录。

(7) 修改组合框中当前选择的学生成绩记录。

(8) 按钮状态的实时更新。

1) 学生数据的存储

学生数据有多项,有不同的数据类型,应当把它们封装在一个学生成绩类中,在公有段定义这些数据的成员,有学生的姓名、学号和成绩数据。学生成绩类定义如下:

```
ref class StuScore
{
    public:
    String ^strName;                               //姓名
    String ^strID;                                 //学号
    array<float>^fScore=gcnew array<float>(3);     //三科成绩
};
```

考虑到有多个学生的数据,学生数据存储在一个线性列表(一维数组)中:

```
ArrayList ^theStudents;
```

线性列表中的每一个元素就是一个学生成绩类对象。

2)窗体间数据的传递

所谓窗体间的数据传递是指将一个窗体中的控件值传递给另一个窗体,例如将子窗体 SForm 中的 textBoxl 文本框中的值传递给主窗体 MForm。有两种设计方法。

(1)通过公共对象实例传递数据。其原理是将类公共对象实例充当全局变量使用,在执行 SForm 窗体时将要传递的数据保存在类静态对象实例中,在 MForm 中调用 SForm 窗体后,从该类公共对象实例中读数据并处理。

(2)通过构造函数传递数据。若要将 MForm 窗体的数据传递到 SForm 窗体,可修改 SForm 窗体的构造函数,将要接收的数据作为该窗体构造函数的形参,在 MForm 窗体中调用 SForm 窗体时将要传递的数据作为实参,从而达到在窗体间传递数据的目的。

图 7-8　窗体间数据传递

本题采用第一种方法来传递数据,在子窗体中定义一个全局的对象实例 theScore,返回到主窗体时就利用这个对象实例,如图 7-8 所示。

3)"添加"按钮的处理

当单击"添加"按钮时,弹出"学生成绩输入"对话框,在对话框中输入学生的数据后单击"确定"按钮返回,对象实例 theScore 存放了学生的数据。对这个学生数据进行检查,检查姓名是否为空,检查学号在学生列表里面是否有重复,如果有重复项,就不再添加,并给出一个提示;如果没有重复项,就将这个学生数据添加到线性列表 theStudents 中,也在列表框中添加学生的姓名、学号和成绩,同时在组合框里面也添加学生的学号。线性列表 theStudents 的初始化也是在此进行,代码如下:

```
if(theStudents==nullptr) theStudents=gcnew ArrayList();
ScoreDlg::Form1 ^sForm=gcnew ScoreDlg::Form1();
if(Windows::Forms::DialogResult::OK==sForm->ShowDialog())
{
    String ^strText=sForm->theScore->strName->Trim();
    if(String::IsNullOrEmpty(strText))
    {
        MessageBox::Show(L"姓名不能为空!", L"提示");
```

```
    return;
}
int nIndex=-1;
strText=sForm->theScore->strID->Trim();
nIndex=this->comboBox1->FindString(strText);
if(nIndex>=0)          //有重复项
    MessageBox::Show(String::Format("学号[{0}]已添加过了!", strText),L"提示");
else
{
    theStudents->Add(sForm->theScore);
    int nIndex=comboBox1->Items->Add(sForm->theScore->strID);
    comboBox1->SelectedIndex=nIndex;
}
}
```

4）学生成绩输入对话框的处理

在学生成绩输入对话框中定义公共的学生对象实例 theScore，在窗体的 load 事件中，将数据取出，分别赋给对话框中的各个控件。在对话框中输入完数据之后，单击对话框的"确定"按钮，在这个事件处理中把对话框里的姓名文本框、学号文本框和成绩文本框的数据取出来，再分别赋给对话框的公共对象实例 theScore，更新数据后关闭子窗体。代码如下：

```
public: StuScore ^theScore=gcnew StuScore();;
private: System::Void Form1_Load(System::Object ^sender, System::EventArgs ^e) {
    this->textBox1->Text=theScore->strName;        //在 ScoreDlg 中获得：名字
    this->textBox2->Text=theScore->strID;          //学号
    this->numericUpDown1->Value=(Decimal)(theScore->fScore[0]);    //成绩 1
    this->numericUpDown2->Value=(Decimal)(theScore->fScore[1]);    //成绩 2
    this->numericUpDown3->Value=(Decimal)(theScore->fScore[2]);    //成绩 3
}
private: System::Void button1_Click(System::Object ^sender, System::EventArgs
^e) {
    theScore->strName=this->textBox1->Text;
    theScore->strID=this->textBox2->Text;
    theScore->fScore[0]=System::Convert::ToDouble(this->numericUpDown1->
        Value);
    theScore->fScore[1]=System::Convert::ToDouble(this->numericUpDown2->
        Value);
    theScore->fScore[2]=System::Convert::ToDouble(this->numericUpDown3->
        Value);
    this->Close();
}
```

5）组合框的事件处理

当选择组合框中的某个学号时，这个学生的数据就应该在列表框中同步显示出来。所以添加组合框 comboBox1 的 SelectedIndexChanged 事件处理，首先要取得当前选中的组合框中的索引项，再在线性列表里面查找到该学生的数据对象实例，然后将列表框中的列表项 items 清空后再添加学生的数据。代码如下：

```
int nIndex=comboBox1->SelectedIndex;                    //当前选中项的索引值
if(nIndex<0) return;                                     //没有选择项
//StuScore 类对象 stu 存放选中的对象实例
    StuScore ^stu=safe_cast<StuScore ^>(theStudents[nIndex]);
listBox1->Items->Clear();                               //先清空列表框
listBox1->Items->Add("姓名: "+stu->strName);            //添加姓名
listBox1->Items->Add("学号: "+stu->strID);              //添加学号
for(int i=0;i<3;i++)                                    //3 科成绩
{
    String ^str=String::Format("成绩{0}:{1}",i+1,stu->fScore[i]);
    listBox1->Items->Add(str);                          //添加成绩
}
```

6）"修改"按钮的处理

"修改"按钮用于对当前学生的数据进行修改，先要找出当前学生对象，并传递给公共对象实例，然后再打开"学生成绩输入"对话框，在里面进行修改，单击"确定"按钮返回OK 时，再对数据进行更新。更新的方法是：先删除原来的数据，再插入新的数据。代码如下：

```
int nIndex=comboBox1->SelectedIndex;                      //选择要修改项的学号
ScoreDlg::Form1 ^dlg=gcnew ScoreDlg::Form1();             //定义 ScoreDlg 对话框
dlg->theScore=safe_cast<StuScore ^>(theStudents[nIndex]);    //获得选中的对象
if(Windows::Forms::DialogResult::OK==dlg->ShowDialog())   //调用 ScoreDlg 对话框
{
    theStudents->RemoveAt(nIndex);
    comboBox1->Items->RemoveAt(nIndex);                   //删除组合框中选中的学号
    listBox1->Items->Clear();                             //清空列表框
    theStudents->Insert(nIndex, dlg->theScore);           //插入修改后的信息
    comboBox1->Items->Add(dlg->theScore->strID);          //在组合框中添加修改的学号
    comboBox1->SelectedIndex=nIndex;                      //设置当前选中的学号
}
```

7）"删除"按钮的处理

"删除"按钮用于删除当前组合框中选择的学生对象。首先判断组合框中是否有选择项，如果没有，"删除"按钮就禁用了，否则"删除"按钮是可以使用的。再取出组合框中的索引项，依据索引在组合框中使用 ReMoveAt 删除对应的学号，同时在线性列表中删除

对应的数据,清空列表框。代码如下:

```
int nIndex=this->comboBox1->SelectedIndex;        //选中项的索引
if(nIndex>=0)                                      //组合框非空
{
    comboBox1->Items->RemoveAt(nIndex);           //删除选中项
    comboBox1->SelectedIndex=-1;                   //取消当前选择
    listBox1->Items->Clear();                      //清空对应的列表框的内容
    theStudents->RemoveAt(nIndex);                 //在线性列表中删除信息
    comboBox1->Text="";                            //清空组合框中当前的学号
}
```

8) 按钮状态的更新

在窗体加载时,"修改"和"删除"按钮是不可用的。当添加一个学生对象实例后,这两个按钮就变为可用了。在全部数据删除后,这两个按钮又变为不可用了。

3. 操作指导

(1) 创建窗体应用程序,并设计"学生成绩操作"窗体 Studata。其中列表框的 IntegraHeight 属性改为 False,如图 7-9 所示。

(2) 添加学生成绩类 StuScore。选择菜单 "项目"→"添加类"命令,在对话框中选择 Visual C++ →"C++ 类",单击"添加"按钮,如图 7-10 所示,类名为 StuScore,如图 7-11 所示。

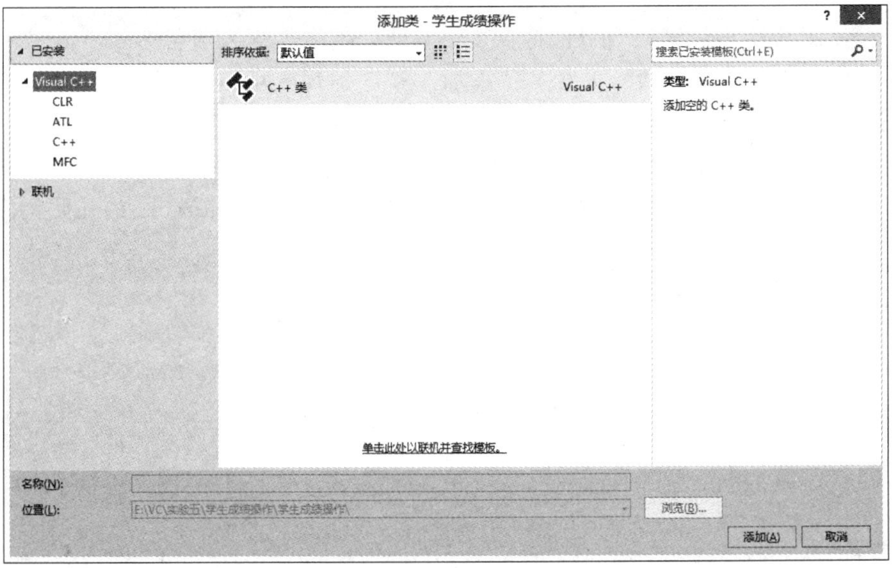

图 7-9 "学生成绩操作"窗体设计图

图 7-10 在项目中添加类

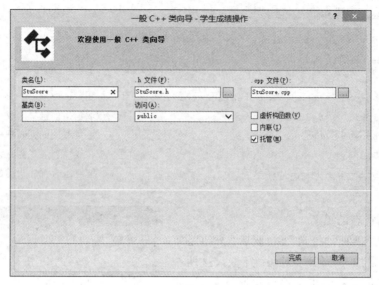

图 7-11　一般 C++ 类向导

（3）在 StuScore.h 中定义学生成绩类 StuScore，代码如下：

```
using namespace System;
ref class StuScore
{
    public:
    String ^strName;
    String ^strID;
    array<float> ^fScore=gcnew array<float>(3);
};
```

（4）添加"学生成绩输入"项目，将 6.2.1 节的学生成绩输入项目 ScoreDlg 文件夹复制到本项目文件下，选择菜单"文件"→"添加"→"添加现有项目"命令，在对话框中选中"学生成绩输入"项目 ScoreDlg，并将"确定"按钮的 DialogResult 属性值修改为 OK，将"取消"按钮的 DialogResult 属性值修改为 Cancel。

（5）添加类定义头文件，并添加 StuScore 的全局公有变量 theScore 的初始化代码：

```
#include "../ScoreDlg/StuScore.h"
public: StuScore ^theScore=gcnew StuScore;
```

（6）添加窗体 ScoreDlg 的 Load 事件处理方法 Form1_Load：

```
private: System::Void Form1_Load(System::Object ^sender, System::EventArgs ^e)
{
    this->textBox1->Text=theScore->strName;      //在 InputDlg 中获得名字
    this->textBox2->Text=theScore->strID;        //学号
    this->numericUpDown1->Value=(Decimal)(theScore->fScore[0]);   //成绩 1
    this->numericUpDown2->Value=(Decimal)(theScore->fScore[1]);   //成绩 2
```

```
    this->numericUpDown3->Value=(Decimal)(theScore->fScore[2]);   //成绩 3
}
```

(7) 修改"确定"按钮控件的 Click 事件处理方法 button1_Click：

```
private: System::Void button1_Click (System::Object ^sender, System::EventArgs ^e)
{
    theScore->strName=this->textBox1->Text->Trim();
    theScore->strID=this->textBox2->Text->Trim();
    theScore->fScore[0]=System::Convert::ToDouble(this->numericUpDown1->
        Value);
    theScore->fScore[1]=System::Convert::ToDouble(this->numericUpDown2->
        Value);
    theScore->fScore[2]=System::Convert::ToDouble(this->numericUpDown3->
        Value);
    this->Close();
}
```

(8) 返回"学生成绩操作"窗体，打开 Studata.cpp 文件，修改主函数 main 中的运行 Run 语句，增加命名空间限制说明：

```
//创建主窗口并运行它
Application::Run(gcnew 学生成绩操作::Form1());
```

(9) 定义全局的线性列表变量 theStudents，添加 Load 事件处理函数：

```
public: StuScore ^theScore;
private:ArrayList ^theStudents;
private: System::Void Form1_Load(System::Object ^sender, System::EventArgs ^e) {
    theScore=gcnew StuScore();
    this->button2->Enabled=false;
    this->button3->Enabled=false;
}
```

(10) 为"添加"按钮控件添加 Click 事件处理方法 button1_Click 和头文件，增加检查功能，即"姓名"和"学号"的内容不能为空，学号不能有重复项。代码如下：

```
private: System::Void button1_Click(System::Object ^sender, System::EventArgs ^e)
{
    if(theStudents==nullptr) theStudents=gcnew ArrayList();
    ScoreDlg::Form1 ^sForm=gcnew ScoreDlg::Form1();
    if(Windows::Forms::DialogResult::OK==sForm->ShowDialog())
    {
        String ^strText=sForm->theScore->strName->Trim();
        if(String::IsNullOrEmpty(strText))
        {
            MessageBox::Show(L"姓名不能为空!", L"提示");
```

```
        return;
    }
    int nIndex=-1;
    strText=sForm->theScore->strID->Trim();
    nIndex=this->comboBox1->FindString(strText);
    if(nIndex>=0)    //有重复项
        MessageBox::Show(String::Format("学号[{0}]已添加过了!", strTe 示");
    else
    {
        theStudents->Add(sForm->theScore);
        int nIndex=comboBox1->Items->Add(sForm->theScore->strID);
        comboBox1->SelectedIndex=nIndex;
    }
    }
}
```

（11）为组合框控件添加其 SelectIndexChanged 事件处理方法 comboBox1_SelChange，
代码如下：

```
private: System::Void comboBox1_SelChange(System::Object ^sender,System::EventArgs ^e)
{
    int nIndex=comboBox1->SelectedIndex;
    if(nIndex<0)
    {
        this->button2->Enabled=false;                //禁用
        this->button3->Enabled=false;
        return;
    }
    else
    {
        this->button2->Enabled=true;
        this->button3->Enabled=true;
    }
    //StuScore 类对象 stu 存放选中的对象实例
    StuScore ^stu=safe_cast<StuScore ^>(theStudents[nIndex]);
    listBox1->Items->Clear();                       //清除列表框
    listBox1->Items->Add("姓名: "+stu->strName);      //添加姓名
    listBox1->Items->Add("学号: "+stu->strID);        //添加学号
    for(int i=0;i<3;i++)                             //3 科成绩
    {
        String ^str=String::Format("成绩{0}:{1}",i+1,stu->fScore[i]);
        listBox1->Items->Add(str);                  //添加成绩
    }
}
```

(12) 添加"删除"按钮的处理函数,单击"删除"按钮将删除组合框中当前学号的学生数据。代码如下:

```
private: System::Void button3_Click (System::Object ^sender, System::EventArgs ^e)
{
    if(comboBox1->SelectedIndex<=0) //没有任何选择项
    {
        this->button2->Enabled=false;              //禁用
        this->button3->Enabled=false;
    }
    else
    {
        this->button2->Enabled=true;
        this->button3->Enabled=true;
    }
    int nIndex=this->comboBox1->SelectedIndex;     //选中项的索引
    if(nIndex>=0)                                   //组合框非空
    {
        comboBox1->Items->RemoveAt(nIndex);        //删除选中项
        comboBox1->SelectedIndex=-1;               //取消选择
        listBox1->Items->Clear();                  //清空列表框
        theStudents->RemoveAt(nIndex);             //在线性列表中删除信息
        comboBox1->Text="";                        //清空组合框中当前的学号
    }
}
```

(13) 添加"修改"按钮的处理函数,单击"修改"按钮将当前选择的学生成绩显示在"学生成绩输入"对话框中,单击"确定"按钮,该记录的内容被修改。代码如下:

```
private: System::Void button2_Click(System::Object ^sender, System::EventArgs ^e)
{
    int nIndex=comboBox1->SelectedIndex;           //获取要修改项的学号
    ScoreDlg::Form1 ^dlg=gcnew ScoreDlg::Form1();  //调用 ScoreDlg 窗体
    dlg->theScore=safe_cast<StuScore ^>(theStudents[nIndex]);
                                                   //获得选中项的对象
    if(Windows::Forms::DialogResult::OK==dlg->ShowDialog())
                                                   //调用 ScoreDlg 对话框
    {
        theStudents->RemoveAt(nIndex);
        comboBox1->Items->RemoveAt(nIndex);        //删除组合框中选中的学号
        listBox1->Items->Clear();                  //清空列表框
        theStudents->Insert(nIndex, dlg->theScore); //插入修改后的信息
        comboBox1->Items->Add(dlg->theScore->strID); //在组合框中添加修改的学号
        comboBox1->SelectedIndex=nIndex;           //设置当前选中的学号
    }
```

```
    }
```

(14) 编译并运行,测试运行效果。

7.2.2 我的星期都去哪了

1. 实训要求

利用可选列表框控件对一个星期的列表项进行左右移动,当单击左、右移动的符号按钮时,左右两侧的数据信息将按照用户操作意图移动,并将移动过程的信息在下面的可选列表框控件中显示出来,如图 7-12 所示。

图 7-12　程序运行效果

2. 设计分析

算法设计主要考虑添加一个星期 7 天的列表项数据,单个左移或右移功能的实现、整体左移或右移功能的实现、按钮状态的更新等。

(1) 初始化列表项内容。先在 On_Load 事件中初始化列表框 1 的列表项内容,采用 CheckedListBox1—>Items—>Add 的方法添加一个星期 7 天的数据。

(2) 单击部分项右移按钮的处理。在左边列表框勾选某些项后,单击右移按钮,实现从左边移到右边的操作。勾选的项目已经保存在 CheckedListBox1—>CheckedItems 中,对这个集合中的每一项进行循环操作,每次取出一项,添加到右边的列表框中,同时这一项在下面的列表框中显示"被移至右侧"的信息。如果这时在循环中再删除左边的列表框对应的项,则会影响集合中的元素,出现错误。此时应该使用另一个 for 循环删除列表框中选择的项,这个 for 循环如果使用递增方式,则要注意,每删除一项,列表项的索引就会发生变化,所以最好使用递减循环来实现,即按从后往前的顺序删除。代码如下:

```
for each(String ^obj in checkedListBox1->CheckedItems)
{
```

```
checkedListBox2->Items->Add(obj);
checkedListBox3->Items->Add(obj->ToString()+"被移至右侧");
}
//for(int i=0; i<checkedListBox1->Items->Count; i++)  //要注意列表项索引的变化
for(int i=checkedListBox1->Items->Count-1; i>=0; i--)
{
    if(checkedListBox1->CheckedItems->Contains(checkedListBox1->Items[i]))
        checkedListBox1->Items->Remove(checkedListBox1->Items[i]);
}
```

对于单击左移按钮的处理方法与此类似。

（3）单击全部列表项右移按钮的处理。对左边列表框集合中的所有项做一个循环，取出每一项添加到右边，再将左边列表框清空，同时在最下面的列表框中显示"左侧全部移到右侧"。代码如下：

```
for each(String ^obj in checkedListBox1->Items)
    checkedListBox2->Items->Add(obj);
checkedListBox1->Items->Clear();
checkedListBox3->Items->Add("左侧全部移到右侧");
```

（4）按钮状态的更新。这 4 个按钮的操作都会影响到按钮的状态，所以自定义一个私有函数 enbutton，依据左右两个列表框的列表项数更改按钮的可用状态，然后在每个按钮的处理函数的后面都调用 enbutton 函数来更新按钮的状态。

3. 操作指导

（1）创建窗体应用程序 Week，并设计窗体。从工具箱中拖放 3 个可选列表框控件和 4 个按钮控件，将窗体标题修改为"我的星期都去哪了"，如图 7-13 所示。

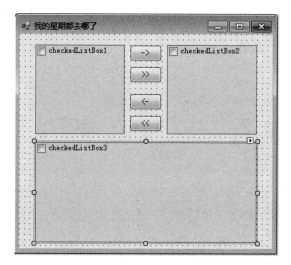

图 7-13 窗体设计图

（2）为 4 个按钮添加处理函数，代码如下：

```cpp
private: System::Void button1_Click(System::Object ^sender, System::EventArgs ^e)
{
    //左侧部分项移至右侧
    for each(String ^obj in checkedListBox1->CheckedItems)
    {
        checkedListBox2->Items->Add(obj);
        checkedListBox3->Items->Add(obj->ToString()+"被移至右侧");
    }
    //for(int i=0; i<checkedListBox1->Items->Count; i++)
    for(int i=checkedListBox1->Items->Count-1; i>=0; i--)
    {
        if(checkedListBox1->CheckedItems->Contains(checkedListBox1->Items[i]))
            checkedListBox1->Items->Remove(checkedListBox1->Items[i]);
    }
    enbutton();
}
private: System::Void button2_Click(System::Object ^sender, System::EventArgs ^e)
{
    //左侧全部移到右侧
    for each(String ^obj in checkedListBox1->Items)
        checkedListBox2->Items->Add(obj);
    checkedListBox1->Items->Clear();
    checkedListBox3->Items->Add("左侧全部移到右侧");
    enbutton();
}
private: System::Void button3_Click(System::Object ^sender, System::EventArgs ^e)
{
    //右侧部分项移到左侧
    for each(String ^obj in checkedListBox2->CheckedItems)
    {
        checkedListBox1->Items->Add(obj);
        checkedListBox3->Items->Add(obj->ToString()+"被移至左侧");
    }
    for(int i=checkedListBox2->Items->Count-1; i>=0; i--)
    {
        if(checkedListBox2->CheckedItems->Contains(checkedListBox2->Items[i]))
            checkedListBox2->Items->Remove(checkedListBox2->Items[i]);
    }
    enbutton();
}
private: System::Void button4_Click(System::Object ^sender, System::EventArgs ^e)
{
```

```
//右侧全部移至左侧
for each(String ^obj in checkedListBox2->Items)
    checkedListBox1->Items->Add(obj);
checkedListBox2->Items->Clear();
checkedListBox3->Items->Add("右侧全部移到左侧");
enbutton();
}
```

（3）添加窗体的 Load 事件处理代码，对左边的可选列表框进行初始化。

```
private: System::Void On_Load(System::Object ^sender, System::EventArgs ^e)
{
    //初始化事件在左侧的可选列表框加载星期信息
    checkedListBox1->Items->Add("星期一");
    checkedListBox1->Items->Add("星期二");
    checkedListBox1->Items->Add("星期三");
    checkedListBox1->Items->Add("星期四");
    checkedListBox1->Items->Add("星期五");
    checkedListBox1->Items->Add("星期六");
    checkedListBox1->Items->Add("星期日");
    //通过设置属性 CheckOnClick 为 true,可以使得选择一次即可以勾选一行信息
    checkedListBox1->CheckOnClick=true;
    checkedListBox2->CheckOnClick=true;
    checkedListBox3->CheckOnClick=true;
}
```

（4）增加自定义函数，实现对按钮状态的更新。

```
private: System::Void enbutton()
{
    if(checkedListBox1->Items->Count==0)
    {
        button1->Enabled=false; button2->Enabled=false;
    }
    else
    {
        button1->Enabled=true; button2->Enabled=true;
    }
    if(checkedListBox2->Items->Count==0)
    {
        button3->Enabled=false; button4->Enabled=false;
    }
    else
    {
        button3->Enabled=true; button4->Enabled=true;
    }
}
```

（5）编译并运行，测试运行效果。

7.2.3 条子的使用

1. 实训要求

在一个窗体中利用进度条、滚动条和滑动条控件对衣服图片进行参数设置：用进度条调整衣服图片的大小；用滚动条和滑动条调整衣服图片的底色，即通过一个滚动条和两个滑动条来调整 R、G、B 3 个颜色分量的方法来设置显示图片的组框的背景颜色 BackColor 属性。程序运行效果如图 7-14 所示。

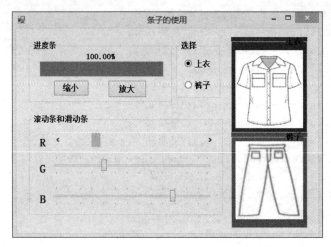

图 7-14　程序运行效果

2. 设计分析

（1）窗体的设计。左上角放置进度条用来控制图片框大小，使用两个按钮进行放大或缩小，进度条的上面放置一个标签显示当前的百分比；左下角放置滚动条和滑动条来控制对应的组框的颜色，右边放置两个组框，里面分别是上衣和裤子的图片，通过中间的单选按钮选择调整对象是上衣还是裤子。

（2）控件初始值的设置。主要设置进度条最大值、最小值以及当前值，指定滚动条和滑动条的 3 个颜色分量、初值以及刻度，指定两个图片框的大小、单选按钮的初始状态等，这些都要通过窗体的 Load 事件处理实现。

（3）这里有两个被调整的对象：上衣和裤子，可用单选按钮来选择，也可直接单击右边的两个图片框来选择。在各个处理函数中要先判断是哪个对象，再具体调整它的参数。而且要在现有参数的基础上进行调整，所以要设置变量保存当前的值。

（4）这里添加自定义函数 UpdatePercentText，用来判断是上衣还是裤子，接着取出对应的图片进行显示。

（5）添加自定义函数 UpdateColor，用于更新组框颜色，当更换调整对象或改变颜色分量时都会调用这个函数。由于颜色分量的控件用来调整两组颜色分量,当某个分量变化时,就要全部更新,因此要增加一个逻辑变量 flag,在更换调整对象时使它为 false,3 个颜色分量全部更换后,再使它为 true。

3. 实训指导

(1)创建 Windows 窗体应用程序 Bars。在打开的窗体设计器中,将 Form1 窗体的 Text 属性内容修改成"条子的使用"。

(2)向窗体中依次添加 5 个 GroupBox(组框)、2 个 PictureBox(图片框)、1 个 ProgressBar(进度条)、1 个 HScrollBar(水平滚动条)、2 个 TrackBar(滑动条)、4 个 Label(标签)、2 个 Button(按钮)和 2 个 RadioBox(单选按钮),保留默认的控件名称。

(3)调整窗体和图片框高度,并使显示百分比的 Label1 和 progressBar1 水平对齐且宽度相等。在 label1 控件的属性窗口中,将其 AutoSize 属性改为 False,TextAlign 属性选择为"水平和垂直居中"。在按钮的属性窗口中,分别将 button1 和 button2 的 Text 属性内容改为"缩小"和"放大"。调整控制颜色分量的 3 个控件水平对齐且宽度相等。在滑动条的属性窗口中,将这两个滑动条的 TickStyle 属性均选择为 Both,并将这 3 个颜色标签控件的 Text 属性分别改为 R、G 和 B。

(4)单击图片框控件 Image 属性值域右侧的按钮,从弹出的"打开文件"对话框中分别添加上衣和裤子的图片文件。设置图片框的 SizeMode 属性为 StretchImage。完成后的窗体设计如图 7-15 所示。

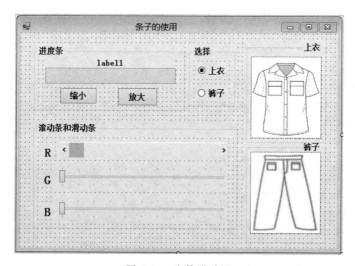

图 7-15 窗体设计图

(5)为窗体添加变量和自定义函数 UpdatePercentText,添加 Load 事件的处理方法 Form1_Load,对控件进行初始化,代码如下:

```
private: int nRValue1, nGValue1, nBValue1;      //记录上衣的颜色
private: int nRValue2, nGValue2, nBValue2;      //记录裤子的颜色
private: int v1, v2;                            //图片框缩放比例
```

```
private: System::Drawing::Size size1, size2;        //图片框大小
private: bool flag=false;                           //是否对颜色更新
private:void UpdatePercentText(void)
{
    float nRange=progressBar1->Maximum-progressBar1->Minimum;
    float fPercent=(float)(progressBar1->Value)/nRange;
    label1->Text=fPercent.ToString("0%");
    if(this->radioButton2->Checked==true)
    {
        int w=(int)(size2.Width * fPercent);        //重设图片框的宽度
        int h=(int)(size2.Height * fPercent);       //重设图片框的高度
        this->pictureBox3->Size=System::Drawing::Size(w, h); //改变图片的大小
        v2=progressBar1->Value;
    }
    else
    {
        int w=(int)(size1.Width * fPercent);
        int h=(int)(size1.Height * fPercent);
        this->pictureBox2->Size=System::Drawing::Size(w, h);
        v1=progressBar1->Value;
    }
}
private: System::Void Form1_Load(System::Object ^sender, System::EventArgs ^e)
{
    progressBar1->Maximum=100;
    progressBar1->Minimum=0;
    progressBar1->Value=80;                         //当前缩放比例
    v1=v2=progressBar1->Value;
    progressBar1->Step=5;                           //设置步长
    size1=this->pictureBox2->Size;
    size2=this->pictureBox3->Size;
    nRValue1=nGValue1=nBValue1=192;                 //指定组框背景颜色的 3 个颜色分量
    nRValue2=nGValue2=nBValue2=192;
    hScrollBar1->Minimum=0;
    hScrollBar1->Maximum=255;
    hScrollBar1->Value=nRValue1;                    //控制红色
    trackBar1->Minimum=0;
    trackBar1->Maximum=255;
    trackBar1->Value=nGValue1;                      //控制绿色
    trackBar1->TickFrequency=20;                    //指定刻度的增量
    trackBar2->Minimum=0;
    trackBar2->Maximum=255;
    trackBar2->Value=nBValue1;                      //控制蓝色
    trackBar2->TickFrequency=20;
```

```
this->radioButton2->Checked=true;
UpdatePercentText();                    //显示裤子百分比和图片的大小
this->radioButton2->Checked=false;
this->radioButton1->Checked=true;
UpdatePercentText();                    //显示上衣百分比和图片的大小
}
```

（6）为"放大"按钮添加 Click 事件处理方法 On_Step，并添加下列代码：

```
private: System::Void On_Step(System::Object ^sender, System::EventArgs ^e) {
    progressBar1->PerformStep();
    UpdatePercentText();           //实现 progressBar1 值和图片更新
}
```

（7）为"缩小"按钮添加 Click 事件处理方法 On_Back，并添加下列代码：

```
private: System::Void On_Back(System::Object ^sender, System::EventArgs ^e) {
    int nStep=progressBar1->Step;
    progressBar1->Increment(-nStep);
    UpdatePercentText();           //实现 progressBar1 值和图片更新
}
```

（8）添加自定义函数 UpdateColor(void)，用于对颜色进行更新：

```
private: void UpdateColor(void)
{
    if(this->radioButton1->Checked==true)
    {
        nRValue1=this->hScrollBar1->Value;
        nGValue1=this->trackBar1->Value;
        nBValue1=this->trackBar2->Value;
        this->groupBox3->BackColor=Color::FromArgb(nRValue1, nGValue1, nBValue1);
    }
    else if(this->radioButton2->Checked==true)
    {
        nRValue2=this->hScrollBar1->Value;
        nGValue2=this->trackBar1->Value;
        nBValue2=this->trackBar2->Value;
        this->groupBox4->BackColor=Color::FromArgb(nRValue2, nGValue2, nBValue2);
    }
}
```

（9）分别为滚动条和两个滑动条控件添加 ValueChanged 事件处理方法 ColorChange，并添加下列代码：

```
private: System::Void ColorChange(System::Object ^sender, System::EventArgs ^e)
{
```

```
if(flag) UpdateColor();
}
```

（10）分别为两个单选按钮控件添加 CheckedChanged 事件处理方法 radioButton1_CheckedChanged 和 radioButton2_CheckedChanged，并添加下列代码：

```
private: System::Void radioButton1_CheckedChanged(System::Object ^sender,
System::EventArgs ^e) {
    if(this->radioButton1->Checked==true)
    {
        flag=false;
        this->hScrollBar1->Value=nRValue1;      //更改为上衣的参数，引发事件
        this->trackBar1->Value=nGValue1;
        this->trackBar2->Value=nBValue1;
        flag=true;
        progressBar1->Value=v1;
        float nRange=progressBar1->Maximum-progressBar1->Minimum;
        label1->Text=((float)v1/nRange).ToString("0%");
    }
}
private: System::Void radioButton2_CheckedChanged(System::Object ^sender,
System::EventArgs ^e) {
    if(this->radioButton2->Checked==true)
    {
        flag=false;
        this->hScrollBar1->Value=nRValue2;      //更改为裤子的参数，引发事件
        this->trackBar1->Value=nGValue2;
        this->trackBar2->Value=nBValue2;
        flag=true;
        progressBar1->Value=v2;
        float nRange=progressBar1->Maximum-progressBar1->Minimum;
        label1->Text=((float)v2/nRange).ToString("0%");
    }
}
```

（11）添加两个图片框的单击事件处理函数，实现直接单击右边的两个图片框来选择被调整的对象——上衣和裤子，通过改变单选按钮的状态来实现更改。

```
private: System::Void pictureBox2_Click(System::Object ^sender, System::EventArgs
^e) {
    this->radioButton2->Checked=false;
    this->radioButton1->Checked=true;
}
private: System::Void pictureBox3_Click(System::Object ^sender, System::
EventArgs ^e) {
```

```
    this->radioButton2->Checked=true;
    this->radioButton1->Checked=false;
}
```

（12）编译并运行，测试运行结果。

7.2.4 抓人游戏

1. 实训要求

设计一个抓人游戏。游戏玩法如下：当单击"开始"按钮时，窗体中的代表人的小图像开始以 0.8s 的间隔随机地在窗体中移动，同时窗体的标签控件和进度条中显示 60s 倒计时，鼠标形状为手形，此时用鼠标单击图像。如果能成功单击就认为是抓到人了，游戏结束，同时弹出消息对话框显示此次游戏的得分和总分；如果在规定的 60s 时间内没有抓到人，游戏结束，同样弹出消息对话框显示"你要好好努力啊！"等信息。程序运行效果如图 7-16 所示。

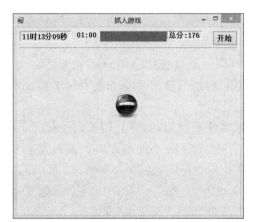

图 7-16　程序运行效果

2. 设计分析

设计时应考虑当前时间的显示、图片动画的显示及随机出现位置、时间的倒计时和实时更新显示、抓人的动作及抓到人的判断、游戏进程的控制等内容。

（1）对于图片动画的显示，利用 6 个位图分时间段变化显示而产生动画，不同定时时间中显示不同的图片。

```
//timer1_Tick()
static int i=0; i=(i<5 ? i+1: 0);        //图像的索引，共有 6 个位图
pictureBox1->Image=(gcnew System::Drawing::Icon(L"face"+i+L".ico", 64, 64))
    ->ToBitmap();
```

在程序中定义一个静态的 int 型变量 i，i 取值为 0～5，每次调用的值不同，对应 6 个

不同的位图文件,从而出现动画效果。

(2)图片动画出现的随机位置通过改变图片框定位点坐标来实现,定义了两个变量——坐标 X 和 Y,在 Form1_Load 事件创建随机数类实例,在定时器里按照随机数来改变图片框的定位点,这样图片显示的位置就可实现随机化了。图片框的 pictureBox1→Location 定位在左上角,在计算位置时要考虑图片框不要超出用户窗口的范围,所以 X 坐标要减去图片框的宽度值,Y 坐标要减少图片框的高度和窗体上部水平蚀线内的控件的高度。

Form1_Load 定义变量的代码如下:

```
private:System::Random ^random;
random=gcnew System::Random();        //创建随机数类实例
timer3_Tick():
System::Drawing::Size size=this->ClientSize;
//随机产生不超过窗体宽度的整数
int nPosX=this->random->Next(size.Width-60);
//随机产生不超过窗体高度的整数,减去窗体上方放置控件的高度
int nPosY=this->random->Next(size.Height-110)+50;
this->pictureBox1->Location=Drawing::Point(nPosX, nPosY);
```

(3)时间类倒计时及实时更新显示。这里调用一个整型变量 nTime,初值是 60,定时器 timer2_Tick 每次调用这个函数时 nTime 的值就减一,值显示在标签 label2 的文本框中,同时在进度条中显示 nTime 的进度。

(4)游戏进程是通过按钮 botton1 的 Click 事件来控制的,停止游戏时按钮 botton1 显示"开始",单击"开始"按钮时进入游戏状态,启动定时器 2 和 3,此时的按钮文本显示为"结束",在游戏状态又在限时范围内,成功单击 botton1 发生单击事件,相当于结束了游戏,此时停止定时器 2 和 3,botton1 按钮文本改为"开始",再次调用这个函数重新开始。注意这个"开始"按钮单击之后变成"结束",单击"结束"又变成"开始"。

(5)抓人的动作以及抓人的判断。抓到人的动作就是用鼠标成功单击图片框,图片框发生单击事件,如果在限时范围内抓到人,就把 botton1 的文本改为"开始",停止定时器 2 和 3,计算玩家的得分并显示,调用函数重新开始。

3. 实训指导

(1)创建 Windows 窗体应用程序 CatchGame。在打开的窗体设计器中,将 Form1 窗体的 Text 属性内容修改成"抓人游戏"。

(2)向窗体中添加一个按钮 button1、一个图片框控件 pictureBox1、一个进度条控件 progressBar1、4 个标签控件 label1～label4,再添加 3 个计时器控件,添加的计时器控件会显示在窗体设计器窗口的底部。此时,在窗体的下方有 3 个图标,分别为 timer1、timer2 和 timer3。保留默认的控件名称。调整窗体大小。"抓人游戏"的窗体设计如图 7-17 所示。

(3)修改控件的属性。将 label1、label3 控件的 BorderStyle 属性选择为 Fixed3D。

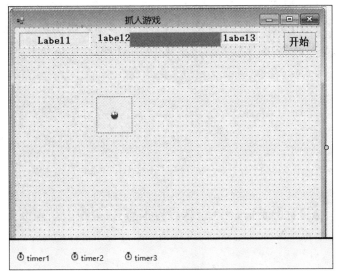

图 7-17　窗体设计图

修改 label2 控件的 Font 属性为"宋体,四号",将 label4 控件调整为一条水平蚀线,即将它的 AutoSize 属性设置为 false,Text 属性为空,控件的高度为 2,宽度为窗体的宽度。修改 pictureBox1 的 SizeMode 属性为 CenterImage,修改 ProgressBar 控件的 Maximum 和 Step 属性分别为 60 和 1。修改窗体的光标 Cursor 为手形光标(Hand)。

(4) 为窗体 Form1 添加 Load 事件处理方法 Form1_Load,在 Form1 类中添加用于倒计时的整型成员变量 nTime、游戏的总分 nScore 以及随机类 Random 对象实例 random,对控件进行初始化,并添加自定义函数 BeReady 用于初始化计时和显示总分,代码如下:

```
private: int nTime;
private: System::Random ^ranX, ^ranY;
private: System::Void Form1_Load(System::Object ^sender, System::EventArgs
^e) {
    timer2->Interval=1000;              //用于倒计时
    timer3->Interval=800;               //用于随机移动人的图片
    random=gcnew System::Random();      //创建随机数类实例
    BeReady();
}
private: System::Void BeReady(void)
{
    nTime=60;
    label2->Text=L"01:00";
    label3->Text=L"总分:"+mScore.ToString();
    progressBar1->Value=nTime;          //显示每分钟的进度
}
```

(5) 选择 Timer1 控件,在"属性"窗口中设置 timer1 控件的 Eanbled 属性为 true,

Interval 属性为 1000。为 Tick 事件添加处理方法 timer1Tick。在 timer1_Tick 方法中改变 pictureBox1 控件的 Image 属性，用于在每次 Tick 事件被触发时改变显示的图像。同时，通过 DateTime 类的 Now 属性来获得系统的当前时间并显示在 label1 控件中。

```
private: System::Void timer1_Tick(System::Object ^sender, System::EventArgs ^e)
{
    static int i=0; i=(i<5 ? i+1: 0);          //图像的索引,共有 6 个位图
    pictureBox1->Image=(gcnew System::Drawing::Icon(L"face"+i+L".ico", 64,
        64))->ToBitmap();
    label1->Text=DateTime::Now.ToString(L"HH 时 mm 分 ss 秒");
}
```

（6）切换到窗体设计器页面，单击窗体模板下的 timer2 图标，在其属性窗口中，为该组件添加 Tick 事件处理方法 timer2_Tick2，并逐步递减 ProgressBar 控件的 Value，添加下列代码：

```
private: System::Void timer2_Tick(System::Object ^sender, System::EventArgs ^e)
{
    nTime--;
    this->label2->Text=String::Concat(L"00:", nTime.ToString(L"00"));
    //ToString 中的 L"00"是一个自定义格式字符串,用来将整数按两位显示
    progressBar1->Value=nTime;               //显示每分钟的进度
    if(nTime<=0) {
        this->timer2->Stop();
        this->timer3->Stop();
        MessageBox::Show(L"你要好好努力啊!", L"加油");
        this->button1->Text=L"开始";
        BeReady();
    }
}
```

（7）类似地，为 timer3 定时器控件添加 Tick 事件处理方法 timer3_Tick3，并添加下列代码：

```
private: System::Void timer3_Tick(System::Object ^sender, System::EventArgs ^e) {
    System::Drawing::Size size=this->ClientSize;
    //随机产生不超过窗体宽度的整数
    int nPosX=this->random->Next(size.Width-60);
    //随机产生不超过窗体高度的整数,减去窗体上方放置控件的高度
    int nPosY=this->random->Next(size.Height-110)+50;
    this->pictureBox1->Location=Drawing::Point(nPosX, nPosY);
}
```

（8）为 button1 控件添加 Click 事件处理方法 button1_Click，并添加下列代码：

```
private: System::Void button1_Click(System::Object ^sender, System::EventArgs
^e) {
    if(this->timer3->Enabled)  {
        this->button1->Text=L"开始";
        this->timer2->Stop();
        this->timer3->Stop();
        BeReady();
        }
    else {
        this->button1->Text=L"结束";
        this->timer2->Start();
        this->timer3->Start();
    }
}
```

（9）为 pictureBox1 控件添加 Click 事件处理方法 pictureBox1_Click，并添加下列代码：

```
private: System::Void pictureBox1_Click(System::Object ^sender, System::
EventArgs ^e) {
    if(this->timer3->Enabled) {
        this->timer2->Stop();
        this->timer3->Stop();
        int nScore=100 * nTime/60;
        String ^str=String::Concat(L"你得了<", nScore.ToString(),">分");
        MessageBox::Show(str, L"恭喜");
        this->button1->Text=L"开始";
        mScore+=nScore;
        BeReady();
    }
}
```

（10）编译并运行。单击"开始"按钮，鼠标变成手型，进度条随时间变化缩短，小人图片动画在窗体中随机出现，如果在规定的时间内，鼠标点中了图片框，就算抓到了人了，游戏结束，弹出消息对话框，显示当次得分和总分数；如果在规定的时间内未能成功点中图片框，就算游戏失败，结束游戏。

（11）设法改进游戏，如增加游戏的难度和级别、游戏可升级等。

思考与练习

1. 选择题

（1）列表框控件当前选中项的文本通过＿＿＿＿＿＿＿属性获取。

A. SelectedIndex   B. SelectedItem   C. Items   D. Text

（2）组合框控件所包含项的集合通过_____属性获取。

     A. SelectedItem   B. SelectedText   C. Items   D. Sorted

（3）启动一个定时器控件的方法是_____。

     A. Enabled   B. Interval   C. Start   D. Stop

（4）下列控件中属于容器控件的是_____。

     A. GroupBox   B. TextBox   C. PictureBox   D. ListBox

（5）引用列表框 ListBoxl 最后一个列表项应使用_____语句。

     A. ListBoxl→Items[ListBoxl→Items→Coumt]

     B. ListBoxl→Items[ListBoxl→SelectedIndex]

     C. ListBoxl→Items[ListBoxl→Items.Count－1]

     D. ListBoxl→Items[ListBoxl→SelectedIndex－1]

（6）要让定时器每隔 10s 触发一次 Tick 事件，需要将 Interval 属性设置为_____。

     A. 10   B. 100   C. 1000   D. 10000

2. 简述题

（1）什么是列表框和组合框控件？组合框控件有哪些类型？

（2）列表框的 Items、SelectedItems 和 SelectedIndices 属性之间的关系是怎样的？如何根据这些属性构造不同的方法来获取当前选择的列表项内容？

（3）什么是进度条、滚动条和滑动条？它们有哪些相同点和不同点？

（4）简述定时器控件的作用及使用方法。

第8章 容器控件设计

实训目的
- 掌握选项卡的设置及使用。
- 掌握列表视图的设置与处理。
- 掌握树视图的设置及使用。

8.1 基本知识提要

8.1.1 图像列表组件

图像列表组件(ImageList)用于存储图像,ImageList 组件不显示在窗体上,它只是一个图像容器,用于保存一些图像文件,这些图像可被项目中的其他任何具有 ImageList 属性的控件使用。

ImageList 组件的 ImageSize 属性用于设置图像列表中每个图像的大小,有效值为 1～256。

ImageList 组件最常用的属性是 Images,它是 ImageList 中所有图像的集合。图像的数量可以通过 Images 集合的 Count 属性获取,每个单独的图像可以通过其索引值或键值来访问。

可与 ImageList 组件关联的常用控件有 Label、Button、CheckBox、RadioButton、TreeView、TabControl。一个 ImageList 组件可与多个控件相关联,若要使一个控件与 ImageList 组件关联并显示关联的图像,首先将该控件的 ImageList 属性设置为组件的名称,然后将该控件的 ImageIndex(图像索引,即从 0 开始的整数)或 ImageKey(图像键,即图像文件名)属性设置为要显示的图像的索引值或键值。

8.1.2 选项卡控件

选项卡控件(TabControl)是用来制作多页面对话框的容器类控件,可以在一个选项卡控件中放置多个选项卡页(TabPage 类),每个选项卡页相当于一个对话框,可以放置多个控件。

TabControl 控件中的 TabPages 属性包含所有选项卡,每个选项卡都是独立的,是 TabPage 类对象。TabControl 控件的常用属性如表 8-1 所示。

表 8-1   **TabControl 控件的常用属性**

属　　性	说　　明
Alignment	获取或设置选项卡在控件区域中的对齐方式,有 4 个可选值：Top、Button、Left、Right,默认为顶部
Appearance	获取或设置控件选项卡的可视外观,有 3 个可选值：Normal、Buttons、FlatButtons
Multiline	获取或设置一个值,该值指示是否可以显示一行以上的选项卡
SelectedIndex	获取或设置当前选定的选项卡页的索引
SelectedTab	获取或设置当前选定的选项卡页
TabCount	获取选项卡中选项卡页的数目
TabPages	获取该选项卡控件中选项卡页的集合,使用这个集合可以添加和删除 TabPage 对象

1. 添加和移除选项卡页面

添加和移除选项卡有窗体设计器和代码编程两种方式。

下面的代码用来添加一个选项卡页面：

```
String ^title= String::Concat("TabPage",(tabControl1->TabCount+1).ToString
());
TabPage ^myTabPage=gcnew TabPage(title);
tabControl1->TabPages->Add(myTabPage);
```

使用下列代码移除选项卡页面：

```
//移除当前选择的选项卡页面
tabControl1->TabPages->Remove(tabControl1->SelectedTab);
//移除所有的选项卡
tabControl1->TabPages->Clear();
```

2. 在选项卡页面中添加控件

在窗体设计器中,先单击要添加的选项卡页面标题,切换到指定的选项卡页面,再在指定的选项卡页面中添加控件,此时直接将要添加的控件拖放到该页面即可。若用代码添加,则代码如下：

```
//将一个控钮添加到 TabControl 控件的 tabPage1 页面中
tabPage1->Controls->Add(gcnew Button());
```

3. 改变选项卡外观

使用 TabControl 控件和各选项卡页面的 TabPage 对象的属性来更改 TabControl 控件的外观。通过这些属性的设置,可以显示图像(图标),可以用垂直方式或水平方式显示选项卡、创建多行选项卡以及启用或禁用选项卡等。

当 Multiline 属性为 true 时,当控件的大小无法容纳所有的选项卡时,则控件中的选项卡按垂直方式来显示,并可将 Alignment 属性设置为 Left 或 Right。

8.1.3　列表视图控件

列表视图控件(ListView)是对列表框控件的改进和延伸,它能够把列表项内容以列表的方式显示出来,这种显示方式的特点是整洁、直观,在实际应用中能为用户带来方便。列表视图控件的列表项(ListViewItem)一般有图标(Image)和文本(Text)两部分。图标是对列表项的图形描述。当然列表项可以只包含图标,也可以只包含文本。

1. ListView 主要属性

(1) View 属性:用来指定列表视图控件的 4 种不同视图显示方式,它是 View 枚举值:

- LargeIcon:大图标方式,每个列表项都显示为一个最大化的图标,在图标下面显示列表项的文本。
- SmallIcon:小图标方式,每个列表项都显示为一个小图标,列表项的文本处在图标的右边。
- List:列表方式,每个列表项都显示为一个小图标,在它的右边带有列表项的文本,各列表项按列排放,没有列表头。
- Details:详细信息方式,每个列表项出现在各自的行上,而相关的信息出现在右边,最左边的列可以是列表项文本或带有图标,接下来的列则是程序指定的列表项内容。详细信息方式中最引人注目的是它可以有列表头。

(2) GridLines 属性:设置行和列之间是否显示网格线(默认为 false),只有在 Details 视图中该属性才有意义。

(3) HeaderStyle 属性:获取或设置列表头样式。

(4) LargeImageList 属性:大图标集,只在 LargeIcon 视图中使用。

(5) SmallImageList 属性:小图标集,只在 SmallIcon 视图中使用。

(6) SelectedItems 属性:获取在控件中选定的列表项。

(7) Sorting 属性:对列表视图的列表项进行排序,枚举值如下:

- Ascending:列表项按递增顺序排序。
- Descending:列表项按递减顺序排序。
- None:(默认值)列表项未排序。

(8) HeaderStyle 属性:用来指定列表视图控件中列表头的样式,它是 ColumnHeaderStyle 枚举值:

- Clickable:(默认值)表示列表头的作用类似于按钮,单击时可以执行操作。
- NonClickable:表示列表头显示出来,但不响应鼠标单击。
- None:表示列表头不显示。

(9) Items 属性:是一个包含列表视图控件所有行的集合。

（10）Columns 属性：是一个包含列表视图控件列表头中由若干个列组成的列的集合，它存储的是 ColumnHeader 类对象。

2. 列表视图控件的主要事件和方法

列表视图控件的主要事件如下：

（1）AfterLabelEdit：当用户编辑完列表项的标签时发生，需要 LabelEdit 属性为 true。

（2）BeforeLabelEdit：当用户开始编辑列表项的标签时发生。

（3）ColumnClick：当用户在列表视图控件中单击列表头时发生。

（4）ItemSelectionChanged：在选择的项发生改变时引发。

通过 BeginUpdate 和 EndUpdate 方法，可在每次添加列表项时防止控件重新绘制，从而提高对多个项进行操作时的性能。

通过 GetItemAt 方法可以获取 ListView 控件被单击的列表子项，并且可以调用 EnsureVisible 方法来确保特定的列表项位于控件的可视区域中。

3. ListViewItem 类

列表视图类 ListView 是一个容器类，其中存放的每个对象是 ListViewItem 类的对象，是列表项的集合，详细信息视图中的每一行也是 ListViewItem 类对象，选择某一行或几行得到的当前选择的列表项的集合也是 ListViewItem 类对象，存储在 SelectedItems 属性中。每行中对应的列是列表项的子项 SubItems 集合。

ListViewItem 类提供了列表视图控件中的列表项的属性和方法，除常见的字体和颜色属性外，ListViewItem 类的属性主要有 Text（列表项的文本内容）、ImageIndex（列表项图标在图像列表中的索引）、Selected（该项是否选定）、Checked（该项的复选框是否选中）和 SubItems（该项的所有子项的集合）等属性。

4. ListViewItem 集合的操作方法

ListView 控件可以通过 ListViewItem 集合编辑器和 ColumnHeader 集合编辑器添加、删除行和列，也可以通过编程的方式实现。这些集合有许多共同的操作。

（1）通过 ListViewItem 集合编辑器添加、删除行。右击 ListView 控件，选择"编辑项"菜单项，或选中 ListView 控件，在属性窗口中选择 Items 属性，单击其右侧的"…"按钮，打开"ListViewIte 集合编辑器"对话框。在该对话框中可以添加或删除项，设置项的属性，调整项的顺序。

（2）通过 ColumnHeader 集合编辑器添加或删除列。右击 ListView 控件，选择"编辑列"菜单项，或选中 ListView 控件，在属性窗口中选择 Columns 属性，单击其右侧的"…"按钮，打开"ColumnHeader 集合编器"对话框。在该对话框中可以添加或删除列，设置列的属性，调整列的顺序。

（3）通过编程的方式添加或删除项。当向集合中添加项时，可以用 Add 方法向集合中添加单个项。若要向集合中添加多个项时，可创建项数组，并将其传递给 AddRange 方法。若要在集合内指定位置处插入某个项,则可使用 Insert 方法。若要移除项,可使用 Remove 方法,或用 RemoveAt 方法删除指定集合位置的项。若要删除所有的项,则应使用 Clear 方法。

对于 Items 集合来说,Add 和 Insert 方法的常用原型如下:

```
virtual ListViewItem ^Add(ListViewItem ^value);
virtual ListViewItem ^Add(String ^text);
virtual ListViewItem ^Add(String ^text, int imageIndex);
ListViewItem ^Insert(int index, ListViewItem ^item);
ListViewItem ^Insert(int index, String ^text);
ListViewItem ^Insert(int index, String ^text, int imageIndex);
```

5. 子项 SubItems 集合的操作方法

通过调用 SubItems 集合的 Add、AddRange、Insert、Remove 和 Clear 方法可分别实现列表项子项的添加、插入、删除和清除操作。其中,Add 方法的原型如下:

```
ListViewSubItem ^Add(ListViewSubItem ^item);
ListViewSubItem ^Add(String ^text);
ListViewSubItem ^Add(String ^text, Color foreColor, Color backColor, Font ^font);
```

8.1.4　树视图控件

树视图控件(TreeView)是用来表示某种层次关系的一种特殊的窗体视图控件,如常见的目录树。树视图控件中使用树节点 TreeNode 类来表示层次关系中的各节点。

1. 树视图的主要属性

可以更改树视图外观的一些样式属性如下:
ShowPlusMinus 属性:是否在每个展开或收缩的树节点旁显示加号或减号。
ShowRootLines 属性:显示所有与根节点之间的连线。
ShowLines 属性:是否在子节点与其根节点之间显示连线。
HotTracking 属性:当鼠标指针移过树节点标签文本时,树节点标签文本的外观是否将发生变化,并且树节点标签具有超级链接的功能。

2. TreeNode 类

TreeNode 类提供了树视图控件中树节点的属性和方法,除常见的字体和颜色属性外,TreeNode 类的属性一般有 Text(树节点标签中显示的文本)、ImageIndex(节点图标在图像列表中的索引)、SelectedImageIndex(节点选中时的图标在图像列表中的索引)和 Checked(树节点是否处于选中状态)等属性。
TreeNode 类构造函数常用的原型如下:

```
TreeNode();
TreeNode(String ^text);
TreeNode(String ^text, array<TreeNode^>^children);
TreeNode(String ^text, int imageIndex, int selectedImageIndex);
```

Nodes 属性为分配给树视图控件的树节点集合。若向 Nodes 集合中添加一个树节点(TreeNode 类对象)时,可采用 Add 或 Insert 方法。Clear 方法用于清空树,Remove 方法用于从树视图控件中移除当前树节点。

3. 树视图的主要事件

TreeView 类常用的事件可以分为编辑树节点标签、操作树节点以及控件的其他事件。

当 LabelEdit 属性为 true 时,用户在运行时开始编辑树节点标签文本内容时发生 BeforeLabelEdit 事件,而当用户完成对树节点标签文本的修改时发生 AfterLabelEdit 事件。这两个事件是通过 NodeLabelEditEventArgs 类型参数来传递事件数据的,它的 Node 属性用来获取当前操作的树节点对象,Label 属性用来获取修改后的新节点标签文本内容,CancelEdit 属性用来设置或获取是否应取消当前的编辑操作。

4. 树节点的操作

若从 Nodes 集合中获取指定索引的树节点,则可直接使用 Nodes 集合并指定节点的索引。一旦获取树节点对象,即可调用 TreeNode 类的节点属性和方法进行操作。

TreeNode 类的 FirstNode 属性用来获取树节点集合中的第一个子节点,LastNode 属性用来获取树节点集合中的最后一个子节点,Parent 属性用来获取当前树节点的父节点,PrevNode 和 NextNode 属性用来分别获取与当前树节点同级的前一个和后一个树节点。

除了上述属性外,TreeNode 类的 GetNodeCount 方法用来获取子节点的数目,原型如下:

```
int GetNodeCount(bool includeSubTrees);
```

除了用程序添加和删除树节点及其子节点外,还可用树节点编辑器完成操作。在树视图控件的属性窗口中,单击 Nodes 属性右侧的"..."按钮;或右击在窗体中添加的树视图控件,从弹出的快捷菜单中选择"编辑节点"命令,都会弹出"TreeNode 编辑器"窗口。

8.1.5 面板控件

面板控件(Panel)是一个为其他控件提供一种外观上可识别的逻辑分组的容器类控件,使用面板控件可将窗体上的控件按功能来划分,这不仅能为用户提供直观的视觉和操作效果,而且在设计时还能作为容器,可以同时显示、隐藏或移动面板内的控件组,与组框控件不同的是,面板内可以有滚动条,但不能显示标题。Panel 控件默认没有边框,可以通过 BorderStyle 属性设置其边框效果,也可以通过 BackColor、BackgroundImage 等属性美化面板的外观。如果要 Panel 控件显示滚动条,只需将 AutoScroll 属性设置为 true,当 Panel 控件的内容超出它的可见区域时,就会自动显示滚动条。

8.1.6　切分容器控件

切分容器控件(SplitContainer)实际上是封装了一个由可移动的切分条组成的容器控件,当鼠标指针悬停在切分条上时,指针将相应地改变形状,以显示切分条是可移动的,该切分条将容器的显示区域切分为两个大小可调的 Panel 面板窗格 Panel1 和 Panel2(它们是 SplitterPanel 类对象),形成一种特殊的、复合的切分窗口文档界面模型,也叫"一档多视",它可以嵌套切分出许多窗格,在窗格中又可包含若干界面控件元素。

切分容器控件的主要属性如表 8-2 所示。

表 8-2　切分容器控件的主要属性

属　　性	说　　明
IsSplitterFixed	指示切分器是移动的还是固定的
Orientation	切分器的方向,有两个枚举值:水平(Vertical)与垂直(Horizontal)
SplitterDistance	设置切分器离容器的初始大小,切分条左边缘或上边缘与容器的距离
SplitterIncrement	设置拖动切分器移动的增量大小,默认值为 1,以像素为单位
SplitterWidth	设置切分器移动的宽度,以像素为单位

切分容器控件的主要事件如下:
SplitterMoving 事件:在切分器移动时发生。
SplitterMoved 事件:在切分器移动后发生。
注意:切分容器控件的 Dock 属性如果设置成 Fill,窗体的单击事件不会被触发,因为窗体被控件遮挡住了。

8.2　实训操作内容

8.2.1　图像显示控制

1. 实训要求

使用选项卡控件设计一个对图像进行控制的窗体应用程序,包含 3 个选项卡页面,分别为"图像调入""显示模式"和"边框样式"。在"图像调入"页面显示图像和"调入"按钮,在"显示模式"页面用单选按钮提供 4 种不同的显示模式的选择,在"边框样式"页面用单选按钮提供 3 种不同的边框样式的选择。同时在"显示模式"和"边框样式"页面提供"应用"按钮和图像的显示,"应用"按钮的功能是将选择的显示模式和边框样式应用到图像上。图像显示控制程序运行效果如图 8-1 所示。

图 8-1　图像显示控制程序运行效果

2. 设计分析

对图像进行控制,实际上是对图片框显示图像的属性进行修改。在第一个页面中调入要显示的图片文件。在第二个页面中提供显示模式的 4 个选项,可以针对不同的选项而在同页的图片框中同步显示其对应的显示效果,当单击"应用"按钮时,就将 3 个页面中的图片框都按这种方式设置显示模式。同理,在第三个页面中提供 3 种边框样式选项,单击"应用"按钮将 3 个页面中的图片都按这种方式设置边框样式。

(1) 开始运行时图像控件中没有图像,这时候不能操作"显示模式"和"边框样式"的内容,所以在代码中禁用后两个选项卡页面,设置按钮的初始值,设置两个私有变量用来保存图片控件原来的大小,以便当设置自动大小模式后能够恢复:

```
private: System::Drawing::Size sizePicBox, sizeThumb;
```

(2) 在"显示模式"页面的"调入"按钮的 Click 事件处理方法中,通过使用打开文件的通用对话框来选择图片文件,指定文件类型为图像文件,使用 Image 的 FromFile 方法将图像文件加载到 3 个图片框中。代码如下:

```
OpenFileDialog ^ofDlg=gcnew OpenFileDialog();
ofDlg->Filter="图像文件(＊.BMP;＊.JPG;＊.GIF;＊.PNG;＊.ICO;＊.WMF)
    |＊.BMP;＊.JPG;＊.GIF;＊.PNG;＊.ICO;＊.WMF|所有文件(＊.＊)|＊.＊";
ofDlg->RestoreDirectory=true;
if(ofDlg->ShowDialog()==System::Windows::Forms::DialogResult::OK)
{
    this->pictureBox1->Image=Image::FromFile(ofDlg->FileName);
    …
}
```

(3) 针对不同的选项在同页的图片框中同步显示其对应的显示效果,这就要对每个选项都执行同一个响应函数,4 个显示模式的单选按钮都执行函数 On_SizeMode,3 个边框样式的单选按钮都执行函数 On_Border,而两个"应用"按钮则调用 On_App 函数,将 3

个页面中的图片框都按这种方式设置显示模式和边框样式。

3. 操作指导

（1）创建一个 Windows 窗体应用程序 Picture。在打开的窗体设计器中，单击 Form1 窗体，在窗体属性窗口中，将 Text 属性内容修改成"图像显示控制"，调整窗体的大小为"350,300"。

（2）将工具箱的"容器"中的 TabControl 拖放到窗体中，在该控件的属性窗口中将 Dock 属性设为 Fill，在其属性窗口中，单击 TabPages 属性右侧的![]按钮，弹出"TabPage 集合编辑器"对话框，单击"添加"按钮，按选项卡页面的默认属性添加一个选项卡（tabPage3），保留默认的对象名，将 3 个选项卡页面的 Text 属性依次改为"图像调入""显示模式"和"边框样式"。

（3）参看图 8-2，在"图像调入"（tabPage1）中添加一个图片框控件 pictureBox1 和一个按钮 button1。

图 8-2 图像显示控制窗体的选项卡设计图

（4）单击 TabControl 标签，将 tabControl1 切换到"显示模式"页面，为其添加一个按钮 button2、一个图片框控件 pictureBox2 和 4 个单选按钮 radioButton1 至 radioButton4，将按钮的 Text 属性改为"应用"，将图片框的大小调成正方形，与"图像调入"页面的图片框大小一致，将 BorderStyle 属性设为 FixedSingle，将 4 个单选按钮的 Text 属性分别设为"正常显示""自动大小""居中显示"和"拉伸显示"。

（5）切换到"边框样式"页面，为其添加一个按钮 button3、一个图片框控件 pictureBox3 和 3 个单选按钮 radioButton5 至 radioButton7，将按钮的 Text 属性改为"应用"，将图片框的大小调成正方形，与"图像调入"页面的图片框大小一致，将 BorderStyle 属性设为 FixedSingle，将 3 个单选按钮的 Text 属性分别设为"无边框""单线边框"和"3D 边框"。

（6）为窗体 Form1 添加 Load 事件的处理方法 Form1_Load，并添加下列初始化代码：

```
private: System::Drawing::Size sizePicBox, sizeThumb;
private: System::Void Form1_Load(System::Object ^sender, System::EventArgs ^e)
{
    //设置初始选定的单选按钮
```

```
    this->radioButton1->Checked=true;                  //正常显示
    this->radioButton6->Checked=true;                  //单线边框
    //一开始禁用后两个选项卡页面,因为图片没有调入
    this->tabPage2->Enabled=false;
    this->tabPage3->Enabled=false;
    //保存图片控件原来的大小,以便当设置自动大小模式后恢复
    this->sizePicBox=this->pictureBox1->Size;
    this->sizeThumb=this->pictureBox2->Size;
}
```

（7）打开窗体设计器,将 tabControl1 切换到"图像调入"页面,在"调入"按钮的属性窗口中,为该控件添加 Click 事件处理方法 On_ImageLoad,并添加下列代码:

```
private: System::Void On_ImageLoad(System::Object ^sender, System::EventArgs ^e)
{
    OpenFileDialog ^ofDlg=gcnew OpenFileDialog();
    ofDlg->Filter="图像文件(*.BMP;*.JPG;*.GIF;*.PNG;*.ICO;*.WMF)
        |*.BMP;*.JPG;*.GIF;*.PNG;*.ICO;*.WMF|所有文件(*.*)|*.*";
    ofDlg->RestoreDirectory=true;
    if(ofDlg->ShowDialog()==System::Windows::Forms::DialogResult::OK) {
        this->pictureBox1->Image=Image::FromFile(ofDlg->FileName);
        this->pictureBox2->Image=this->pictureBox1->Image;
        this->pictureBox3->Image=this->pictureBox1->Image;
        this->tabPage2->Enabled=true;
        this->tabPage3->Enabled=true;
    }
}
```

（8）打开窗体设计器,将 tabControl1 切换到"显示模式"页面,依次为"正常显示""自动大小""居中显示"和"拉伸显示"单选按钮添加 Click 事件的共同处理方法 On_SizeMode,并添加下列代码:

```
private: System::Void On_SizeMode(System::Object ^sender, System::EventArgs ^e)
{
    this->pictureBox2->Size=this->sizeThumb;
    this->pictureBox3->Size=this->sizeThumb;
    if(this->radioButton1->Checked)      //正常显示
        this->pictureBox2->SizeMode=PictureBoxSizeMode::Normal;
    if(this->radioButton2->Checked)      //自动大小
        this->pictureBox2->SizeMode=PictureBoxSizeMode::AutoSize;
    if(this->radioButton3->Checked)      //居中显示
        this->pictureBox2->SizeMode=PictureBoxSizeMode::CenterImage;
    if(this->radioButton4->Checked)      //拉伸显示
        this->pictureBox2->SizeMode=PictureBoxSizeMode::StretchImage;
    this->pictureBox3->SizeMode=this->pictureBox2->SizeMode;
}
```

（9）为"应用"按钮添加 Click 事件处理方法 On_App，并添加下列代码：

```
private: System::Void On_App(System::Object ^sender, System::EventArgs ^e) {
    if(this->tabControl1->SelectedTab==this->tabPage2)
    {
        this->pictureBox1->Size=this->sizePicBox;
        this->pictureBox1->SizeMode=this->pictureBox2->SizeMode;
    }
    else
        this->pictureBox1->BorderStyle=this->pictureBox3->BorderStyle;
}
```

（10）打开窗体设计器，将 tabControl1 切换到"边框样式"页面，依次为"无边框""单线边框"和"3D 边框"单选按钮添加 Click 事件的共同处理方法 On_Border，同时将"应用"按钮 Click 事件处理方法设为 On_App：

```
private: System::Void On_Border(System::Object ^sender, System::EventArgs ^e) {
    if(this->radioButton5->Checked)        //无边框
        this->pictureBox3->BorderStyle=BorderStyle::None;
    if(this->radioButton6->Checked)        //单线边框
        this->pictureBox3->BorderStyle=BorderStyle::FixedSingle;
    if(this->radioButton7->Checked)        //3D 边框
        this->pictureBox3->BorderStyle=BorderStyle::Fixed3D;
    this->pictureBox2->BorderStyle=this->pictureBox3->BorderStyle;
}
```

（11）编译并运行程序，测试运行结果。

8.2.2　联系人信息管理

1. 实训要求

应用列表框和选项卡制作一个窗体应用程序，实现联系人信息管理功能，在列表框中显示所有联系人的姓名，在选项卡中则分 3 个页面分别显示出联系人 3 个方面的信息："基本情况""联系方式"和"单位信息"，如图 8-3 所示。

图 8-3　联系人信息管理程序运行效果

2. 设计分析

在算法方面主要考虑联系人的信息存储、3 个按钮功能的实现以及列表框中的联系人姓名与选项卡信息同步的问题。

（1）使用一个数据记录的结构体来存储联系人信息。

```
public ref struct Contact
{
public:
    String ^contactName;                    //姓名
    String ^contactNick;                    //昵称
    Boolean contactSex;                     //性别,男为 true,女为 false
    DateTime contactBirth;                  //出生日期
    String ^contactPhone;                   //联系电话
    String ^contactMobile;                  //移动电话
    String ^contactEmail;                   //电子邮件
    String ^contactAddress;                 //联系地址
    String ^companyName;                    //单位名称
    String ^companyPhone;                   //单位电话
    String ^companyPost;                    //邮编
    String ^companyAddress;                 //单位地址
};
```

（2）在 Form1 类中定义一个 ArrayList 类的对象以保存联系人信息的线性列表，并在构造函数中对线性列表的类对象进行初始化。

```
public:
Form1(void)
{   InitializeComponent();
    this->contactList=gcnew ArrayList();
    …
    //必需的设计器变量
    ArrayList ^contactList;
    …

}
```

（3）在"添加"按钮的 Click 事件处理程序中，先取出联系人的姓名，检查姓名以确保其不为空，再在线性列表中检查是否有重复项，如没有，就构造一个联系人的对象实例，将窗体中各个控件的内容赋给联系人的结构成员，然后将联系人对象实例添加到列表中，同时对列表框 ListBox1 的项进行添加，并设当前项为选中状态。

```
void button2_Click(){                                //添加
    //检查姓名不能为空
    //在线性列表中检查重复项
    else                                             //不重复
```

```
        {
            contact ^contact=gcnew Contact();
            contact->contactName=this->textBox1->Text;      //姓名
            contact->contactNick=this->textBox2->Text;       //昵称
            ...
            this->contactList->Add(contact);                 //添加到 ArrayList 中
            int index=this->listBox1->Items->Add(contact->contactName);
                                                             //添加到 ListBox 中
            this->listBox1->SelectedIndex=index;             //设置为选中状态
        }
    }
```

（4）在"删除"按钮的 Click 事件处理程序中，先查找到该联系人的索引，然后在列表中查找到该联系人的姓名，在列表中移除该联系人，同时在列表框中也删除该联系人，这样就实现了联系人信息的删除。

```
void button1_Click() {                //删除
//未选择联系人,返回
//在线性列表中查找该联系人索引 i
    {    Contact ^contact=safe_cast<Contact^>(contactList[i]);
            if(contactName==contact->contactName) {
                contactList->RemoveAt(i);
            break;                     //删除该联系人
        }
    }
    this->listBox1->Items->RemoveAt(listBox1->SelectedIndex);
                                       //从列表框中删除该项
}
```

（5）"修改"按钮综合了前面两个按钮的功能，首先删除原信息，再添加新信息。

```
void button3_Click() {                //修改
    button1_Click(sender, e);         //删除原信息
    button2_Click(sender, e);         //重新添加该信息
}
```

（6）列表框中的联系人与选项卡信息应同步显示。在列表框中选中某个联系人姓名时，在选项卡中也显示该联系人的信息，先判断列表框中是否选择了某人的姓名，如果是，就在列表中查找联系人信息，转换为对象句柄，将联系人句柄对应的对象赋给选项卡中的各个控件。

```
void listBox1_SelectedIndexChanged() {
    //如果没有单击选择,则返回
    //获取联系人姓名
    String ^contactName=listBox1->Items[listBox1->SelectedIndex]->ToString();
    //在线性列表中查找出该姓名的联系人对象实例
```

```
    //将对象实例信息赋给窗体中的各个控件
}
```

3. 操作指导

（1）创建 Windows 窗体应用程序 Contracter。将窗体 Form1 的 Text 属性内容修改成"联系人信息管理"。

（2）添加"容器"中的 TabControl 控件，在该控件的属性窗口中，单击 TabPages 属性右侧的按钮，弹出"TabPage 集合编辑器"对话框，单击"添加"按钮，按选项卡页面的默认属性添加一个选项卡（tabPage3），保留默认的对象名，将 3 个选项卡页面的 Text 属性依次改为"基本情况""联系方式"和"单位信息"。

（3）将工具箱中的 GroupBox 和 ListBox 控件拖放到窗体上，保留默认的对象名，在 ListBox 属性窗口中，将 Dock 属性选为 Fill。再添加 3 个按钮，按钮文本分别为"删除""添加"和"修改"。其余按照图 8-3 进行界面设计，其中联系电话、移动电话、单位电话和邮编采用 maskedTextBox 控件。

（4）添加新项。定义存储联系人的结构体，选择"项目"→"添加新项"→"代码"→"头文件（.h）"命令，文件名为 Contact.h，并添加下列初始化代码：

```cpp
//Contact.h
namespace Contacter {
    using namespace System;
    public ref struct Contract
    {
    public:
        String ^contactName;                //姓名
        String ^contactNick;                //昵称
        Boolean  contactSex;                //性别,男为 true,女为 false
        DateTime contactBirth;              //出生日期
        String ^contactPhone;               //联系电话
        String ^contactMobile;              //移动电话
        String ^contactEmail;               //电子邮件
        String ^contactAddress;             //联系地址
        String ^companyName;                //单位名称
        String ^companyPhone;               //单位电话
        String ^companyPost;                //邮编
        String ^companyAddress;             //单位地址
    };
}
```

（5）在 Form1 类中定义一个 ArrayList 类的线性列表以保存联系人的信息。

```cpp
public:
Form1(void)
{   InitializeComponent();
```

```
    this->contactList=gcnew ArrayList();
    ...
    //必需的设计器变量

}
ArrayList ^contactList;
```

（6）为3个按钮添加实现对应功能的代码：

```
private: System::Void button2_Click(System::Object ^sender, System::EventArgs
^e) {
    //添加
    String ^strText=this->textBox1->Text->Trim();
    if(String::IsNullOrEmpty(strText))
    {   MessageBox::Show(L"姓名不能为空!", L"提示");
        return;
    }
    int nIndex=-1;
    nIndex=this->listBox1->FindString(strText);
    if(nIndex>=0)    //有重复项
        MessageBox::Show(String::Format("列表项[{0}]已添加过了!",strText),
        L"提示");
    else
    {
        Contact ^contact=gcnew Contact();
        contact->contactName=this->textBox1->Text;          //姓名
        contact->contactNick=this->textBox2->Text;          //昵称
        contact->contactSex=this->radioButton1->Checked;    //性别,男为 true
        contact->contactBirth=this->dateTimePicker1->Value;  //出生日期
        contact->contactPhone=this->maskedTextBox1->Text;   //联系电话
        contact->contactMobile=this->maskedTextBox2->Text;  //移动电话
        contact->contactEmail=this->textBox3->Text;         //电子邮件
        contact->contactAddress=this->textBox4->Text;       //联系地址
        contact->companyName=this->textBox5->Text;          //单位名称
        contact->companyPhone=this->maskedTextBox3->Text;   //单位电话
        contact->companyPost=this->maskedTextBox4->Text;    //邮编
        contact->companyAddress=this->textBox6->Text;       //单位地址
        this->contactList->Add(contact);            //添加到 ArrayList 中
        int index=this->listBox1->Items->Add(contact->contactName);
                                                    //添加到 ListBox 中
        this->listBox1->SelectedIndex=index;        //设置为选中状态
    }
}
private: System::Void button1_Click(System::Object ^sender, System::EventArgs
^e) {
```

```
    //删除
    if(this->listBox1->SelectedIndex==-1) return;        //未选择联系人
    String ^contactName=listBox1->Items[listBox1->SelectedIndex]->
        ToString();
    for(int i=0; i<contactList->Count; i++) {           //查找该联系人
        Contact ^contact=safe_cast<Contact^>(contactList[i]);
        if(contactName==contact->contactName) {
        contactList->RemoveAt(i); break;                //删除该联系人
        }
    }
    this->listBox1->Items->RemoveAt(listBox1->SelectedIndex);
                                                    //从 ListBox 中删除该项
}
private: System::Void button3_Click(System::Object ^sender, System::EventArgs
^e) {
    //修改
    button1_Click(sender, e);                           //删除原信息
    button2_Click(sender, e);                           //重新添加该信息
}
```

(7) 为列表框控件添加 SelectedIndexChange 事件处理代码：

```
private: System::Void listBox1_SelectedIndexChanged(System::Object ^sender,
System::EventArgs ^e) {
    if(this->listBox1->SelectedIndex==-1) return;
    String ^contactName=listBox1->Items[listBox1->SelectedIndex]->ToString();
    Contact ^contact=nullptr;
    for(int i=0; i<contactList->Count; i++) {           //查找该联系人
        contact=safe_cast<Contact^>(contactList[i]);
        if(contactName==contact->contactName) break;
    }
    this->textBox1->Text=contact->contactName;                  //姓名
    this->textBox2->Text=contact->contactNick;                  //昵称
    if(contact->contactSex) this->radioButton1->Checked=true;   //性别：男
    else this->radioButton2->Checked=true;
    this->dateTimePicker1->Value=contact->contactBirth;         //出生日期
    this->maskedTextBox1->Text=contact->contactPhone;           //联系电话
    this->maskedTextBox2->Text=contact->contactMobile;          //移动电话
    this->textBox3->Text=contact->contactEmail;                 //电子邮件
    this->textBox4->Text=contact->contactAddress;               //联系地址
    this->textBox5->Text=contact->companyName;                  //单位名称
    this->maskedTextBox3->Text=contact->companyPhone;           //单位电话
    this->maskedTextBox4->Text=contact->companyPost;            //邮编
    this->textBox6->Text=contact->companyAddress;               //单位地址
}
```

（8）编译并运行程序，测试运行结果。

8.2.3 学校专业列表

1. 实训要求

建立一个学校从学院到系部、专业的列表，可以添加、删除学院、系部和专业信息，当单击一个学院或系部时，能把下属的系部或专业列表显示在列表框中，程序运行界面如图 8-4 所示。

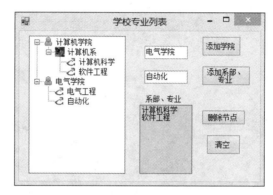

图 8-4 学校专业列表程序运行效果

2. 设计分析

设计中主要考虑以下问题：

（1）根节点的添加。依据文本框的学院名字构造一个树节点，然后添加到树视图中成为一个学院，并设置为当前所选择的节点，但在添加之前要检查树视图中是否有重复的学院名字。

（2）子节点的添加。子节点添加在当前所选择节点的下面，也是依据文本框的系部、专业名字构造一个树节点，然后添加到当前节点的下面，在添加之前也要检查当前节点下是否有重复的名字。

（3）节点的删除。使用节点的 Clear 方法清除当前节点及其下面的所有子节点。

（4）子节点的显示。先清空列表框，再对当前所选择的节点的子节点集合进行循环，取出子节点的文本加入到列表框中。

3. 操作指导

（1）创建 Windows 窗体应用程序 SchoolTree。将窗体 Form1 的 Text 属性内容修改成"学校专业列表"，向设计窗体拖放一个 Label 控件、一个 TreveView 控件、2 个 TextBox 控件、4 个 Button 控件和一个 ListBox 控件，如图 8-5 所示。

（2）从工具箱向窗体中拖放一个 ImageList 控件，选择其 Images 属性，然后在图 8-6 所示的图像集合编辑器中添加 4 幅图像。设置 TreeView 控件的 ImageList 属性为

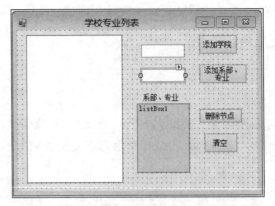

图 8-5 学校专业列表窗体设计图

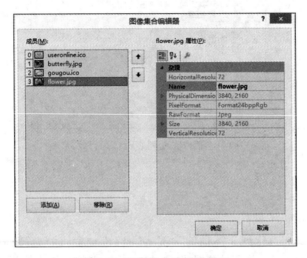

图 8-6 图像集合编辑器界面

imageListl,ImageIndex 属性为 0。

（3）添加 4 个按钮的事件处理代码如下：

```
private: System::Void button1_Click(System::Object ^sender, System::EventArgs
^e) {
    //构造造节点,并指定取消选定时显示图像索引号,选定时显示图像索引号
    if(treeView1->SelectedNode !=nullptr)
    {
        for each(TreeNode ^oldnode in treeView1->Nodes)
        {
            if(oldnode->Text->Equals(this->textBox1->Text))
            {
            MessageBox::Show("不能重复添加学院节点", "提示信息",
                MessageBoxButtons::OK, MessageBoxIcon::Error);
            return;
```

```
            }
        }
    }
    TreeNode ^newNode=gcnew TreeNode(this->textBox1->Text, 0, 1);
    this->treeView1->Nodes->Add(newNode);
    this->treeView1->Select();        //激活 treeView 控件
}
private: System::Void button2_Click(System::Object ^sender, System::EventArgs
^e) {
    TreeNode ^selectedNode=this->treeView1->SelectedNode;
    if(selectedNode==nullptr)
    {
        MessageBox::Show("添加子节点之前先选中一个节点", "提示信息");
        return;
    }
    else
    {
        for each(TreeNode ^oldnode in selectedNode->Nodes)
        {
            if(oldnode->Text->Equals(this->textBox2->Text))
            {
                MessageBox::Show("不能重复添加系部、专业节点", "提示信息",
                    MessageBoxButtons::OK, MessageBoxIcon::Error);
                return;
            }
        }
    }
    TreeNode ^newNode=gcnew TreeNode(this->textBox2->Text, 2,3);
    selectedNode->Nodes->Add(newNode);
    selectedNode->SelectedImageIndex=1;
    selectedNode->Expand();
    this->treeView1->Select();
}
private: System::Void button3_Click(System::Object ^sender, System::EventArgs
^e) {
    TreeNode ^selectedNode=this->treeView1->SelectedNode;
    if(selectedNode==nullptr)
    {
        MessageBox::Show("删除节点之前先选中一个节点", "提示信息",
            MessageBoxButtons::OK,MessageBoxIcon::Asterisk);
        return;
    }
    TreeNode ^parentNode=selectedNode->Parent;
    if(parentNode==nullptr)
```

```
        {
            this->treeView1->Nodes->Remove(selectedNode);

        }
        else
            parentNode->Nodes->Remove(selectedNode);
    }
private: System::Void button4_Click(System::Object ^sender, System::EventArgs
    ^e) {
        treeView1->Nodes->Clear();
    }
```

（4）为树视图控件 treeView1 添加 AfterSelect 事件处理函数,实现当单击一个学院或系部时,把所属的系部或专业列表显示在列表框中的功能。

```
private: System::Void treeView1_AfterSelect(System::Object ^sender,
        System::Windows::Forms::TreeViewEventArgs ^e) {
        TreeNode ^node=treeView1->SelectedNode;
        listBox1->Items->Clear();
        if(node==nullptr)
        {
            MessageBox::Show("没有选中任何节点", "信息提示", MessageBoxButtons::OK);
            return;
        }
        else
        {
            if(node->Nodes->Count==0)
                return;
            else
                for each(TreeNode ^node1 in node->Nodes)
                    listBox1->Items->Add(node1->Text);
        }
    }
```

（5）编译并运行程序,测试运行结果。

8.2.4　学生成绩系统

1. 实训要求

为学生成绩系统设计一个文档界面,包含切分条、树视图、选项卡和列表视图等控件,左上部的树视图显示学生的所有信息,单击某个学生后则右边的选项卡和列表视图也同步变化,单击右下部的列表视图中的姓名列表项,则右上部的选项卡信息也同步显示这个学生的信息,左下部的单选按钮可以指示右边的列表视图的显示方式,右上部的 3 个按钮可以实现对学生信息的添加、修改和删除功能。选项卡包含两个选项卡页面,分别为"基本情况"和"成绩表"。学生成绩管理程序运行效果如图 8-7 所示。

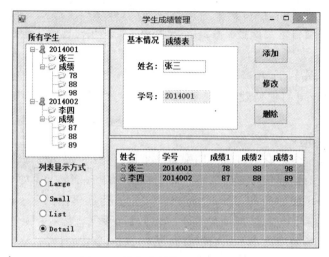

图 8-7　学生成绩管理程序运行效

2. 设计分析

1）界面设计

使用垂直切分条,将界面分为左右两个面板,再使用一个水平切分条将右面板切分为上下两个面板。

2. 树视图设计

顶级层次的节点为学生的学号,第二层次是该学号对应的姓名和成绩,第三层次是成绩节点下面的 3 个具体的分数。

为了调试运行程序方便,在设计时向树视图控件中手工添加一些学生数据,选择树视图控件的节点集合,弹出树视图节点编辑器,手工输入两个学生的相关数据。注意修改各节点的 ImageIndex 和 SelectedImageIndex 属性值。

3）列表视图显示方式及列表设计

在左下部给出了列表视图控件的 4 种显示方式的单选按钮,选择不同的单选按钮,列表视图控件就按相应的方式来显示,这就需要按对应的方式来改变列表视图控件的 View 属性。

再为列表视图每一列的标题字段添加对应的内容,选择 ListView1 的 Columns 属性集合按钮,弹出列标题编辑器,分别添加 5 个列标题,将 5 个列标题的内容设置为对应的选项,同时修改它的宽度和对齐方式。将列表项的大图标和小图标分别设置为 imagelist2 和 imagelist1。还要设置列表视图的当前的 View 属性是"详细信息"。

在详细列表方式下应把所有信息在列表视图下显示出来,在加载窗体时的 Load 事件处理中要读出树节点的内容,将它们加入到列表视图中。当单击"添加"按钮时,向树视图添加一个学生的信息,同时也要向列表视图控件添加学生的信息。

4) 同步对应显示的设计

(1) 树视图到选项卡和列表视图的同步显示。为树视图控件 treeView1 添加 AfterSelect 事件处理,实现单击某个学生后,则右边的选项卡和列表视图也同步变化的功能。同时添加一个自定义函数 GetSelRootNode,实现在树视图中查找到所选节点的学号根节点的功能。

(2) 列表视图到选项卡的同步显示。为列表视图控件 ListView1 添加 ItemSelectionChanged 事件处理,实现单击某个学生后则右边的选项卡也同步变化的功能。

5)"添加"按钮的设计

当添加和修改学生信息的时候会用到另一个窗体,可以用现成的窗体代码,将 6.2.1 节的学生成绩录入对话框代码对应的 ScoreDlg.h 和 ScoreDlg.cpp 文件进行复制并粘贴到当前项目的源程序文件夹 StuTable\StuTable 中。然后再回到 Visual Studio 界面,选择菜单"项目"项目→"添加现有项"命令,在弹出的对话框中将 ScoreDlg.h 和 ScoreDlg.cpp 两个文件添加到当前的项目中。然后打开头文件 ScoreDlg.h 代码,将命名空间 ScoreDlg 改为与当前的命名空间相同的 StuTable。同时在 form1.h 的前面添加包含对应的头文件的预处理命令。

"添加"按钮要处理的代码设计:打开学生成绩输入对话框,然后输入学生对应的成绩,返回后,先在树节点中查找是否已有这个学生的信息,如没有,就将学生的信息作为对应的一个信息节点添加到这个树视图和列表视图中。

6)"删除"按钮的设计

单击"删除"按钮可以删除这个学生的全部信息。先找出当前所选择节点的学号根节点,然后在树视图中删除这个节点,同时在列表视图中也要删除这个节点对应的列表项,但要在列表视图控件中先查找到与这个对应的列表项,再删除这个列表项。

7)"修改"按钮的设计

单击"修改"按钮可以对当前所选择的节点的学生信息进行修改。先找出当前所选择节点的学号根节点,创建学生成绩录入对话框实例,先将学生信息传递给对话框的各控件,再打开对话框让用户修改学生信息。修改完成后,再依据控件的内容修改树视图节点信息。在列表视图控件中先查找到与这个节点对应的列表项,再更改这个列表项的信息。

3. 操作指导

(1) 创建 Windows 窗体应用程序 StuTable。在打开的窗体设计器中,将窗体 Text 属性内容修改成"学生成绩系统"。

(2) 从工具箱中将切分条 SplitContainer 拖放到窗体中,把切分条控件 splitContainer1 的 BorderStyle 属性设置为 Fixed3d。再拖放一个切分条控件 splitContainer2 到右边的面板中,将 splitContainer2 的 BorderStyle 属性设置为 FixedSingle,Orientation 属性设置为 Horizontal(水平放置)。在左上部添加一个组框 groupBox 和一个树视图控件 treeView1,在左下部添加一个组框 groupBox 和 4 个单选按钮 radioButton,在右上部添加一个选项卡 tabPage 和 3 个按钮。选项卡有两页,按图 8-8 所示添加相应的控件。在右下部添加一个列表视图 listView1。

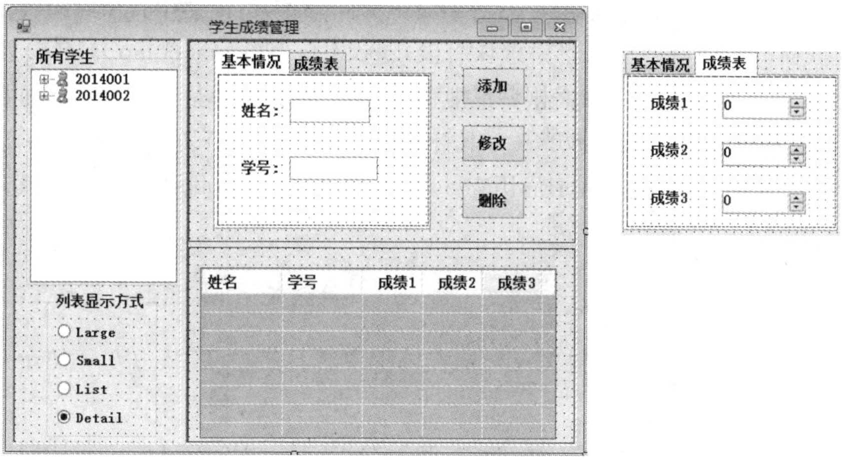

图 8-8 学生成绩管理窗体设计图

（3）将工具箱中的 ImageList 组件拖放到窗体模板下方的区域中，这样就添加了一个 ImageList 组件 imageList1。将 ImageSize 属性改为"32,32"，单击 Images 属性按钮，在打开的"Image 集合编辑器"中，将 user.ico 和 folderopen.ico 两个文件调入。再添加一个 ImageList 组件 imageList2，单击 Images 属性按钮，在打开的"Image 集合编辑器"中，将 user.ico 文件调入。

（4）单击树视图控件 treeView1，将 ImageList 属性设为 imageList1，此时会自动将 ImageIndex 和 SelectedImageIndex 属性设为 0，保留默认值。单击列表视图控件 listView1，在其属性窗口中，将 LargeImageList 属性设为 imageList1，将 SmallImageList 属性设为 imageList2。

（5）单击树视图控件 treeView1，选择 Nodes 属性，为树视图控件添加如图 8-9 所示的初始数据。注意修改各节点的 ImageIndex 和 SelectedImageIndex 属性值。

（6）在列表视图控件 listView1 属性窗口，单击 Columns 属性右侧的按钮，在打开的"Column-Header 集合编辑器"中，单击"添加"按钮，按表 8-3 所示的内容添加列表头的列。

表 8-3 列表视图控件 listView1 列表头属性设置

添加的列	Text	TextAlign	Width
columnHeader1	姓名：	Left（默认）	100
columnHeader2	学号：	Left（默认）	100
columnHeader3	成绩 1	Right	60（默认）
columnHeader4	成绩 2	Right	60（默认）
columnHeader5	成绩 3	Right	60（默认）

（7）为 4 个单选按钮"大图标""小图标""列表"和"详细信息"添加 CheckedChanged

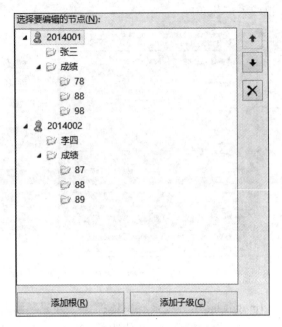

图 8-9　树视图控件初始数据

事件处理方法。

```
private: System::Void radioButton1_CheckedChanged(System::Object ^sender,
System::EventArgs ^e) {
    this->listView1->View=View::LargeIcon;      //大图标
}
private: System::Void radioButton2_CheckedChanged(System::Object ^sender,
System::EventArgs ^e) {
this->listView1->View=View::SmallIcon;          //小图标
}
private: System::Void radioButton3_CheckedChanged(System::Object ^sender,
System::EventArgs ^e) {
    this->listView1->View=View::List;           //列表
}
private: System::Void radioButton4_CheckedChanged(System::Object ^sender,
System::EventArgs ^e) {
    this->listView1->View=View::Details;        //详细信息
}
```

（8）为窗体添加 Load 事件处理方法 Form1_Load,建立树视图与列表视图的对应关系,依据树视图的节点为列表视图增加列表项,添加下列代码:

```
private: System::Void Form1_Load(System::Object ^sender, System::EventArgs
^e) {
    if(treeView1->Nodes->Count>0)
    {
```

```
        for(int i=0; i<treeView1->Nodes->Count; i++)
        {                                          //添加节点
            TreeNode ^Node=treeView1->Nodes[i];
            ListViewItem ^item1=gcnew ListViewItem(Node->FirstNode->Text, 0);
            item1->SubItems->Add(Node->Text);              //学号
            Node=Node->LastNode->FirstNode;
            item1->SubItems->Add(Node->Text);              //成绩 1
            Node=Node->NextNode;
            item1->SubItems->Add(Node->Text);              //成绩 2
            item1->SubItems->Add(Node->NextNode->Text);    //成绩 3
            ListViewItem ^addItem=this->listView1->Items->Add(item1);
            addItem->Selected=true;              //设置当前添加的列表项为当前选择项
        }
    }
    this->tabPage1->Enabled=true;
    this->radioButton4->Checked=true;
    this->listView1->View=View::Details; //详细信息;
}
```

（9）添加 listView1 的 ItemSelectionChanged 事件处理代码,实现单击右下部的列表视图中的姓名列表项,则右上的选项卡信息也同步显示这个学生的信息的功能。

```
private: System::Void listView1_ItemSelectionChanged(System::Object ^sender,
System::Windows::Forms::ListViewItemSelectionChangedEventArgs ^e) {
    //若当前没有选择项,则返回
    if(listView1->SelectedItems->Count<=0) return;
    //获取当前选择的列表项
    ListViewItem ^item1=listView1->SelectedItems[0];
    this->textBox1->Text=item1->SubItems[0]->Text;       //姓名
    this->textBox2->Text=item1->SubItems[1]->Text;       //学号
    this->numericUpDown1->Text=item1->SubItems[2]->Text; //成绩 1
    this->numericUpDown2->Text=item1->SubItems[3]->Text; //成绩 2
    this->numericUpDown3->Text=item1->SubItems[4]->Text; //成绩 3
}
```

（10）为树视图控件 treeView1 添加 AfterSelect 事件及代码,实现单击某个学生后,右边的选项卡和列表视图也同步变化的功能。同时添加一个自定义函数,实现在树视图中查找到所选的根节点的功能。

```
private: System::Void treeView1_AfterSelect(System::Object ^sender, System::
Windows::Forms::TreeViewEventArgs ^e) {
    TreeNode ^rootNode=GetSelRootNode();       //获取当前选择的根节点
    if(rootNode==nullptr) return;
    //在列表视图中找出与当前节点对应的列表项
    for(int i=0; i<this->listView1->Items->Count; i++)
```

```
    {
        ListViewItem ^item1=listView1->Items[i];
        if(item1->Text->Equals(rootNode->FirstNode->Text))
        {
            item1->Selected=true;//设置当前列表项为当前选择项
            break;
        }
    }
    //将当前节点内容反填到成绩管理对话框中
    this->textBox1->Text=rootNode->FirstNode->Text;      //姓名
    this->textBox2->Text=rootNode->Text;                 //学号
    this->textBox2->Enabled=false;                       //学号节点不能更改
    TreeNode ^scoreNode=rootNode->LastNode->FirstNode;
    this->numericUpDown1->Text=scoreNode->Text;          //成绩 1
    scoreNode=scoreNode->NextNode;
    this->numcricUpDown2->Text=scoreNode->Text;          //成绩 2
    scoreNode=scoreNode->NextNode;
    this->numericUpDown3->Text=scoreNode->Text;          //成绩 3
}
private: TreeNode ^GetSelRootNode(System::void)
{
    if(treeView1->SelectedNode==nullptr)
    {
        MessageBox::Show("本操作先要选择节点记录!", "提示");
        return nullptr;
    }
    //找到选中的最高级的学号根节点
    TreeNode ^rootNode=treeView1->SelectedNode->Parent;
    if(rootNode==nullptr)
        rootNode=treeView1->SelectedNode;
    else
    {
        if(rootNode->Parent !=nullptr)
            rootNode=rootNode->Parent;
    }
    return rootNode;
}
```

(11) 添加学生成绩输入对话框。

① 将 6.2.1 节创建并设计的"学生成绩"对话框（窗体）文件 ScoreDlg.h 和 ScoreDlg.cpp 复制到本例 StuTable\StuTable 文件夹中。

② 选择"项目"→"添加现有项"菜单命令，在弹出的对话框中将 ScoreDlg.h 和 ScoreDlg.cpp 添加到当前项目中。

③ 打开 ScoreDlg.h 代码，将名称空间 ScoreDlg 改为 StuTable。

④ 打开 Form1.h 代码，在前面添加 ScoreDlg 类的头文件包含代码：

```
#include "ScoreDlg.h"
```

⑤ 打开 ScoreDlg.h 文件代码，将 textBox1、textBox2、numericUpDown1、numericUpDown2、numericUpDown3 控件类对象的访问方式 private 改为 public。

(12) 为 3 个按钮添加事件处理函数。

```
private: System::Void button1_Click(System::Object ^sender, System::EventArgs
^e) {
    ScoreDlg ^pDlg=gcnew ScoreDlg();
    if(pDlg->ShowDialog(this) !=System::Windows::Forms::DialogResult::OK)
        return;
    //判断是否有重号
    String ^strNo=pDlg->textBox2->Text->Trim();
    if(String::IsNullOrEmpty(strNo))
    {
        MessageBox::Show("添加的节点学号不能为空!", "提示");
        return;
    }
    for(int i=0; i<treeView1->Nodes->Count; i++)
    {
        if(strNo->Equals(treeView1->Nodes[i]->Text->Trim()))
        {
            MessageBox::Show("该学号节点已添加!", "提示");
            return;
        }
    }
    //生成节点
    TreeNode ^scoreNode1=gcnew TreeNode(pDlg->numericUpDown1->Text, 1, 1);
    TreeNode ^scoreNode2=gcnew TreeNode(pDlg->numericUpDown2->Text, 1, 1);
    TreeNode ^scoreNode3=gcnew TreeNode(pDlg->numericUpDown3->Text, 1, 1);
    TreeNode ^scoreNodes=gcnew TreeNode("成绩", 1, 1);
    //添加节点
    scoreNodes->Nodes->Add(scoreNode1);
    scoreNodes->Nodes->Add(scoreNode2);
    scoreNodes->Nodes->Add(scoreNode3);
    TreeNode ^nameNode=gcnew TreeNode(pDlg->textBox1->Text, 1, 1);
    TreeNode ^rootNode=gcnew TreeNode(strNo);
    rootNode->Nodes->Add(nameNode);
    rootNode->Nodes->Add(scoreNodes);
    this->treeView1->Nodes->Add(rootNode);
    //在列表视图中添加一行
    ListViewItem ^item1=gcnew ListViewItem(pDlg->textBox1->Text, 0);
    item1->SubItems->Add(pDlg->textBox2->Text);              //学号
```

```
        item1->SubItems->Add(pDlg->numericUpDown1->Text);    //成绩 1
        item1->SubItems->Add(pDlg->numericUpDown2->Text);    //成绩 2
        item1->SubItems->Add(pDlg->numericUpDown3->Text);    //成绩 3
        ListViewItem ^addItem=this->listView1->Items->Add(item1);
        addItem->Selected=true;    //设置当前添加的列表项为当前选择项
    }
private: System::Void button2_Click(System::Object ^sender, System::EventArgs
^e) {
        //Del
        TreeNode ^rootNode=GetSelRootNode();
        if(rootNode==nullptr)
            return;
        this->treeView1->Nodes->Remove(GetSelRootNode());
        //若当前没有选择项,则返回
        if(listView1->SelectedItems->Count<=0) {
            MessageBox::Show("请选定一个列表项!", this->Tcxt);
            return;
        }
        //获取当前选择的列表项,不一定是 listView1->SelectedItems[0]
        for(int i=0; i<this->listView1->Items->Count; i++)
        {
            ListViewItem ^item1=listView1->Items[i];
            if(item1->Text->Equals(rootNode->FirstNode->Text))
            {    //删除当前选择的列表项
                listView1->Items->Remove(item1);
                break;
            }
        }
    }
private: System::Void button3_Click(System::Object ^sender, System::EventArgs
^e) {
        TreeNode ^rootNode=GetSelRootNode();
        if(rootNode==nullptr) return;
        //将获取的节点内容反填到成绩管理对话框中
        StudataDlg ^pDlg=gcnew StudataDlg();
        pDlg->textBox1->Text=rootNode->FirstNode->Text;    //姓名
        pDlg->textBox2->Text=rootNode->Text;               //学号
        pDlg->textBox2->Enabled=false;                     //学号节点不能更改
        TreeNode ^scoreNode=rootNode->LastNode->FirstNode;
        pDlg->numericUpDown1->Text=scoreNode->Text;        //成绩 1
        scoreNode=scoreNode->NextNode;
        pDlg->numericUpDown2->Text=scoreNode->Text;        //成绩 2
        scoreNode=scoreNode->NextNode;
        pDlg->numericUpDown3->Text=scoreNode->Text;        //成绩 3
```

```
//转到修改对话框
if(pDlg->ShowDialog(this) !=System::Windows::Forms::DialogResult::OK)
    return;
rootNode->FirstNode->Text=pDlg->textBox1->Text;
scoreNode=rootNode->LastNode->FirstNode;
scoreNode->Text=pDlg->numericUpDown1->Text;
scoreNode=scoreNode->NextNode;
scoreNode->Text=pDlg->numericUpDown2->Text;
scoreNode=scoreNode->NextNode;
scoreNode->Text=pDlg->numericUpDown3->Text;
//同时修改列表视图
if(listView1->SelectedItems->Count<=0) {
    MessageBox::Show("树视图和列表项不对应!", this->Text);
    return;
}
for(int i=0; i<this->listView1->Items->Count; i++)
{
    ListViewItem ^item1=listView1->Items[i];
    if(item1->Text->Equals(rootNode->FirstNode->Text))
    {
        //修改选择的列表项的内容
        item1->SubItems[0]->Text=pDlg->textBox1->Text;
        item1->SubItems[1]->Text=pDlg->textBox2->Text;
        item1->SubItems[2]->Text=pDlg->numericUpDown1->Text;
        item1->SubItems[3]->Text=pDlg->numericUpDown2->Text;
        item1->SubItems[4]->Text=pDlg->numericUpDown3->Text;
        break;
    }
}
}
```

（13）编译并运行程序,测试运行结果。

思考与练习

1. 选择题

（1）展开一个 TreeView 控件中的所有节点使用_____。

    A. CollapseAll   B. ExpandAll   C. FindNode   D. Indent

（2）列表视图 ListView 的 View 属性的默认值为_____。

    A. LargeIcon   B. SmallIcon   C. Details   D. List

2. 简述题

（1）如何动态添加一个 TabControl 控件?

（2）简述图像列表框 ImageList 的作用。

（3）列表视图控件 ListView 显示的视图方式有哪些？如何设置？

（4）列表视图 ListView 类的列表项、子项和列表头之间是怎样关联的？

（5）树视图控件 TreeView 类中有哪些主要属性是用来设置控件外观的？如何在树视图控件中添加和删除一个节点？如何查找树中某一个节点？

（6）切分窗口一般的实现方法是什么？

第9章 基本界面设计

实训目的
- 掌握菜单的设计与调用。
- 掌握工具栏的设计与调用。
- 掌握状态栏的设计与使用。
- 掌握图标和托盘的设计与使用。

9.1 基本知识提要

9.1.1 菜单

在应用程序中使用菜单来设计界面,可以使界面变得更加简洁、方便,可以根据需要设计各种风格的菜单。

1. 菜单结构

菜单将系统可以执行的命令以层级的方式显示出来,一般置于界面的最上方或者最下方,应用程序能使用的所有命令几乎都能放入,重要程度是从左到右依次降低,越往右重要程度越低。

菜单类型有下拉式菜单(MenuStrip)和弹出式菜单(ContextMenuStrip)两种,如图9-1所示。下拉式菜单也称菜单栏,一般在窗口的顶部、窗口标题栏下面显示,由主菜单、子菜单及子菜单中的菜单项(ToolStripMenuItem)和分隔条等组成。弹出式菜单又称快捷菜单、上下文菜单,是一种浮动式菜单,用鼠标右击窗体或控件时才显示,主菜单不可见,只显示子菜单,其中提供了几个与当前选择内容相关的选项。

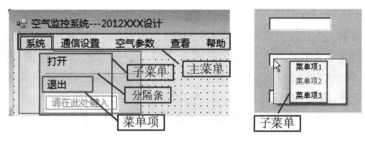

图 9-1 下拉式菜单和弹出式菜单

菜单项的标题文本中带下画线的字母为热键,菜单项右侧显示的字符串是快捷键。例如"窗口(W)"的 W 是热键,"启动调试"右侧的 F5 是快捷键,如图9-2所示。

2. 下拉式菜单

下拉式菜单使用 MenuStrip 类来管理,该类提供了用于设置菜单项的外观和功能的相关属性,它是存放菜单项 ToolStripMenuItem、ToolStripComboBox、ToolStripSeparator 和 ToolStripTextBox 对象的容器。ToolStripMenuItem 可以是应用程序的一条命令,也可以是其他菜单项的父菜单,ToolStripComboBox 和 ToolStripTextBox 对象只能设置为单独的命令,不能成为其他子菜单项的父菜单。

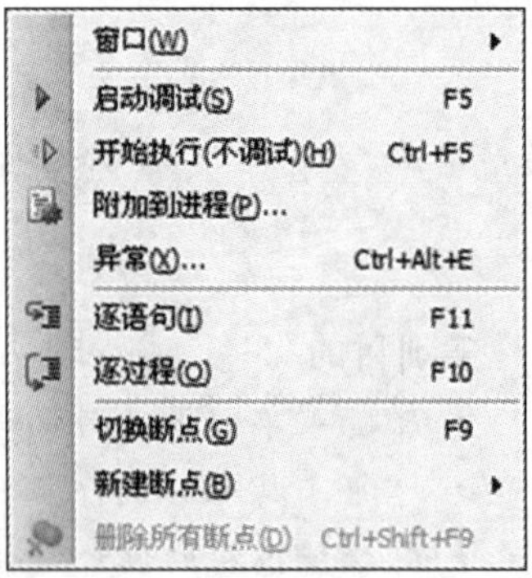

菜单项用 ToolStripMenuItem 类管理,它的常用属性如表 9-1 所示。

图 9-2　菜单的热键和快捷键

表 9-1　ToolStripMenuItem 类的常用属性

属　　性	说　　明
Checked	指定该菜单项是否处于选中状态
Enabled	指定该菜单项是否已经被启用
Selected	指定该菜单项是否处于选定状态
CheckOnClick	指定该菜单项是否应在被单击时自动显示为选中或未选中状态
CheckState	指定该菜单项处于选中、未选中或不确定状态
DropDownItems	用于保存该菜单项下包含的所有子菜单 ToolStripMenuItem 对象
Image	指定在该菜单前显示的图像
ShortcutKeys	指定与该菜单项关联的快捷键
Text	指定该菜单项显示的文本
ToolTipText	指定该菜单项的工具提示文本

菜单栏通过单击菜单项与程序进行交互,一般通过菜单项的 Click 事件来实现相应的功能。

菜单可以在设计状态创建,也可以通过编程方式创建。在设计状态创建菜单可以通过编辑器或者界面的方式进行。使用菜单项集合编辑器的方式,有 3 种进入方法(图 9-3):第一种是在菜单的快捷菜单中选择编辑项;第二种是在菜单对象实例的属性中选择 Items 右边的按钮;第三种是右击菜单项,选择"编辑项"命令。

在菜单项集合编辑器中可以添加或者删除菜单项,同时可以调整顺序、设置属性等,如图 9-4 所示。

单击窗体模板下的 MenuStrip1 图标,选定的菜单栏右上方会出现一个智能标记图标 ▶,单击这个智能标记 ▶,弹出对话框,显示可用的任务命令。其中的"插入标准项"可以快速创建系统菜单,如图 9-5 所示。

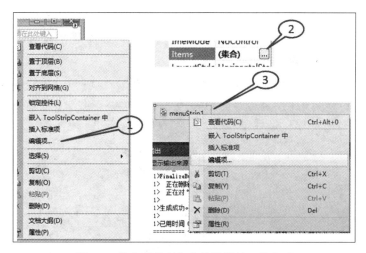

图 9-3 进入菜单项集合编辑器的 3 种方式

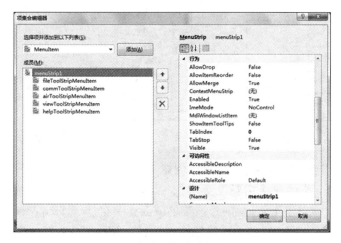

图 9-4 菜单项集合编辑器界面

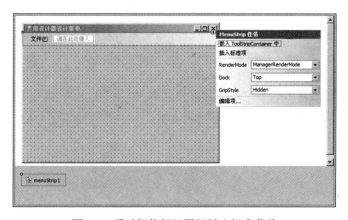

图 9-5 通过智能标记图标插入标准菜单

在菜单项属性窗口中,单击 ShortcutKeys(快捷键)右侧的下拉按钮,弹出如图 9-6 所示的窗口,从中可为该菜单项指定一个快捷键。其中,可以选中 Ctrl、Shift 和 Alt 3 个修饰符,以便与"键"下拉列表框选定的键组合。

在窗体设计器中,可以拖动选中的菜单项来对菜单进行设置,操作方法较灵活。按 Del 键可以删除当前菜单项。除了直接在"请在此处输入"输入菜单项以及修改其属性外,还可在下拉菜单项处右击,弹出如图 9-7 所示的快捷菜单。

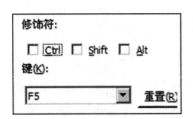

图 9-6　菜单项快捷键的设置　　　　　图 9-7　下拉菜单项的快捷菜单

通过编程方式创建菜单的方法是:先创建一组 ToolStripMenuItem 对象来表示菜单中的菜单项,为这个菜单项指定触发菜单的 Click 事件处理方法,将所有菜单项添加到 MenuStrip 对象中。对于子菜单,则为该菜单项创建一组 ToolStripMenuItem 对象,然后添加到该菜单项的 DropDownItems 属性中。最后将 MenuStrip 对象添加到窗体中。

3. 弹出式菜单

弹出式菜单是通过 ContextMenuStrip 容器类来实现的,其 Items 属性保存了快捷菜单所包含的菜单项的 ToolStripMenuItem 对象的集合。弹出式菜单的设计方法与下拉式菜单基本相同,只是不必设计主菜单。

需要将创建好的弹出式菜单关联到具体的窗体或控件上,以便在窗体或控件上右击时激活这个弹出式菜单。从 Control 类派生出的窗体类或控件类都继承了 Control 的 ContextMenuStrip 属性,可以用它来指定与窗体或控件关联的 ContextMenuStrip 对象实例。

9.1.2　工具栏

工具栏也称工具条,它提供了应用程序中最常用的菜单命令的快速访问方式,是 Windows 应用程序的标准元素之一。使用 ToolStrip 类管理工具栏。工具栏包含一组以图标按钮为主的工具项,通过单击其中的各个工具项就可以执行相应的操作。

ToolStrip 类是菜单、状态栏和工具栏对象的共同基类,表示可滚动的容器类控件,存放的是 ToolStripItem 类对象,如按钮、组合框、文本框及标签等,常用的工具栏类及其描述如表 9-2 所示。

表 9-2 常用的工具栏类

工 具 栏 类	描 述
ToolStripButton	表示具有文本或图像的工具栏按钮
ToolStripLabel	通常作为注释或标题的文本标签
ToolStripSeparator	不可选择,用于对元素进行分组的竖线分隔条
ToolStripDropDownButton	表示一个具有下拉条的按钮
ToolStripContainer	工具栏容器,用于管理一个或多个工具栏

工具栏按钮项 ToolStripButton 是最常用的工具栏项,用于表示标准的可单击按钮,可以显示图像或者文本,其常用属性如表 9-3 所示。

表 9-3 ToolStripButton 类的常用属性

属 性	说 明
Image	用于指定该按钮显示的图像
Text	表示该按钮显示的文本
DisplayStyle	按钮的显示方式,默认为 Image,仅显示图像
TextImageRelation	指定按钮上的文本和图像之间的相对位置
ShortcutKeys	指定与该按钮关联的快捷键
ToolTipText	表示该按钮的工具提示文本

Click 事件是工具栏按钮的常用事件,可以为其编写处理程序来实现相应的功能。

1. 工具栏的编辑

工具栏的编辑有两种方法,一是通过工具栏设计器,二是通过项集合编辑器。

ToolStrip 还有一个与 MenuStrip 一样的任务操作界面,选择"插入标准项"命令,可以得到一个标准工具按钮,使用工具栏设计器的这个图标,就打开了工具栏设计器,如图 9-8 所示。

图 9-8 使用工具栏设计器设计工具栏

单击右侧的下拉箭头 □▼ ，将弹出如图 9-9 所示的菜单，选择类型后，将自动按默认属性向工具栏添加一项，同时可通过其属性窗口来修改该项的属性。

2. 工具栏项编辑器

工具栏项编辑器可以用两种方法打开：一是右击工具栏或者右击窗体模板下的 ToolStrip1 图标；二是单击工具栏最右边的智能标记 □▼ ，从弹出窗口选择编辑项，如图 9-9 所示。工具栏的项集合编辑器的操作与菜单栏的项集合编辑器是相似的，如图 9-10 所示。

图 9-9 工具栏设计器的菜单

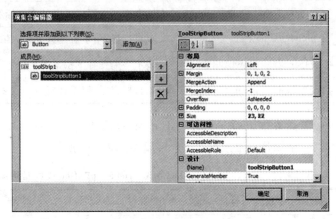

图 9-10 工具栏的项集合编辑器界面

9.1.3 状态栏

状态栏(StatusStrip)也是 Windows 应用程序常用的界面元素，通常置于窗体底部，用于显示应用程序的各种状态信息。

状态栏控件用于创建状态栏，状态栏可以由若干个状态面板组成，显示为状态栏中的一个个小窗格，每个面板中可以显示用于指示状态的文本、图标或指示进程正在进行的进度条，如键盘上的大写、数字、滚动键状态信息等，如图 9-11 所示。

图 9-11 状态栏

状态栏使用 StatusStrip 容器类来封装。状态栏主要包括以下几个对象：

- ToolStripStatusLabel：状态窗格标签，可用来显示文本、图标或两者都显示。
- ToolStripProgressBar：状态窗格进展条。
- ToolStripDropDownButton：状态窗格按钮。
- ToolStripSplitButton：状态窗格组合按钮。

状态栏的编辑可以使用状态栏编辑器。在设计器状态下，单击 □▼ 按钮右侧的下拉箭头,将弹出如图 9-12 所示的菜单,从中可以选择要添加的项的类型,再通过对象实例的属性窗口来修改它的属性。

还可以使用项集合编辑器来编辑状态栏。状态栏的项集合编辑器可以有两种方法打开:一是右击状态栏或右击窗体模板下的 statusStrip1 图标,从弹出的快捷菜单中选择"编辑项"命令;二是单击状态栏最右侧的智能标记,弹出任务列表窗口,从中选择"编辑项"。状态栏的项集合编辑器的操作与工具栏的项集合编辑器是一样的,如图 9-13 所示。

图 9-12 状态窗格菜单

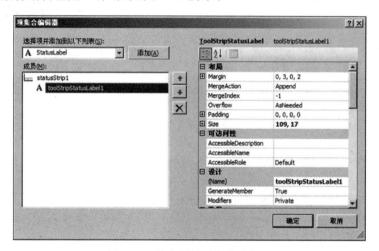

图 9-13 状态栏的项集合编辑器

9.1.4 图标

一个应用软件除了要实现其功能之外,最好能在软件界面上添加一些醒目的个性化图标,起到画龙点睛的作用。用 Visual Studio 编写的应用程序,默认的程序左上角图标是系统自带的,缺乏个性。

Visual Studio 提供了图像编辑器设计图标 Icon。在系统的"解决方案资源管理器"中的根节点上右击,选择"添加"→"资源"命令,选择 Icon,再单击"新建"按钮,就可以打开图像编辑器,设计自己的图标并保存为图标文件。

修改应用程序的图标就是将窗体的图标 Icon 属性指定为自己设计的图标。也可以使用代码,通过 Icon 类构造函数创建图标实例来重置窗体 Icon 属性,例如:

```
System::Drawing::Icon ^icon1=gcnew System::Drawing::Icon("icon1.ico");
this->Icon=icon1;
```

可以选择项目文件使用的图标资源文件 app.ico,使用图标编辑器修改这个图标,就达到了修改项目文件图标的目的。

9.1.5 托盘控件

托盘是指在计算机桌面右下角任务栏中的一小块特殊区域,即"通知区域",其作用是向用户发出通知、提醒、备忘、警告等,使用户可以进行相应的处理,随时访问正在运行的程序。

很多程序在后台运行,甚至不需要自己的应用界面。也有些程序启动后的最小化界面就显示在托盘里,如系统中的网络、音量、输入法、通知等,如图 9-14 所示。

图 9-14　系统托盘

一般,当应用程序最小化窗体时,在系统托盘区域显示程序图标,NotifyIcon 类提供了应用程序在任务栏的托盘图标显示功能,使用 NotifyIcon 类的 Icon 属性定义在通知区域中显示的图标,Visible 属性设置为 true,则在托盘中显示图标。

9.1.6 串口类及虚拟串口

串口也称串行接口或串行通信接口。按电气标准及协议可将串口分为 RS-232、RS-422、RS-485、USB 等类型。

串口 SerialPort 类用于控制串口文件资源。此类提供同步 I/O 和事件驱动的 I/O、对引脚和中断状态的访问以及对串行驱动程序属性的访问。另外,此类的功能可以包装在内部 Stream 对象中,可通过 BaseStream 属性访问,并且可以传递给包装或使用流的类。

SerialPort 类支持的编码有 ASCII Encoding、UTF8 Encoding、Unicode Encoding、UTF32 Encoding,但必须使用 ReadByte 或 Write 方法,可使用 GetPortNames 方法检索当前计算机的有效端口。

虚拟串口是用操作系统的虚拟驱动技术产生的串口(COM 口),相对于计算机本身的硬件串口(COM1 等)来说,虚拟串口并不对应物理串口,但是计算机应用软件可以像使用物理串口一样使用虚拟串口,对于串口软件来说虚拟串口和物理串口并没有区别。在调试程序时可安装一些常用的虚拟串口软件来实现不同设备间的通信接口数据交互功能。

9.1.7 ActiveX 控件

ActiveX 控件是一种可重用的软件组件。通过使用 ActiveX 控件可以快速实现小型的组件重用和代码共享,从而提高编程效率。开发 ActiveX 控件可以使用各种编程语言,如 C、Visual Basic 等,不管使用什么编程语言,ActiveX 控件一旦被开发出来,就与其开发时用的编程语言无关了,用一种编程语言开发出来的 ActiveX 控件无须做任何修改,即可在另一种编程语言中使用,其效果同使用标准控件一样。

所谓 COM(Component Object Model,组件对象模型),是一种说明如何建立可动态互变组件的规范,COM 是一种技术标准,其商业品牌则称为 ActiveX。

ActiveX 控件通常保存在.ocx 或.dll 文件中。ActiveX 控件不能单独运行,必须依赖某种应用程序,如 Windows 应用程序和 Web 应用程序等,这些程序称为 ActiveX 控件的宿主程序。

1. 在工具箱中添加 ActiveX 控件

默认情况下,VS.NET 的工具箱中不包含 ActiveX 控件。要使用 ActiveX 控件,必须先向工具箱中添加该控件。

如果使用 ActiveX 控件的项目与创建 ActiveX 控件的项目不在同一个解决方案中,默认情况下就无法在工具箱中找到该控件。这时可以在工具箱中控件的选项卡中右击,从弹出的快捷菜单中选择“选择项”命令,打开“选择工具箱项”对话框,单击“.NET Framework 组件”选项卡右下角的“浏览”按钮找到该控件所在的 dll 文件,然后单击“确定”按钮即可将其添加到工具箱中。

2. 开发 ActiveX 控件

1) 创建 ActiveX 控件

创建 ActiveX 控件一般要经过创建项目、设计界面、编写代码和生成控件 4 个步骤。

(1) 创建项目。在 Visual Studio 2013 中选择“文件”→“新建”→“项目”命令,打开“新建项目”对话框,在对话框中选择“Windows 窗体控件库”模板,然后为“控件名称”输入项目的名称,为“解决方案”输入一个不同的名称,输入所需的位置或者导航到要保存项目的目录。

(2) 设计界面。窗体设计器将打开并显示一个区域,可以将要放置到控件设计图上的控件添加到该区域中,设置控件本身及其包含的控件的一些属性。

(3) 编写代码。

(4) 生成控件。在“生成”菜单上,选择“生成解决方案”命令,将生成后缀名为 dll 的 Windows 窗体控件。可以在项目文件夹中找到此文件。

2) 测试 ActiveX 控件

单击工具栏上的“启动调试”按钮或按 F5 键,会生成 ActiveX 控件并打开“用户控件测试容器”对话框,在该对话框中,可以设置 ActiveX 控件的相关属性并预览效果。

3) 使用 ActiveX 控件

ActiveX 控件生成之后,就可以被宿主程序使用。如果使用 ActiveX 控件的项目与创建 ActiveX 控件的项目在同一个解决方案中,可以直接在工具箱顶部的“组件”选项卡中看到该 ActiveX 控件,其使用方法与其他控件相同。

9.2 实训操作内容

9.2.1 空气监控系统设计 1

1. 实训要求

为"空气监控系统"设计其系统菜单、快捷菜单等基本的界面,如图 9-15 所示。

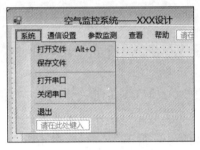
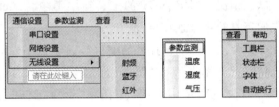

图 9-15 空气监测系统菜单设计

选择"通信设置"→"串口设置"命令将调用"串口设置"对话框,用来选择串口设置的参数,选择"系统"→"打开串口"和"关闭串口"命令分别实现串口的打开和关闭功能,如图 9-16 所示。

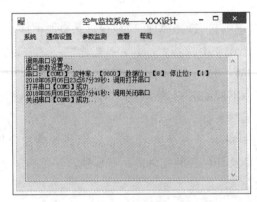

图 9-16 空气监控系统设计 1

2. 设计分析

1)下拉菜单设计

在窗体中添加一个菜单控件 menuStrip1 后,就可用多种方式进行菜单添加与编辑。按系统设计要求添加各菜单项即可,可设置某些菜单项的快捷键。

2)菜单项的调用

一般是对菜单项的单击事件进行处理,也可对下拉菜单进行集中处理,如本例对"系统"菜单进行集中处理,即为"系统"菜单添加 DropDownItemClicked 事件处理函数,在函数中判断用户单击了哪个菜单项,就调用对应的功能。

而对"通信设置"中的"串口设置"菜单项则采用菜单项的 Click 事件来处理,打开另外一个对话框,获得串口设置的参数,返回后再对串口进行设置。

3) 快捷菜单的设计与关联

在窗体中添加一个快捷菜单控件 ContextMenuStrip 后,就可用多种方式进行快捷菜单添加与编辑。按系统设计要求添加各菜单项后,还需将该快捷菜单与某个控件关联,即指定在该控件上右击才能弹出该快捷菜单。

针对不同的控件可以显示不同的菜单,这里用改变菜单项的 Enable 属性来区分,对快捷菜单项的调用与下拉菜单项相同,这里简化为显示一行信息提示。

4) 对话框的设计

对话框可以采用新建的方式创建,也可以导入之前已经创建好的对话框。要判断对话框调用的返回需要使用按钮的 DialogResult 属性,所以一般是将"确定"按钮的 DialogResult 属性设置为 OK,"取消"按钮的 DialogResult 属性设置为 Cancel。调用返回后还要用到调用对话框中控件的值,因此要在对话框 SerialDlg 类中将用到的 comboBox1 至 comboBox4 控件的定义修改为 Public。

5) 串口通信 SerialPort 控件设计

可调用 SerialPort 控件的 GetPortNames 方法获取当前计算机可用的串口名称,返回到一个字符串数组中,再添加到"串口设置"对话框的"串口"组合框中。

串口的打开和关闭使用 SerialPort 控件的 Open 和 Close 方法实现。在打开之前最好先关闭串口,串口的打开操作与外部设备或虚拟设备的设置有关,应设置 SerialPort 控件的 ReadTimeout 属性,并使用 try-catch 结构。

6) 时间戳

作为实时监控系统,在发送指令和接收数据时应加上时间戳信息,程序中通过调用 DateTime::Now 获取当前的时间。

3. 操作指导

1) 下拉菜单设计

(1) 创建 Windows 窗体应用程序 AMS(Air Monitoring System)。窗体的标题 Text 属性修改为"空气监控系统——×××设计"。

(2) 菜单设计。在 Form1 窗体中添加一个菜单控件 menuStrip1 和一个串口通信控件 serialPort1,按图 9-15 所示设计菜单控件的各菜单项。

(3) 在窗体中添加一个 TextBox 控件 textBox1,用于显示操作的信息内容。将 MultiLine 属性设为 true,将 ScrollBars 属性设为 Both。

(4) 单击"系统"菜单,添加 DropDownItemClicked 事件处理方法 On_DoSystemMenu,集中处理"系统"菜单下各子菜单的调用,并在信息生成时添加时间戳信息,代码如下:

```
private: System::Void On_DoSystemMenu(System::Object ^sender,
    System::Windows::Forms::ToolStripItemClickedEventArgs ^e) {
    ToolStripMenuItem ^item;
```

```
if(e==nullptr)
    item=safe_cast<ToolStripMenuItem^>(sender);
else
    item=safe_cast<ToolStripMenuItem^>(e->ClickedItem);
String ^str=textBox1->Text;
if(item==打开文件 ToolStripMenuItem)
{
    OpenFileDialog ^pOFD=gcnew OpenFileDialog();
    pOFD->Filter="文本文件(*.txt)|*.txt|所有文件(*.*)|*.*";
    pOFD->DefaultExt="txt";
    if(pOFD->ShowDialog()==Windows::Forms::DialogResult::OK)
    {
        textBox1->Text=str+"打开文件：文件名="+pOFD->FileName+"\r\n";
    }
}
else if(item==保存文件 ToolStripMenuItem)
{
    SaveFileDialog ^pOFD=gcnew SaveFileDialog();
    pOFD->Filter="文本文件(*.txt)|*.txt|所有文件(*.*)|*.*";
    pOFD->DefaultExt="txt";
    if(pOFD->ShowDialog()==Windows::Forms::DialogResult::OK)
    {
        textBox1->Text=str+"保存文件：文件名="+pOFD->FileName+"\r\n";
    }
}
else if(item==打开串口 ToolStripMenuItem)
{
    textBox1->Text+=Get_CurrentTime()+"：调用打开串口"+"\r\n";
    serialPort1->ReadTimeout=500;
    serialPort1->WriteTimeout=500;
    String ^str="打开串口【"+serialPort1->PortName+"】成功..."+"\r\n";
    try{
        serialPort1->Close();
        serialPort1->Open();
        textBox1->Text+=str;
    }
    catch(Exception ^e)
    {
        textBox1->Text+="串口打开失败!!!! \r\n";
    }
}
else if(item==关闭串口 ToolStripMenuItem)
{
    textBox1->Text+=Get_CurrentTime()+"：调用关闭串口"+"\r\n";
```

```
        String ^str="关闭串口【"+serialPort1->PortName+"】成功..."+"\r\n";
        serialPort1->Close();
        textBox1->Text+=str;
    }
    else if(item==退出 ToolStripMenuItem)
        this->Close();
}
private: System::String ^Get_CurrentTime() {
    return DateTime::Now.ToString(L"yyyy 年 mm 月 dd 日 hh 时 mm 分 ss 秒");
}
```

（5）添加串口设置对话框。选择菜单"项目"→"添加类"命令新建"串口设置"对话框（SerialDlg 窗体类），将窗体标题文本改为"串口设置"。在弹出的窗体中添加如图 9-17 所示的控件。

（6）为 SerialDlg 窗体添加 Load 事件处理方法，查找可用的串口，赋值给串口组合框。

图 9-17 "串口设置"对话框

```
private: System:: Void SerialDlg _ Load (System::
Object ^sender, System::EventArgs ^e) {
    array<String^>^serialPorts=nullptr;
    try
    {
        //获取串口名字
        serialPorts=SerialPort::GetPortNames();
    }
    catch(Win32Exception ^ex)
    {
        Console::WriteLine(ex->Message);
    }
    comboBox1->Text=serialPorts[0];
    //将串口名字添加到组合框中
    for each(String ^port in serialPorts)
        comboBox1->Items->Add(port);
}
```

（7）将"确定"按钮的 DialogResult 属性设置为 OK，将"取消"按钮的 DialogResult 属性设置为 Cancel，在 SerialDlg 类中将 comboBox1 至 comboBox4 控件的定义修改为 Public。为"确定"按钮和"取消"按钮添加代码：

```
private: System::Void button1_Click(System::Object ^sender, System::EventArgs
^e) {
    this->Close();
}
private: System::Void button2_Click(System::Object ^sender, System::EventArgs
```

```
    ^e) {
        this->Close();
    }
```

（8）打开 Form1.h 代码文件，在前面添加 SerialDlg 类的头文件包含代码和 SerialPorts 类的命名空间：

```
#include "SerialDlg.h"
using namespace System::IO::Ports;
```

（9）通过菜单调用打开窗体的方法与按钮的调用方法类似。在"串口设置"菜单项的 Click 事件中添加下列代码：

```
private: System::Void 串口设置 ToolStripMenuItem_Click(System::Object ^sender,
System::EventArgs ^e) {
    SerialDlg ^dlg=gcnew SerialDlg();
    String ^str="调用串口设置"+"\r\n";
    if(dlg->ShowDialog()==Windows::Forms::DialogResult::OK)
    {
        str=str+"串口参数设置为：\r\n";
        str=str+"串口：【"+dlg->comboBox1->Text;
        str=str+"】波特率：【"+dlg->comboBox2->Text;
        str=str+"】数据位：【"+dlg->comboBox3->Text;
        str=str+"】停止位：【"+dlg->comboBox4->Text+"】\r\n";
        serialPort1->PortName=dlg->comboBox1->Text;
        serialPort1->BaudRate=Convert::ToInt32(dlg->comboBox2->Text);
        textBox1->Text+=str;
    }
}
```

（10）编译并运行程序，观察运行效果。

2）快捷菜单设计

（1）将 ContextMenuStrip 组件拖放到 SerialDlg 窗体中，这样在窗体模板下面就有一个 contextMenuStrip1 图标。在"请在此处输入"中依次添加 4 个菜单项，如图 9-18 所示。

图 9-18 "串口设置"对话框的快捷菜单

在这 4 个 ComboBox 控件的属性窗口中，将其 ContextMenuStrip 属性均选为 contextMenuStrip1。

（2）单击 SerialDlg 窗体，为窗体添加 MouseDown 事件处理方法 On_MouseDown，并添加下列代码：

```
private: System::Void On_MouseDown(System::Object ^sender,
    System::Windows::Forms::MouseEventArgs ^e) {
    //判断是否右击鼠标
    if(e->Button==System::Windows::Forms::MouseButtons::Right)
```

```
        {
            this->contextMenuStrip1->Show(this, e->Location);
        }
    }
```

（3）切换到 SerialDlg 窗体设计器页面，单击窗体模板下方的 contextMenuStrip1 图标，在其属性窗口中，添加 Opening 事件处理方法 On_Opening，并添加下列代码：

```
private: System::Void On_Opening(System::Object ^sender,
        System::ComponentModel::CancelEventArgs ^e) {
    for(int i=0; i<contextMenuStrip1->Items->Count; i++)
        contextMenuStrip1->Items[i]->Enabled=true;
    if(contextMenuStrip1->SourceControl==this->comboBox1)
        contextMenuStrip1->Items[0]->Enabled=false;
    if(contextMenuStrip1->SourceControl==this->comboBox2)
        contextMenuStrip1->Items[1]->Enabled=false;
    if(contextMenuStrip1->SourceControl==this->comboBox3)
        contextMenuStrip1->Items[2]->Enabled=false;
    if(contextMenuStrip1->SourceControl==this->comboBox4)
        contextMenuStrip1->Items[3]->Enabled=false;
}
```

（4）在属性窗口中指定窗体的 ContextMenuStrip 属性为 ContextMenuStrip1，分别为快捷菜单项添加 Click 事件的处理方法，并在这些方法中同样弹出一个消息框以表示响应 Click 事件。代码如下：

```
private: System::Void 串口 ToolStripMenuItem_Click_1(System::Object ^sender,
System::EventArgs ^e) {
    MessageBox::Show(L"当前串口参数设置为"+comboBox1->Text);
}
private: System::Void 波特率 ToolStripMenuItem_Click_1(System::Object ^sender,
System::EventArgs ^e) {
    MessageBox::Show(L"当前波特率参数为"+comboBox2->Text);
}
private: System::Void 数据位 ToolStripMenuItem_Click_1(System::Object ^sender,
System::EventArgs ^e) {
    MessageBox::Show(L"当前数据位参数为"+comboBox3->Text);
}
private: System::Void 停止位 ToolStripMenuItem_Click_1(System::Object ^sender,
System::EventArgs ^e) {
    MessageBox::Show(L"当前停止位参数为"+comboBox4->Text);
}
```

（5）编译并运行程序，分别在窗体内及在文本框内右击，观察运行效果。

9.2.2　空气监控系统设计 2

1．实训要求

为"空气监控系统"设计其工具栏和状态栏等,并实现工具栏按钮对应的功能,在状态栏中显示程序运行的状态信息和操作信息,如图 9-19 所示。

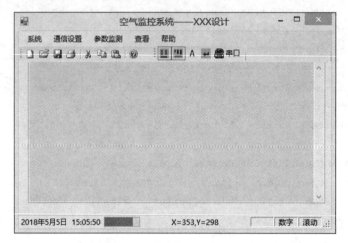

图 9-19　空气监控系统设计 2

2．设计分析

(1) 在工具栏上单击最右边的任务列表智能标记,使用"插入标准项"方式设计第一个工具栏。

(2) 使用"项集合编辑器"设计第二个工具栏,分别添加 5 个 Button(按钮),其中第 5 个 Button 设计为图像＋文字的 ImageAndText 显示方式。前面 4 个 Button 使用 toolbar 资源类型的位图文件设计,在窗体的 Load 事件中加载 toolbar. bmp 位图,并切割成对应的按钮图像。

(3) 状态栏设计为 7 个窗格,第 1、2 个窗格使用 StatusLabel 标签分别用来显示日期和时间,第 3 个窗格使用进度条 ProgressBar 来显示时间的秒值,第 4 个窗格将 Spring 属性值设置为 true,用 StatusLabel 标签来显示提示信息和鼠标移动时的坐标,第 5～7 个窗格的 StatusLabel 标签的 Size 属性的 Width 固定为 40,以边框突起方式分别显示键盘开关键的状态。

(4) 对"查看"菜单的各个菜单项的操作使用集中处理方法 On_DoViewMenu,判断具体的菜单项而执行对应的功能。

(5) 对工具栏按钮的单击事件进行处理,可调用与菜单对应的处理方法。

(6) 为各菜单项添加鼠标进入的 MouseEnter 事件集中处理方法 On_MenuItem,在状态栏中显示菜单项的提示信息。也可添加鼠标离开事件或菜单项处理完成时的提示信息。

3. 操作指导

1）工具栏设计

（1）复制之前的窗体应用程序并打开。在工具箱中选择 ToolStrip 控件并拖动到窗体中，产生了工具栏 toolStrip1，单击窗体模板下的 toolStrip1 图标，在工具栏上单击最右边的任务列表智能标记，弹出任务列表窗口，从中选择"插入标准项"命令，第一个工具栏就设计好了。

（2）再将 ToolStrip 组件拖放到窗体中，产生第二个工具栏 toolStrip2，右击窗体下的 toolStrip2 图标，从弹出的快捷菜单中选择"编辑项"命令，弹出"项集合编辑器"窗口，单击🔽按钮，分别添加 5 个 Button（按钮）。单击 toolStrip2 图标，将 Dock 属性修改为 None，然后将 toolStrip2 工具栏调整好位置。toolStrip2 的图标由工具栏资源指定，如图 9-20 所示。

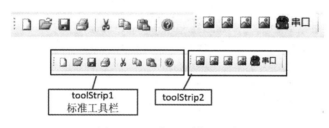

图 9-20 两个工具栏的设计

（3）在第 5 个 Button 的属性窗口中修改 DisplayStyle 属性为 ImageAndText，并修改 Text 属性为"串口"，同时为 Image 属性指定一个工具按钮位图，修改 TextImageRelation 属性为 ImageBeforeText。

（4）在工具栏中使用图像列表。将工具箱的 ImageList 拖放到窗体中，这样在窗体模板下面就有一个 imageList1 图标。在其属性窗口中，将 TransparentColor 选为 White（白色）。

（5）在"解决方案资源管理器"页面中，选中根节点，然后选择"添加"→"添加资源"菜单命令，在弹出的"添加资源"对话框中，选择 Toolbar 资源类型，单击"新建"按钮进行插入，同时在开发环境右侧出现相应的资源编辑器，设计 4 个工具图标（注意一定要用"白色"来填充背景），如图 9-21 所示。

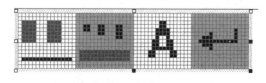

图 9-21 工具栏 4 个图标的设计

（6）初始化工具栏的代码。切换到窗体设计器页面，为窗体 Form1 添加 Load 事件的处理方法 Form1_Load，并添加下列初始化代码：

```
private: System::Void Form1_Load(System::Object ^sender, System::EventArgs ^
e) {
    Bitmap ^bmp=gcnew Bitmap("toolbar1.bmp");
    //从 Bitmap 对象复制指定的内容添加到图像列表中
    Imaging::PixelFormat ft=bmp->PixelFormat;
    int nWidth=bmp->Width/4;
    Rectangle rc=Rectangle(0, 0, nWidth, bmp->Height);
    for(int i=0; i<4; i++) {
        imageList1->Images->Add(bmp->Clone(rc, ft));
        rc.Offset(nWidth, 0);
    }
    //设置工具按钮图像
    this->toolStrip2->ImageList=imageList1;
    for(int i=0; i<4; i++)
        this->toolStrip2->Items[i]->ImageIndex=i;
    //设置菜单项的初始状态
    this->工具栏 ToolStripMenuItem->Checked=true;
    this->状态栏 ToolStripMenuItem->Checked=true;
    //设置工具按钮的初始状态
    this->toolStripButton1->Checked=true;
    this->toolStripButton2->Checked=true;
}
```

2）状态栏设计

（1）在状态栏中显示日期和时间，并根据当前时间控制 ProgressBar 的进度。在工具箱中选择 StatusStrip 控件并拖动到窗体中。单击 StatusStrip 控件中的 ▣▾ 按钮，并分别向 StatusStrip 控件中依次添加两个 StatusLabel 项、一个 ProgressBar 项和四个 StatusLabel 项。

（2）在 StatusStrip 控件中选中 ProgressBar，然后在属性窗口中分别修改 Maximum 和 Step 属性为 60 和 1。将后面 4 个 StatusLabel 窗格的 Text 属性内容删除，将第 3 个 StatusLabel 窗格的 Spring 属性值改为 true。将第 4～6 个 StatusLabel 窗格的 AutoSize 属性均改为 false，将 Size 属性的 Width 属性值改为 40，将 BorderSides 属性选为 All，将 BorderStyle 属性选为 SunkenOuter。添加 StatusStrip 控件后的窗体如图 9-22 所示。

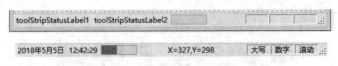

图 9-22　状态栏的设计设计界面和运行界面

（3）向窗体中添加一个 Timer 控件用来实时显示时间。在"属性"窗口中分别修改 Timer 控件的 Enabled 和 Interval 属性为 true 和 1000，并添加 Tick 事件的处理方法 Timer1Tick。在 Timer1Tick 方法中取得当前的系统日期及时间，并分别在状态栏中显示日期和时间，根据当前时间的秒数值控制 ProgressBar 的进度。定时检查、显示开关键的状态。代码如下：

```
System::Void Timer1Tick(System::Object ^sender, System::EventArgs ^e) {
    DateTime dateTime=DateTime::Now;                      //获取系统当前时间
    toolStripStatusLabel1->Text=dateTime.ToLongDateString();   //显示日期
    toolStripStatusLabel2->Text=dateTime.ToLongTimeString();   //显示时间
    toolStripProgressBar1->Value=dateTime.Second;              //进度条
    if(Control::IsKeyLocked(Keys::CapsLock))
        this->toolStripStatusLabel4->Text="大写";
    else
        this->toolStripStatusLabel4->Text="";
    if(Control::IsKeyLocked(Keys::NumLock))
        this->toolStripStatusLabel5->Text="数字";
    else
        this->toolStripStatusLabel5->Text="";
    if(Control::IsKeyLocked(Keys::Scroll))
        this->toolStripStatusLabel6->Text="滚动";
    else
        this->toolStripStatusLabel6->Text="";
}
```

（4）动态显示鼠标移动时的坐标。将鼠标的坐标显示在第 3 个 StatusLabel 窗格中，为窗体 Form1 添加鼠标移动的 MouseMove 事件处理函数，添加如下的代码：

```
private: System::Void Form1_MouseMove(System::Object ^ sender, System::
Windows::Forms::MouseEventArgs ^e) {
    String ^str="X="+e->X.ToString()+",Y="+e->Y.ToString();
    this->toolStripStatusLabel3->Text=str;
}
```

（5）编译并运行程序。

3）完善代码设计

（1）单击"查看"菜单，添加 DropDownItemClicked 事件处理方法 On_DoViewMenu，代码如下：

```
private: System::Void On_DoViewMenu(System::Object ^sender, System::Windows::
Forms::ToolStripItemClickedEventArgs ^e) {
    ToolStripMenuItem ^item;
    ToolStripMenuItem ^item;
    if(e==nullptr)
        item=safe_cast<ToolStripMenuItem^>(sender);
    else
        item=safe_cast<ToolStripMenuItem^>(e->ClickedItem);
    if(item==工具栏 ToolStripMenuItem)            //"工具栏"菜单项
    {
        工具栏 ToolStripMenuItem->Checked=!工具栏 ToolStripMenuItem->Checked;
```

```
        toolStripButton1->Checked=工具栏 ToolStripMenuItem->Checked;
        //显示/隐藏工具栏
        toolStrip1->Visible=工具栏 ToolStripMenuItem->Checked;
    }
    else if(item==状态栏 ToolStripMenuItem)    //"状态栏"菜单项
    {
        状态栏 ToolStripMenuItem->Checked=!状态栏 ToolStripMenuItem->Checked;
        toolStripButton2->Checked=状态栏 ToolStripMenuItem->Checked;
        //显示/隐藏状态栏
        statusStrip1->Visible=状态栏 ToolStripMenuItem->Checked;
    }
    else if(item==字体 ToolStripMenuItem)      //"字体"菜单项
    {
        FontDialog ^fDlg=gcnew FontDialog();
        fDlg->ShowColor=true;
        fDlg->ShowEffects=true;
        if(fDlg->ShowDialog()==Windows::Forms::DialogResult::OK)
        {
            textBox1->Font=fDlg->Font;
            textBox1->ForeColor=fDlg->Color;
        }
    }
    else if(item==自动换行 ToolStripMenuItem)   //"自动换行"菜单项
    {
        自动换行 ToolStripMenuItem->Checked=!自动换行 ToolStripMenuItem->
        Checked;
        toolStripButton4->Checked=自动换行 ToolStripMenuItem->Checked;
        //设置换行属性
        this->textBox1->WordWrap=自动换行 ToolStripMenuItem->Checked;
    }
}
```

（2）单击窗体工具栏 ToolStrip2，为其添加 ItemClicked 事件处理方法 On_ToolItemClick，代码如下：

```
private: System::Void On_ToolItemClick(System::Object ^sender,
System::Windows::Forms::ToolStripItemClickedEventArgs ^e) {
    ToolStripButton ^btn;
    btn=safe_cast<ToolStripButton^>(e->ClickedItem);
    if(btn==this->toolStripButton1)
        On_DoViewMenu(工具栏 ToolStripMenuItem, nullptr);
    else if(btn==this->toolStripButton2)
        On_DoViewMenu(状态栏 ToolStripMenuItem, nullptr);
    else if(btn==this->toolStripButton3)
        On_DoViewMenu(字体 ToolStripMenuItem, nullptr);
```

```
    else if(btn==this->toolStripButton4)
        On_DoViewMenu(自动换行 ToolStripMenuItem, nullptr);
    else if(btn==this->toolStripButton5)
        串口设置 ToolStripMenuItem_Click(btn, nullptr);
}
```

(3) 为工具栏 ToolStrip1 的"打开文件"按钮添加 Click 事件处理方法"打开OToolStripButton_Click",代码如下:

```
private: System::Void 打开 OToolStripButton_Click (System::Object ^ sender,
System::EventArgs ^e) {
    On_DoSystemMenu(打开文件 ToolStripMenuItem, nullptr);
}
```

(4) 在鼠标进入各个菜单项时就在状态栏中显示该菜单相关的提示信息,为各菜单项添加 MouseEnter 事件处理方法 On_MenuItem,代码如下:

```
private: System::Void On_MenuItem(System::Object ^sender, System::EventArgs
^e) {
    String ^str="就绪";
    ToolStripMenuItem ^item=safe_cast<ToolStripMenuItem^>(sender);
    if(item==系统 ToolStripMenuItem)    str="打开一个文件或退出程序...";
    if(item==打开文件 ToolStripMenuItem)        str="打开一个文本文件...";
    if(item==保存文件 ToolStripMenuItem)        str="保存文本文件...";
    if(item==打开串口 ToolStripMenuItem)        str="打开串口...";
    if(item==关闭串口 ToolStripMenuItem)        str="关闭串口...";
    if(item==退出 ToolStripMenuItem)        str="退出应用程序...";
    if(item==通信设置 ToolStripMenuItem)        str="设置通信接口操作...";
    if(item==串口设置 ToolStripMenuItem)        str="设置串口操作...";
    if(item==网络设置 ToolStripMenuItem)        str="设置网络接口操作...";
    if(item==无线设置 ToolStripMenuItem)        str="设置无线通信接口操作...";
    if(item==参数监测 ToolStripMenuItem)        str="查看监控参数...";
    if(item==温度 ToolStripMenuItem)        str="查看温度";
    if(item==湿度 ToolStripMenuItem)        str="查看湿度";
    if(item==气压 ToolStripMenuItem)        str="查看气压";
    if(item==查看 ToolStripMenuItem)        str="查看状态设置...";
    if(item==帮助 ToolStripMenuItem)        str="帮助...";
    if(item==工具栏 ToolStripMenuItem){
        if(工具栏 ToolStripMenuItem->Checked) str="隐藏工具栏...";
        else str="显示工具栏...";
    }
    if(item==状态栏 ToolStripMenuItem){
        if(状态栏 ToolStripMenuItem->Checked) str="隐藏状态栏...";
        else str="显示状态栏...";
    }
    if(item==字体 ToolStripMenuItem)        str="设置显示的字体和颜色...";
```

```
if(item==自动换行 ToolStripMenuItem){
    if(自动换行 ToolStripMenuItem->Checked) str="取消自动换行...";
    else str="文本自动换行...";
}
this->statusStrip1->Items[3]->Text=str;        //在状态栏上显示信息
}
```

（5）在鼠标进入和离开下拉菜单 menuStrip1 时，更新状态栏上的信息。添加菜单 menuStrip1 的 MouseEnter 事件和 MouseLeave 事件处理方法 On_MenuItemDefault，代码如下：

```
private: System::void On_MenuItemDefault (System::Object ^sender, System::
EventArgs ^e) {
    //在状态栏上显示信息
    this->statusStrip1->Items[3]->Text="就绪";
}
```

（6）在打开文件后，在状态栏上显示文件名。单击"系统"菜单，在 DropDownItemClicked 事件处理方法 On_DoSystemMenu 代码中作如下修改：

```
if(pOFD->ShowDialog()==Windows::Forms::DialogResult::OK)
{
    ...
    //在状态栏上显示信息
    statusStrip1->Items[3]->Text=pOFD->FileName;
}
```

（7）编译并运行程序，测试工具栏、状态栏和菜单项的各个功能。

9.2.3 空气监控系统设计 3

1. 实训要求

设计并修改空气监控系统的文件图标和程序图标，当最小化窗体时，在系统托盘区域显示程序图标，并有气球信息提示框出来，时间为 30s。鼠标指向程序图标时就有信息提示，双击这个图标，窗体就还原。右击这个图标，就弹出一个快捷菜单，选择"还原"命令窗体就还原了，选择"动画"命令就在托盘中显示它的动画效果，选择"静态"命令就显示静态图标，选择"退出"命令应用程序就退出。最终效果如图 9-23 所示。

图 9-23　窗体的图标、托盘图标和托盘的快捷菜单

2. 设计分析

（1）通过添加资源来添加图标文件 Icon.ico，通过图像编辑器设计自己的图标。并将窗体的 Icon 属性指定为自己的图标文件。

（2）修改项目已有的资源文件 app.ico，尽量与图标接近。

（3）增加托盘 NotifyIcon 控件，指定托盘控件的 Icon 属性与图标相同。

（4）当窗体最小化时使用 NotifyIcon 控件的 ShowBalloonTip() 显示气球信息提示框，添加托盘控件的双击事件处理，还原窗体。

（5）为托盘控件添加快捷菜单，分别实现"还原""动画""静态"和"退出"功能。

（6）图标的动画使用定时控件循环显示 8 个图标文件而产生动画。

3. 操作指导

（1）添加图标资源。

复制之前的窗体应用程序并打开，在左边"解决方案资源管理器"页面中，选中根节点，然后选择"添加"→"添加资源"菜单命令，从打开的"添加资源"对话框中选中 Icon 类型，单击"新建"按钮，进入图像编辑器，编辑工具条上的图标按钮。如果分辨率（像素）不支持，Icon 图像只能放大和缩小，而不能编辑，这时可导入已编辑好的 Icon 图像。

（2）设计程序图标。

在 16×16 图像绘制模板上设计图标图像为一个圆加上一个字符 A。类似地，将"32×32,8 位"类型的图标图像设计成一个圆加上一个字符 A，如图 9-24 所示。

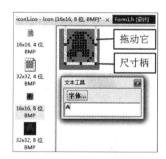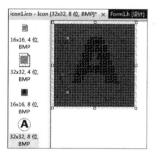

图 9-24　窗体的图标设计

选择菜单"文件"中的"保存 icon1.ico"命令或按快捷键 Ctrl+S，保存设计的图标。

（3）设计项目生成文件图标。

选择项目已有的资源文件 app.ico，使用图标编辑器修改这个图标，图像为一个圆加上一个字符 A，也就是设计成与前面的图标相同，保存设计的图标，如图 9-25 所示。

（4）程序中使用图标。

在项目的窗体 Form1 的属性窗口中单击 Icon 属性右侧的浏览按钮，指定为上述设计好的图标文件 icon1.ico，即为其更换了一个图标，再修改窗体 Form1 的 ShowInTaskbar 属性为 false，这样，应用程序在运行时就不会出现在任务栏中。

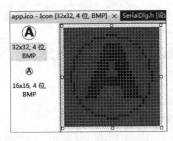

图 9-25　应用程序的图标

（5）增加托盘图标。

添加一个 NotifyIcon 控件 NotifyIcon1，修改其 Text 属性与 Form1 的 Text 属性相同，这是因为，当 NotifyIcon 显示在系统托盘中时，Text 属性中保存的文本为鼠标移动到程序图标上时的提示信息。为其添加一个图标，与 Form1 图标相同。

（6）托盘图标显示。

添加处理窗体大小改变的 Form1_SizeChanged 事件及代码，效果为最小化窗体时在系统托盘区域显示程序图标及气球提示：

```
private: System::Void Form1_SizeChanged (System::Object ^ sender, System::
EventArgs ^e) {
    //窗体最小化的判断条件
    if(this->WindowState==System::Windows::Forms::FormWindowState::
        Minimized)
    {
        this->Hide();
        this->notifyIcon1->Visible=true;          //显示程序图标
        //为实现气球提示
        this->notifyIcon1->ShowBalloonTip(30, "注意", "大家好,这是我设计的一个
            监控系统", ToolTipIcon::Info);
    }
}
```

（7）当窗体最小化后，可以通过双击 NotifyIcon 托盘图标还原为原来的窗体，因此要添加 NotifyIcon 控件的 DoubleClick 事件及处理代码：

```
private: System:: Void notifyIcon1_DoubleClick (System:: Object ^ sender,
System::EventArgs ^e) {
    this->Show();
    //为窗体还原的实现
    this->WindowState=System::Windows::Forms::FormWindowState::Normal;
}
```

（8）在托盘中增加快捷菜单和动画功能

添加一个快捷菜单 ContextMenuStrip 控件 ContextMenuStrip1，添加 4 个菜单项 MenuItem，Text 属性分别为"还原""动画""静态"和"退出"，如图 9-26 所示。将

NotifyIcon 控件的 ContextMenuStrip 属性改为 ContextMenuStrip1 控件。

图 9-26　托盘的快捷菜单设计

（9）实现快捷菜单功能。

添加 4 个 MenuItem 的 Click 事件处理代码，分别实现对应的功能，代码如下：

```
private: System::Void 还原 ToolStripMenuItem_Click(System::Object ^sender,
System::EventArgs ^e) {
    this->notifyIcon1->Visible=false;
    this->Show();
    //为窗体还原的实现
    this->WindowState=System::Windows::Forms::FormWindowState::Normal;
}
private: System::Void 动画 ToolStripMenuItem_Click(System::Object ^sender,
System::EventArgs ^e) {
    this->timer2->Enabled=true;
}
private: System::Void 静态 ToolStripMenuItem_Click(System::Object ^sender,
System::EventArgs ^e) {
    this->timer2->Enabled=false;
    this->notifyIcon1->Icon=gcnew System::Drawing::Icon("icon1.ico");
}
private: System::Void 退出 ToolStripMenuItem_Click(System::Object ^sender,
System::EventArgs ^e) {
    this->Close();
}
```

（10）托盘图标动画设计。

添加一个定时器控件 timer2，用来控制图片的动画显示器，保留其默认属性。将 8 个作为动画显示的图标文件 Rotate1.ico 至 Rotate8.ico 复制到当前源程序所在的文件夹中，添加 timer2 的定时事件代码：

```
private: System::Void timer2_Tick(System::Object ^sender, System::EventArgs
^e) {
    static int i=1;
    i=(i<8 ? i+1: 1);          //图像的索引,共有 8 个图标
    this->notifyIcon1->Icon=gcnew System::Drawing::Icon(L"Rotate"+i+L".
        ico",64,64);
}
```

(11) 编译并运行程序,测试上述功能的实现。

9.2.4　递增数字控件

1. 实训要求

制作一个单击控件会递增的数字显示控件,用户每次单击控件的标签时显示的数字会自动递增。为控件增加一个属性 ClickAnywhere,当该属性设置为 true 时,标签将占据整个控件,单击控件上的任何位置都将引发标签的 Click 事件,使标签上的数字递增。当 ClickAnywhere 属性为 false(默认值)时,标签不填充整个控件,并且单击控件时,必须单击标签边框内部才会引发标签的 Click 事件,使数字递增。

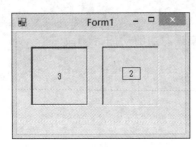

图 9-27　递增的数字控件应用程序

在新建的一个应用程序中使用这个自定义的 Windows 窗体控件(ActiveX 控件),如图 9-27 所示。分别设置不同的 ClickAnywhere 属性,以观察运行效果。

2. 设计分析

(1) ActiveX 控件的设计。

采用新建"Windows 窗体控件库"模板来设计,在 Windows 窗体设计器区域中添加多个控件,在对应的头文件中添加属性的定义代码,在"生成"菜单上选择"生成解决方案"命令,将生成文件保存为 Windows 窗体控件。

(2) 在 Windows 应用程序中使用自定义的 Windows 窗体控件。

新建一个 Windows 窗体应用程序项目,通过添加"引用"将控件添加到解决方案中,将自定义的 ActiveX 控件添加到工具箱中。

然后将两个 ActiveX 控件添加到应用程序中,分别设置不同的属性,编译并运行就可检查控件的效果了。

3. 操作指导

1) 创建 Windows 窗体控件项目

(1) 选择菜单"文件"→"新建"→"项目"命令。在"项目类型"窗格中,选择 Visual C++→CLR,然后在"Visual Studio 已安装的模板"窗格中选择"Windows 窗体控件库"。

(2) 输入项目的名称,如 Counter。为解决方案输入一个不同的名称,如 controlApp。可以接受默认位置,也可以输入所需的位置或者导航到要保存项目的目录。

(3) Windows 窗体设计器将打开并显示一个区域,可以将要放置到控件设计图上的控件添加到该区域中。

2）设计控件

将控件添加到控件设计图中,设置控件本身及其包含的控件的一些属性。例如创建一个用户控件,该控件是一个包含其他控件的复合控件。

（1）在 Windows 窗体设计器中单击,将其 Size 属性设置为“100,100”,将 BorderStyle 属性设置为 Fixed3D。

（2）将一个 Label 控件添加到控件设计图中,将其放置在靠近控件中心的位置。设置标签的下列属性:将 BorderStyle 设置为 FixedSingle,Text 设置为数字 0,Autosize 设置为 False,Size 设置为 30,20,TextAlign 设置为 MiddleCenter。保留 Name 属性为 label1。该控件如图 9-28 所示。

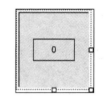

图 9-28　自定义控件设计

（3）通过双击标签,为标签添加 Click 事件处理程序。在 clickcounter.h 中输入如下代码:

```
private: System::Void label1_Click(System::Object ^sender, System::EventArgs
^e) {
    int temp=System::Int32::Parse(label1->Text);
    temp++;
    label1->Text=temp.ToString();
}
```

3）为控件添加自定义属性

定义一个自定义属性 ClickAnywhere,用它确定控件上显示的数字是在用户单击标签时递增还是在用户单击控件上的任何位置时递增。

将光标放置在 CounterControl.h 文件顶部的第一个 public 范围指示符 public:的冒号之后,按回车键,然后输入以下内容:

```
property bool ClickAnywhere {
    bool get() {
        return (label1->Dock==DockStyle::Fill);
    }
    void set(bool val) {
        if(val)
            label1->Dock=DockStyle::Fill;
        else
            label1->Dock=DockStyle::None;
    }
}
```

当控件的 ClickAnywhere 属性设置为 true 时,将标签的 Dock 属性设置为 DockStyle::Fill,该标签将占据整个控件。单击控件上的任何位置都将引发标签的 Click 事件,使标签上的数字递增。

当 ClickAnywhere 属性为 false(默认值)时,将标签的 Dock 属性设置为 DockStyle::None,标签不填充整个控件,并且单击控件时,必须单击标签边框内部才会引发标签的

Click 事件,使数字递增。

4) 生成用户控件

在"生成"菜单中选择"生成解决方案"命令,将生成文件命名为 Counter.dll。可以在项目文件夹中找到此文件。

5) 添加用于测试控件的项目

创建一个 Windows 窗体应用程序项目,在其中的一个窗体上放置 Counter 控件的实例。

在"文件"菜单中选择"新建"命令,然后单击"项目"。也可以通过以下方法将项目添加到解决方案中:右击"解决方案资源管理器"中的 controlApp 解决方案,指向"添加",然后单击"新建项目"。

(1) 在"项目类型"窗格中,选择 Visual C++ 节点中的 CLR,然后在"Visual Studio 已安装的模板"窗格中选择"Windows 窗体应用程序"。输入项目的名称,如 testApp。

(2) 确保选择了"添加到解决方案",而不是选择了"解决方案"下拉列表中默认的"创建新解决方案"设置,然后单击"确定"按钮。

(3) 打开 Windows 窗体设计器,显示 Form1 新窗体。

6) 将控件添加到工具箱

(1) 添加对控件的引用。右击"解决方案资源管理器"中的 testApp 项目,然后单击"添加"→"引用"。单击"添加新引用"按钮,单击"项目"选项卡(这是在此解决方案中添加对另一个项目的引用),然后选择 Counter 项目。单击"确定"按钮两次。

(2) 如果在工具箱中找不到带有 📇 图标的 Counter 控件,则右击工具箱,然后单击"选择项",单击"浏览"按钮,定位到解决方案目录结构中的 Counter.dll 文件。选择该文件并单击"打开"按钮,Counter 控件即出现在".NET Framework 组件"列表中,并带有一个选中标记。单击"确定"按钮,控件即显示在工具箱中,带有默认的 📇 图标。

7) 将控件放在应用程序中

将控件的两个实例放到应用程序窗体中并设置其属性。

(1) 从"工具箱"拖出 Counter 控件的两个实例。将它们放在窗体上,要避免两者重叠。

(2) 单击以选择窗体上的一个 Counter 控件实例,然后将其 ClickAnywhere 属性设置为 true。

(3) 将 Counter 控件的另一个实例的 ClickAnywhere 属性设置为 false(默认值)。

(4) 在解决方案资源管理器中,右击 testApp 项目,并选择"设为启动项目"。

(5) 从"生成"菜单中选择"重新生成解决方案"命令。

8) 运行应用程序

运行应用程序,并单击两个 Counter 控件,测试应用程序。

单击 ClickAnywhere 属性设置为 true 的控件。单击控件上的任何位置,标签上的数字都会递增。单击 ClickAnywhere 属性设置为 false 的控件,仅当在标签的可见边框内单击时,标签上的数字才会递增。

思考与练习

1. 单选题

(1) 如果要隐藏并禁用菜单项,需要设置_____两个属性。
    A. Visible 和 Enable   B. Visible 和 Enabled
    C. Visual 和 Enable   D. Visual 和 Enabled

(2) 用鼠标右击一个控件时出现的菜单一般称为_____。
    A. 主菜单   B. 菜单项   C. 快捷菜单   D. 子菜单

(3) 为菜单添加快捷键的属性是_____。
    A. ShortcutKeys   B. Keys
    C. MenuKeys   D. MenuShortcutKeys

(4) 设置需要使用弹出式菜单的窗体或控件的_____属性,即可激活弹出式菜单。
    A. MenuStrip   B. ContextedMenu
    C. ContextMenuStrip   D. ContextedMenuStrip

(5) 创建菜单后,为了实现菜单的命令功能,应为菜单项添加_____事件处理方法。
    A. DrawItem   B. Popup   C. Click   D. Select

(6) 用来创建主菜单的对象是_____。
    A. Menu   B. MenuItem   C. MenuStrip   D. Item

(7) 设计菜单时,若希望某个菜单项前面有一个√号,应把该菜单项的_____属性设置为 true。
    A. Checked   B. RadioCheck   C. ShowShortcut   D. Enabled

2. 简述题

(1) 菜单类有哪些?它们是如何构成多级菜单的?如何在菜单中定义助记符、快捷键和分隔线?

(2) 菜单按使用方式分为哪两种?

(3) 如何快捷、有效地让工具栏中的按钮与下拉式菜单中的菜单项具有相同的功能?

(3) 若"系统"和"查看"的命令动作需要单独处理,则应如何做?这样做的优缺点是什么?

(4) 若状态栏的窗格事件需要集中处理,则应如何做?添加什么事件的处理方法?

(5) 状态栏类是什么?它可以添加哪几种类型的窗格?如何为窗格设置宽度?

第 10 章　多文档界面设计

实训目的

- 掌握多文档界面设计。
- 掌握菜单的合并与处理。
- 掌握工具栏合并及使用。
- 了解获取系统和环境信息的方法。

10.1　基本知识提要

10.1.1　多文档窗体

1. 多文档窗体

多文档窗体应用程序与单文档相比,最大的特点是可以同时打开多个文档窗体。容纳这些文档的应用程序窗体称为主框架窗体。在 Windows 窗体应用程序中,文档窗体和主框架窗体都是从 Form 类派生的窗体类,和以前介绍的窗体没有区别。

不过,Form 类所支持的多文档界面(Multiple Document Interface,MDI)的主框架窗体称为 MDI 容器窗体,而文档窗体称为子窗体。

2. 多文档界面的结构

MDI 应用程序中的子窗体同样也是 Form 对象,Form 类中与 MDI 应用程序相关的属性如表 10-1 所示。

表 10-1　Form 类中与 MDI 应用程序相关的属性

属　　性	说　　明
ActiveMdiChild	用于取得当前被激活的 MDI 子窗体
IsMdiChild	判断该窗体是否为 MDI 子窗体
IsMdiContainer	判断该窗体是否为 MDI 容器窗体(MDI 父窗体)
MdiChildren	以 Form 对象的数组形式获取该窗体包含的 MDI 子窗体集合
MdiParent	获取或设置该窗体的 MDI 容器窗体

在 MDI 容器窗体中创建子窗体对象,同时设置这些子窗体的 MdiParent 属性以指定该子窗体的 MDI 父窗体的对象,并调用子窗体的 Show 方法显示子窗体,如下面的代码:

```
Form2 ^childForm=gcnew Form2();          //创建子窗体对象
```

```
childForm->MdiParent=this;          //设置子窗体的父窗体
childForm->Show();                  //显示子窗体
```

3. 菜单的合并

默认情况下,当一个子窗体为活动窗体时,该子窗体的菜单栏将附加在 MDI 父窗体菜单栏上;如果没有可见的子窗体或活动的子窗体没有菜单栏,则仅显示 MDI 父窗体的菜单栏。

在多文档应用程序中,常常会遇到主窗体的菜单命令与当前活动的文档子窗体自带的菜单命令各不相同,为了能在主窗体中也能通过菜单命令操作文档子窗体,需要将当前子窗体的菜单与主窗体的菜单进行合并显示。

MDI 应用程序中,可以通过设置菜单栏和菜单项的相关属性来决定子窗体的菜单栏是否可以合并以及合并的方式。这些属性如表 10-2 所示。

表 10-2　MDI 应用程序中菜单的相关属性

属　　性	说　　明
MergeAtion	获取或设置如何将子菜单与父菜单合并,其值为 MergeAction 枚举类型,有 5 个枚举成员,见表 10-3
MergeIndex	获取或设置合并的项在当前菜单栏内的位置。如果找到匹配项,将显示表示合并项的索引的整数;如果找不到匹配项,将显示－1
AllowMerge	获取或设置一个值,该值指示能否将多个菜单栏及其菜单项进行组合,默认值为 true
MdiWindowListItem	获取或设置用于显示 MDI 父窗体中打开的子窗体列表的顶级菜单项

MergeAction 属性是包含在 System∷Windows∷Forms 命名空间的 MergeAction 枚举值,用于指定菜单项合并到一个目标菜单条的方式。MergeAction 枚举中的成员如表 10-3 所示。

表 10-3　MergeAction 枚举值及说明

枚　举　值	说　　明
Append	把该项添加到合并后的集合的末尾
Insert	把该项插入目标集合中前一个匹配项的后面,或者插入指定的索引位置
MatchOnly	按项匹配源项的子项为集合中匹配项的子项
Remove	从集合中删除所有匹配的项
Replace	用源项替换集合中的匹配项,源的下拉项在新项中并不显示

4. 工具栏的合并

ToolStripManager 类位于 System∷Windows∷Forms 命名空间中,它提供了一组静态属性、方法用于查询和控制应用程序中的工具条对象,如合并、设置和呈现选项。

ToolStripManager 类的常用方法如表 10-4 所示。

表 10-4　ToolStripManager 类的常用方法

方 法 名 称	说　　明
FindToolStrip	返回应用程序中指定名称的工具栏
IsShortcutDefined	指定快捷键是否被应用程序中的任何工具栏所使用
IsValidShortcut	指定组合框是否为一个有效的快捷键
LoadSettings	恢复窗体的工具栏的设置
Merge	将一个指定的工具栏合并到一个目标工具栏中
RevertMerge	撤销两个工具栏的前一次合并操作
SaveSettings	保存窗体的工具栏的设置

5. MDI 子窗体的管理

1) MDI 子窗体布局显示

Form 类的 LayoutMdi 方法指定以不同的方式来布局子窗体的显示,其函数的原型如下:

```
void LayoutMdi(MdiLayout value);
```

LayoutMdi 方法接受 MdiLayout 枚举的参数,该枚举值指定了 MDI 子窗体可能采用的布局选项。MdiLayout 枚举中的成员如表 10-5 所示。

表 10-5　MdiLayout 枚举值及说明

枚 举 值	说　　明
ArrangeIcons	所有 MDI 子窗体将以最小化的图标排列在 MDI 父窗体的工作区内
Cascade	所有 MDI 子窗体都层叠在 MDI 父窗体的工作区内
TileHorizontal	所有 MDI 子窗体都水平平铺在 MDI 父窗体的工作区内
TileVertical	所有 MDI 子窗体都垂直平铺在 MDI 父窗体的工作区内

2) 子窗体列表菜单

在 MDI 窗体应用程序中,为了便于子窗体的切换操作,常常需要在顶层菜单中含有 “窗口(&W)”菜单项。在窗体的菜单类 MenuStrip 中有 MdiWindowListItem 属性,用来获取或设置用于显示 MDI 子窗体列表的菜单项对象列表。

3) 当前活动子窗体

在 MDI 窗体应用程序中,虽然可显示多个子窗体,但只有一个子窗体是当前活动(具有输入焦点)的子窗体。通过主窗体的 ActiveMDIChild 属性可以来获取当前活动的子窗体。例如下面的代码:

```
Form ^activeChild=this->ActiveMdiChild;        //获取当前活动的子窗口
```

```
activeChild->Text="这是当前活动的子窗口";
```

10.1.2　富文本框控件

富文本框控件（RichTextBox）用于输入、显示和操作格式化的文本，也称增强文本框，在允许用户输入和编辑文本的同时提供了比普通的 TextBox 控件更高级的格式特征，从而可以在控件中安排文本的格式。

RichTextBox 类定义一个编辑控件，该控件对复制、剪切、粘贴、撤销、文件加载、丰富文档显示、字体和颜色设置、图像显示等功能提供内置支持。

RichTextBox 控件能以 RTF 格式（Rich Text Format，富文本格式）和普通 ASCII 文本格式这两种形式打开和保存文件，可以使用控件的 LoadFile 和 SaveFile 方法直接读写文件。

RichTextBox 的主要属性如表 10-6 所示。

表 10-6　RichTextBox 的主要属性

属　　性	说　　明
BulletIndent	项目符号样式应用于文本时 RichTextBox 获取或设置缩进
CanEnableIme	获取或设置启用 IME 支持
CanFocus	是否可以接收焦点
CanRedo	在 RichTextBox 发生的操作是否可以重新应用
CanUndo	是否可以撤销在文本框控件中的操作
DetectUrl	设置 URl 格式支持
ImeMode	获取或设置控件的输入法编辑器（IME）模式
Lines	获取或设置一个文本框控件中的文本行
Modified	指示自创建文本框控件或上次设置该控件的内容后用户是否修改了该控件
Multiline	获取或设置是否允许多行文本
Rtf	获取或设置 RichTextBox 的文本，包括 RTF 格式代码
ScrollBars	获取或设置滚动条以显示在类型 RichTextBox 控件中
SelectedRtf	获取或设置当前选定的 RTF 格式的文本
SelectedText	获取或设置 RichTextBox 内选定的文本
SelectionAlignment	获取或设置当前选定内容或插入点的对齐方式
SelectionColor	获取或设置当前选定内容或插入点的文本颜色
SelectionFont	获取或设置当前选定内容或插入点的字体
SelectionHangingIndent	获取或设置第一行左边缘和同一段落中后面几行的左边缘之间的距离
SelectionIndent	获取或设置左边缘与所选内容的开始位置的距离（以像素为单位）

续表

属　　性	说　　明
SelectionLength	获取或设置选定的字符数
SelectionStart	获取或设置选定文本的起始点
SelectedText	当前选中的文本
WordWrap	是否自动换行
ZoomFactor	设置显示比例

RichTextBox 主要方法如表 10-7 所示。

表 10-7　RichTextBox 的主要方法

方　　法	说　　明
AppendText	向文本框的当前文本末尾追加文本
Clear	从文本框控件中清除所有文本
Copy	将文本框中选定的内容复制到剪贴板
Cut	将文本框中选定的内容剪切到剪贴板
Paste	将剪贴板的内容粘贴到文本框中
SelectAll	选定 RichTextBox 中的所有文本
Find	在 RichTextBox 的内容中搜索文本
LoadFile	读取文件,将文件的内容加载到 RichTextBox 控件中
SaveFile	将 RichTextBox 的内容保存到文件中
Redo	重新执行控件中上次撤销的操作
Undo	撤销 RichTextBox 中的上一个编辑操作
ScrollToCaret	将 RichTextBox 中的内容滚动到当前插入点

10.1.3　系统信息的获取

1. Environment 类

Environment 类提供有关当前环境和平台的信息以及操作它们的方法,它的常用属性和常用方法分别如表 10-8 和表 10-9 所示。此类包含在 System 命名空间中,不能被继承。

2. SystemInformation 类

SystemInformation 类提供当前系统环境的有关信息。它包含在 System∷Windows∷Forms 命名空间中。SystemInformation 类的常用属性如表 10-10 所示。

表 10-8　Environment 类的常用属性

属　　　　性	说　　　　明
CurrentDirectory	获取或设置当前工作目录的完全限定路径
MachineName	获取此本地计算机的 NetBIOS 名称
OSVersion	获取包含当前平台标识符和版本号的 OperatingSystem 对象
SystemDirectory	获取系统目录的完全限定路径
UserName	获取当前已登录到 Windows 操作系统的人员的用户名
Version	获取一个 Version 对象,该对象描述公共语言运行时的主版本、次版本、内部版本和修订号

表 10-9　Environment 类的常用方法

方 法 名 称	说　　　　明
GetEnvironmentVariable(String^)	从当前进程检索环境变量的值
GetFolderPath(Environment::SpecialFolder)	获取由指定枚举标识的系统特殊文件夹的路径
GetLogicalDrives()	返回包含当前计算中的逻辑驱动器名称的字符串数组

表 10-10　SystemInformation 类的常用属性

属　　　　性	说　　　　明
BootMode	获取一个 BootMode 值,该值指示系统启动的启动模式
ComputerName	获取本地计算机的 NetBIOS 计算机名称
IsFlatMenuEnabled	获取一个值,该值指示本机用户菜单是否具有平面菜单外观
MouseButtons	获取鼠标上的按钮数
Network	获取一个值,该值指示是否存在网络连接
PowerStatus	获取当前的系统电源状态
UserDomainName	获取用户所属的域的名称
UserName	获取与当前线程相关联的用户名
WorkingArea	获取屏幕的工作区域的大小(以像素为单位)

3. InputLanguage 类

InputLanguage 类提供方法和属性字段以管理输入语言。InputLanguage 类的常用属性如表 10-11 所示。此类包含在 System::Windows::Forms 命名空间中,不能被继承。

表 10-11　InputLanguage 类的常用属性

属　　性	说　　明
CurrentInputLanguage	获取或设置当前线程的输入语言
DefaultInputLanguage	获取系统的默认输入语言
InstalledInputLanguages	获取所有已安装的输入语言列表
LayoutName	获取在操作系统的区域设置中出现的当前的键盘布局的名称

10.2　实训操作内容

10.2.1　多文档界面设计

1. 实训要求

创建并实现一个多文档窗体应用程序,设计其菜单和工具栏等基本的界面,通过"新建"菜单可以新建不同序号的子窗体,通过"导入"菜单下的"图像窗体"和"文本窗体"命令打开 WordForm 和 ImageForm 子窗体,然后在主窗体的"窗体"菜单中显示窗体的 MDI 子窗体列表。对于打开的不同窗体,需要将菜单项和工具栏进行合并。多文档窗体应用程序如图 10-1 所示。

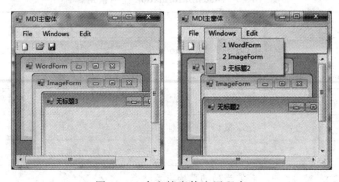

图 10-1　多文档窗体应用程序

2. 设计分析

1) MDI 界面设计

在新建的项目中,把 Form1 窗体作为 MDI 主窗体,设置窗体的 IsMdiContainer 属性为 true.。另外新建 3 个子窗体,通过菜单调用,可分别打开多个子窗体;在打开子窗体时,设置子窗体的父窗体为 Form1 窗体后,再打开子窗体,这样就实现了 MDI 多文档窗体界面。

2) 在菜单中显示 MDI 窗体列表

对菜单控件 menuStrip1 的 MdiWindowListItem 属性设置为顶层"窗体"的菜单项

windowsToolStripMenuItem。这样就将 MDI 子窗体列表显示在主窗体的"窗体"菜单下面。

3）菜单合并

在属性窗口中指定菜单或菜单项合并的方式 MergeAction 属性（枚举值）及合并后的最终位置 MergeIndex 属性，就可实现菜单的合并。合并菜单后，作为子窗体的菜单位置应该隐藏菜单条。

4）工具栏合并

使用 ToolStripManager 类的 Merge 和 RevertMerge 方法实现工具栏的合并操作和撤销合并操作。

如果子窗体被激活，先撤销之前的合并，然后将子窗体转换为 Form2 子窗体对象实例，通过对象实例获取子窗体对象 MergeToolStrip 属性，即子窗体中的 ToolStrip 对象，再将子窗体的工具栏对象实例与主窗体工具栏对象实例合并。

为此，要在类中定义一个返回类型为 ToolStrip 的 MergeToolStrip 属性，这是一个标量属性，用于取得窗体中的 ToolStrip 对象，在这个属性中定义 get 方法，返回窗体的工具栏对象。如下面的代码：

```
public: property ToolStrip ^MergeToolStrip {          //定义 MergeToolStrip 属性
    ToolStrip ^get() { return this->toolStrip1; }    //取得工具条对象
}
```

3. 操作指导

（1）创建一个窗体应用程序 MDIForm，适当调整窗体大小，修改窗体标题属性为"MDI 主窗体"，将窗体的 IsMdiContainer 属性设为 true，把它作为主窗体。

（2）添加一个菜单 MenuStrip 控件，按图 10-2 所示添加相应菜单项，顶级菜单有"文件""窗体"和"编辑"3 个菜单项。"文件"菜单下面有"新建""导入"和"退出"，"导入"菜单下面有"文本窗体"和"图像窗体"

（3）选中 menuStrip1 控件，并在属性窗口中单击 MdiWindowListItem 属性后的下拉按钮，在下拉菜单中选择"窗体 ToolStripMenuItem"项。设置窗体的 MdiWindowListItem 属性为顶层"窗体"菜单，将 MDI 子窗体列表显示在主窗体的"窗体"菜单下面。

（4）添加第二个窗体 Form2，在 Form2 窗体设计器中适当调整 Form2 窗体的大小，并向 Form2 窗体添加一个 MenuStrip 控件。按照如图 10-3 所示向 MenuStrip 控件中添加相应的菜单项。

图 10-2　MDI 主窗体的菜单设计

图 10-3　Form2 窗体的菜单设计

(5) 添加第三个窗体 WordForm，适当调整 WordForm 窗体的大小，将工具箱的 MenuStrip 组件拖放到该窗体中，添加顶层菜单项"操作(&O)"，在此菜单项下添加"查找(&F)"和"插入(&I)"子菜单项。类似地添加第四个窗体 ImageForm，在 ImageForm 窗体添加顶层菜单项"操作(&O)"，及在此菜单项下添加"旋转(&R)"和"缩放(&S)"子菜单项。这两个窗体的菜单设计如图 10-4 所示。

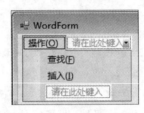

图 10-4　WordForm 窗体和 ImageForm 窗体的菜单设计

(6) 在 Form1 窗体设计器中选择 menuStrip1 控件中的"新建"菜单，在属性窗口中为该菜单项添加 Click 事件的处理方法 newMenuClick。在代码中创建 Form2 窗体对象并显示 Form2 窗体。代码如下：

```
System::Void newMenuClick(System::Object ^sender, System::EventArgs ^e) {
    Form2 ^childForm=gcnew Form2();           //创建子窗体对象
    childForm->MdiParent=this;                //设置子窗体的父窗体
    childForm->Show();                        //显示子窗体
}
```

(7) 对于每次"新建"的 MDI 子窗体 Form2 应该赋予不同的标题序号(图 10-5)，所以为子窗体 Form2 添加 Load 事件的处理方法 On_Load，并添加下列初始化代码实现不同的标题序号。

```
private: String ^strDocFileName;
private: System::Void On_Load(System::Object ^sender, System::EventArgs ^e) {
    //如果没有文件名,则表示新建一个文档窗口
    static int nNewFileNum=1;                 //静态变量,记录子窗体的序号
    if(strDocFileName==nullptr)
    {
        //设置文档窗口标题
        this->Text=String::Concat("无标题", nNewFileNum.ToString());
        nNewFileNum++;                        //计数器加 1
    }
}
```

图 10-5　为子窗体赋予不同的标题序号

(8) 在属性窗口中为 Form2 窗体中的"关闭"菜单项添加 Click 事件的处理方法

closeMenuClick,并在该方法中调用 Close 方法关闭 MDI 子窗体。代码如下:

```
Close();                    //关闭 MDI 子窗体
```

（9）回到主窗体设计器界面,为菜单项"导入"下面的"文本窗体"和"图像窗体"菜单项添加事件响应函数 On_WordFile 和 On_ImageFile,通过这些代码打开文本窗体和图像窗体,并添加下列代码:

```
private: System::void On_WordFile(System::Object ^sender, System::EventArgs
^e) {
    WordForm ^doc=gcnew WordForm;
    doc->MdiParent=this;
    doc->Show();
}
private: System::Void On_ImageFile(System::Object ^sender, System::EventArgs
^e) {
    ImageForm ^doc=gcnew ImageForm;
    doc->MdiParent=this;
    doc->Show();
}
```

（10）在 Form1.h 代码文件前面添加 3 个窗体的头文件:

```
#include "Form2.h"          //包含子窗体的头文件
#include "WordForm.h"
#include "ImageForm.h"
```

（11）编译并运行程序,多次选择"新建"菜单,检查出现的 Form2 子窗体会产生不同序号标题。选择"导入"→"文本窗体"命令打开 WordForm 窗体,显示菜单为"查找"和"插入"。再选择"导入"下的"图像窗体"命令打开 ImageForm 窗体,显示菜单为"旋转"和"缩放"。单击不同的窗体,显示不同的菜单,此时并没有发生菜单合并,所以显示不同的菜单。

（12）合并菜单。指定菜单或菜单项合并的方式 MergeAction 属性（枚举值）及合并后的最终位置 MergeIndex 属性,如表 10-12 所示。

表 10-12　指定菜单项合并的方式及合并后的位置

窗体	菜单项	MergeAction 值	MergeIndex 值
Form2	文件	MatchOnly	1
	打开	Insert	3
	保存	Insert	4
	—	Insert	5
	关闭	Insert	6

续表

窗体	菜单项	MergeAction 值	MergeIndex 值
WordForm	操作	MatchOnly	2
	查找	Insert	1
	插入	Insert	2
ImageForm	操作	MatchOnly	2
	旋转	Insert	1
	缩放	Insert	2

（13）合并菜单后，在子窗体的菜单位置应该隐藏菜单条。所以为 3 个窗体的 Load 事件添加 On_Load 处理方法，并在该方法中隐藏菜单栏。代码如下：

```
menuStrip1->Visible=!this->IsMdiChild;   //作为 MDI 子窗体时隐藏菜单栏
```

（14）添加和合并工具栏。在主窗体中再添加一个工具栏，在工具栏中添加"新建"按钮。同样在 Form2 窗体中添加一个工具栏，在工具栏中添加"打开""保存"两个按钮。我们想要的运行效果是：在运行时打开 Form2 子窗体，会合并为 3 个工具按钮，效果如图 10-6 所示。

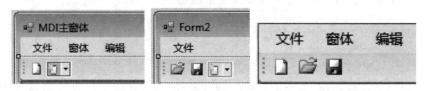

图 10-6　主窗体、Form2 子窗体及合并后的工具栏效果图

（15）在代码编辑器中打开 Form2.h 头文件，然后在 Form2 类中添加一个 MergeToolStrip 属性，用于取得窗体中的 ToolStrip 对象。代码如下：

```
public:
property ToolStrip ^MergeToolStrip {                //定义 MergeToolStrip 属性
    ToolStrip ^get() { return this->toolStrip1; }   //取得工具条对象
}
```

（16）在事件窗口中为 MDI 主窗体添加 MdiChildActive 事件的处理方法 form1MdiChildActive，并在该方法中调用 ToolStripManager 类的 Merge 方法来合并工具条。代码如下：

```
System::Void form1MdiChildActive(System::Object ^sender, System::EventArgs
^e) {
    ToolStripManager::RevertMerge(toolStrip1);        //撤销上次的合并操作
    if(this->ActiveMdiChild==nullptr) return;         //是否为激活 MDI 子窗体
    Form2 ^childForm=safe_cast<Form2^>(this->ActiveMdiChild);   //子窗体对象
```

```
ToolStripManager::Merge(childForm->MergeToolStrip, toolStrip1);
                                                        //合并工具条
}
```

（17）在 Form2 窗体的 Load 事件中添加代码，修改工具栏 Visible 属性，使得合并之后子窗体中不再显示工具栏。代码如下：

```
toolStrip1->Visible=!this->IsMdiChild;        //隐藏工具条
```

（18）编译并运行程序。未打开子窗体时工具栏中只有一个按钮"新建"；打开子窗体后，主窗体工具栏增加为三个按钮，实现了工具栏按钮的合并。

（19）在运行时打开文本窗体，或者打开图像窗体就会出现错误，这是因为上面只增加了 Form2 的对象实例转换，而没有考虑这两个子窗体的转换。解决办法是在代码中先判断当前激活的是哪个子窗体，不同的子窗体使用不同的对象实例来转换，再进行合并，同时为文本窗体和图像窗体添加工具栏和获取工具栏对象的属性。请按这个思路修改代码。

10.2.2　多文档编辑器

1. 实训要求

设计一个多文档编辑器的应用程序，实现对多文档的编辑及管理功能。多个子窗体能同时编辑；通过菜单"打开"或"新建"可以打开多个文档子窗体，可以采用层叠或者其他方式管理子窗体；使用个性图标；可编辑子窗体的内容，可对所选文字改变字体，或者改变字体颜色；自创一种个性文档 *.mtxt，能编辑 *.mtxt、*.rtf、*.txt 等格式的文档，可保存文档，定义不同格式的文档，或者使用另存为方式保存文档；选择帮助菜单，显示信息页面。运行效果如图 10-7 所示。

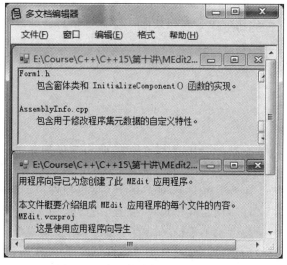

图 10-7　多文档编辑器的应用程序

2. 设计分析

(1) 使用多文档窗体来设计,使用窗体的 LayOutMdi 方法来设计子窗体的显示布局,提供菜单方式,可选择不同的布局。将打开的子窗口列表显示在"窗口"菜单下面。

(2) 将标准菜单和标准工具栏修改为窗体所需要的菜单和工具栏。

(3) 设计菜单项的 MergeAction 和 MergeIndex 属性,将子窗体菜单插入到父窗体 MDI 菜单中,将子窗体的菜单项与父窗体的菜单项合并。

(4) 为主窗口类添加静态字段 FormCount 以实现新建子窗体使用序号不同的窗体标题。

(5) 在子窗体中使用 RichTextBox(富文本框)控件实现文档的编辑。

(6) 为子窗体添加私有数据成员 filename 和属性 FileName:用于读写文件名字段,公开给其他类使用。修改文件名时,要同时重新载入相应文件到 RichTextBox 中,并且更改子窗体的标题。

(7) 对文本内容的存取使用文件来操作,使用"打井文件"通用对话框 OpenFileDialog 来打开文件,使用"保存文件"通用对话框 SaveFileDialog 来保存同名的文件,同时提供"另存为"菜单将文件另存为其他名字或类型的文件,文件扩展名可以是 MTXT、RTF 或 TXT。其中 MTXT 是本应用程序所特有的文件扩展类型。

(8) 为了判断是否对文档进行了修改或编辑操作,设计一个自定义函数 DoModified,在关闭窗体时提醒用户:当前文件中的内容有修改,是否需要保存?

(9) "编辑"菜单下的复制、粘贴、剪切等菜单项功能的实现可以直接使用 RichTextBox 提供的对应的方法,在对应菜单项的单击事件代码中添加调用方法的代码即可。

(10) "格式"菜单的两个菜单项可以分别使用字体对话框 FontDialog 和颜色对话框 ColorDialog 来实现。

(11) 对于帮助菜单下的"关于"菜单项,需要添加一个"关于"窗体 AboutDlg,并在窗体中添加个性化的图标、应用程序名称和其他一些程序信息。通过"关于"菜单项打开这个窗体来显示这些信息。

(12) 增加"系统信息"窗体 WinMess 和菜单调用,实现对计算机系统信息的获取和显示。

3. 操作指导

(1) 创建项目。创建名为 MEdit 的 Windows 应用程序项目,在属性窗口中,将该窗体的 IsMdiContainer 的值设置为 true,窗体标题设置为"多文档编辑器"。

(2) 设计菜单。从工具箱中将一个 MenuStrip 菜单控件拖动到窗体上,插入标准菜单,再修改为顶层菜单"文件",创建其子菜单"新建""打开""退出"。创建第二个顶层菜单"窗口",创建其子菜单"层叠""水平平铺""垂直平铺"。创建第三个顶层菜单"帮助"。使用标准化菜单上的快捷键和图标。本项目菜单设计如图 10-8 所示。

(3) 选择 MenuStrip 菜单控件,在属性窗口中,将 MdiWindowListItem 属性的值设

图 10-8　多文档编辑器菜单设计

置为"窗口 ToolStripMenuItem",以使后面打开的子窗口名称列在"窗口"菜单下面。

（4）新建子窗体。向项目中添加一个名为 Note 的新窗体,从工具箱中将一个
MenuStrip 控件拖动到该子窗体上。插入标准菜单,再修改为如下的子窗体的菜单,包括
"文件"（子菜单包括"保存""另存为""关闭"等）、"编辑"（子菜单包括"复制""剪切""粘贴"
等）、"格式"（子菜单包括"字体""颜色"）等。此窗体的菜单项将与父窗体的菜单项合并。
Note 窗体的菜单设计如图 10-9 所示。

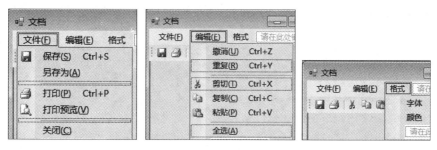

图 10-9　Note 窗体的菜单设计

（5）将子窗体菜单插入到父窗体 MDI 菜单中,设置 Note 窗体菜单项的 MergeAction
和 MergeIndex 属性,如表 10-13 所示。

表 10-13　父窗体和 Note 窗体菜单合并的属性设置

Note 菜单项	MergeAction 值	MergeIndex 值
文件	MatchOnly	0
保存	Insert	3
另存为	Insert	4
—	Insert	5
打印	Insert	6
打印预览	Insert	7
—	Insert	8
关闭	Insert	9
编辑	Insert	2
格式	Insert	3

图 10-10　合并后的菜单

这样，子窗口"文件"菜单与主窗口"文件"菜单会合并在一起，而"保存""另存为""关闭"子菜单会出现在第 3 到第 5 位置。子窗口的"编辑"菜单和"格式"菜单会出现在顶层中的第 2、第 3 位置。合并后的菜单如图 10-10 所示。

运行时，菜单合并后，子窗体在原来菜单的位置上会留下一个空白条，故在子窗体的 Load 事件代码中设置子窗体 Note 的 MenuStrip 的属性 Visible 为 false（隐藏）：

```
menuStrip1->Visible=!this->IsMdiChild;
//作为 MDI 子窗体时隐藏菜单栏
```

（6）为主窗口类添加静态字段以实现新建子窗体使用不同的序号窗体标题：

```
Private: static int FormCount=1;
```

（7）建立父窗口菜单事件代码，为"新建"菜单添加 Click 事件处理程序。按序号添加窗体标题，代码如下：

```
private: System::Void 新建 ToolStripMenuItem_Click(System::Object ^sender,
System::EventArgs ^e) {
    Note ^newMDIChild=gcnew Note();
    newMDIChild->MdiParent=this;
    newMDIChild->Text="文档"+FormCount.ToString();
    FormCount++;
    newMDIChild->Show();        //显示子窗口
}
```

（8）为"退出"菜单项添加单击事件处理代码：

```
private: System::Void 退出 ToolStripMenuItem_Click(System::Object ^sender,
System::EventArgs ^e) {
    this->Close();
}
```

（9）为"窗口"菜单添加 DropDownItemClicked 事件代码，实现子菜单"层叠""水平平铺""垂直平铺"功能：

```
private: System::Void 窗口 ToolStripMenuItem_DropDownItemClicked(System::
Object ^sender, System::Windows::Forms::ToolStripItemClickedEventArgs ^e) {
    ToolStripMenuItem ^item;
    if(e==nullptr)
        item=safe_cast<ToolStripMenuItem^>(sender);
    else
        item=safe_cast<ToolStripMenuItem^>(e->ClickedItem);
    if(item==层叠 ToolStripMenuItem)
```

```
        this->LayoutMdi(MdiLayout::Cascade);            //层叠
    else if(item==水平平铺 ToolStripMenuItem)
        this->LayoutMdi(MdiLayout::TileHorizontal);   //水平平铺
    else if(item==垂直平铺 ToolStripMenuItem)
        this->LayoutMdi(MdiLayout::TileVertical);      //垂直平铺
}
```

（10）用文件方式打开和保存文档，故在主窗体中添加与文件操作相关的命名空间和用到的窗体类定义头文件：

```
#include "Note.h"
using namespace System::IO;
```

（11）在主窗体中添加一个"打开文件"通用对话框 OpenFileDialog，为"打开"菜单添加 Click 事件处理程序：

```
private: System::Void 打开 ToolStripMenuItem_Click(System::Object ^sender,
System::EventArgs ^e) {
    String ^filename;
    System::Windows::Forms::DialogResult dlg;          //获取通用对话框的输入
    openFileDialog1->InitialDirectory="E:\\C++\\VCPP\\";
    openFileDialog1->Filter="我的文档(＊.mtxt)|＊.mtxt|Rtf files(＊.rtf)|
        ＊.rtf|文本文件(＊.txt)|＊.txt";
    openFileDialog1->FilterIndex=1;
    openFileDialog1->RestoreDirectory=true;
    openFileDialog1->FileName="";
    dlg=openFileDialog1->ShowDialog();
    try{
        if(dlg==System::Windows::Forms::DialogResult::OK)
        {
            if(Path::GetExtension(openFileDialog1->FileName)==".rtf"
            || Path::GetExtension(openFileDialog1->FileName)==".mtxt"
            || Path::GetExtension(openFileDialog1->FileName)==".txt")
            {    //使用 Path 类需在前面添加 using namespace System::IO;
                filename=openFileDialog1->FileName;
                Note ^newMDIChild=gcnew Note();
                newMDIChild->MdiParent=this;
                newMDIChild->FileName=filename;
                newMDIChild->Show();
            }
            else MessageBox::Show(L"选择的不是 mt.xt、RTF 或 TXT 格式的文件！无效",
                "错误",MessageBoxButtons::OK);
        }
    }
    catch(System::ArgumentException ^e){
```

```
        MessageBox::Show(L"打开文件出错!","错误",MessageBoxButtons::OK);
    }
}
```

(12) 在子窗体中,添加"保存文件"通用对话框 SaveFileDialog。再从工具箱中将一个 RichTextBox 控件拖动到该子窗体上,设置 Dock 属性为 Fill。

(13) 在 note.h 中添加命名空间:

```
using namespace System::IO;
```

再为子窗体添加私有数据成员 filename 和属性 FileName:

```
private: String ^filename;              //编辑的文件名
public: property String ^FileName     //属性:用于读写文件名字段,公开给其他类使用
{   //修改文件名时,要同时重新载入相应文件到 RichTextBox 中,并且更改标题
    void set(String ^name)
    {
        filename=name;
        if(Path::GetExtension(filename)==".rtf"
                || Path::GetExtension(filename)==".mtxt"){
            this->richTextBox1->LoadFile(filename, RichTextBoxStreamType::
                RichText);                    //重新载入相应文件到 RichTextBox 中
        }
        else if(Path::GetExtension(filename)==".txt"){
            this->richTextBox1->LoadFile(filename, RichTextBoxStreamType::
                PlainText);                   //重新载入相应文件到 RichTextBox 中
        }
        this->Text=filename+"—编辑器";     //更改标题
    }
    String ^get() { return filename; }
}
```

(14) 在子窗体中手动添加自定义函数 DoModified:

```
bool DoModified() {
    if(this->richTextBox1->Modified==false) return true;
    System::Windows::Forms::DialogResult dlg;
    dlg=MessageBox::Show(L"当前文件中的内容有修改,需要保存吗?","多文档编辑器",
        MessageBoxButtons::YesNoCancel);
    if(dlg==System::Windows::Forms::DialogResult::Yes)
    {   保存SToolStripMenuItem_Click(nullptr,nullptr);
        return true;
    }
    if(dlg==System::Windows::Forms::DialogResult::No)return true;
    if(dlg==System::Windows::Forms::DialogResult::Cancel)return false;
```

```
            return false;
    }
```

(15) 在子窗体中为"另存为"菜单添加 Click 事件处理程序：

```
private:System::Void 另存为 AToolStripMenuItem_Click(System::Object ^sender,
    System::EventArgs ^e) {
    System::Windows::Forms::DialogResult dlg;
    saveFileDialog1->Filter="我的文本文件(＊.mtxt)|＊.mtxt|Rtf files(＊.rtf)|
    ＊.rtf|文本文件(＊.txt)|＊.txt";
    saveFileDialog1->FilterIndex=1;
    saveFileDialog1->DefaultExt=".mtxt";
    dlg=saveFileDialog1->ShowDialog();
    if(dlg==System::Windows::Forms::DialogResult::OK)
        filename=saveFileDialog1->FileName;
    else return;
    try{
        if(Path::GetExtension(saveFileDialog1->FileName)==".rtf"
        || Path::GetExtension(saveFileDialog1->FileName)==".mtxt")
        //使用 Path 类需在前面添加 using namespace System::IO;
        {
            this->richTextBox1->SaveFile(filename,RichTextBoxStreamType::
                RichText);
            this->Text=Path::GetFileName(filename)+"--多文档编辑器";
            richTextBox1->Modified=false;
        }
        else if(Path::GetExtension(saveFileDialog1->FileName)==".txt")
        {
            this->richTextBox1->SaveFile(filename,RichTextBoxStreamType::
                PlainText);
            this->Text=Path::GetFileName(filename)+"--多文档编辑器";
            richTextBox1->Modified=false;
        }
        else MessageBox::Show(L"选择的不是 MTXT、RTF 或 TXT 格式的文件! 无效",
            "错误",MessageBoxButtons::OK);
    }
    catch(IOException^e)
    {
        String ^Message="无法保存"+filename;
        MessageBox::Show(Message,"保存出错",MessageBoxButtons::OK,
            MessageBoxIcon::Error);
    }
    this->Text=filename;
}
```

（16）在子窗体中为"保存"菜单添加 Click 事件处理程序：

```cpp
private: System::Void 保存 SToolStripMenuItem_Click(System::Object ^sender,
System::EventArgs ^e) {
    if(filename==nullptr)
        另存为 AToolStripMenuItem_Click(this, e);
    else
        try{
            if(Path::GetExtension(filename)==".rtf"
            || Path::GetExtension(filename)==".mtxt")
            //使用 Path 类需在前面添加 using namespace System::IO;
            {
                this->richTextBox1->SaveFile(filename,RichTextBoxStreamType::
                    RichText);
                this->Text=Path::GetFileName(filename)+"--多文档编辑器";
                richTextBox1->Modified=false;
            }
            else if(Path::GetExtension(filename)==".txt")
            {
                this->richTextBox1->SaveFile(filename,RichTextBoxStreamType::
                    PlainText);
                this->Text=Path::GetFileName(filename)+"--多文档编辑器";
                richTextBox1->Modified=false;
            }
            else MessageBox::Show(L"选择的不是 MTXT、RTF 或 TXT 格式的文件！无效",
                "错误",MessageBoxButtons::OK);

        }
        catch(IOException^e)
        {
            String ^Message="无法保存"+filename;
            MessageBox::Show(Message,"保存出错", MessageBoxButtons::OK,
                MessageBoxIcon::Error);
        }
}
```

（17）为子窗体"关闭"菜单添加 Click 事件处理程序，用于关闭当前文档：

```cpp
this->Close();
```

（18）为子窗体的 FormClosing 事件添加处理程序：

```cpp
private: System::Void OnClose (System::Object ^ sender, System::Windows::
Forms::FormClosingEventArgs ^e) {
    //窗体的 FormClosing 事件
    e->Cancel=!DoModified();
```

```
    //当 Cancel 属性为 true 时,取消窗体的关闭,否则窗体关闭
}
```

（19）为"编辑"菜单下的"复制""粘贴""剪切"等菜单项添加单击事件代码（可单个处理，也可集中处理）：

```
this->richTextBox1->Undo();          //撤销
this->richTextBox1->Redo();          //重复
this->richTextBox1->Copy();          //复制
this->richTextBox1->Cut();           //剪切
this->richTextBox1->Paste();         //粘贴
this->richTextBox1->SelectAll();     //全选
```

（20）在子窗体中添加字体对话框 FontDialog 和颜色对话框 ColorDialog，为"格式"菜单的两个菜单项添加代码：

```
private: System::Void 字体 ToolStripMenuItem_Click(System::Object ^sender,
System::EventArgs ^e) {
    System::Windows::Forms::DialogResult dlg;
    dlg=fontDialog1->ShowDialog();
    if(dlg==System::Windows::Forms::DialogResult::OK)
        this->richTextBox1->SelectionFont=fontDialog1->Font;
}
private: System::Void 颜色 ToolStripMenuItem_Click(System::Object ^sender,
System::EventArgs ^e) {
    System::Windows::Forms::DialogResult dlg;
    dlg=colorDialog1->ShowDialog();
    if(dlg==System::Windows::Forms::DialogResult::OK)
        this->richTextBox1->SelectionColor=colorDialog1->Color;
}
```

（21）添加"关于"窗体 AboutDlg，参照图 10-11 设计窗体的界面。

图 10-11 "关于"窗体设计界面

(22) 对主窗体的"关于"菜单添加单击事件代码：

```
private: System::Void OnAbout(System::Object ^sender, System::EventArgs ^e) {
    AboutDlg ^dlg=gcnew AboutDlg;
    dlg->ShowDialog();
}
```

并添加头文件：

```
#include "AboutDlg.h"
```

(23) 增加"系统信息"窗体 WinMess，参照图 10-12 设计窗体的界面。

图 10-12　"系统信息"窗体设计界面

(24) 在窗体的 LOAD 函数中添加如下代码：

```
this->textBox1->Text=Environment::GetEnvironmentVariable("UserName");
                                                //获取用户名
this->textBox2->Text=Environment::SystemDirectory;    //获取系统目录
textBox3->Text=Environment::MachineName->ToString();  //获取计算机名
String ^mode=SystemInformation::BootMode.ToString();
if(mode->Equals("FailSafe"))
    textBox4->Text="不带网络支持的安全模式";
else if(mode->Equals("FailSafeWithNetwork"))
    textBox4->Text="具有网络支持的安全模式";
else if(mode->Equals("Normal"))
    textBox4->Text="标准模式";
textBox5->Text=Environment::OSVersion->ToString();
for each(InputLanguage ^lang in InputLanguage::InstalledInputLanguages)
{
    comboBox1->Items->Add(lang->LayoutName);
}
```

(25) 在"帮助"菜单下增加"系统信息"菜单项，添加菜单项的单击事件代码，实现调用"系统信息"窗体的显示。

(26) 编译并运行程序，进行文件操作、编辑功能、字体与颜色等测试，观察运行效果。

10.2.3 一档多视

1. 实训要求

试利用切分窗口创建如图 10-13 所示的共享位置的"一档多视"窗体。窗体分为左右两个面板。左面板以数据方式显示坐标点的列表信息,通过修改左面板中的坐标信息来修改列表中的位置信息列表,可以对位置信息进行添加、修改或删除操作。右面板以图形方式用小方块来显示坐标点的位置,可以通过单击右侧绘图区上的蓝色方块来输入新的位置信息。

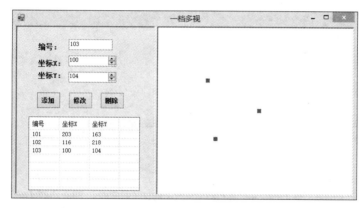

图 10-13　"一档多视"应用程序运行效果

2. 设计分析

(1)用 3 项数据记录一个位置信息,其中编号作为主关键字以简单区别不同的位置点,位置点信息记录在左面板下部的列表视图 ListView1 中,同时右边在 Paint 事件中以图形方式显示这些点的位置。

(2)对位置点的编辑采用左面板上部的控件来输入、修改,通过在列表项中选择具体的位置点,实现对这些点的修改和删除操作。

(3)左右面板中的数据通过设置全局变量 Point m_ptPos 来传递,在右面板单击鼠标时的 MouseDown 事件中将当前坐标点赋值给 m_ptPos,同时在两个数字旋钮 posX 和 posY 的值发生变化时的 ValueChanged 事件中同步更新到 m_ptPos,并引发右面板的重绘(调用 Invalidate 方法),从而达到两边视图的同步显示。

(4)在重绘时,使用循环语句分别取出列表 ListView1 中的位置点数据,以红色小方块来标示。

3. 操作指导

(1)创建一个 Windows 窗体应用程序,修改它的 Text 属性内容为"一档多视",将窗体的宽度和高度分别调整为 600 和 400。向窗体中拖放一个 SplitContainer 控件,保持它的默认对象名,将其边框类型 BorderStyle 属性设为 Fixed3D。

（2）单击 panel1 面板窗格,向其中添加两个标签控件和两个数字旋钮控件,用来反映右边面板窗格 panel2 中的点的位置坐标。将两个数字旋钮的 Name 属性设置为 posX 和 posY,并将最大值设置为 1000。添加一个 ListView 控件,将 View 属性设置为 Details,将 GirdLine 属性设置为 true。设置列 Columns 集合,如图 10-14 所示。

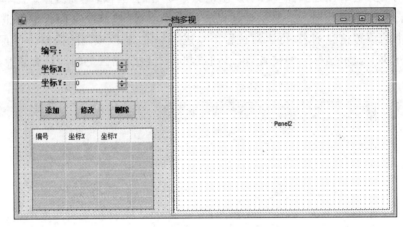

图 10-14 "一档多视"界面设计

（3）对于 panel2 面板,将背景颜色设置为白色,将光标设置为十字形。

（4）为窗体 Form1 添加 Load 事件处理方法,添加下列代码,并添加记录右边窗格中点的位置坐标的变量 m_ptPos。在这个代码里面主要是设置点位置坐标的初值,设置左边窗格中控件的数值和更新右边窗格 panel2 的内容。

```
private: Drawing::Point m_ptPos;
private: System::Void Form1_Load (System::Object ^sender, System::EventArgs ^e) {
    m_ptPos=Drawing::Point(0, 0);         //设置点位置坐标的初值
    //设置左边窗格中控件的数值
    this->posX->Value= (Decimal)m_ptPos.X;
    this->posY->Value= (Decimal)m_ptPos.Y;
    //更新右边窗格 Panel2 中的内容
    this->splitContainer1->Panel2->Invalidate();
}
```

（5）为右边窗格 panel2 添加它的 Paint 事件处理代码。使用图形重绘的方法在右边的窗格中绘制一个小矩形,左边的坐标(X,Y)用蓝色填充,列表视图 ListView 中的坐标位置使用红色小矩形填充。

```
private: System::Void splitContainer1_Panel2_Paint (System::Object ^sender,
System::Windows::Forms::PaintEventArgs ^e) {
    Graphics ^pGH=e->Graphics;
    Rectangle rc=Rectangle(m_ptPos.X-4, m_ptPos.Y-4, 8, 8);
    pGH->FillRectangle(Brushes::Blue, rc);
```

```
    if(listView1->Items->Count<=0)  return;    //若当前没有列表项,则返回
    for(int i=0; i<this->listView1->Items->Count; i++)
    {
        ListViewItem ^item1=listView1->Items[i];
        //将获取的节点内容反映到右面板中
        m_ptPos.X=Convert::ToInt32(item1->SubItems[1]->Text);
        m_ptPos.Y=Convert::ToInt32(item1->SubItems[2]->Text);
        Rectangle rc=Rectangle(m_ptPos.X-4, m_ptPos.Y-4, 8, 8);
        pGH->FillRectangle(Brushes::Red, rc);
    }
}
```

（6）再为右边窗格 panel2 添加 MouseDown 事件处理代码,当鼠标按下的时候,在这个鼠标的对应点显示一个蓝色小方块,同时将这个坐标值更新到左边窗格的数字旋钮中。

```
private: System::Void splitContainer1_Panel2_MouseDown(System::Object
^sender, System::Windows::Forms::MouseEventArgs ^e) {
    //设置左边窗格中控件的数值
    this->posX->Value=(Decimal)e->X;
    this->posY->Value=(Decimal)e->Y;
}
```

（7）为左边窗格中数字旋钮 posX 和 posY 添加值改变 ValueChanged 事件代码,当这两个数字旋钮的值发生改变的时候,要同步更新右边窗格中方块的位置。

```
private: System::Void posXY_ValueChanged(System::Object ^sender, System::
EventArgs ^e) {
    m_ptPos.X=(int)posX->Value;
    m_ptPos.Y=(int)posY->Value;
    //更新右边窗格 Panel2 中的内容
    this->splitContainer1->Panel2->Invalidate();
}
```

（8）为左边的"添加"按钮添加单击事件处理函数,将当前坐标位置信息添加到下面的列表视图中,同步更新右边窗格中方块的位置。

```
private: System::Void button1_Click(System::Object ^sender, System::EventArgs
^e) {
    //在列表视图中添加列表项
    if(String::IsNullOrEmpty(textBox1->Text->Trim()))
    {
        MessageBox::Show("添加的节点编号不能为空!", "提示");
        return;
    }
    ListViewItem ^item1=gcnew ListViewItem(textBox1->Text, 0);
    item1->SubItems->Add(posX->Text);     //坐标 X
```

```
item1->SubItems->Add(posY->Text);      //坐标 Y
ListViewItem ^addItem=this->listView1->Items->Add(item1);
addItem->Selected=true;                //设置当前添加的列表项为当前选择项
this->splitContainer1->Panel2->Invalidate();
}
```

(9) 为左边的"修改"按钮添加单击事件处理函数,当在列表视图 ListView1 中选择某个列表项后,将当前坐标位置信息更新到所选列表项中,同步更新右边窗格中方块的位置。

```
private: System::Void button2_Click(System::Object ^sender, System::EventArgs
^e) {
    //在列表视图中修改列表项
    if(listView1->SelectedItems->Count<=0) {
        MessageBox::Show("请选定一个列表项!", this->Text);
        return;         //若当前没有选择项,则返回
    }
    //获取当前选择的列表项
    ListViewItem ^item1=listView1->SelectedItems[0];
    //修改选择的列表项的内容
    item1->SubItems[0]->Text=textBox1->Text;
    item1->SubItems[1]->Text=posX->Text;
    item1->SubItems[2]->Text=posY->Text;
    this->splitContainer1->Panel2->Invalidate();
}
```

(10) 为左边的"删除"按钮添加单击事件处理函数,当在列表视图 ListView1 中选择某个列表项后,将所选列删除,同步更新右边窗格中方块的位置。

```
private: System::Void button3_Click(System::Object ^sender, System::EventArgs
^e) {
    //在列表视图中删除列表项
    if(listView1->SelectedItems->Count<=0) {
        MessageBox::Show("请选定一个列表项!", this->Text);
        return;         //若当前没有选择项,则返回
    }
    //获取当前选择的列表项
    ListViewItem ^item1=listView1->SelectedItems[0];
    listView1->Items->Remove(item1);
    this->splitContainer1->Panel2->Invalidate();
}
```

(11) 编译并运行程序,测试运行结果。

4. 扩展练习

(1) 选择 SplitContainer 控件,修改它的 Orientation 属性,设置为水平划分

（Horizontal），这样 SplitContainer 控件就水平放置了，从而产生上面板和下面板，然后适当调整这个窗体达到一个较好的效果。

（2）在右边面板中添加一个 WebBrowser 控件，找到地图 API 的平台，通过研究官方的 demo 以及类参考，了解地图 API 中提供的一些常用函数，实现在地图中添加标注、获得标注位置、添加标注标题等功能。

思考与练习

1. 选择题

（1）MDI 的相关属性中，既可以在"属性"窗中设置，也可以通过代码设置的是_____属性。

    A. IsMdiChild   B. IsMdiContainer

    C. MdiChildren   D. MdiParent

（2）Windows 应用程序中可以有一个包含多个窗体的主窗体，称为 MDI 父窗体，以下关于 MDI 父窗体特点的描述中错误的是_____。

    A. 启动一个 MDI 应用程序时，首先显示父窗体

    B. 每个应用程序界面都只能有一个 MDI 父窗体

    C. MDI 子窗体可以在 MDI 父窗体外随意移动

    D. 关闭 MDI 父窗体时，所有子窗体会自动关闭

（3）在 WinForms 应用程序中，可以通过以下_____方法使一个窗体成为 MDI 窗体。

    A. 改变窗体的标题信息   B. 在工程的选项中设置启动窗体

    C. 设置窗体的 IsMdiContainer 属性   D. 设置窗体的 ImeMode 属性

（4）在 Windows 应用程序中，MDI 应用程序由一个 MDI 父窗体和至少一个 MDI 子窗体构成。假设 Form1 为 MDI 父窗体，在指定 Form2 为 MDI 子窗体时，需要在 Form1 窗体中打开 Form2 的地方添加的代码是_____。

    A. Form2 ^f2＝gcnew Form2();   B. Form2 ^f2＝gcnew Form2();

        f2－>MdiParent＝this;   f1－>MdiParent＝this;

        f2－>Show();   f2－>Show();

    C. Form2 ^f2＝gcnew Form2();   D. Form1 ^f2＝gcnew Form1();

        f2－>MdiParent＝Form1;   f2－>MdiParent＝this;

        f2－>Show();   f2－>Show();

（5）以下关于 RichTextBox 控件的说法中不正确的是_____。

    A. 设计时可以直接将文本赋给 RichTextBox 控件

    B. 设计时可以直接将图像赋给 RichTextBox 控件

    C. 运行时可以直接在 RichTextBox 控件中输入文本

    D. 运行时可以直接在 RichTextBox 控件中嵌入图像

2. 简述题

(1) 什么是 SDI 和 MDI？

(2) 合并菜单与合并工具栏的方法有什么不同？

(3) 试比较多文档与单文档在子窗体的打开方面的异同。

(4) 菜单的合并操作与工具栏的合并操作有何异同？

(5) 什么是窗体的属性，如何定义？指出实训中什么地方调用了 FileName 属性的 set 和 get 函数？

(6) TextBox 与 RichTextBox 有什么不同？

第 11 章　文件与文件夹操作

实训目的

- 掌握文件的操作及设计。
- 掌握目录的操作与处理。
- 掌握文件流的操作及使用。

11.1　基本知识提要

11.1.1　文件和流

1. 文件和流的概念

文件操作涉及程序与外部存储设备之间的数据交换,包括对文件的读、写、修改、分类、复制、移动和删除等操作。

文件是指存储在外存储器(磁盘、磁带、光盘、U 盘等)上的信息的有序集合。数据以文件的形式存放在外存储器中,每个文件都有一个唯一的区别于其他文件的名称,称为文件名,操作系统对文件的访问是通过文件名来实现的。每个文件除了有文件名外,还有文件路径、创建时间和操作权限等属性。

在.NET 框架中,对文件的所有操作都要用流来实现。流是字节序列的抽象概念。流提供了一种工作方式,使得程序设计人员在设计程序读取文件中的内容时,不需要考虑文件所在硬件的细节及存储格式。流隐藏了对文件操作的底层物理细节,包括设备的物理机制和磁盘空间分配问题,所以使用流可以编写通用的程序,

根据流的方向,把流分为两种:输入流和输出流。

(1) 输入流:将外部数据(文件或外部设备)输入到程序可以访问的内存空间中,供程序使用。

(2) 输出流:将程序的中间结果或最终结果从内存空间输出到文件。

而根据流中的数据形式,可将流分为文本流和二进制流。

(1) 文本流:其中流动的数据是以字符的形式存在的。流中的每一个符对应一个字节,存放对应的字符的 ASCII 码。文本流中包含一行行的字符,每行以换行符结束。文本流中的字符与外部设备中的字符没有一一对应的关系,而且读写的字符个数与外部设备中的也可以不同。

(2) 二进制流:其中的数据根据程序编写它们的形式写入到文件或者设备中,而且完全根据它们从文件或者设备读写的形式读入到程序中,并未做任何改变,所以读写的字节数也与外部设备或文件中的相同。这种类型的流常适合非文本数据,但其内容用户无

法读懂。

2. System::IO 命名空间结构和主要成员

在.NET 框架中,System::IO 命名空间主要包含基于文件(和基于内存)的输入输出(I/O)服务的相关基类库。定义了一系列类、接口、枚举、结构和委托。System::IO 命名空间包含允许读写文件和数据流的类型以及提供基本文件和目录支持的类型,System::IO 命名空间的结构如图 11-1 所示。

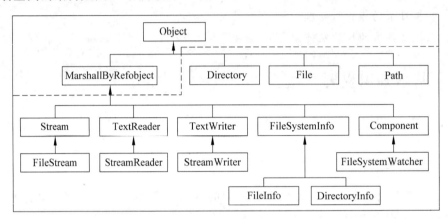

图 11-1　System::IO 命名空间的结构

System::IO 命名空间的多数类型主要用于编程操作物理目录和文件,而另一些类型则提供了从字符串缓冲区和内存中读写数据的方法。System::IO 命名空间的主要成员如表 11-1 所示。

表 11-1　System::IO 命名空间的主要成员

成 员 名 称	说　　明
BinaryReader BinaryWriter	这两个类用于以特定的编码并以二进制值读取基本数据类型(整型、字符型等),以及以二进制形式将基本类型写入流中
BufferedStream	该类为流的读写操作提供一个临时的存储(缓冲)空间
DirectoryDirectoryInfo	提供用于创建、移动和枚举目录操作的方法。其中,Directory 类通过静态方法实现,而 DirectoryInfo 类则通过实例方法实现
DriveInfo	提供对有关驱动器的信息的访问
FileFileInfo	提供用于创建、复制、移动、删除和打开文件的方法。其中,File 类通过静态方法实现,而 FileInfo 类则通过实例方法实现
FileStream	提供了以字节流的方式对文件的同步和异步读写操作
FileStreamWatcher	监听文件系统的更改,并在目录或文件发送更改时引发事件
MemoryStream	实现对内存(而不是物理文件)中存储的流数据的随机访问
Path	对包含文件或目录路径的 String 类型执行操作,并具有平台无关性
StreamWriter StreamReader	分别实现以特定的编码来向流中写入字符,或以特定编码从字节流中读取字符

11.1.2　DriverInfo 类

DiveInfo 类用于获取驱动器的相关信息,包括驱动器的盘符、类型和可用空间等。DriveInfo 类的常用属性如表 11-2 所示。

表 11-2　DriveInfo 类的常用属性

名　　称	说　　明
AvailableFreeSpace	指示驱动器上的可用空闲空间总量(以字节为单位)
DriveFormat	获取文件系统的名称,例如 NTFS 或 FAT32
DriveType	获取驱动器类型,如 CD-ROM、可移动、网络或固定
IsReady	获取一个指示驱动器是否已准备好的值
Name	获取驱动器的名称,如 C:\
RootDirectory	获取驱动器的根目录
TotalFreeSpace	获取驱动器上的可用空闲空间总量(以字节为单位)
TotalSize	获取驱动器上存储空间的总大小(以字节为单位)
VolumeLabel	获取或设置驱动器的卷标

DriveInfo 类的常用方法成员是 GetDrives,这是一个静态方法,用于检索计算机上的所有逻辑驱动器的驱动器名称 DriveInfo 对象数组。

11.1.3　Directory 类和 DirectoryInfo 类

在 I/O 操作类中,Directory、DirectoryInfo 类都用来封装目录及子目录的创建、移动和枚举操作,只不过 Directory 提供的是静态方法,而 DirectoryInfo 提供的是实例方法。

Directory 类和 DiretoryInfo 类的功能相似,都可以实现对目录及其子目录的创建、移动、删除等操作。两者之间的区别是:Directory 类是静态类,不能使用 new 关键字创建对象,程序设计人员可以直接使用其提供的静态方法;而 DirectoryInfo 类是一个需要实例化的类。Directory 类的常用方法如表 11-3 所示。

表 11-3　Directory 类的常用方法

方 法 名 称	说　　明
CreateDirectory(String ^path)	创建指定路径中的所有目录
Delete(String ^path, bool recursive)	删除指定的目录及该目录中的内容
Exists(String ^path)	确定指定路径下是否存在物理上对应的现有目录
Move(String ^sourceDirName, String ^destDirName)	将目录和目录中的内容移动到新位置

方 法 名 称	说　明
Get/SetCurrentDirectory(String ^path)	获取或设置应用程序的当前工作目录
Get/SetCreationTime(String ^path)	获取或设置指定目录的创建日期和时间
Get/SetLastAccessTime(String ^path)	获取或设置最后访问指定文件或目录的日期和时间
Get/SetLastWriteTime(String ^path)	获取或设置最后写入指定文件或目录的日期和时间
GetLogicalDrives()	获取本地计算机上格式为"<驱动器号>:\"的逻辑驱动器的名称
GetParent(String ^path);	获取指定路径的父目录,包括绝对路径和相对路径
GetDirectories(String ^path)	获取指定目录中的所有子目录的名称
GetFiles(String ^path)	获取指定的目录下的所有文件的名称

　　DirectoryInfo 类提供与 Directory 类类似的目录操作方法,但区别在于 Directory 类提供了这些操作的静态方法,而在使用 DirectoryInfo 类的属性和方法前,需要创建该类的一个对象实例。DirectoryInfo 类的常用方法如表 11-4 所示。

表 11-4　DirectoryInfo 类的常用方法

方 法 名 称	说　明
Create	根据在构造函数中指定的路径创建一个目录
CreateSubdirectory	在指定路径中创建一个或多个子目录
MoveTo	将 DirectoryInfo 实例所引用的目录及其内容移动到新路径
Delete	删除 DirectoryInfo 实例引用的目录及其包含的内容
GetDirectories	返回当前目录的所有子目录
GetFiles	返回当前目录的所有文件列表

　　与 Directory 类相比,DirectoryInfo 类并未提供用于获取目录信息的相关方法,而是将这些信息保存在相关的属性中。DirectoryInfo 类的常用属性如表 11-15 所示。

表 11-5　DirectoryInfo 类的常用属性

属 性 名 称	说　明
Attributes	获取或设置当前目录的属性信息
CreationTime	获取或设置当前目录的创建时间
LastAccessTime	获取或设置上次访问当前目录的时间
LastWriteTime	获取或设置上次写入当前目录的时间
Exists	获取一个值以指示当前目录是否存在
FullName	获取当前目录的完整目录名
Name	获取此 DirectoryInfo 实例的名称
Parent	获取指定子目录的父目录,返回一个 DirectoryInfo 对象

11.1.4　Path 类

在 System::IO 命名空间中,Path 类提供了一组静态方法以对包含文件或目录路径信息的字符串执行相关操作,如处理文件的扩展名、文件名和根路径等。Path 类的常用方法如表 11-6 所示。

表 11-6　Path 类的常用方法

方 法 名 称	说　　明
GetDirectoryName	获取指定路径字符串的目录名称
GetFileName	获取指定路径字符串的文件名和扩展名
GetFileNameWithoutExtension	获取不具有扩展名的指定路径字符串的文件名
GetFullPath	获取指定路径字符串的绝对路径
HasExtension	确定指定路径是否包含文件扩展名
GetExtension	获取指定路径字符串的文件扩展名
ChangeExtension	更改指定路径字符串的文件扩展名
GetPathRoot	获取指定路径的根目录信息
GetTempFileName	创建磁盘上唯一命名的零字节的临时文件并返回该文件的完整路径
GetTempPath	获取当前系统的临时文件夹的路径
GetRandomFileName	获取一个随机文件夹或文件的名称
Combine	将两个路径字符串合并

11.1.5　File 类和 FileInfo 类

File 类和 FileInfo 类都用来封装文件的创建、复制、删除、移动和打开和关闭操作,它们协助创建 FileStream,但 File 类提供一组静态方法来完成这些操作,并且还可以将 File 类用于获取和设置文件属性或有关文件创建、访问及写入操作的 DateTime 信息。File 类的常用方法如表 11-7 所示。

表 11-7　File 类的常用方法

方 法 名 称	说　　明
Create/CreateText	从指定路径创建文件/创建一个 UTF-8 编码的文本文件
Delete	删除指定的文件,若该文件不存在,则不产生异常
Open/OpenText	打开指定路径上的文件/打开现有的 UTF-8 编码的文本文件
OpenRead/OpenWrite	打开现有的文件以进行读取/写入

方 法 名 称	说 明
Exists	确定指定路径的文件是否存在
Copy	将现有的文件复制到新文件中
Move	将指定路径的文件移动到新位置,并允许修改新文件的文件名
Replace	使用其他文件的内容替换指定文件的内容,并删除原始文件
ReadAllBytes/Lines/Text	打开文件并读取字节数组/一行字符串/所有字符串,然后关闭文件
AppendText/AllText	将指定字符追加到文件中,如果文件不存在,则创建该文件
WriteAllBytes/Lines/Text	创建一个新文件,并向其中写入指定的字节数组/一行字符串/所有字符串
Get/SetCreationTime	获取或设置指定文件或目录的创建日期和时间
Get/SetLastAccessTime	获取或设置上次访问指定文件或目录的日期和时间
Get/SetLastWriteTime	获取或设置上次写入指定文件或目录的日期和时间
Get/SetAttributes	获取或设置在此路径上的文件的 FileAttributes 属性

与 File 类类似,FileInfo 提供的是实例方法。使用 FileInfo 类也可以获取硬盘上现有文件的详细信息(如创建时间、大小和文件属性等),还可以创建、复制、移动和删除文件。FileInfo 类中常用成员方法及属性如表 11-8 所示。

表 11-8 FileInfo 类的常用成员方法及属性

成 员 名 称	说 明
AppendText	创建一个 StreamWriter 类型,用来向文件中追加文本
CopyTo	将现有文件复制到新文件
Create	创建一个新的文件并返回一个 FileStream 对象,用于读写文件
Delete	删除与 FileInfo 实例关联的文件
MoveTo	将指定文件移动到新位置,并提供指定新文件名的选项
Open	用各种读写访问权限和共享权限打开文件
OpenRead	以只读的方式打开文件,并返回一个 FileStream 对象
OpenText	打开一个文件,并返回一个 FileStream 对象
OpenWrite	以只写的方式打开文件,并返回一个 FileStream 对象
Directory	获取当前文件所在的父目录的 DirectoryInfo 实例
DirectoryName	获取当前文件所在的父目录的完整路径名
Length	获取当前文件的大小
Name	获取与 FileInfo 实例关联的文件的文件名

下面介绍常用文件操作。

1. 创建文件

File 类的 Create 方法用于创建并打开一个新文件,该方法返回指向该文件的
FileStream 流对象,可以利用该对象对打开的文件进行读写操作。Create 方法的声明
如下:

```
static FileStream ^Create(String ^path);
static FileStream ^Create(String ^path, int bufferSize);
static FileStream ^Create(String ^path, int bufferSize, FileOptions options);
static FileStream ^Create(String ^path, int bufferSize, FileOptions options,
    FileSecurity ^fileSecurity);
```

path 参数指定需要创建的文件的相对路径或绝对路径,该路径必须包含文件名;
bufferSize 用于指定读取和写入的文件已放入缓冲区的字节数;options 参数是一个
FileOptions 枚举,用于描述如何创建或覆盖该文件,其取值如表 11-9 所示;而最后一个
可选参数 fileSecurity 用于确定文件的访问控制和审核安全性。

表 11-9　FileOptions 枚举值及说明

成员名称	说　　明
None	表示无其他操作
WriteThrough	指示系统应通过任何中间缓冲区直接写入磁盘
Asynchronous	指示文件可用于异步读取和写入
RandomAccess	表示随机访问文件,系统可将此选项用作优化文件缓存的提示
DeleteOnClose	表示当不再使用某个文件时,自动删除该文件
SequentialScan	表示按从头到尾的顺序访问文件
Encrypted	表示文件是加密的,只能通过加密账户来解密

当使用 Create 方法创建文件时,如果 path 参数指定的文件不存在,则创建并打开该
文件;如果该文件已经存在并且不是只读的,则覆盖该文件中的内容。默认情况下,该文
件是以读写访问权限打开的,其他应用程序必须在该文件关闭后才能访问。例如:

```
FileStream ^fs1=File::Create(L"D:\\page1.txt");              //创建文件
FileStream ^fs2=File::Create(L"D:\\page2.txt", 1024);        //指定缓冲区大小
FileStream ^fs3=File::Create(L"D:\\page3.txt", 1024, FileOptions::
    RandomAccess);
```

2. 打开文件

Open 方法用于打开一个已经存在的文件,并返回指向该文件的 FileStream 对象。
Open 方法的声明如下:

```
static FileStream ^Open(String ^path);
```

```
static FileStream ^Open(String ^path, FileMode mode);
static FileStream ^Open(String ^path, FileMode mode, FileAccess access);
static FileStream ^Open(String ^path, FileMode mode, FileAccess access,
    FileShare share);
```

path 参数指定需要打开的文件的相对路径或绝对路径；而 mode、access 和 share 参数分别是 FileMode、FileAccess 和 FileShare 枚举类型，用于指定打开该文件的方式、访问权限及共享方式。

3. 移动文件

Move 方法用于将指定的文件移动到新的位置，可以使用它给文件改名，并且它允许在不同的磁盘上移动文件，这与 Directory 类的 Move 方法不同。Move 方法的声明如下：

```
static void Move(String ^sourceFileName, String ^destFileName);
```

sourceFileName 参数指定了源文件的相对路径或绝对路径，而 destFileName 参数则表示目标文件的相对路径或绝对路径。例如：

```
File::Move(L"D:\\page1.txt", L"E:\\temp\\page1.txt");
```

4. 复制文件

File 类的 Copy 方法用于将由相对路径或绝对路径指定的现有文件复制到新文件，该方法的声明如下：

```
static void Copy(String ^sourceFileName, String ^destFileName);
static void Copy(String ^sourceFileName, String ^destFileName, bool
    overwrite);
```

sourceFileName 和 destFileName 参数分别表示源文件和目标文件的相对路径或绝对路径，而 overwrite 参数指定是否可以覆盖目录文件，其默认值为 false，表示当目标文件已存在时不覆盖该文件。例如：

```
if(!File::Exists(L"D:\\test.txt "))
    File::Copy(L"C:\\data.txt", L"txt, D:\\test.txt");
else
    File::Copy(L"C:\\data.txt", D:\\test.txt", true);          //覆盖原文件
```

5. 删除文件

File 类的 Delete 方法将删除由相对路径或绝对路径指定的文件。但是，如果该文件不存在，则不会引发异常。Delete 方法的声明如下：

```
static void Delete(String^ path);
```

6. 文件和目录图标的获取

Windows 操作系统中,图标的应用随处可见,每一个文件或文件夹都有相应的图标。在程序设计中,获取 Windows 文件或文件夹图标是通过 Win32 API 函数 SHGetFileInfo 来实现的,它具有下列原型:

```
DWORD_PTR SHGetFileInfo(
    LPCTSTR pszPath,                //指定文件或目录路径
    DWORD dwFileAttributes,         //指定属性标志
    SHFILEINFO * psfi,              //文件信息结构
    UINT cbFileInfo,                //指定 psfi 的结构字节大小
    UINT uFlags                     //指定返回的类型标志
);
```

例如:

```
//获取驱动器图标
SHFILEINFO fi;
SHGetFileInfo(strDrivers[i], 0, fi, sizeof(fi), SHGFI_ICON | SHGFI_SMALLICON);
imageList1->Images->Add(Drawing::Icon::FromHandle(fi.hIcon));
//添加文件夹(目录)正常和打开的图标
SHFILEINFO fi;
SHGetFileInfo("c:\\windows", 0, fi, sizeof(fi),SHGFI_ICON | SHGFI_SMALLICON);
imageList1->Images->Add(Drawing::Icon::FromHandle(fi.hIcon));
SHGetFileInfo("c:\\windows", 0, fi, sizeof(fi),SHGFI_ICON | SHGFI_OPENICON);
imageList1->Images->Add(Drawing::Icon::FromHandle(fi.hIcon));
```

11.1.6 流文件读写操作

1. Stream 类

Stream 是所有流的抽象基类,它本身并不能创建一个类实例,用户可以根据不同类型的输入和输出使用 Stream 类的相应的派生类。

2. FileStream 类

FileStream 类对文件系统中的文件以数据流的方式进行打开、读取、写入和关闭操作,以及对其他与文件相关的设备进行操作,如管道、标准输入和标准输出等。另外,该类对数据的输入、输出进行缓冲,并支持以同步方式和异步方式进行读写操作。Read 和 Write 是同步的操作方法,而 BeginRead、BeginWrite、EndRead 和 EndWrite 是异步的操作方法,虽然它们在同步或异步模式下都可以工作,但在不同的模式下,这些方法的性能可能不同。FileStream 默认情况下是以同步方式打开文件。FileStream 类的常用方法如表 11-10 所示。

表 11-10　FileStream 类的常用方法

方 法 名 称	说　明
Read(array<Byte>^,Int32,Int32)	从流中读取字节块并将该数据写入给定的缓冲区中
Seek(Int64,SeekOrigin)	将该流的当前位置设置为指定的值
Write(array<Byte>^,Int32,Int32)	将指定缓冲区中的字节块写入流中
Flush()	清除该流的所有缓冲区,以将所有缓冲的数据都写入文件中
Lock(Int64,Int64)	在允许读取访问的同时,防止其他进程更改流
Unlock(Int64,Int64)	允许其他进程访问以前锁定的某个文件的全部或部分
BeginRead(array<Byte>^,Int32,Int32,AsyncCallback^,Object^)	开始异步方式的读操作
EndRead(IAsyncResult^)	等待挂起的异步读取完成
BeginWrite(array<Byte>^,Int32,Int32,AsyncCallback^,Object^)	开始异步方式的写操作
EndWrite(IAsyncResult^)	等待挂起的异步写入完成
Close()	关闭当前流,并释放与之关联的所有资源

　　FileStream 类提供所有读取、写入和随机访问操作都必须在已经打开或具有特定访问方式的文件上操作,可以通过 FileStream 类的相关属性来判断是否能够进行某些操作。FileStream 类的常用属性如表 11-11 所示。

表 11-11　FileStream 类的常用属性

属 性 名 称	说　明
CanRead	指示当前流是否支持读取操作
CanSeek	指示当前流是否支持查找、定位操作
CanTimeout	获取一个值,该值确定当前流是否可以超时
CanWrite	指示当前流是否支持写入操作
IsAsync	表示当前 FileStream 对象是同步还是异步打开的
Length	指定了以字节为单位的流长度
Name	获取传递给构造函数的 FileStream 的名称
Position	指定了流当前的位置

　　FileStream 类的构造函数有很多种,常用的有以下两种:
　　(1) 使用指定的路径和创建模式初始化 FileStream 类的新实例。

FileStream(String ^path,FileMode mode)

（2）使用指定的路径、创建模式和读写权限初始化 FileStream 类的新实例。

```
FileStream(String^ path,FileMode mode,FileAccess access)
```

其中参数：

path：为包括文件完整路径在内的文件名。

mode：为确定如何打开或创建文件及把文件指针定位在哪里才能完成后续操作的枚举成员常量，如表 11-12 所示。

表 11-12　FileMode 的枚举成员

成员名称	说　　明
Append	打开文件并将文件指针定到文件末尾，如果文件不存在，创建该文件，该枚举成员只能与 FileAccess、Write 联合使用
Create	创建指定文件，如果该文件存在，先删除该文件，再创建
CreateNew	创建指定文件，如果该文件存在，将抛出异常
Open	打开指定文件，如果文件不存在，将引发异常
OpenOrCreate	打开文件，文件指针定位到文件的开始，如果文件不存在，则创建新文件
Truncate	打开现有文件，清除其内容，指针指向文件的开始，并保留文件的初始创建日期，如文件不存在，将引发异常

access：FileAccess 枚举类型，规定了流的作用，具体成员如表 11-13 所示。

表 11-13　FileAccess 的枚举成员

成员名称	说　　明
Read	以读写方式打开文件
ReadWrite	以读写方式打开文件
Write	以只写方式打开文件

3. TextReader 类及 TextWriter 类

TextReader 类是一个抽象基类，表示可读取连续字符序列的读取器。TextReader 有两个子类：StreamReader 类和 StringReader 类，它们分别从流和字符串读取字符。使用这些派生类可打开一个文本文件以读取指定范围内的字符，或基于现有的流创建一个读取器。

TextWriter 类也是一个抽象基类，表示可以编写一个有序字符序列的编写器。TextWriter 有两个子类：StreamWriter 类和 StringWriter 类，StringWriter 主要用于对字符串进行读写。StreamWriter 用于将一段内容写入流里面，包括 FileStream、MemoryStream 等各种流。

FileStream 流与 TextReader、TextWriter 流的区别是：FileStream 流用于字节数据输入输出，TextReader、TextWriter 用于 Unicode 字符的输入输出。简单地说，就是 FileStream 是可以用于任何数据的操作，包括视频、图片、文字等；而 TextReader 只是用来操作文本的，是 FileStream 的一个简化调用，是微软公司为方便程序员另外添加的一个类。所以 FileStream 包含 TextReader 和 TextWriter。

4. StreamReader 类和 StreamWriter 类

StreamReader 类用来构造一个 TextReader 类实例，并使其以一种特定的编码从流中读取字符。在使用 StreamReader 类进行文件字符读取操作之前，必须先创建一个 StreamReader 类实例，其构造函数的常用类型可分为两类：一类从 Stream 类对象来构造，另一类直接通过指定的完整文件路径来构造。

StreamWriter 类用来构造一个 TextWriter 类实例，并使其以一种特定的编码向流中写入字符，该类使用的也是默认的 UTF-8 编码格式。其构造函数与 StreamReader 类相似，也可通过指定 Stream 对象来创建 StreamWriter。

StreamReader 类和 StreamWriter 类的常用方法如表 11-14 所示。

表 11-14　StreamReader 类和 StreamWriter 类的常用方法

类　名	方法名称	说　明
StreamReader	Read	读取输入流中的下一个字符或下一组字符
	ReadLine	从当前流中读取一行字符并将数据作为字符串返回
	ReadBlock	从当前流中读取最多为 count 的字符到缓冲区中
	ReadToEnd	从流的当前位置到末尾读取流
	Peek	寻找当前字符的下一个字符
	Close	关闭该对象和流，并释放所有与之关联的系统资源
StreamWriter	Write	将指定类型的数据写入文本流中
	WriteLine	将数据作为一行写入文本流中
	Flush	清空所有缓冲区，并将其中的所有数据写入流中
	Close	关闭当前对象和流，并释放所有管理的系统资源

5. BinaryReader 类和 BinaryWriter 类

BinaryReader 类和 BinaryWriter 类用于以二进制格式读取或写入离散数据类型。BinaryWriter 类定义一个多个重载的 Write 方法用于将数据类型写入基层的流中，并提供了对随机数据访问的支持。BinaryReader 类和 BinaryWriter 类的常用方法如表 11-15 所示。

表 11-15　BinaryReader 类和 BinaryWriter 类的常用方法

类　　名	方法名称	说　　明
BinaryReader	Read	读取指定的字节或字符,并将它们存入数组
	ReadXXX	根据不同数据类型定义的读取方法
	Close	关闭 BinaryReader 对象打开的数据流
BinaryWriter	Write	将指定数据类型的值写入当前流
	Seek	设置流中的当前位置
	Flush	刷新二进制流
	Close	关闭二进制流

11.2　实训操作内容

11.2.1　资源管理器

1. 实训要求

创建一个和 Windows 资源管理器基本相似的"资源管理器"窗体应用程序,使用 Directory 类和 File 类实现对文件、文件夹的创建和删除等操作。双击文件,将自动调用关联的程序来打开文件。使用 DriverInfo 类在右下部的组合框中显示当前计算机的驱动器,并显示所选择驱动器的相关属性信息,程序运行界面如图 11-2 所示。

图 11-2　"资源管理器"窗体应用程序

2. 设计分析

(1) 程序基本框架设计。窗体使用切分模型,左边窗格是树视图 TreeView 控件,用来显示本地计算机的所有目录(文件夹),右边窗格是列表视图 ListView 控件,用来以"详细信息"显示当前文件夹下的所有文件的文件名、类型、大小和创建时间。

（2）两个视图的同步显示。当在树视图选择某个文件夹之后，应将该文件夹下的所有文件显示在右边的列表视图中。双击列表视图中的文件时，该文件将自动调用与之关联的应用程序来打开它，而且在状态栏上显示当前目录名称、子目录和文件数目。

（3）文件和目录图标的获取。每一个文件或文件夹都有相应的图标，通过 Win32API 函数 SHGetFileInfo 来实现。

（4）调用 Directory 类的 GetLogicalDrives 方法获取所有驱动器名并编程显示在 TreeView 控件中，调用 Directory 类的 GetDirectories 方法获取指定目录的所有子目录名并编程显示在 TreeView 控件中。

（5）在窗体 Load 事件处理中获取计算机的目录，通过定义一个 strDrivers 字符串数组实例来存储通过 GetLogicalDrives 获取计算机的目录，按目录结构转存到树节点数组实例 nodes 中，再将树节点数组实例 nodes 添加到 treeView1-> Nodes 中，再为 imageList1 添加文件夹正常时和打开时的图标。

（6）调用 DriverInfo 类 GetDrives 方法获取当前计算机的驱动器信息，显示在右下部的组合框中。

（7）在 TreeView 控件选中某个文件夹后的响应事件 AfterSelect 中实现两个功能：

一是更新和展开当前树节点。首先要找到当前所选择的节点，获取文件夹名称，通过目录的 GetDirectories 方法获取文件夹下的子目录，创建树节点数组 nodes，将子目录转存到树节点数组中，然后将树节点数组添加到树的当前节点下。

二是根据当前文件夹下的文件更新列表视图控件。先清空 imageList2 的图像列表，并清除列表视图的列表项，通过 GetFiles(curPath) 获取当前目录下的所有文件，创建列表项数组 items，再对各个文件进行循环，获取文件图标给 imageList2，获取文件名称和扩展名，通过创建文件 FileInfo 类对象实例获取文件的属性，用这些信息作为列表项的子项，构建 items 数组对象，最后将列表项 items 添加到 listView1->Items 中，就会在列表中显示这些文件的信息，同时将文件夹的一些参数显示在状态栏上。

（8）在列表视图控件 listView1 中双击文件，将自动调用关联的程序来打开文件，在代码中先获取当前所在的文件路径，再结合当前所选择的文件名，构成一个完整的文件路径名 strFilePath，最后通过调用 System::Diagnostics::Process::Start(strFilePath) 来运行文件。

（9）4 个按钮的功能实现。使用目录类和文件类的静态方法来实现。

① "新建文本文件"按钮处理。先依据视图节点生成带路径的文件名，再用 File::Exists 方法判断有无同名的文件，最后用 File::Create 方法创建文件。

② "删除文件"按钮的处理。先依据树视图节点和当前所选择的文件生成带路径的文件名，再获取文件在列表中的索引，通过索引找到这个列表项，用 RemoveAt 方法删除列表项，最后调用 File::Delete 删除文件。

③ "新建文件夹"按钮处理。先获取当前文件夹的路径，新建一个名为"新建文件夹"的路径全名，用 Directory::Exists 方法判断文件夹是否存在，再用 Directory::CreateDirectory 方法创建新文件夹，同时用 Add 方法为 TreeView 当前树节点添加一个

树节点。

④ "删除文件夹"按钮处理。先获取所选择的文件夹的名字,用 Directory::Exists 方法判断文件夹是否存在,再调用 Directory::Delete 方法删除文件夹,同时要用 Remove 方法删除该树节点。

3. 操作指导

(1) 创建一个项目名为 manager 的 Windows 窗体应用程序,适当调整窗体的大小,修改窗体 Text 属性为"资源管理器"。

(2) 参照图 11-2 将 3 个 SplitContainer 拖放到窗体中,保留其默认的对象名。对窗体进行适当切分,在左边面板中添加一个树视图控件 treeView1,右上面板添加一个列表视图控件 listView1,在右下部添加 4 个按钮控件,分别为"新建文本文件""删除文件""新建文件夹"和"删除文件夹",再添加一个组合框控件 comboBox1,调整好大小及位置。将 StatusStrip 组件拖放到窗体中,并添加一个 toolStripStatusLabel1 标签,如图 11-3 所示。

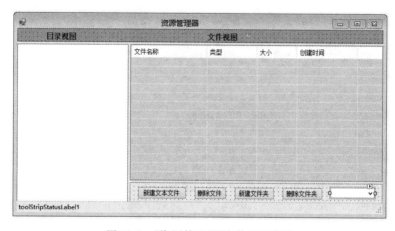

图 11-3　"资源管理器"窗体界面设计

(3) 添加两个 ImageList 组件 imageList1 和 imageList2。

(4) 在 treeView1 控件的属性窗口中,将 ImageList 属性选择为 imageList1;在 listView1 控件的属性窗口中,将 SmallImageList 属性选择为 imageList2。

(5) 在列表视图控件 listView1 属性窗口,单击 Columns 属性右侧的▣按钮,在打开的"ColumnHeader 集合编辑器"中,单击"添加"按钮,按表 11-16 所示的内容添加列标头的列信息。再修改其 View 属性为 Details。

表 11-16　ListView 控件添加的列标头

添加的列	Text	TextAlign	Width
columnHeader1	文件名称	Left(默认)	150
columnHeader2	类型	Left(默认)	100
columnHeader3	大小	right	80
columnHeader4	创建时间	Left	120

（6）切换到窗体设计器页面，为窗体定义一个 DriveInfo 类的数组 allDriver，添加 Load 事件处理方法 Form1_Load，并添加下列代码：

```cpp
private:array<DriveInfo^>^allDriver=System::IO::DriveInfo::GetDrives();
private: System::Void Form1_Load(System::Object ^sender, System::EventArgs ^e) {
    //设置最高的颜色深度以使获取的图标效果最佳
    imageList1->ColorDepth=ColorDepth::Depth32Bit;
    imageList2->ColorDepth=ColorDepth::Depth32Bit;
    //创建树视图控件的初始节点
    array<String^>^strDrivers=Directory::GetLogicalDrives();
    array<TreeNode^>^nodes=gcnew array<TreeNode^>(strDrivers->Length);
    for(int i=0; i<strDrivers->Length; i++) {
        String ^str=strDrivers[i];
        //获取驱动器图标
        SHFILEINFO fi;
        SHGetFileInfo(str, 0, fi, sizeof(fi), SHGFI_ICON | SHGFI_SMALLICON);
        imageList1->Images->Add(Drawing::Icon::FromHandle(fi.hIcon));
        //创建节点
        nodes[i]=gcnew TreeNode(str, i, i);
    }
    treeView1->Nodes->AddRange(nodes);
    //添加文件夹(目录)正常时和打开时的图标
    SHFILEINFO fi;
    SHGetFileInfo("c:\\windows", 0, fi, sizeof(fi),SHGFI_ICON | SHGFI_SMALLICON);
    imageList1->Images->Add(Drawing::Icon::FromHandle(fi.hIcon));
    SHGetFileInfo("c:\\windows", 0, fi, sizeof(fi),SHGFI_ICON | SHGFI_OPENICON);
    imageList1->Images->Add(Drawing::Icon::FromHandle(fi.hIcon));
    toolStripStatusLabel1->Text=L"资源管理器 Version 1.0.0";
    //在组合框中显示当前计算机的驱动器的图标
    for each(DriveInfo ^d in allDriver)
    {
        if(d->IsReady==true)
        {
            String ^dt="";
            switch((int)(d->DriveType))
            {
                case 0:dt="未知设备"; break;
                case 1:dt="未分区"; break;
                case 3:dt="硬盘"; break;
                case 2:dt="可移动硬盘"; break;
                case 4:dt="网络驱动器"; break;
                case 5:dt="光驱"; break;
                case 6:dt="内存硬盘"; break;
            }
```

```
        comboBox1->Items->Add(d->Name+"("+dt+")");
    }
  }
}
```

（7）文件和目录图标的获取。在 Form1.h 中添加以下代码：

```
#pragma once
#define SHGFI_ICON              0x100
#define SHGFI_LARGEICON         0x0              //大图标
#define SHGFI_SMALLICON         0x1              //小图标
#define SHGFI_OPENICON          0x2              //文件夹打开时的图标
#define SHGFI_SELECTED          0x10000          //选定状态下的图标
...
using namespace System::Runtime::InteropServices;    //平台调用支持
using namespace System::IO;                          //I/O 操作支持
[StructLayout(LayoutKind::Sequential)]
public value struct SHFILEINFO
{
public:
    IntPtr hIcon;
    int iIcon;
    UInt32 dwAttributes;
    [MarshalAs(UnmanagedType::ByValTStr, SizeConst=260)]
    String ^szDisplayName;
    [MarshalAs(UnmanagedType::ByValTStr, SizeConst=80)]
    String ^szTypeName;
};
[DllImport("shell32.dll")]
extern "C" void* SHGetFileInfo(String ^pszPath, UInt32 dwFileAttributes,
    SHFILEINFO%psfi, UInt32 cbSizeFileInfo, UInt32 uFlags);
///<summary>
```

（8）为树视图控件 treeView1 添加 AfterSelect 事件处理方法 treeView1_AfterSel，并添加下列代码：

```
private: System::Void treeView1_AfterSelect(System::Object ^sender, System::
Windows::Forms::TreeViewEventArgs ^e) {
    //根据当前目录下的子目录更新当前节点
    TreeNode^curNode=e->Node;
    String^curPath=curNode->FullPath;
    curPath=curPath->Replace("\\\\", "\\");
    array<String^>^dirs;
    try{
        dirs=Directory::GetDirectories(curPath);
    }
```

```
catch(IOException ^/ * e * /)
{
    listView1->Items->Clear();
    return;
}
int nImageLastIndex=imageList1->Images->Count-1;
if((dirs->Length)>0) {
    array<TreeNode^>^nodes=gcnew array<TreeNode^>(dirs->Length);
    for(int i=0; i<dirs->Length; i++) {
        String ^str=dirs[i];
        //取路径中最后的目录名称
        int nIndex=str->LastIndexOf("\\");
        str=str->Substring(nIndex+1);
        //创建节点
        nodes[i]=gcnew TreeNode(str, nImageLastIndex-1, nImageLastIndex);
    }
    curNode->Nodes->AddRange(nodes);
}
//根据当前目录下的文件更新列表视图控件
array<String^>^files=Directory::GetFiles(curPath);
imageList2->Images->Clear();          //清空图像列表
listView1->Items->Clear();            //清除列表项
if(files->Length>0) {
    array< ListViewItem^> ^ items = gcnew array< ListViewItem^> (files->
    Length);
    for(int i=0; i<files->Length; i++) {
        String ^str=files[i];
        //获取文件图标
        SHFILEINFO fi;
        SHGetFileInfo(str, 0, fi, sizeof(fi), SHGFI_ICON | SHGFI_SMALLICON);
        imageList2->Images->Add(Drawing::Icon::FromHandle(fi.hIcon));
        //取路径中最后的文件名称
        int nIndex=str->LastIndexOf("\\");
        String ^strFileName=str->Substring(nIndex+1);
        //创建列表项
        items[i]=gcnew ListViewItem(strFileName, i);
        FileInfo ^fInfo=gcnew FileInfo(str);
        items[i]->SubItems->Add(String::Concat(fInfo->Extension, " 文件"));
        if(fInfo->Length>1024)
            items[i]->SubItems->Add(String::Concat(
            (fInfo->Length/1024).ToString(), "K"));
        else
            items[i]->SubItems->Add((fInfo->Length).ToString());
        items[i]->SubItems->Add((fInfo->CreationTime).ToString());
```

```
        }
        listView1->Items->AddRange(items);
    }
    //在状态栏上显示信息
    toolStripStatusLabel1->Text=String::Concat("在目录【", curPath, "】下,有 ",
        dirs->Length.ToString(), " 个子目录,有 ",files->Length.ToString(),
        "个文件!");
}
```

（9）实现在组合框中选择驱动器名称可以显示它的相关属性,为组合框控件
comboBox1 添加 SelectionChangeCommitted 事件处理方法,并添加下列代码:

```
private: System::Void comboBox1_SelectionChangeCommitted(System::Object
^sender, System::EventArgs ^e) {
    int i=comboBox1->SelectedIndex;
    String ^str="驱动器名:【"+allDriver[i]->Name+"】卷标:【"+allDriver[i]->
        VolumeLabel;
    str=str+"】格式:【"+allDriver[i]->DriveFormat;
    str=str+"】总容量:【"+ (allDriver[i]->TotalSize/(1024 * 1024 * 1024)).
        ToString()+"GB";
    toolStripStatusLabel1->Text=str+"】剩余容量:【"+ (allDriver[i]->
        TotalFreeSpace/(1024 * 1024 * 1024)).ToString()+"GB】";
}
```

（10）实现在列表视图中双击文件可以运行该文件,为列表视图控件 listView1 添加
DoubleClick 事件处理方法 listView1_DoubleClick,并添加下列代码:

```
private: System::Void listView1_DoubleClick(System::Object ^sender, System::
EventArgs ^e) {
    TreeNode ^  curNode=treeView1->SelectedNode;
    String ^curPath=curNode->FullPath;
    curPath=curPath->Replace("\\\\", "\\");
    ListViewItem ^curItem=listView1->SelectedItems[0];
    String ^strFilePath=String::Concat(curPath, "\\", curItem->Text);
    //在状态栏上显示信息
    toolStripStatusLabel1->Text=String::Concat("当前目录为【", curPath, "】当前
        文件:", curItem->Text);
    //运行程序,打开文件
    System::Diagnostics::Process::Start(strFilePath);
}
```

（11）为窗体的"新建文本文件""删除文件""新建文件夹"和"删除文件夹"4 个按钮
添加各按钮的 Click 事件的处理方法。代码如下:

```
private: System::Void button1_Click(System::Object ^sender, System::EventArgs
^e) {
```

```
        TreeNode ^curNode=treeView1->SelectedNode;
        String ^curPath=curNode->FullPath;
        curPath=curPath->Replace("\\\\", "\\");
        String ^Filename="新建文本文件";
        String ^strFilePath=String::Concat(curPath, "\\", Filename);
        if(File::Exists(strFilePath))
        {
            MessageBox::Show(this,"该文件名已经存在!"+strFilePath,"提示对话框",
                MessageBoxButtons::OK, MessageBoxIcon::Information);
        }
        else
        {
            FileStream ^fs=File::Create(strFilePath);
            fs->Close();
            MessageBox::Show(this,"成功创建文件!"+strFilePath,"提示对话框",
                MessageBoxButtons::OK, MessageBoxIcon::Information);
        }
    }
    private: System::Void button2_Click(System::Object ^sender, System::EventArgs
^e) {
        TreeNode ^curNode=treeView1->SelectedNode;
        String ^curPath=curNode->FullPath;
        curPath=curPath->Replace("\\\\", "\\");
        ListViewItem ^curItem=listView1->SelectedItems[0];
        String ^strFilePath=String::Concat(curPath, "\\", curItem->Text);
        int num=listView1->Items->IndexOf(listView1->SelectedItems[0]);
        int SelectOne=0;
        if(listView1->SelectedItems->Count<0) return;
        SelectOne=listView1->SelectedItems[0]->Index;
        listView1->Items->RemoveAt(SelectOne);
        //删除文件
        File::Delete(strFilePath);
        MessageBox::Show(this, "成功删除了文件!"+strFilePath, "信息提示",
            MessageBoxButtons::OK, MessageBoxIcon::Information);
    }
    private: System::Void button3_Click(System::Object ^sender, System::EventArgs
^e) {
        TreeNode ^curNode=treeView1->SelectedNode;
        String ^curPath=curNode->FullPath;
        curPath=curPath->Replace("\\\\", "\\");
        String ^Filename="新建文件夹";
        String ^strFilePath=String::Concat(curPath, "\\", Filename);
        if(Directory::Exists(strFilePath))                    //判断文件夹是否存在
        {
```

```
        MessageBox::Show(this, "该文件夹已存在!", "提示对话框",
            MessageBoxButtons::OK, MessageBoxIcon::Information);
    }
    else
    {
        Directory::CreateDirectory(strFilePath);      //创建新文件夹
        curNode->Nodes->Add(Filename);                //添加节点
        MessageBox::Show(this, "成功创建文件夹!"+strFilePath, "提示对话框",
            MessageBoxButtons::OK, MessageBoxIcon::Information);
    }
}
private: System::Void button4_Click(System::Object ^sender, System::EventArgs
^e) {
    TreeNode ^curNode=treeView1->SelectedNode;
    String ^curPath=curNode->FullPath;
    curPath=curPath->Replace("\\\\", "\\");
    String ^strFilePath=curPath;
    if(!Directory::Exists(strFilePath))               //判断文件夹是否存在
    {
        MessageBox::Show(this, "要删除的文件夹不存在!"+strFilePath, "信息提示",
            MessageBoxButtons::OK, MessageBoxIcon::Information);
    }
    else
    {
        Directory::Delete(strFilePath);               //删除文件夹
        curNode->Remove();                            //删除节点
        MessageBox::Show(this, "成功删除了文件夹!"+strFilePath, "信息提示",
            MessageBoxButtons::OK, MessageBoxIcon::Information);
    }
}
```

（12）编译并运行程序，测试运行效果。

11.2.2 文件及文件夹操作

1. 实训要求

使用 FileInfo 类和 DirectoryInfo 类创建一个文件及文件夹操作的窗体应用程序，实现对文件和文件夹浏览、新建和删除的功能，如图 11-4 所示。

2. 设计分析

（1）使用分隔条 SplitContainer 控件将窗体分为上下两部分。在上部用一个文本框来输入要用到的文件名或目录名，用两个组框对按钮控件进行分组；在下部用一个多行文

图 11-4　文件及文件夹操作窗体应用程序

本框来显示目录或文件的信息。用一个字符串变量 String ^CurPath 记录当前的目录名。各个按钮的功能分别使用目录或文件的实例方法来实现。

（2）在"浏览文件"按钮的代码 Select_File 中，使用 OpenFileDialog 控件来选择文件，这里最好能设置它的初始文件夹。当选择文件后，将文件名显示在 textBox1 中，用文件名创建 FileInfo 的对象实例 filestr，通过这个对象实例获取文件的属性，显示在 textBox2 中，通过 DirectoryName 方法获取当前文件夹，显示在状态栏中。

（3）在"新建文件"按钮的代码 CreateFile 中。先检查文本框中指定要创建的文件名是否为空，用文件名创建 FileInfo 的对象实例，用文件 Exists 实例方法检查该名字的文件在当前目录中是否存在，使用 FileStream 句柄创建文件流，用文件 Create 实例方法创建这个文件，并将文件放入文件流，通过文件流关闭文件。最后在状态栏中显示文件已经创建的信息。

（4）在"删除文件"按钮的代码 Del_File 中。先检查文本框中指定要删除的文件名是否为空，用文件名创建 FileInfo 的对象实例，用文件 Exists 实例方法检查该名字的文件在当前目录中是否存在，如存在，则使用实例对象的 Delete 方法删除文件并在状态栏中显示文件已经删除的信息。

（5）在"文件夹浏览"按钮的代码 FolderBroser 中，直接通过调用文件夹浏览 FolderBrowserDialog 来选择文件夹，通过该对象实例的 SelectedPath 属性就可获取文件夹的路径，并设为当前路径，同时在状态栏中显示新的当前路径的信息。

（6）在"创建文件夹"按钮的代码 Create_Dir 中，先检查文本框中指定要创建的文件夹名是否为空，使用文件夹名创建一个 DirectoryInfo 的文件夹实例，再用目录的 Exists 方法检查该名字的文件夹在当前目录中是否存在，如不存在，则调用该实例的 Create 方法创建的文件夹，并在状态栏中显示文件夹已经创建的信息。

（7）在"删除文件夹"按钮的代码 Delete_Dir 中，先检查文本框中指定要删除的文件夹名是否为空,使用文件夹名创建一个 DirectoryInfo 的文件夹实例,再用目录的 Exists 方法检查该名字的文件夹在当前目录中是否存在,如存在,则使用该对象实例的 Delete 方法删除文件夹,使用该对象实例的 Parent—>FullName 方法获取上一级目录名,更改当前路径名并在状态栏中显示文件夹已经删除的信息。

(8) 在"提取文件夹中的文件"按钮的代码 GetFileFromDir 中,先检查文本框中指定要提取文件夹名是否为空,如不空,则按此文件夹名和当前路径生成一个全路径名的 DirectoryInfo 实例对象,通过这个实例对象的 GetFiles 方法可获得这个文件夹的所有文件名,将它们显示在 Text2 文本框中,并在状态栏中显示相关的信息。

3. 操作指导

(1) 创建"文件及文件夹操作"窗体。新建一个窗体 FilesDirInfo,适当调整窗体的大小,并修改窗体的 Text 属性为"文件及文件夹操作"。

(2) 按照图 11-5 所示向窗体中添加以下控件:1 个 SplitContainer 控件、2 个 GroupBoxr 控件、1 个单行 TextBox 控件和 1 个多行 TextBox 控件、7 个按钮控件、1 个状态条控件、1 个文件浏览控件和 1 个文件夹浏览控件,适当调整这些控件的大小及位置。

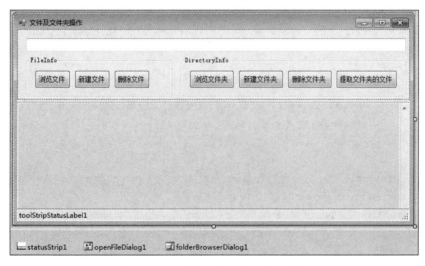

图 11-5　文件及文件夹操作界面设计

(3) 为窗体添加 Form1_Load 事件代码,获取当前目录(该进程从该目录中启动)的完全限定路径,并添加一个记录目录的字符串变量,同时要添加 I/O 操作支持命名空间:

```
using namespace System::IO;          //I/O操作支持
String ^CurPath;
private: System::Void Form1_Load(System::Object ^sender, System::EventArgs
^e) {
    //获取当前目录的完全限定路径
    CurPath=System::Environment::CurrentDirectory->ToString();
```

```
    //在状态栏上显示信息
    toolStripStatusLabel1->Text=String::Concat("当前目录为【", CurPath,"】");
}
```

（4）为各按钮添加 Click 事件的处理方法，各按钮的处理方法对应关系如下："浏览文件"为 Select_File，"新建文件"为 CreateFile，"删除文件"为 Del_File，"文件夹浏览"为 FolderBroser，"创建文件夹"为 Create_Dir，"删除文件夹"为 Delete_Dir，"提取文件夹中的文件"：GetFileFromDir，代码如下：

```
private: System::Void Select_File(System::Object ^sender, System::EventArgs ^e) {
    openFileDialog1->InitialDirectory=CurPath;
    if(openFileDialog1->ShowDialog()==System::Windows::Forms::DialogResult::OK
        && openFileDialog1->FileName !="")
    {
        textBox1->Text=openFileDialog1->FileName;
        FileInfo ^filestr=gcnew FileInfo(openFileDialog1->FileName);
        CurPath=filestr->DirectoryName;
        textBox2->Text=String::Concat("文件名：",filestr->Name,"\r\n 文件大小：",
            filestr->Length,"\r\n 最后存取时间：",filestr->LastAccessTime);
        //在状态栏上显示信息
        toolStripStatusLabel1->Text=String::Concat("当前目录为【", CurPath,"】");
    }
    else
    {
        MessageBox::Show(this,"对不起,没有选择文件或选择文件失败!","提示对话框",
            MessageBoxButtons::OK,MessageBoxIcon::Warning);
    }
}
private: System::Void CreateFile(System::Object ^sender, System::EventArgs ^e) {
    String ^filestr=textBox1->Text->Trim();
    if(textBox1->Text=="")
    {
        MessageBox::Show(this,"文件名不能为空!","提示对话框",
            MessageBoxButtons::OK,MessageBoxIcon::Information);
    }
    else
    {
        FileStream ^stream=nullptr;
        FileInfo ^fileInfo1=gcnew FileInfo(filestr);
        if(fileInfo1->Exists)
        {
            MessageBox::Show(this,"该文件名已经存在!"+fileInfo1->FullName,"提
                示对话框",MessageBoxButtons::OK,MessageBoxIcon::Information);
        }
```

```cpp
        else
        {
            stream=fileInfo1->Create();
            stream->Close();
            //在状态栏上显示信息
            toolStripStatusLabel1->Text=String::Concat("当前目录为【",
                fileInfo1->DirectoryName,"】新建文件: ", fileInfo1->Name);
            MessageBox::Show(this,"成功创建文件!"+fileInfo1->FullName,"提示
                对话框",MessageBoxButtons::OK, MessageBoxIcon::Information);
        }
    }
}
private: System::Void Del_File(System::Object ^sender, System::EventArgs ^e) {
    String ^filestr=textBox1->Text->Trim();
    if(filestr=="")
    {
        MessageBox::Show(this, "文件路径及名称不能为空!", "信息提示",
            MessageBoxButtons::OK, MessageBoxIcon::Information);
    }
    else
    {
        FileInfo ^fileInfo1=gcnew FileInfo(filestr);
        if(!fileInfo1->Exists)
        {
            MessageBox::Show(this, "要删除的文件不存在!", "信息提示",
                MessageBoxButtons::OK, MessageBoxIcon::Information);
        }
        else
        {
            fileInfo1->Delete();
            //在状态栏上显示信息
            toolStripStatusLabel1->Text=String::Concat("当前目录为【",
                fileInfo1->DirectoryName,"】删除文件: ",fileInfo1->Name);
            MessageBox::Show(this, "成功删除了文件!", "信息提示",
                MessageBoxButtons::OK, MessageBoxIcon::Information);
        }
    }
}
private: System::Void FolderBroser(System::Object ^sender, System::EventArgs ^e) {
    folderBrowserDialog1->SelectedPath=CurPath;
    if(folderBrowserDialog1->ShowDialog()==System::Windows::Forms::
        DialogResult::OK)
    {
        textBox1->Text=folderBrowserDialog1->SelectedPath;    //获取文件夹位置
```

```
        CurPath=textBox1->Text;
        //在状态栏上显示信息
        toolStripStatusLabel1->Text=String::Concat("当前目录为【", textBox1->
            Text,"】");
    }
    else
        MessageBox::Show(this, "浏览文件夹错误!", "提示对话框",
            MessageBoxButtons::OK, MessageBoxIcon::Information);
}
private: System::Void Create_Dir(System::Object ^sender, System::EventArgs ^e) {
    String ^Dirstr=textBox1->Text->Trim();
    if(Dirstr=="")
    {
        MessageBox::Show(this, "文件夹位置及名称不能为空!", "提示对话框",
            MessageBoxButtons::OK, MessageBoxIcon::Information);
    }
    else
    {
        DirectoryInfo ^dirInfo1=gcnew DirectoryInfo(Dirstr);
        if(!dirInfo1->Exists)          //判断文件夹是否存在
        {
            dirInfo1->Create();        //创建新文件夹
            CurPath=dirInfo1->Parent->FullName;
            MessageBox::Show(this, "成功创建文件夹!"+dirInfo1->FullName, "提示
                对话框", MessageBoxButtons::OK, MessageBoxIcon::Information);
            //在状态栏上显示信息
            toolStripStatusLabel1->Text=String::Concat("当前目录为【",
                dirInfo1->Parent->FullName,"】创建文件夹",dirInfo1->FullName);
        }
        else
            MessageBox::Show(this, "该文件夹已存在!"+dirInfo1->FullName, "提示
                对话框", MessageBoxButtons::OK, MessageBoxIcon::Information);
    }
}
private: System::Void Delete_Dir(System::Object ^sender, System::EventArgs ^e) {
    String ^Dirstr=textBox1->Text->Trim();
    if(Dirstr=="")
    {
        MessageBox::Show(this, "文件夹位置及名称不能为空!", "提示对话框",
            MessageBoxButtons::OK, MessageBoxIcon::Information);
    }
    else
    {
        DirectoryInfo ^dirInfo1=gcnew DirectoryInfo(Dirstr);
```

```
        if(dirInfo1->Exists)            //判断文件夹是否存在
        {
            dirInfo1->Delete();         //删除文件夹
            CurPath=dirInfo1->Parent->FullName;
            MessageBox::Show(this, "成功删除文件夹!"+dirInfo1->FullName, "提示
                对话框", MessageBoxButtons::OK, MessageBoxIcon::Information);
            //在状态栏上显示信息
            toolStripStatusLabel1->Text=String::Concat("当前目录为【",
                dirInfo1->Parent->FullName,"】删除文件夹",dirInfo1->FullName);
        }
        else
            MessageBox::Show(this, "该文件夹不存在!"+dirInfo1->FullName, "提示
                对话框", MessageBoxButtons::OK, MessageBoxIcon::Information);
    }
}
private: System:: Void GetFileFromDir ( System:: Object  ^ sender, System::
EventArgs ^e) {
    if(textBox1->Text=="")
    {
        MessageBox::Show(this, "请选择文件夹!", "提示对话框",
            MessageBoxButtons::OK, MessageBoxIcon::Information);
    }
    else
    {
        DirectoryInfo ^dir=gcnew DirectoryInfo(textBox1->Text);
        CurPath=dir->FullName;
        array<FileInfo ^>^f=dir->GetFiles();
        textBox2->Text=String::Concat("当前目录为【",dir->FullName,"】","\r\
        n");//显示完整目录
        for(int i=0; i<f->Length;i++)
        {
            textBox2->Text+="\r\n";
            textBox2->Text+=f[i]->FullName;//显示文件列表
        }
        //在状态栏上显示信息
        toolStripStatusLabel1->Text=String::Concat("当前目录为【", dir->
            FullName,"】");
    }
}
```

11.2.3　记事本

1. 实训要求

利用对话框、菜单、工具栏和文本框等控件设计一个简易的记事本窗体应用程序,实

现记事本的基本功能。程序运行界面如图 11-6 所示。

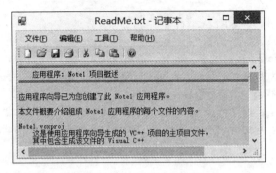

图 11-6 记事本应用程序

实现对文本文件的以下操作功能：

(1) 新建、打开、保存、另存为文本文件。

(2) 编辑文件：包括复制、剪贴、粘贴、撤销。

(3) 设置字体、自动换行和调用系统的计算器程序。

各菜单项及其子菜单项如图 11-7 所示。

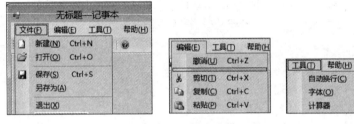

图 11-7 记事本应用程序的菜单设计

2. 设计分析

(1) 这里主要涉及文件的读写和文本的编辑操作，使用 FileInfo 类管理文件，使用文件流 FileStream 的 StreamReader 类和 StreamWriter 类实现文件内容的读写。

(2) 菜单栏和工具栏的添加与设置，尽量使用系统提供的标准菜单和标准工具栏来制作，删除没用到的菜单项即可。

(3) 文本文件的打开与读取。通过打开文件对话框选择要打开的文件，获得该文件名，依据该文件名创建 FileInfo 类的对象实例，利用该对象实例的 Open 方法打开该文件，并为文件流 FileStream 类的对象实例 stream 赋值，再在 stream 中构造一个 StreamReader 类对象实例 reader，通过 reader 的 ReadLine 方法从文件流中循环读取一行行的文本内容，并将文本内容显示在 textBox1 文本框中，最后再调用 StreamReader 和 FileStream 类的 Close 方法关闭流。

(4) 文件的保存与写入。通过调用保存文件对话框选择要保存的文件，获得该文件名，依据该文件名创建 FileInfo 类的对象实例，利用该对象实例的 Open 方法打开该文件，并为文件流 FileStream 类的对象实例 stream 赋值，再在 stream 中构造一个

StreamWriter 类对象实例 writer,通过 writer 的 WriteLine 方法将一行行的文本内容写入文件中,最后再调用 StreamWriter 和 FileStream 的 Close 方法关闭流。

(5) 文本的编辑与修改。记事本的编辑功能有文本内容撤销、剪切、复制和粘贴。直接调用文本框所提供的方法就能实现这些编辑功能。使用文本框的 Modified 属性可以判断文件内容是否被修改过,所以在新建一个文件或退出程序之前,要判断当前被修改过的文件是否需要保存,如需要保存,则调用文件保存功能。在保存文件后,要更改 Modified 属性为 false。

3. 操作指导

(1) 创建一个项目名称为 NotePad 的 Windows 窗体应用程序项目,适当调整窗体的大小,并修改窗体的 Text 属性为"无标题—记事本"。

(2) 菜单和工具栏设计。在 Form1 窗体中添加一个菜单控件 menuStrip1 和工具栏 toolStrip1 控件,单击窗体模板下的 menuStrip1 图标,在菜单栏上单击最右边的任务列表智能标记,弹出任务列表窗口,从中选择"插入标准项"命令,再修改"工具"的两个子菜单分别为"自动换行"和"字体",再添加一个子菜单项"计算器",如图 11-8 所示。单击窗体模板下的 toolStrip1 图标,在工具栏上单击最右边的任务列表智能标记,弹出任务列表窗口,从中选择"插入标准项"命令。

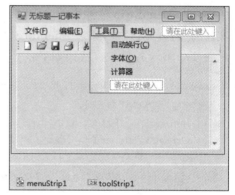

图 11-8　添加"计算器"子菜单项

(3) 添加控件。在工具箱窗口中选择 TextBox 控件并拖动到窗体中,然后在属性窗口中分别设置 TextBox 控件的 Dock 属性为 Fill,ScrollBars 属性为 Both,AcceptsReturn、AcceptsTab 和 Multiline 属性为 true。

(4) 在 Form1.h 头文件中导入 System::IO 和 System::Text 命名空间。

```
using namespace System::IO;
using namespace System::Text;
using namespace System::Diagnostics;        //调用系统的功能
```

(5) 在窗体设计器窗口中选择 MenuStrip 控件上的"新建"菜单项,然后在属性窗口中为该菜单项添加 Click 事件的处理方法,在该方法中先判断当前文件内容是否被修改过,再判断当前被修改过的文件是否需要保存,如要保存,则调用文件保存功能。将 TextBox 控件中的内容清空,重新设置窗体的标题为"无标题-记事本"。更改 Modified 属性为 false。代码如下:

```
private: System::Void 新建 NToolStripMenuItem_Click(System::Object ^sender,
System::EventArgs ^e) {
    if(1==this->textBox1->Modified)
```

```
    {
        String ^strFileName=this->Text->Replace("-记事本","")->Trim();
        String ^strText=String::Format("文件{0}的文字已更改,\n\n 想保存文件吗?",
            strFileName);
        System::Windows::Forms::DialogResult res=MessageBox::Show(strText,
            "记事本",System::Windows::Forms::MessageBoxButtons::YesNo, System::
            Windows::Forms::MessageBoxIcon::Exclamation);
        if(res==System::Windows::Forms::DialogResult::Yes)
            保存 SToolStripMenuItem_Click(nullptr, nullptr);        //调用保存命令
    }
    this->textBox1->Text=nullptr;              //清空 TextBox 中的内容
    this->Text="无标题-记事本";                //重新设置窗体的标题
    this->textBox1->Modified=false;            //清除更新标志
}
```

（6）为 MenuStrip 控件中的"打开"菜单项添加 Click 事件的处理方法,在该方法中弹出文件的"打开"对话框,通过 FileInfo 对象打开用户选择的文件,再读取该文件的数据以显示在 TextBox 控件中。代码如下：

```
private: System::Void 打开 OToolStripMenuItem_Click(System::Object ^sender,
System::EventArgs ^e) {
    OpenFileDialog ^dlg=gcnew OpenFileDialog();
    dlg->FileName=L"*.txt";                            //默认文件名
    dlg->Filter=L"文本文档(*.txt)|*.txt|所有文件(*.*)|*.*";  //过滤字符串
    if(dlg->ShowDialog() !=System::Windows::Forms::DialogResult::OK)
        return;                                        //未选择文件, 退出
    try {
        String ^readText;
        this->textBox1->Text=nullptr;
        FileInfo ^ fileInfo=gcnew FileInfo(dlg->FileName);
        FileStream ^stream=fileInfo->Open(FileMode::OpenOrCreate,
        FileAccess::Read);
        StreamReader ^reader=gcnew StreamReader(stream, Encoding::UTF8);
        while((readText=reader->ReadLine()) !=nullptr)  //读取一行文本
            this->textBox1->Text+=readText+"\r\n";      //添加到 TextBox 中
        reader->Close();                                //关闭 StreamReader
        stream->Close();                                //关闭 FileStream
        this->Text=fileInfo->Name+L"-记事本";           //设置窗体的标题
    }
    catch(IOException ^e) {                             //打开失败,或其他异常
        MessageBox::Show(e->ToString());
    }
}
```

（7）为"保存"菜单项添加 Click 的处理方法,在该方法中弹出文件的"保存"对话框,

并将数据保存到用户选择的文件中。代码如下:

```
private: System::Void 保存 SToolStripMenuItem _Click(System::Object ^sender,
System::EventArgs ^e) {
    SaveFileDialog ^dlg=gcnew SaveFileDialog();        //保存文件对话框
    dlg->FileName=L"*.txt";                            //默认文件名
    dlg->Filter=L"文本文档(*.txt)|*.txt|所有文件(*.*)|*.*";   //过滤字符串
    if(dlg->ShowDialog() !=System::Windows::Forms::DialogResult::OK)
        return;                                        //未选择文件,退出
    try {
        FileInfo ^ fileInfo=gcnew FileInfo(dlg->FileName);
        FileStream ^ stream=fileInfo->Open(FileMode::OpenOrCreate,
        FileAccess::Write);
        StreamWriter ^writer=gcnew StreamWriter(stream, Encoding::UTF8);
                                                       //UTF-8 编码
        for each(String ^lineText in this->textBox1->Lines)
                                                       //TextBox 的所有行的数据
            writer->WriteLine(lineText);               //写入所有行数据
        writer->Close();                               //关闭 StreamWriter
        stream->Close();                               //关闭 FileStream
        this->textBox1->Modified=false;                //取消设置修改标记
        this->Text=fileInfo->Name+L"-记事本";          //设置窗体的标题
    }
    catch(IOException ^e) {                             //打开失败,或其他异常
        MessageBox::Show(e->ToString());
    }
}
```

(8) 类似地,在属性窗口中分别为 MenuStrip 控件中的其他菜单项添加 Click 事件的处理方法,并在这些方法中分别实现相应的功能。代码如下:

```
private: System::Void exitMenu_Click(System::Object ^sender, System::EventArgs ^e)
{
    if(this->textBox1->Modified) {
        if(MessageBox::Show(L"是否保存文件?", L"提示", MessageBoxButtons::
            OKCancel)==System::Windows::Forms::DialogResult::OK)
                                                       //保存提示
            saveMenu_Click(sender, e);                 //保存数据
    }
    Application::Exit();                               //退出程序
}
private: System::Void UnDoMenu_Click(System::Object ^sender, System::EventArgs ^e)
{
    this->textBox1->Undo();                            //撤销内容
}
private: System::Void cutMenu_Click(System::Object ^sender, System::EventArgs
^e) {
    this->textBox1->Cut();                             //剪切内容
```

```
private: System::Void copyMenu_Click(System::Object ^sender, System::EventArgs ^e)
{
    this->textBox1->Copy();                              //复制内容
}
private: System:: Void pasteMenu _ Click (System:: Object ^ sender, System::
EventArgs ^e) {
    this->textBox1->Paste();                             //粘贴内容
}
```

（9）为"字体"菜单添加 Click 事件处理方法 On_Font，通过调用字体对话框 FontDialog 来选择字体和颜色，调用之前将对话框的 ShowColor 属性设置为 true，这样就可以提供颜色的选择。返回后按选择的字体和颜色重新设置。代码如下：

```
private: System::Void fontMenu_Click(System::Object ^sender, System::EventArgs ^e)
{
    FontDialog ^dlg=gcnew FontDialog();                  //字体对话框
    dlg->Font=this->textBox1->Font;                      //原 TextBox 的字体
    dlg->ShowColor=true;
    dlg->ShowEffects=true;
    if(dlg->ShowDialog()==System::Windows::Forms::DialogResult::OK)
    {   this->textBox1->Font=dlg->Font;                  //重新设置字体
        this->textBox1->ForeColor=dlg->Color;
    }
}
```

（10）为"自动换行"菜单添加 Click 事件处理方法 On_AutoLine，通过修改文本框的 WordWrap 属性实现自动换行功能。代码如下：

```
private: System::Void On_AutoLine(System::Object ^sender, System::EventArgs ^e)
{
    bool bAutoLine=this->自动换行 CToolStripMenuItem->Checked;
    this->自动换行 CToolStripMenuItem->Checked=!bAutoLine;
    this->textBox1->WordWrap=!bAutoLine;
}
```

（11）为"计算器"菜单添加 Click 事件处理方法 On_Calc，先构建 ProcessStartInfo 对象实例 info，修改它的 FileName 属性为调用系统的计算器程序 calc. exe，再调用 Process::Start(info)方法来运行应用程序。代码如下：

```
private: System::Void On_Calc(System::Object ^sender, System::EventArgs ^e) {
    ProcessStartInfo ^info=gcnew ProcessStartInfo();
    info->FileName=L"calc.exe";              //调用系统的计算器
    //info->FileName=L"notepad.exe";         //调用系统的记事本
    info->Arguments="";
    info->WorkingDirectory=L"C:||Windows\\";
    Process::Start(info);
}
```

（12）编译并运行程序。

11.2.4　二进制编辑器

1. 实训要求

创建一个二进制编辑器的应用程序，实现对文件的二进制编辑功能。例如一些后缀为 exe 的可执行文件可通过二进制编辑器修改代码中的某些字符串，如图 11-9 所示。早期的一些软件的汉化工作就是用这种方法来做的。

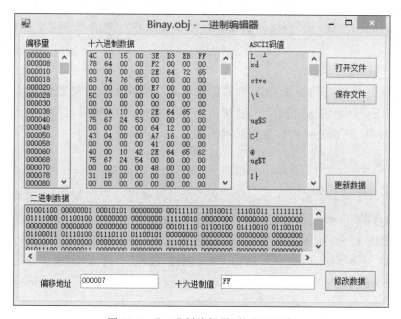

图 11-9　"二进制编辑器"的应用程序

2. 设计分析

用二进制方式打开文件，将文件内容存储在 Form1 类中定义的一个字节数组对象 buffer 内存中。按偏移地址将字节数据按不同格式显示出来，并可实现按输入的偏移地址和十六进制数值修改字节数组中对应的数据。

1）二进制文件的打开

通过打开文件对话框选择要打开的文件，获得该文件名，依据该文件名创建 FileInfo 类的对象实例，利用该对象实例的 Open 方法打开该文件，并赋值给文件流 FileStream 类的对象实例 stream，再用 stream 构建 BinaryReader 类的对象实例 reader，通过 reader 的 ReadBytes 方法从文件流中读取文件的内容，存储在字节数组 buffer 中，最后再调用 BinaryReader 和 FileStream 的 Close 方法关闭流。

2）二进制文件的保存

通过调用保存文件对话框选择要保存的文件，获得该文件名，依据该文件名创建

FileInfo 类的对象实例,利用该对象实例的 Open 方法打开该文件,并赋值给文件流 FileStream 类的对象实例 stream,再用 stream 构造 BinaryWriter 类的对象实例 writer, 通过 writer 的 Write 方法将 buffer 的内容写入文件中,最后再调用 BinaryWriter 和 FileStream 的 Close 方法关闭流。

3) 二进制数据的读取、显示与更新

这里是本题的难点,就是将 buffer 中的内容用 3 种不同方式显示出来,更新数据就是 按当前 buffer 内容重新显示出来。

在 buffer 不空的情况下,进行以下的操作:清空 4 个列表框的内容,循环读取 buffer 中的所有字,用 6 位的十六进制数表示偏移地址,每隔 8B 输出一个偏移地址到偏移量列 表框中;该偏移量对应的 8B 内容分别按 3 种格式显示在对应的列表框中,然后转到下一 行再显示。

4) 数据的修改

在 buffer 的内容不空且要修改的偏移地址文本框和十六进制数值文本框不空的情 况下,进行以下修改:用指定的十六进制数值更新 buffer 中偏移地址对应的值,再调用 "更新数据"按钮,把 buffer 内容重新显示出来。

3. 操作指导

(1) 创建一个项目名称为 Binary 的 Windows 窗体应用程序项目,适当调整窗体的大 小,并修改窗体的 Text 属性为"无标题-二进制编辑器"。

(2) 按照图 11-10 所示向窗体中添加相应的控件,适当调整这些控件的大小及位置。 在"属性"窗口中分别修改 Label 控件的 Text 属性,将除"打开文件"按钮外的其他 Button 控件的 Enabled 属性设置为 false,并修改 listBox4 控件的 HorizontalScrollbar 属性为 true。

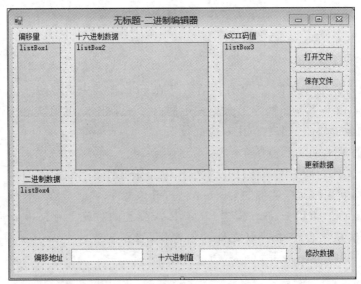

图 11-10 "二进制编辑器"的界面设计

（3）在 Form1. h 头文件中导入 System：：IO 和 System：：Text 命名空间，同时在 Form1 类中定义一个字节数组对象实例 buffer。

```
using namespace System::IO;
using namespace System::Text;
private: array<unsigned char>^buffer;
```

（4）在窗体中为"打开文件"按钮添加 Click 事件的处理方法 button1_Click。使用该方法调用"打开文件"对话框，选择要编辑的文件，将文件的数据读取到 buffer 中。再调用更新数据的处理方法显示文件内容，代码如下。

```
private: System::Void button1_Click(System::Object ^sender, System::EventArgs
^e) {
    OpenFileDialog ^dlg=gcnew OpenFileDialog();      //打开文件对话框
    dlg->FileName=L"*.*";                            //默认文件名
    dlg->Filter=L"所有文件(*.*)|*.*";               //文件过滤字符串
    if(dlg->ShowDialog() !=System::Windows::Forms::DialogResult::OK)
        return;                                      //未选择文件,退出
    try {
        FileInfo ^fileInfo=gcnew FileInfo(dlg->FileName);
        FileStream ^stream=fileInfo->Open(FileMode::Open, FileAccess::Read);
        BinaryReader ^reader=gcnew BinaryReader(stream);
        this->Text=fileInfo->Name+L"-二进制编辑器"; //打开的文件
        this->buffer=reader->ReadBytes((int)fileInfo->Length);
                                                     //读取字节数据
        reader->Close();                             //关闭 BinaryReader
        stream->Close();                             //关闭 FileStream
        button3_Click(sender, e);
                                                     //更新数据的处理方法,注意!
        this->button2->Enabled=true;                 //启用"保存文件"按钮
        this->button3->Enabled=true;                 //启用"更新数据"按钮
        this->button4->Enabled=true;                 //启用"修改数据"按钮
    }
    catch(IOException ^e) {                           //打开文件或读取数据失败
        this->buffer=nullptr;                        //缓冲区无效
        MessageBox::Show(e->ToString());             //弹出错误提示
    }
}
```

（5）为"保存文件"按钮添加 Click 事件的处理方法 button2_Click。利用该方法调用"保存文件"对话框，并将保存在字节数组中的数据写入用户选择的文件中。代码如下：

```
private: System::Void button2_Click(System::Object ^sender, System::EventArgs
^e) {
    SaveFileDialog ^dlg=gcnew SaveFileDialog();      //保存文件对话框
    dlg->FileName=L"*.*";                            //默认文件名
```

```
dlg->Filter=L"所有文件(*.*)|*.*";                        //文件过滤字符串
if(dlg->ShowDialog() !=System::Windows::Forms::DialogResult::OK)
    return;                                             //未选择文件,退出
try {
    FileInfo ^fileInfo=gcnew FileInfo(dlg->FileName);
    FileStream ^stream=fileInfo->Open(FileMode::OpenOrCreate,
        FileAccess::Write);
    BinaryWriter ^writer=gcnew BinaryWriter(stream);
    writer->Write(this->buffer, 0, this->buffer->Length);    //写入数据
    writer->Close();
    stream->Close();
}
catch(IOException ^e) {                                  //打开文件或读取数据失败
    MessageBox::Show(e->ToString());                     //弹出错误提示
}
}
```

（6）为"更新数据"按钮添加 Click 事件的处理方法 button3_Click，并在该方法中循环读取字节数组中的数据，分别以十六进制、二进制及 ASCII 码方式显示到 ListBox 控件中。代码如下：

```
private: System::Void button3_Click(System::Object ^sender, System::EventArgs
^e) {
    if(this->buffer==nullptr)
        return;
    this->listBox1->Items->Clear();                      //清空"偏移量"列表框
    this->listBox2->Items->Clear();                      //清空"十六进制"列表框
    this->listBox3->Items->Clear();                      //清空"ASCII 码"列表框
    this->listBox4->Items->Clear();                      //清空"二进制"列表框
    String ^hexAddr, ^binData, ^hexData, ^ascData;
    hexAddr=binData=hexData=ascData=String::Empty;       //清空
    for(int i=0; i<this->buffer->Length; i++) {          //读取字节数据中的所有字节
        hexAddr=i.ToString(L"X6");                       //偏移量,用 6 位的十六进制表示
        if(i%8==0)                                       //起始偏移量
            this->listBox1->Items->Add(hexAddr);
        if(i && (i%8==0)) {                              //每行 8B
            this->listBox2->Items->Add(hexData);         //十六进制
            this->listBox3->Items->Add(ascData);         //ASCII 码
            this->listBox4->Items->Add(binData);         //二进制
            hexData=binData=ascData=String::Empty;       //清空后再记录下一行
        }
        ascData+=System::Char(this->buffer[i]);          //ASCII 字符
        hexData+=this->buffer[i].ToString(L"X2")+L" ";   //2 位定长的十六进制
        //转换为二进制, 8 位定长
        binData+=Convert::ToString(this->buffer[i], 2)->PadLeft(8, '0')+L" ";
```

```
        }
    }
```

（7）为"修改数据"按钮添加 Click 事件的处理方法 button4_Click，并在该方法中根据输入的偏移地址和十六进制数值修改字节数组中对应的数据。代码如下：

```
System::Void button4_Click(System::Object ^sender, System::EventArgs ^e) {
    if(this->buffer==nullptr) return;
    if(this->textBox1->Text==String::Empty) return;      //偏移地址
    if(this->textBox2->Text==String::Empty) return;      //十六进制数值
    try {
        int address=Convert::ToInt32(this->textBox1->Text, 16);
        unsigned char value=Convert::ToByte(this->textBox2->Text, 16);
        this->buffer[address]=value;                     //修改数据
        button3_Click(sender, e);                        //更新数据
    }
    catch(Exception ^e) {                                //字符串转换错误
        MessageBox::Show(L"请输入正确的数值!\n\n"+e->ToString());
    }
}
```

（8）编译并运行程序。

思考与练习

1. 选择题

（1）以下不属于文件访问方式的是_____。
　　A. 读写　　　　B. 不读不写　　　　C. 只读　　　　D. 只写
（2）以下_____类提供了文件夹的操作功能。
　　A. File　　　　B. FileStream　　　C. BinaryWriter　　D. Directory
（3）将文件从当前位置一直到结尾的内容都读取出来应该使用_____
　　A. StreamReader::ReadToEnd()　　　B. StreamReader::ReadLine()
　　C. StreamReader::ReadBlock()　　　 D. StreamRender::WriteLine()
（4）FileStream 类的_____方法用于定位文件位置指针。
　　A. Close　　　　B. Seek　　　　C. Lock　　　　D. Flush
（5）使用 FileStream 打开一个文件时，通过使用 FileMode 枚举类型的_____成员来指定操作系统打开一个现有文件，并把文件读写指针定位在文件尾部。
　　A. Append　　　B. Create　　　C. CreateNew　　D. Truncate
（6）Path 类中获取绝对路径的方法是_____。
　　A. GetTempPath　　　　　　　B. GetFullPath
　　C. GetFileName　　　　　　　 D. GetDirectoryName

2. 简述题

（1）如何实现在不同磁盘驱动器之间移动目录？

（2）试比较文件的静态方法操作与文件实例方法操作的异同。

（3）简述各种流的概念及其读写文件流的使用范围。

（4）试比较以二进制格式读写文件和以文本格式读写文件的异同。BinaryReader 类和 BinaryWriter 类能否读写文本格式的文件？

（5）简述 System：:IO 模型的作用。

（6）如何进行二进制文件的随机查找？

第 12 章 数据库应用编程

实训目的

- 数据库的连接与操作。
- 断开的数据库操作。
- 数据视图和数据绑定。

12.1 基本知识提要

12.1.1 ADO.NET 体系结构

ADO.NET 体系结构分为两个部分：数据提供者和 DataSet，如图 12-1 所示。其中，数据提供者负责把.NET 应用程序连接到特定的数据源，而 DataSet 实质上是数据库中检索的一个微型数据库记录集。

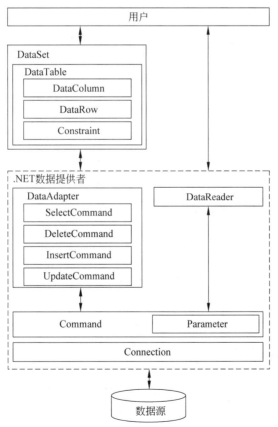

图 12-1　ADO.NET 体系结构

1. ADO. NET 对象模型

ADO. NET 专门为开发高效的多层数据库应用程序而设计,其中一个重要的方面是可以用于在 Internet 上建立数据库应用程序,而 ADO. NET 对象模型也提供了这方面的支持。ADO. NET 对象模型分为"连接的"对象和"断开连接的"对象两类,如图 12-2 所示。

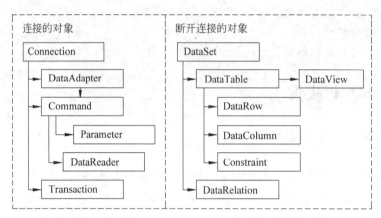

图 12-2　ADO. NET 对象模型

2. 数据库提供者核心类

在. NET 框架下的数据提供程序具有功能相同的对象,. NET 框架中的所有. NET 数据提供者都使用相同的结构方式,其中包括每个命名空间中类的方法、属性及事件等,但这些对象的名称、部分属性或方法可能不同,如 SQL Server Provider 的对象名称以 Sql 为前缀（如 SqlConnection 对象）,而 OLE DB 对象名称以 OleDb 为前缀（如 OleDbConnection 对象）,ODBC 对象则以 Odbc 为前缀（如 OdbcConnection）。

常用的. NET 数据提供者类如表 12-1 所示。

表 12-1　常用的. NET 数据提供者类

数据库系统	SQL Server	Oracle	OLE DB	ODBC
类名/命名空间	System：：Data：：SqlClient	System：：Data：：OracleClient	System：：Data：：OleDb	System：：Data：：Odbc
Connection 类	SqlConnection	OracleConnection	OleDbConnection	OdbcConnection
Command 类	SqlCommand	OracleCommand	OleDbCommand	OdbcCommand
Parameter 类	SqlParameter	OracleParameter	OleDbParameter	OdbcParameter
DataReader 类	SqlDataReader	OracleDataReader	OleDbDataReader	OdbcDataReader
DataAdapter 类	SqlDataAdapter	OracleDataAdapter	OleDbDataAdapter	OdbcDataAdapter
Transaction 类	SqlTransaction	OracleTransaction	OleDbTransaction	OdbcTransaction
Exception 类	SqlException	OracleException	OleDbException	OdbcException

3. DataSet 对象及其结构

DataSet 对象由一组 DataTable 对象组成,这些 DataTable 对象与 DataRelation 对象
互相关联。每个 DataTable 对象都有 Columns、Rows 和 Constraints 属性,分别表示其中
包含的 DataColumn 对象、DataRow 对象和 DataConstraints 对象的集合。DataSet 对象
的结构如图 12-3 所示。

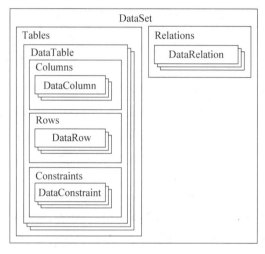

图 12-3　DataSet 对象的结构

DataTable 对象中的 DataColumn 对象集合定义了数据表的结构。当调用
DataAdapter 对象的 Fill 方法创建新的 DataTable 对象时,DataAdapter 对象为查询结果
中的每一列都创建一个 DataColumn 对象,并设置该对象的 3 个基本属性:Name、
Ordinal 和 DataType。DataColumn 对象的常用属性如表 12-2 所示。

表 12-2　DataColumn 对象的常用属性

属 性 名 称	说　　明
AllowDBNull	获取或设置一个值,该值指示表的列是否允许空值
Caption	获取或设置列的标题,默认值为 ColumnName 属性的值
ColumnName	获取或设置列的名称,默认名称为 Column1 或 Column2 等
DataType	获取或设置存储在列中的数据的类型
DefaultValue	在创建新行时获取或设置列的默认值
Expression	获取或设置表达式,用于筛选行、计算列中的值或创建聚合列
Ordinal	获取列在 DataColumnCollection 集合中的位置的序号
ReadOnly	指示当向表中添加了行后,列是否还允许更改
Unique	指示列的每一行中的值是否必须是唯一的

4. Connection 对象、连接字符串、Command 对象

1）Connection 对象

Connection 对象表示与数据源的物理连接。它的属性决定了数据提供程序、数据源、连接的数据库和连接期间用到的字符串。Connection 对象的常用属性如表 12-3 所示。

表 12-3　Connection 对象的常用属性

属 性 名 称	说　　明
ConnectionString	当前 Connection 对象用于打开数据库的连接字符串
ConnectionTimeout	指示在尝试建立连接时终止尝试并产生错误之前的等待时间
Database	指示当前数据库或连接打开后要使用的数据库的名称
DataSource	指示当前连接的数据库管理系统的实例名称
ServerVersion	指示包含客户端连接的数据库管理系统的版本信息
State	指示当前 Connection 对象的状态

Connection 对象的 State 属性指定了连接的当前状态，它是包含在 System∷Data 命名空间中的 ConnectionState 枚举。在 ADO.NET 中，ConnectionState 枚举的 Open 和 Closed 成员分别表示连接的打开和关闭状态。

Connection 对象中的常用方法及说明如表 12-4 所示。

表 12-4　Connection 对象中的常用方法

方 法 名 称	说　　明
BeginTransaction	开始一个数据库事务，返回新的事务对象
ChangeDatabase	为打开的 Connection 对象更改当前数据库
ChangePassword	将连接字符串中的用户登录密码更改为新密码
ClearAllPools	清空连接池
ClearPool	清空与指定连接关联的连接池
Close	关闭与数据库的连接。该方法是关闭任何打开连接的首选方法
CreateCommand	创建并返回一个与当前 Connection 对象相关的 Command 对象
Open	使用 ConnectionString 所指定的属性设置打开数据库连接

2）连接字符串

连接字符串由一系列用分号隔开的"名称＝值"对组成。其中"名称"用于指定连接数据库的信息项，它的具体内容由等号后的"值"来指定。例如：

```
strConn="名称 1=值 1; 名称 2=值 2；…"
```

正确设置连接字符串是成功连接数据库的关键。根据数据库管理系统（DBMS）的不

同类型,连接字符串也有所差异。

在连接数据库之前,需要创建一个 Connection 对象的实例。可以通过两种方式创建 Connection 对象:一种方式是通过使用 Connection 对象的无参构造函数创建一个未被初始化的 Connection 对象实例;另一种方式是通过将一个数据库连接字符串传递给该对象的构造函数的方法创建该对象。例如:

```
String ^strConn=L"Data Source=SQLExpress; Initial Catalog=PXSCJ;
    Integrated Security=True; User ID=sa; Password=123456;";
SqlConnection ^cn1=gcnew SqlConnection();          //未初始化的 Connection 实例
SqlConnection ^cn2=gcnew SqlConnection(strConn);  //用连接字符串初始化对象实例
```

程序调用 Connection 对象的 Open 方法并不一定能够成功地连接到数据库,可能是由于连接字符串无效或者未启动数据库服务等原因。通常将 Open 方法放到 try-catch 块中调用,并根据产生的异常分别进行处理。例如:

```
String ^strConn=L"Data Source=SQLExpress; Initial Catalog=PXSCJ;
    Integrated Security=True; User ID=sa; Password=123456;";
SqlConnection ^cn2=gcnew SqlConnection(strConn);   //用连接字符串初始化对象实例
try {
    cn2->Open();
    //数据库的其他操作
}
catch(InvalidOperationException ^e) {
    //无效的操作或连接已经被打开
}
catch(SqlException ^e) {
    //数据库连接打开失败
}
```

3) Command 对象

在使用 Command 对象对数据库进行操作时,需要提供一个有效的 Connection 对象。可以将已建立连接的 Connection 对象、查询字符串和 Transaction 对象作为参数,并传递给 Command 对象的构造函数用于创建对象的实例。Command 对象的构造函数声明如下:

```
Command();
Command(String ^cmdText);
Command(String ^cmdText,Connection ^connection);
Command(String ^cmdText,Connection ^connection,Transaction ^transaction);
```

通过构造函数创建 Command 对象时,该对象的 CommandType 属性的默认值为 CommandType∷Text,以表示该 Command 对象执行的是 SQL 文本命令;而 CommandTimeout 属性将被初始化为默认值 30。Command 对象的常用属性如表 12-5 所示。

表 12-5　Command 对象的常用属性

属性名称	说　　明
CommandText	获取或设置对数据源执行的 SQL 语句、表名或存储过程的名称
CommandTimeout	获取或设置在终止执行命令的尝试并产生错误之前的等待时间
CommandType	获取或设置一个值，该值为 CommandText 属性所表示的命令或操作的类型
Connection	获取或设置当前 Command 对象使用的连接
Transaction	获取或设置将在其中执行 Command 的 Transaction 对象
Parameters	存储由 CommandText 属性指定的 SQL 语句或存储过程的参数集合

例如，创建两个 Command 对象以分别用于执行 SQL 语句和存储过程：

```
SqlCommand ^cmd1=gcnew SqlCommand();
cmd1->Connection=conn;                        //当前获得的连接
cmd1->CommandText=L"SELECT * FROM KCB";       //SQL 查询语句
cmd1->CommandType=CommandType::Text;          //SQL 文本类型

SqlCommand ^cmd2=gcnew SqlCommand(L"MyStoredProcedure", conn);
cmd2->CommandType=CommandType::StoredProcedure;   //存储过程类型
```

创建 Command 对象的另一种方式是调用 Connection 对象的 CreateCommand 方法，该方法返回一个与当前 Connection 对象相关联的 Command 对象。例如：

```
SqlCommand ^cmd3=conn->CreateCommand();
cmd3->CommandText=L"SELECT * FROM KCB";
```

Command 对象提供了一组方法用于在已建立连接的数据源上以同步和异步方式执行一条 SQL 语句或一个存储过程，这些方法如表 12-6 所示。

表 12-6　Command 对象提供的方法

方法名称	说　　明
ExecuteNonQuery	执行 SQL INSERT、DELETE、UPDATE 及 SET 语句等命令
ExecuteReader	从数据库中检索一个或多个记录集
ExecuteScalar	从数据库中检索单个值
ExecuteXmlReader	将 CommandText 发送到 Connection 并生产一个 XmlReader 对象

12.1.2　断开的数据库

在无连接（断开连接）模式下，由于从数据源中获取相关信息的效率较低，因此 ADO.
NET 通过 DataAdapter 对象一次性地将所有信息填充到 DataSet 对象中。在填充
DataSet 时会临时打开一个数据库连接，结束后再将它关闭。然后就可以访问 DataSet 对

象中包含的 Table、DataRow、DataColumn 及 DataView 对象,以进行独立于后台数据库的操作,所有对 DataSet 中数据的修改都会通过 DataAdapter 对象传回数据库。

1. 创建数据库连接

创建 DataAdapter 对象时,可以将一个查询字符串作为参数传递给 DataAdapter 对象的构造函数。该查询字符串将作为 DataAdapter 对象的 SelectCommand 的 CommandText 属性。如果在 DataAdapter 对象的构造函数中还提供一个 Connection 对象,那么该对象还将作为 DataAdapter 对象的 SelectCommand 的 Connection 属性。例如:

```
String ^strSql=L"SELECT * FROM KCB";
SqlDataAdapter ^adapter1=gnew SqlDataAdapter(strSql, conn);
```

或

```
SqlDataAdapter ^adapter2=gcnew SqlDataAdapter();
adapter2->SelectCommand->CommandText=strSql;
adapter2->SelectCommand->Connection=conn;
```

2. 下载与上传

下载是指将数据源的数据下载到 DataSet 对象的一个 DataTable 中,可以调用该对象的 Fill 方法执行存储在 SelectCommand 属性中的 SQL 语句或存储过程,并将结果存储在 DataSet 对象的一个 DataTable 中。例如:

```
String ^strSql=L"SELECT * FROM KCB";              //SQL 语句
String ^strConn=L"Data Source=(local);Initial Catalog=PXSCJ;
    User ID=sa;Password=123456;";                 //连接字符串
SqlDataAdapter ^adapter=gcnew SqlDataAdapter(strSql, strConn);
DataSet ^dataSet=gcnew DataSet();                 //用于保存查询结果
int retrievedRows=adapter->Fill(dataSet);         //执行 SQL 语句,并填充 DataSet
```

DataAdapter 对象包含了一组 Fill 方法的重载方法,可以为该方法提供一个 DataTable 对象,或者提供一个 DataSet 对象和一个字符串作为填充的 DataTable 的名称。常用 Fill 重载方法的声明如下:

```
int Fill(DataSet ^dataSet);
int Fill(DataTable ^dataTable);
int Fill(DataSet ^dataSet, String ^srcTable);
int Fill(DataSet ^dataSet, int startRecord, int maxRecords, String ^srcTable);
```

其中,dataSet 和 dataTable 参数分别表示保存数据的 DataSet 和 DataTable 对象,srtTable 参数则用于表映射的原表的名称,startRecord 参数表示以零开始的起始记录号,而 maxRecords 参数指定了需要检索的最大记录数。

上传与 Fill 方法类似,是指将 DataSet 对象和可选的 DataTable 对象的数据上传到数据源中,可以将 DataSet 对象和可选的 DataTable 对象及其名称作为参数传递给 Update 方法,Update 方法同样返回一个整型值,该值用于指示在数据源中成功更新记录的行数。例如:

```
Adapter->Update(dataSet);
Adapter->Update(dataSet,L"课程表");
int updatedRows=adapter->Update(dataTable);
```

12.1.3 连接的数据库

在通过 Connection 对象建立到数据源的连接后,就可以通过 DataCommand 对象在应用程序与数据源之间进行数据交换。另外,除了检索和更新数据之外,DataCommand 还可以用来对数据源执行一些不返回结果集的查询任务,以及用来执行改变数据源结构的数据定义(DLL)命令。实现对数据库的添加、修改与删除。例如:

```
String ^strCmd=String::Format("DELETE FROM CJB WHERE 学号='{0}'
    AND 课程号='{1}'",strStuNO, strCourseNO);
//创建可执行命令,此处为删除命令
Data::OleDb::OleDbCommand ^cmd=gcnew  Data::OleDb::OleDbCommand(strCmd,
    oleDbConnection1);
this->oleDbConnection1->Open();
cmd->ExecuteNonQuery();
this->oleDbConnection1->Close();
```

12.1.4 DataSet 数据操作

DataSet 对象由一组 DataTable 对象组成,每个 DataTable 对象都有 Columns、Rows 和 Constraints 属性,分别表示其中包含的 DataColumn 对象、DataRow 对象和 DataConstriants 对象的集合。

DataTable 类用于数据表的字段(列)和记录(行)的操作,DataColumn 类封装了数据表中列的所有操作,DataRow 类封装了数据表中行的所有操作。

1. 添加新的 DataRow

DataTable 对象都包含 Rows 属性。如果向 DataSet 对象中的 DataTable 中添加数据行,首先需要创建一个新的 DataRow 对象,其次要为该对象的每一列赋值,然后调用 Add 方法将该 DataRow 对象添加到 Rows 集合。有以下两种方法:

(1)创建 DataRow 对象实例后,再添加到 Rows 集合中。

```
DataRow ^newRow=dataTable->NewRow();
newRow[L"课程号"]=303;
newRow[L"课程名"]=L"数据结构(C语言)";
```

```
dataTable->Rows->Add(newRow);
```

（2）创建 Columns 对象，再用具体的初始值构造 Rows 实例，同时添加到 Rows 集合中。

```
dataTable->Columns->Add(L"学号",Type::GetType(L"System::String"));
dataTable->Columns->Add(L"姓名",Type::GetType(L"System::String"));
dataTable->Rows->Add(L"081101",L"王林");
dataTable->Rows->Add(L"081102",L"程明");
```

2. 修改现有的 DataRow

首先从 DataTable 对象中查找出需要修改的 DataRow 对象，然后将该 DataRow 对象的一列或多列设置为新的值。

DataTable 对象的 Rows 集合中的 Find 方法可以用于从 DataTable 对象中查找由主键值指定的行。由于在查找过程中必须唯一地确定查找的行，所以在调用 Find 方法之前需要指定 DataTable 对象的一列或多列为主键列，然后调用 Find 方法在主键列上查找指定的数据行。例如：

```
DataTable ^dataTable=gcnew DataTable(L"学生表");    //新建"学生表"
dataTable->Columns->Add(L"学号", Type::GetType(L"System::String"));
                                                    //添加"学号"列
dataTable->Columns->Add(L"姓名", Type::GetType(L"System::String"));
                                                    //添加"姓名"列
dataTable->PrimaryKey=gcnew array<DataColumn^>{dataTable->Columns[L"学
    号"]};
dataTable->LoadDataRow(gcnew array<Object^>{L"081101", L"王林"}, false);
DataRow ^row=dataTable->Rows->Find(L"081101");      //根据学号查找学生
if(row !=nullptr) row[L"姓名"]=L"王燕";              //修改数据行的列数据
```

还可以将修改列数据的过程放在 DataRow 对象的 BeginEdit 和 EndEdit 方法之间进行，此时将缓冲对 DataRow 对象中的数据的修改。如果不希望保存这些新数据，则可以调用 CancelEdit 方法撤销修改，并将 DataRow 对象中的数据恢复为调用 BeginEdit 方法时的数据。例如：

```
//新建表,同上
dataTable->LoadDataRow(gcnew array<Object^>{L"081101", L"王林"}, false);
DataRow ^row=dataTable->Rows->Find(L"081101");      //根据学号查找学生
if(row !=nullptr) {
row->BeginEdit();                                   //对 DataRow 对象开始编辑
row[L"姓名"]=L"王燕";                                //修改数据行的列数据
row->EndEdit();                                     //结束发生在该行的编辑
```

在修改 DataRow 对象的列数据时，如果需要将某列的值设置为空值，可以将该列设置为 System 命名空间中的 DBNull 类的 Value 属性的值。例如：

```
DataRow ^row=dataTable->Rows->Find(L"081101");      //根据学号查找学生
row[L"姓名"]=DBNull::Value;                          //设置为空值
```

3. 删除、移除数据行

如果需要删除 DataRow 对象所表示的数据行，只需要调用该对象的 Delete 方法即可。但要注意的是，调用 Delete 方法删除该数据行后，并没有从 DataTable 对象中将该行移除，而是由 ADO. NET 将该行标记为挂起删除。

如果确实需要从 DataTable 对象中移除一个数据行，则可以调用 DataRowCollection 对象的 Remove 方法或 RemoveAt 方法。例如：

```
DataRow ^row=dataTable->Rows->Find(L"081101");
row->Delete();
dataTable->Rows->Remove(row);
```

或

```
dataTable->Rows->RemoveAt(dataTable->Rows->IndexOf(row));
```

12.1.5 数据视图和数据绑定

1. 数据视图控件 DataGridViewer 控件和 DataView 控件

用户界面（User Interface，UI）设计人员经常会发现需要向用户显示表格数据，DataGridView 控件提供了一种强大而灵活的以表格形式显示数据的方式，提供轻松可编程、高效利用内存的解决方案。可以显示和编辑来自多种不同类型的数据源的表格数据，DataGridView 控件支持准 Windows 窗体数据绑定模型。

DataView 控件用来表示定制的 DataTable 的视图。DataTable 和 DataView 的关系是文档和视图的关系，其中 DataTable 是文档，而 DataView 是视图。在任何时候，都可以有多个基于相同数据的不同视图。更重要的是，可以将每一个具有自己的一套属性、方法、事件的视图作为独立的对象进行处理。

2. 数据绑定

所谓数据绑定，就是通过某种设置使得某些数据能够自动地显示到指定控件的一种技术。数据绑定有简单绑定和复杂绑定两种类型。

1）简单绑定

简单数据绑定是指将一个控件和单个数据元素（如数据表的列值）进行绑定，大多数 Windows 窗体控件都具有这个能力。

对于控件的简单数据绑定，编程时直接指定该控件的 DataBindings 属性，它是一个集合类型，存储的是 Binding 类的对象。Binding 类用来指定某对象属性值和某控件属性值之间的简单绑定，其构造函数如下：

```
Binding(String ^propertyName, Object ^dataSource, String ^dataMember);
```

其中第一个参数 propertyName 指定要绑定的控件属性的名称,第二个参数 dataSource 指定一个数据源对象,第三个参数 dataMember 指定数据源中的属性名称或一个数据表的字段(列)名称。

2) 复杂绑定

具有复杂数据绑定的控件一般还有 DataSource 属性,它用来指定一个数据源对象,可以是 DataSet 或 Array 等对象;并且还有一些属性用来指定数据源中的数据表名、属性名或一个数据表的字段(列)名。

将数据绑定到 DataGridView 非常简单,只需要设置它的 DataSource 属性。但在多数情况下,该控件将会绑定到用于管理数据源交互详细信息的 BindingSource 组件。BindingSource 组件可表示任何 Windows 窗体数据源,并在选择或修改数据位置时提供很大的灵活性。如果使用的数据源包含多个列表(list)或数据表(table),还需要设置控件的 DataMember 属性,该属性为字符串类型,用于指定要绑定的列表或数据表。

12.2 实训操作内容

12.2.1 数据库浏览器

1. 实训要求

设计一个数据库浏览器的应用程序,如图 12-4 所示,单击"调入"按钮,弹出打开文件对话框,指定一个数据库文件后,就可切换组合框中的数据表,从而显示该表中的数据内容。

图 12-4 数据库浏览器

2. 设计分析

1) 数据库的打开与连接

先建立与数据库的连接,获取数据表名称,用打开文件对话框获取 Access 数据库文件名 FileName,构造数据库连接字符串 strConn,构造 OleDbConnection 数据库连接对象 con1,调用 Open 打开连接。调用 GetOleDbSchemaTable 获取数据表名称,并填充到组合框 toolStripComboBox1 中，最后断开连接。

2）数据表的选择

从组合框中获取选择的数据表名，构造命令字符串将作为 DataAdapter 对象的 SelectCommand 的 CommandText 属性。使用 DataAdapter 将表中的数据抽取到 DataSet 中，并重新指定表名称。

3）表内容的获取与显示

数据显示可以使用 ListBox、ListView 和 DataGridView 控件，ListBox 一般用来显示一列的信息，而 ListView 可以显示多列的信息，但需要定义每列的一些属性，不方便在视图中编辑，这里数据显示使用 DataGridView 控件，该控件可以用来显示和编辑来自不同类型的数据源的表格数据，一般只需设置 DataSource 属性就可。

将 dataGridView1 的数据源和数据表指定为 DataSet 中的表，也可以直接填充到 DataTable 表对象 table 中，再将 dataGridView1 的数据源指定为 table 表。

3. 操作指导

（1）创建 Windows 窗体应用程序 Ex_DBBrowse。在打开的窗体设计器中，单击 Form1 窗体，在窗体属性窗口中，将 Text 属性内容修改成"数据库浏览器"，将窗体大小设置成 600×350。

（2）滑出工具箱，添加一个 DataGridView 控件到窗体中，再将"菜单和工具栏"中的 MenuStrip 组件拖放到窗体中，这样在窗体模板下面就有一个 menuStrip1 图标。输入第一个菜单项"调入数据库"，再右击菜单栏上的工具按钮，从弹出的快捷菜单中选择 ComboBox（组合框）项。

（3）为"调入数据库"菜单项添加 Click 事件处理方法 On_DBOpen，并添加下列代码。在代码中先用 OpenFileDialog 对象实例打开文件对话框，选择一个 mdb 类型的数据库文件，生成连接字符串，创建 OleDbConnection 的连接对象实例 con1，通过 con1 的 Open 方法打开连接，清空组合框的列表项之后，用 con1 的 GetOleDbSchemaTable 方法获取数据表名称，并填充到组合框 toolStripComboBox1 中。最后断开连接。

```
private: String ^strConn;
private: System::Void On_DBOpen(System::Object ^sender, System::EventArgs ^e) {
    OpenFileDialog ^pOFD=gcnew OpenFileDialog();
    pOFD->Filter="Access 文件(*.mdb)|*.mdb";
    pOFD->DefaultExt="mdb";
    if(pOFD->ShowDialog() !=System::Windows::Forms::DialogResult::OK) return;
    strConn=String::Format("Provider=Microsoft.Jet.OLEDB.4.0;
        Data Source={0}", pOFD->FileName);
    OleDbConnection ^con1=gcnew OleDbConnection(strConn);
    con1->Open();        //打开连接
    //清空组合框的列表项
    this->comboBox1->Items->Clear();
    //获取数据表名称,并填充到 toolStripComboBox1 中
```

```
//指定限制列,用于 GetOleDbSchemaTable 中,返回第 4 列为 table 表
array<String^> ^strs=gcnew array<String^>{ nullptr, nullptr, nullptr,
    "TABLE" };
//获取数据表名
DataTable ^table=con1->GetOleDbSchemaTable(OleDbSchemaGuid::Tables, strs);
if(table->Rows->Count>0)
{
    for each(DataRow ^row in table->Rows)
    {
        this->comboBox1->Items->Add(row["TABLE_NAME"]);
        //把 table 中的每一行的 TABLE_NAME 列数据加入 comboBox1
    }
    this->comboBox1->SelectedIndex=0;
}
con1->Close();//关闭连接
}
```

(4) 为组合框添加 SelectedIndexChanged 事件处理方法 On_SelChange,并添加下列代码。在代码中,获取选择的数据表名,构建 DataAdapter 对象实例 da1 和 DataSet 对象实例 theSet1,调用 da1 的 Fill 方法,从 DataSet 对象中获取数据生成一个表名为 Test 的数据表对象,将 dataGridView1 的数据源和数据表指定为 DataSet 中的 Test 表,也可以直接填充到 table 中,再将 dataGridView1 的数据源指定为 table 表。这样就可以在 DataGridView 控件中显示表的数据。

```
private: System::Void On_SelChange(System::Object ^sender, System::EventArgs
^e) {
    int nIndex=this->comboBox1->SelectedIndex;
    if(nIndex<0) return;
    //获取选择的数据表名
    String ^strTableName=this->comboBox1->Items[nIndex]->ToString();
    //使用 DataAdapter 和 DataSet
    String ^cmdText=String::Format("SELECT * FROM {0}", strTableName);
    OleDbDataAdapter ^da1=gcnew OleDbDataAdapter(cmdText, strConn);
    DataSet ^theSet1=gcnew DataSet();
    da1->Fill(theSet1, "Test");                //重新指定表名称
    this->dataGridView1->DataSource=theSet1;
    this->dataGridView1->DataMember="Test";    //指定要打开的表
    /* 直接使用表方法
    DataTable ^table=gcnew DataTable;
    da1->Fill(table);
    this->dataGridView1->DataSource=table; */
}
```

(5) 在 Form1.h 文件的开头添加 System::Data::OleDb 等的使用包含：

```
using namespace System::Data;
using namespace System::Data::OleDb;
using namespace System::Data::Common;
using namespace System::Drawing;
```

(6) 编译并运行程序。

12.2.2 数据库向导操作

1. 实训要求

通过向导操作，建立数据库的连接，产生数据集，实现单表和多表的查询，同时实现对学生成绩表记录的添加、修改和删除操作，如图 12-5 所示。

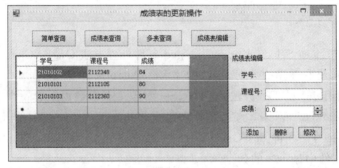

图 12-5　成绩表的向导操作

2. 设计分析

主要设计工作有界面设计、建立连接、数据访问控件的使用、非类型化数据集 DataSet 和控件代码设计。

1) 界面设计

数据的显示使用 DataGridView 控件，放在窗体的左边，窗体的右边为成绩的详细信息，同时用来修改、删除和添加新记录。窗体上部设置 4 个查询用的按钮，其中第四个按钮"成绩表编辑"被按下后，标题文本改为"成绩表浏览"，而其他三个按钮为不可用状态。

2）建立数据库的连接和使用数据访问控件

通过添加连接,建立与数据库文件的连接,再添加数据适配器 OleDbDataAdapter 控件,并使用适配器配置向导来配置生成所需要的数据。当然这里也可使用 ODBC、SQL 等类型的其他相关数据控件。

3）非类型化数据集 DataSet

这里使用非类型化的数据集,添加默认的 Table1 表和 Column1 列即可。

4）控件代码设计

（1）添加用到的几个全局变量,如数据集 dataSet1、数据表 dataTable1、数据行 dataColumn1、状态标记 dbedit 等,在窗体打开时就调入成绩表的数据,放在 dataGridView1 中。

（2）当选中 dataGridView1 控件中的记录行时,应同步显示在右边的控件中,所以为 dataGridView1 控件添加 CurrentCellChanged 事件处理方法 On_SelCell,获取 dataGridView1 的当前行 CurrentRow,用它构造 DataGridViewRow 的对象实例 curRow,通过 curRow 的 Cells 属性取出每列的内容,再赋给对应的控件。

（3）自定义函数 CheckValid,用来检测"学号"和"课程号"控件内容是否为空。

（4）在"简单查询"按钮单击事件处理函数中,修改窗体的标题为"简单查询访问",通过适配器将数据填充到数据集 dataSet1 的 Simple 表,再设置 dataGridView1 的数据源为数据集 dataSet1,从而显示查询的数据。

（5）在"成绩表查询"按钮单击事件处理函数中,修改窗体的标题为"成绩表查询",用 SQL 中的 SELECT 语句查询成绩表,再创建一个 OleDbCommand 对象实例,将其赋给 DataAdapter 的 SelectCommand 属性。再填充到数据集 dataSet1 的 TestInfo 表,更新 dataGridView1 的 DataMember 数据源指向 TestInfo 表。

（6）"多表查询"按钮单击事件处理函数与"简单查询"按钮的相应代码类似,只是使用 SQL 中的 SELECT 生成的语句是多表查询方式的。

（7）在"成绩表编辑"按钮单击事件处理函数中,控制对成绩表的查询与编辑状态,在编辑状态下禁用左边的 3 个查询按钮。

（8）在"添加"按钮 Click 事件处理方法中,先创建一个 OleDbCommand 对象实例,使用 oleDbConnection 对象建立数据连接,使用 SQL 中的 SELECT 语句检查是否有重复记录,如没有重复,就创建一个 OleDbCommand 对象实例,使用 oleDbConnection 对象建立数据连接,用 SQL 中的 INSERT 语句将记录插入到数据集中,再构建 DataTable 的对象实例 table1,将数据集填充到 table1,更新 dataGridView1 的数据。

（9）在"删除"按钮单击事件处理方法中,创建一个 OleDbCommand 对象实例,使用 oleDbConnection 对象建立数据连接,用 SQL 中的 DELETE 语句删除该记录,再构建 DataTable 的对象实例 table1,将数据集填充到 table1,更新 dataGridView1 的数据。

（10）在"修改"按钮单击事件处理方法中,创建一个 OleDbCommand 对象实例,使用 oleDbConnection 对象建立数据连接,用 SQL 中的 UPDATE 语句更新该记录,再构建 DataTable 的对象实例 table1,将数据集填充到表 table1,更新 dataGridView1 的数据。

3. 操作指导

1）界面设计

（1）创建一个 Windows 窗体应用程序 Ex_DBEdit。

（2）滑出工具箱，参看图 12-6 所示的控件布局，在窗体的左上部添加 4 个按钮，分别是"简单查询""成绩表查询""多表查询"和"成绩表编辑"。在窗体右边添加一个 GroupBox（组框）控件，将其 Text 属性设为"成绩表编辑"，调整组框的位置和大小，并向其添加 3 个 Label（标签）控件，设置它们的 Text 属性内容分别为"学号："课程号："和"成绩："，对应地添加两个文本框和一个数字旋钮。

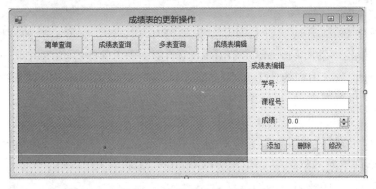

图 12-6　成绩表的界面设计

（3）在组框的下部添加 3 个 Button 控件，分别将其 Text 属性设为"添加""删除"和"修改"。在组框左方添加 DataGridView 控件，调整其位置和大小。

2）建立连接

（1）选择菜单"工具"→"连接到数据库"，或者滑出服务器资源管理器，右击"数据连接"，弹出相应的快捷菜单，如图 12-7 所示，选择"添加连接"命令。

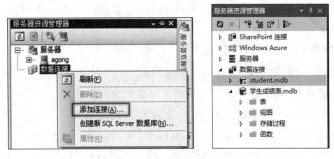

图 12-7　添加数据连接

（2）在弹出的"选择数据源"对话框中选择"Microsoft Access 数据库"，如图 12-8 所示。

（3）在弹出的"添加连接"对话框中单击"浏览"按钮，从弹出的文件对话框中指定一个数据库文件（例如本例使用的"学生成绩表.mdb"），然后，单击"测试连接"按钮，可测试

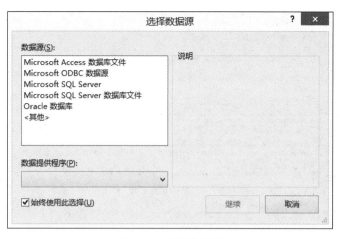

图 12-8　选择数据源

其连通性。单击"高级"按钮,可更改其高级属性,如图 12-9 所示。单击"确定"按钮,对话框关闭,数据连接添加完成。

图 12-9　"添加连接"对话框

3) 使用数据访问控件

这一步主要是添加数据适配器 OleDbDataAdapter 控件,并使用适配器配置向导来配置生成所需要的数据。当然这里也可使用 ODBC、SQL 等类型的其他相关数据控件。

(1) 右击工具箱,从弹出的快捷菜单中选择"选择项"命令,稍等一会儿后,弹出如图 12-10 所示的"选择工具箱项"对话框。

(2) 选择与 OleDb 相关的几个控件添加到工具箱,这时工具箱就会增加如图 12-11 所示的控件图标。

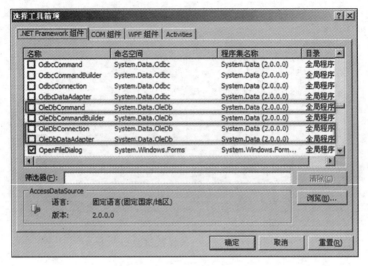

图 12-10　为工具箱添加控件

图 12-11　新添加的控件图标

（3）将数据适配器 OleDbDataAdapter 控件拖放到窗体中，弹出"数据适配器配置向导"对话框，如图 12-12 所示。

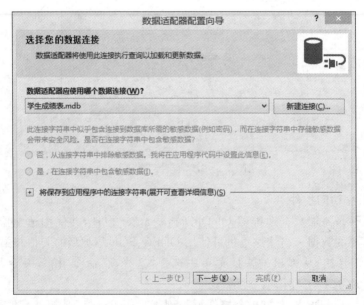

图 12-12　数据适配器配置向导

（4）单击"将保存到应用程序中的连接字符串"前面的"＋"按钮，可以查看当前连接的字符串内容。单击"下一步"按钮，进入"选择命令类型"界面，如图 12-13 所示。

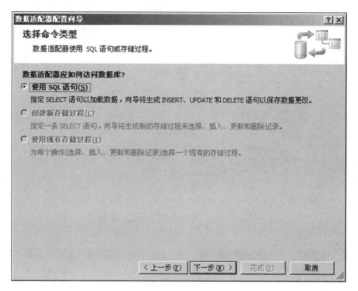

图 12-13　选择命令类型

（5）选择"使用 SQL 语句"单选按钮，单击"下一步"按钮，进入"生成 SQL 语句"界面，如图 12-14 所示。

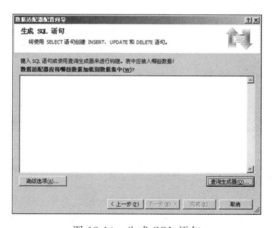

图 12-14　生成 SQL 语句

在这里可以直接输入 SQL 的 SELECT 语句。也可以单击 查询生成器(Q)... 按钮，弹出如图 12-15 所示的"添加表"对话框，添加数据表并选择表中要显示的字段，并产生相应的查询语句。

（6）在查询生成器中直接输入"SELECT 学号，课程号，成绩 FROM 成绩表"（不输入双引号），然后单击"下一步"按钮，进入如图 12-16 所示的"向导结果"界面。

（7）单击"完成"按钮，系统开始为 Windows 窗体应用程序构造数据库连接程序框架。在窗体模板下方有两个组件对象：oleDbDataAdapter1 和 oleDbConnection1。

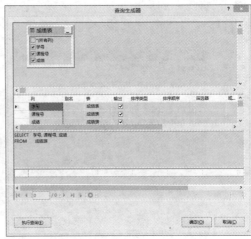

图 12-15　添加表和查询生成器

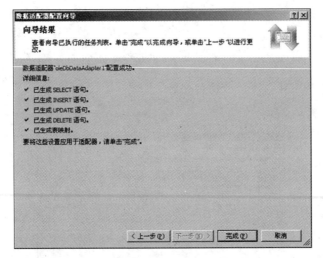

图 12-16　"向导结果"界面

4）添加非类型化数据集 DataSet

数据集有"类型化"和"非类型化"两种，这里使用非类型化的数据集。

（1）滑出工具箱，将 DataSet 控件拖放到窗体中，弹出"添加数据集"对话框，选择"非类型化数据集"单选按钮，如图 12-17 所示。

（2）单击窗体模板下方的 dataSet1 图标，打开其属性窗口，可以看到该 DataSet 组件对象的全部属性。单击 Tables 属性右侧的 ... 按钮，打开如图 12-18 所示的"表"集合编辑器。

（3）在表集合编辑器右侧的属性区域中，可以看到当前选中的表的属性。单击 Columns 属性右侧的 ... 按钮，打开如图 12-19 所示的列集合编辑器。

可以通过"添加""删除"按钮对列进行操作，同时在其右侧区域可以设置当前列的属性。这里添加一个默认名为 Table1 的数据表，该表有一个默认名为 Column1 的列。

图 12-17 "添加数据集"界面

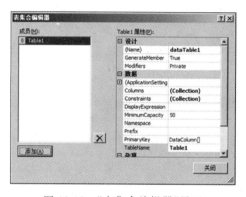

图 12-18 "表集合编辑器"界面

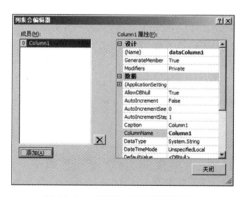

图 12-19 "列集合编辑器"界面

（4）添加完列之后，可为表指定一个主键值，在"表集合编辑器"右侧的 PrimaryKey 属性中，单击下拉按钮，在弹出的列表项中指定某列作为主键值。

5）控件代码设计

（1）单击 Form1 窗体，将属性窗口切换到事件页面，为窗体添加 Load 事件处理方法 On_Load，并添加下列代码：

```
private: bool dbedit=false;                      //状态标记
private: String ^strStuNO, ^strCourseNO;         //学号,课程号
private: System::Void On_Load(System::Object ^sender, System::EventArgs ^e) {
    DataTable ^table1=gcnew DataTable;
    this->oleDbDataAdapter1->Fill(table1);
    this->dataGridView1->DataSource=table1;
}
```

（2）为 dataGridView1 控件添加 CurrentCellChanged 事件处理方法 On_SelCell，实现右边控件的同步显示。

```
private: System::Void On_SelCell(System::Object ^sender, System::EventArgs
^e) {
    //使 dataGridView1 控件中当前选中的记录行内容显示在右边的控件中
    //获取当前行
    DataGridViewRow ^curRow=this->dataGridView1->CurrentRow;
    if(curRow==nullptr) return;
    this->textBox1->Text=curRow->Cells[0]->Value->ToString();
    this->textBox2->Text=curRow->Cells[1]->Value->ToString();
    String ^strValue=curRow->Cells[2]->Value->ToString();
    if(String::IsNullOrEmpty(strValue))
        this->numericUpDown1->Value=Decimal(0.0);
    else
        this->numericUpDown1->Value=Decimal::Parse(strValue);
}
```

（3）添加自定义函数 CheckValid，用来判断"学号"和"课程号"控件内容是否为空，并添加下列代码：

```
private: System::Boolean CheckValid(System::Void){
    strStuNO=this->textBox1->Text->Trim();
    strCourseNO=this->textBox2->Text->Trim();
    if(String::IsNullOrEmpty(strStuNO))return false;
    if(String::IsNullOrEmpty(strCourseNO))return false;
    return true;
}
```

（4）切换到窗体界面，为"简单查询"按钮添加单击事件处理函数，并添加下面的代码：

```
private: System::Void button1_Click(System::Object ^sender, System::EventArgs
^e) {
    this->Text="简单查询访问";
    this->oleDbDataAdapter1->Fill(dataSet1, "Simple");
    this->dataGridView1->DataSource=dataSet1;
    this->dataGridView1->DataMember="Simple";
}
```

（5）为"成绩表查询"按钮添加单击事件处理函数，并添加下面的代码：

```cpp
private: System::Void button2_Click(System::Object ^sender, System::EventArgs
^e) {
    this->Text="成绩表查询";
    String ^strCmd="SELECT * FROM 成绩表";
    Data::OleDb::OleDbCommand ^cmd=gcnew Data::OleDb::OleDbCommand(strCmd,
        this->oleDbConnection1);
    this->oleDbDataAdapter1->SelectCommand=cmd;
    oleDbDataAdapter1->Fill(dataSet1,"TestInfo");
    this->dataGridView1->DataSource=dataSet1;
    this->dataGridView1->DataMember="TestInfo";
}
```

（6）为"多表查询"按钮添加单击事件处理函数，并添加下面的代码：

```cpp
private: System::Void button3_Click(System::Object ^sender, System::EventArgs
^e) {
    this->Text="多表关联查询访问";
    String ^strCmd=L"SELECT  学生表.学号,学生表.姓名,课程表.课程号,成绩表.成绩
      FROM((成绩表 INNER JOIN  学生表 ON 成绩表.学号=学生表.学号) INNER JOIN  课程
    表 ON 成绩表.课程号=课程表.课程号)";
    //Data::OleDb::OleDbCommand ^cmd=gcnew Data::OleDb::OleDbCommand(strCmd,
        this->oleDbConnection1);
    this->oleDbDataAdapter1->SelectCommand->CommandText=strCmd;
    oleDbDataAdapter1->Fill(dataSet1,"TestMInfo");
    this->dataGridView1->DataSource=dataSet1;
    this->dataGridView1->DataMember="TestMInfo";
}
```

（7）为"成绩表编辑"按钮添加单击事件处理函数，并添加下面的代码，主要用来控制
对成绩表的查询与编辑状态，在编辑状态下禁用左边的3个查询按钮。

```cpp
private: System::Void On_Edit(System::Object ^sender, System::EventArgs ^e) {
    if(!dbedit)
    {
        dbedit=true;
        this->button1->Enabled=false;
        this->button2->Enabled=false;
        this->button3->Enabled=false;
        this->button7->Text="表浏览";
        button2_Click(nullptr,nullptr);
        this->Text="成绩表编辑";
    }
    else
    {
```

```
        dbedit=false;
        this->button1->Enabled=true;
        this->button2->Enabled=true;
        this->button3->Enabled=true;
        this->button7->Text="表编辑";
    }
}
```

(8) 为"添加"按钮控件添加单击事件处理方法,并添加下面的代码:

```
private: System::Void On_Add(System::Object ^sender, System::EventArgs ^e) {
    if(!CheckValid()) return;
    //判断是否有学号和课程号都相同的记录,若有,则不添加
    String ^strCmd=String::Format("SELECT * FROM 成绩表 WHERE 学号='{0}' AND 课
        程号='{1}'",strStuNO, strCourseNO);
    //创建可执行命令
     Data::OleDb::OleDbCommand ^ selectCmd = gcnew Data::OleDb::OleDbCommand
     (strCmd, oleDbConnection1);
    //执行操作
    this->oleDbConnection1->Open();
    Object ^oRes=selectCmd->ExecuteScalar();
    this->oleDbConnection1->Close();
    if(oRes)
    {
        MessageBox::Show("添加记录有重复!", "添加失败");
        return;
    }
    //添加记录
    try {
        strCmd=String::Format("INSERT INTO 成绩表(学号,课程号,成绩)\
        VALUES('{0}','{1}',{2})", strStuNO, strCourseNO, numericUpDown1->Value);
        //创建可执行命令
        Data::OleDb::OleDbCommand ^cmd=gcnew Data::OleDb::OleDbCommand
            (strCmd, oleDbConnection1);
        //执行操作
        this->oleDbConnection1->Open();
        cmd->ExecuteNonQuery();
        this->oleDbConnection1->Close();
        //显示结果
        DataTable ^table1=gcnew DataTable;
        this->oleDbDataAdapter1->Fill(table1);
        this->dataGridView1->DataSource=table1;
    }
    catch(Data::OleDb::OleDbException ^e)
    {MessageBox::Show(e->Message, "错误"); }
}
```

（9）为"删除"按钮控件添加单击事件处理方法，并添加下面的代码：

```
private: System::Void On_Del(System::Object ^sender, System::EventArgs ^e) {
    if(!CheckValid()) return;
    //删除记录
    try {
        String ^strCmd=String::Format("DELETE FROM 成绩表 WHERE 学号='{0}' AND
            课程号='{1}'",strStuNO, strCourseNO);
        //创建可执行命令
        Data::OleDb::OleDbCommand ^cmd=gcnew Data::OleDb::OleDbCommand
            (strCmd, oleDbConnection1);
        //执行操作
        this->oleDbConnection1->Open();
        cmd->ExecuteNonQuery();
        this->oleDbConnection1->Close();
        //显示结果
        DataTable ^table1=gcnew DataTable;
        this->oleDbDataAdapter1->Fill(table1);
        this->dataGridView1->DataSource=table1;
    }
    catch(Data::OleDb::OleDbException ^e)
    {    MessageBox::Show(e->Message, "错误"); }
}
```

（10）为"修改"按钮控件添加单击事件处理方法，并添加下面的代码：

```
private: System::Void On_Change(System::Object ^sender, System::EventArgs ^e) {
    if(!CheckValid()) return;
    //修改记录
    try {
        String ^strCmd=String::Format("UPDATE 成绩表 SET 成绩={2} WHERE 学号=
            '{0}' AND 课程号='{1}'", strStuNO, strCourseNO, this->numericUpDown1-
            >Value);
        //创建可执行命令
        Data::OleDb::OleDbCommand ^cmd=gcnew Data::OleDb::OleDbCommand
            (strCmd, oleDbConnection1);
        //执行操作
        this->oleDbConnection1->Open();
        cmd->ExecuteNonQuery();
        this->oleDbConnection1->Close();
        //显示结果
        DataTable ^table1=gcnew DataTable;
        this->oleDbDataAdapter1->Fill(table1);
        this->dataGridView1->DataSource=table1;
    }
```

```
    catch(Data::OleDb::OleDbException ^e)
    {    MessageBox::Show(e->Message, "错误"); }
}
```

（11）编译、运行程序。

12.2.3　数据库的行列操作

1. 实训要求

在一个窗体应用程序中创建 DataTable 对象并取得数据库的结构及数据，实现对数据记录的添加、修改及删除功能，如图 12-20 所示。

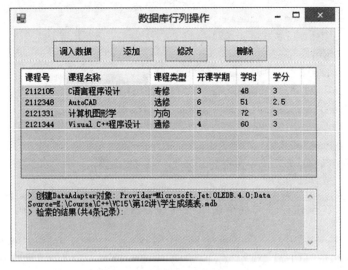

图 12-20　"数据库行列操作"界面

2. 设计分析

（1）使用 ListView 控件显示表中的数据。

自定义一个在 ListView 中显示数据的函数 display_View。代码中先清空 ListView 控件的内容和各列的表标题，用 DataTable 的 Columns 集合生成 ListView 控件各列的表标题，用 DataTable 的 Row 集合生成 ListView 控件各行内容。

中间的操作过程和执行操作返回的结果信息显示在窗体下部的多行文本框中。

（2）在"调入数据"按钮单击事件处理函数中，用数据库"课程表"来设置连接字符串和 SQL 命令，创建 DataAdapter 对象，再执行 SQL 语句，并调用该对象的 Fill 方法将查询结果填充到 DataTable 的"课程表"中，再调用 display_View 函数在 ListView 中显示表的内容。

（3）在"添加"按钮单击事件处理函数中，先构造一个 DataRow 对象实例，给 DataRow 对象实例赋值，通过 DataTable 的 Add 方法添加一行，或者为 DataTable 直接添加一个 DataRow 对象实例,然后调用 DataTable 类的 AcceptChanges 方法接受该表的所有更改并更新数据表 dataTable1。通过 DataTable 的 Find 方法查找已添加的行,在文本框中显示添加记录的信息。再调用 display_View 函数在 ListView 中显示表的内容。

(4) 在"修改"按钮单击事件处理函数中,先用 Rows 的 Find 方法查找到要修改的行,修改该记录的内容后,调用 AcceptChanges 方法接受对该行的修改,最后更新数据,在文本框中显示添加记录的信息。再调用 display_View 函数在 ListView 中显示表的内容。

(5) 在"删除"按钮单击事件处理函数中,先用 Rows 的 Find 方法查找到要删除的行,对该行使用 DataRow 类的 Delete 方法添加删除标记,再调用 AcceptChanges 方法接受对该行的删除,最后更新数据后,调用 display_View 函数显示删除后的记录数据。如果确实要删除,则应调用 DataRowCollection 对象的 Remove 方法或 RemoveAt 方法删除记录。

3. 操作指导

(1) 创建项目名称为 DBText 应用程序项目,在源文件中包含 System::Data 命名空间。

(2) 在窗体中添加 4 个按钮,分别是"调入数据""添加""修改"和"删除",添加一个 ListView 控件,用来显示表中的数据,ListView 控件的 view 属性为详细列表,GridLine 属性为 true。在窗体下部添加一个多行文本框,用来显示操作过程。其界面设置如图 12-21 所示。

图 12-21 "数据库行列操作"界面设计

(3) 在代码中定义两个局部变量: 保存数据的 DataTable 对象和 OleDbDataAdapter 的 DataAdapter 对象。

```
DataTable ^dataTable;                            //保存数据的 DataTable 对象
System::Data::OleDb::OleDbDataAdapter ^adapter;  //DataAdapter 对象
```

（4）添加自定义函数 display_View 用来在 ListView 中显示数据，代码如下：

```cpp
private: System::Void display_View() {
    listView1->Items->Clear();
    listView1->Columns->Clear();
    array<int>^nwidth=gcnew array<int>{8,16, 8, 8, 6, 6};
    int i=0;
    //输出各列标题
    for each(DataColumn ^col indataTable->Columns)
        listView1->Columns->Add(col->ColumnName->ToString(),nwidth[i++] * 8);
    //输出各行
    for each(DataRow ^row indataTable->Rows)
    {
        ListViewItem ^item=gcnewListViewItem(row[0]->ToString());
        for(inti=1; i<dataTable->Columns->Count; i++)
        item->SubItems->Add(row[i]->ToString());
        listView1->Items->Add(item);
    }
}
```

（5）为"调入数据"按钮添加单击事件处理函数，并添加下面的代码：

```cpp
private: System::Void button1_Click(System::Object ^sender, System::EventArgs
^e) {
    String ^str;
    try {
        String ^strSql=L"SELECT * FROM 课程表";
        String ^strConn=L"Provider=Microsoft.Jet.OLEDB.4.0;Data Source=E:\\
            VC\\Chap12\\学生成绩表.mdb";
        str=String::Format(L">创建 DataAdapter 对象：{0}\r\n",strConn);
        adapter=gcnew System::Data::OleDb::OleDbDataAdapter(strSql, strConn);
        dataTable=gcnewDataTable();                      //保存数据的 DataTable 对象
        intretrievedRows=adapter->Fill(dataTable); //取得查询的数据
        dataTable->PrimaryKey=gcnewarray<DataColumn^>{dataTable->Columns
            [L"课程号"]};
        str+=String::Format(L">检索的结果(共{0}条记录)：\r\n",retrievedRows);
        if(retrievedRows<1) return;
        display_View();
        }
        catch(Data::OleDb::OleDbException^e) {                //异常处理
        str+=String::Format(L">执行错误："+e->ToString());
    }
    textBox1->Text=str;
}
```

（6）为"添加"按钮添加单击事件处理函数，并添加下面的代码：

```cpp
private: System::Void On_Add(System::Object ^sender, System::EventArgs ^e) {
    String ^str;
    try {
        //添加新记录
        str=">添加新记录\r\n";
        DataRow ^newRow=dataTable->NewRow();                 //创建新数据行
        newRow[L"课程号"]=L"303";                            //设置该行的数据
        newRow[L"课程名称"]=L"数据结构 C 语言";
        newRow[L"开课学期"]=8;
        newRow[L"学时"]=50;
        newRow[L"学分"]=5;
        dataTable->Rows->Add(newRow);                        //添加到表中
        dataTable->Rows->Add(L"304", L"数据结构 C 语言","",8, 50, 5);
        dataTable->AcceptChanges();
        adapter->Update(dataTable);                          //更新表
        //dataTable->Clear();
        //adapter->Fill(dataTable);                          //重新取得查询的结果
        DataRow ^oldRow=dataTable->Rows->Find(L"303");   //查找已添加的行
        if(oldRow !=nullptr) {                               //已经成功添加,显示该记录
            str+=String::Format(L">添加新记录: ");
            str+=String::Format(L"{0},", oldRow[L"课程号"]);
            str+=String::Format(L"{0},", oldRow[L"课程名称"]);
            str+=String::Format(L"{0}", oldRow[L"学分"]);
            str+=String::Format(L"\r\n304, 数据结构 C 语言,8, 50, 5");
        }
    }
    catch(Data::OleDb::OleDbException ^e) {                  //异常处理
        str+=String::Format(L">执行错误: "+e->ToString());
    }
    textBox1->Text=str;
    display_View();
}
```

（7）为"修改"按钮添加单击事件处理函数，并添加下面的代码：

```cpp
private: System::Void On_Mod(System::Object ^sender, System::EventArgs ^e) {
//修改记录
    String ^str;
    try {
        DataRow ^oldRow=dataTable->Rows->Find(L"303");   //查找已添加的行
        if(oldRow !=nullptr) {                               //修改已添加的记录
            oldRow[L"课程名称"]=L"数据结构(C++)";            //修改该记录的内容
            dataTable->AcceptChanges();
```

```
        adapter->Update(dataTable);                       //更新表
    }
    oldRow=dataTable->Rows->Find(L"303");
    if(oldRow !=nullptr) {                                //显示修改后的记录
        str+=String::Format(L">修改后记录: ");
        str+=String::Format(L"{0},", oldRow[L"课程号"]);
        str+=String::Format(L"{0},", oldRow[L"课程名称"]);
        str+=String::Format(L"{0}", oldRow[L"学分"]);
    }
}
catch(Data::OleDb::OleDbException ^e) {                    //异常处理
    str+=String::Format(L">执行错误: "+e->ToString());
}
textBox1->Text=str;
display_View();
}
```

(8) 为"删除"按钮添加单击事件处理函数,并添加下面的代码:

```
private: System::Void On_Del(System::Object ^sender, System::EventArgs ^e) {
//删除记录
    String ^str;
    try {
        DataRow ^oldRow=dataTable->Rows->Find(L"303");    //查找已添加的行
        if(oldRow !=nullptr) {                            //删除修改后的记录
            str=(L">删除的记录: ");
            str+=String::Format(L"{0},", oldRow[L"课程号"]);
            str+=String::Format(L"{0},", oldRow[L"课程名称"]);
            str+=String::Format(L"{0}\r\n", oldRow[L"学分"]);
            oldRow->Delete();                             //标记为删除
            dataTable->AcceptChanges();
            adapter->Update(dataTable);                   //更新并最终删除
        }
        //dataTable->Clear(), adapter->Fill(dataTable);
        oldRow=dataTable->Rows->Find(L"303");             //是否已删除该记录
        if(oldRow==nullptr) str+=String::Format(L">已删除记录.");
        else str+=String::Format(L">{0}记录未删除!", oldRow[L"课程号"]);
    }
    catch(Data::OleDb::OleDbException ^e) {               //异常处理
        str+=String::Format(L">执行错误: "+e->ToString());
    }
    textBox1->Text=str;
    display_View();
}
```

(9) 编译并运行程序,测试运行结果。

12.2.4 数据视图和数据绑定

1. 实训要求

对学生信息进行管理,数据记录的显示界面使用 ListView 来实现,如图 12-22 所示,学生信息数据与右侧的控件绑定,单击"添加""删除"和"修改"按钮,将对 DataSet 进行相应的数据操作。单击"查询"按钮将显示符合查询条件的记录。

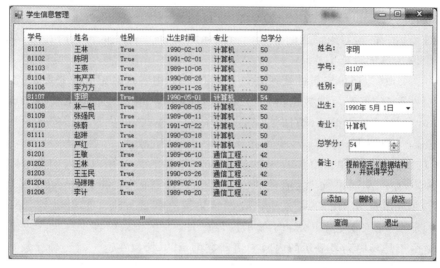

图 12-22 "学生信息管理"程序界面

2. 设计分析

(1) 界面设计。在窗体的左边用 ListView 控件显示表中的数据。在窗体右边用 GroupBox 控件和多个文本、标签控件,用来显示每行记录数据。在窗体右边 GroupBox 控件下面添加 5 个按钮控件,用来实现每行记录数据的编辑和查询。

(2) 利用数据适配器配置向导按前面的步骤创建 student. mdb 数据库 OLE DB 连接,选择"非类型化数据集"DataSet 组件对象 dataSet1 来存储数据集。

(3) 为窗体类添加 BindingSource 对象实例 binding1,通过 Binding 方法将表中的各个字段与窗体右边的对应控件一一绑定。

(4) 自定义一个函数 DispView,用来在 ListView 中显示 table 表的数据。先清除 ListView 中的内容,再分别取出 table 中没有删除标记的各行记录,添加到 ListView 中显示,最后创建 ListView 的列表头。

(5) 当在 ListView1 中选择列表项时,能自动更新绑定的控件内容,为列表视图控件 listView1 添加 SelectedIndexChanged 事件处理方法 On_SelChanged,将当前选择项的索引值赋给 binding1 的 Position 属性,移动表的游标,实现数据的同步显示。

(6) 在"添加"按钮单击事件处理方法 On_Add 中,先利用 dataSet1 中的 TheData 创建 table1,使用 table1 构建数据视图 DataView 的对象实例 view1,通过对视图 view1 设置过滤条件,判断是否有学生姓名和学号相同的记录,若有,则不添加,否则就获取当前项中由控件指定的**数据**,赋给行视图 DataRowView 类的对象实例 rowView1,同时在 table1 中创建新的行对象实例 row1,通过使用 for 循环将当前控件中 rowView1 的内容赋给表中的新行 row1,再将 row1 添加到 table1 的 Rows 集合中,并调用自定义函数 DispView 显示表的内容。

(7) 在"删除"按钮单击事件处理方法 On_Del 中,先确定在左侧列表中是否有要删除的记录行,如有,则获取行的索引,利用 dataSet1 中的 TheData 创建 table1,因不能删除当前行,所以先通过 binding1 的 MoveFirst 方法移到第一行或 MoveNext 方法移到最后一行,再通过 table1 的行对象实例的 Delete 方法删除 table1 中的那行,同时在 listView1 的 Items 中删除所选的行。

(8) 在"修改"按钮单击事件处理方法 On_Change 中实现对记录的修改,先获取当前项中由控件指定的修改后的数据,构建行视图 DataRowView 类的对象实例 rowView1,再调用 rowView1 的 EndEdit 方法结束记录行的编辑模式,再更新数据的显示。如果没有选中记录行,则调用 rowView1 的 CancelEdit 方法中止修改。

(9) 在"查询"按钮单击事件的处理方法 On_Find 中,根据用户输入的学号和课程号来生成 SELECT 查询语句,赋值给 DataAdapter 对象的 SelectCommand 属性,调用 oleDbDataAdapter1 实例的 Fill 方法将查询结果填充到 dataSet1 数据集的 TheData 表中。最后调用自定义函数 DispView 显示符合查询条件的记录内容。

(10) 由于是参照列表显示的内容来更新数据源的,所以在退出前要确保数据的正常更新。在"退出"按钮单击事件处理方法 On_ExitOK 中,要利用当前数据绑定的控件行 Current 构建数据 DataRowView 的对象实例 rowView1,调用行 rowView1 的 CancelEdit 方法取消对记录行的编辑操作,利用 dataSet1 中的 TheData 创建 table1,通过调用 table1 的 AcceptChanges 方法接受更新之后再退出,这是确保正常更新数据源的关键。

3. 操作指导

(1) 创建一个 Windows 窗体应用程序 DBInfo。

(2) 将 ListView 控件拖放到窗体上,保留默认的对象名 listView1,将 View 属性设置为 Details,将 GridLines 属性设置为 True,将 FullRowSelect 属性设置为 True,将 MultiSelect 属性设置为 False,将 HideSelection 属性设置为 False。

(3) 添加一个的 GroupBox 控件到窗体 ListView 控件的右边,调整其大小,将其 Text 属性内容清空。参看图 12-23 所示的控件布局,向 GroupBox 添加控件及相应的提示文本标签(Label),用来实现每行记录数据的编辑和显示。在 GroupBox 控件下面添加 5 个按钮控件,修改按钮的文本。

(4) 将 OleDbDataAdapter 控件拖放到窗体中,利用数据适配器配置向导按前面介绍的步骤创建 student. mdb 数据库 OLEDB 连接。

(5) 将 DataSet 控件拖放到窗体中,弹出"添加数据集"对话框,选择"非类型化数据集"单选按钮,单击"确定"按钮,添加 DataSet 组件对象 dataSet1。

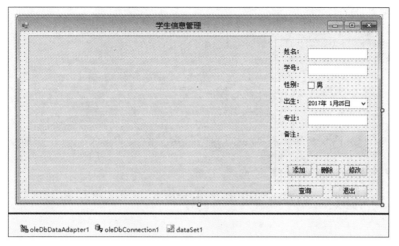

图 12-23　学生信息管理控件布局

（6）单击 Form1 窗体，为窗体类添加一个私有的 BindingSource 对象实例 binding1。
再为窗体添加 Load 事件处理方法 Form1_Load，并添加下列代码。在 Form1_Load 事件
代码中，先通过数据适配器将数据填充到 dataSet1 的名称为 TheData 的 table1 中，在
ListView1 中显示 table1 的数据；创建 dataSet1 数据表 TheData 的简单数据绑定并赋值
给 binding1，通过 Binding 方法将表中的各个字段与窗体右边的对应控件一一绑定。

```
private: BindingSource ^binding1;
private: System::Void Form1_Load(System::Object ^sender, System::EventArgs
^e) {
    //获取数据表
    oleDbDataAdapter1->Fill(dataSet1, "TheData");
    DataTable ^table1=dataSet1->Tables["TheData"];
    table1->PrimaryKey=gcnew array<DataColumn^>{ table1->Columns[0] };
    binding1=gcnew BindingSource(dataSet1, "TheData");
    //显示表内容
    DispView(table1);
    //将姓名绑定到 textBox1
    textBox1->DataBindings->Add(gcnew System::Windows::Forms::Binding(
        "Text", binding1, "姓名"));
    //将学号绑定到 textBox2
    textBox2->DataBindings->Add(gcnew System::Windows::Forms::Binding(
        "Text", binding1, "学号"));
    //将性别绑定到 checkBox1
    checkBox1->DataBindings->Add(gcnew System::Windows::Forms::Binding(
        "Checked", binding1, "性别"));
    //将 birthday 绑定到 dateTimePicker1
    dateTimePicker1->DataBindings->Add(gcnew System::Windows::Forms::Binding(
        "Value", binding1, "出生日期"));
```

```
//将 native 绑定到 textBox3
textBox3->DataBindings->Add(gcnew System::Windows::Forms::Binding(
    "Text", binding1, "籍贯"));
//将 address 绑定到 textBox4
textBox4->DataBindings->Add(gcnew System::Windows::Forms::Binding(
    "Text", binding1, "住址"));
}
```

(7) 添加在 ListView 显示数据表内容的自定义函数 DispView，并添加下列代码：

```
private:System::Void DispView(DataTable ^table)
{
    this->listView1->Columns->Clear();
    this->listView1->Items->Clear();
    if(table==nullptr) return;
    ListViewItem ^item;
    for each(DataRow ^row in table->Rows)
    {
        if(row->RowState !=DataRowState::Deleted)      //不能是已删除的行
        {
            item=gcnew ListViewItem(row[0]->ToString());
            for(int i=1; i<table->Columns->Count; i++)
                item->SubItems->Add(row[i]->ToString());
        }
        listView1->Items->Add(item);
    }
    //创建 ListView 列表头
    for each(DataColumn ^col in table->Columns)
        listView1->Columns->Add(col->Caption,80);
}
```

(8) 切换到窗体设计器页面，单击列表视图控件 listView1，为其添加 SelectedIndexChanged 事件处理方法 On_SelChanged，代码如下：

```
private:System::Void On_SelChanged(System::Object ^sender, System::EventArgs ^e){
    if(listView1->SelectedIndices->Count<1) return;
    //当它选择列表项时,要自动更新绑定的控件内容
    int nIndex=listView1->SelectedIndices[0];
    //移动表的游标
    binding1->Position=nIndex;
}
```

(9) 添加自定义函数 CheckValid，用来检测"学号"和"姓名"控件的内容是否为空。

```
private:String ^strStuNO, ^strStuName;
private:System::Boolean CheckValid(System::Void){
    strStuName=this->textBox1->Text->Trim();
```

```
    strStuNO=this->textBox2->Text->Trim();
    if(String::IsNullOrEmpty(strStuName)) return false;
    if(String::IsNullOrEmpty(strStuNO)) return false;
    return true;
}
```

（10）切换到窗体设计器页面，为"添加"按钮控件添加单击事件处理方法 On_Add，代码如下：

```
private:System::Void On_Add(System::Object ^sender, System::EventArgs ^e){
    if(!CheckValid()) return;
    //判断是否有学生姓名和学号相同的记录,若有,则不添加
    //使用 DataView 来判断
    DataTable ^table1=dataSet1->Tables["TheData"];
    DataView ^view1=gcnew DataView(table1);
    //指定行过滤条件
    view1->RowFilter=String::Format("学号='{0}'",strStuNO);
    if(view1->Count>0)
    {
        MessageBox::Show("添加记录的学号有重复!", "添加失败");
        return;
    }
    //获取当前项中由控件指定的数据
    DataRowView ^rowView1=(DataRowView^)binding1->Current;
    DataRow ^row1=table1->NewRow();
    //将当前控件中行的内容赋给新行
    for(int i=0; i<table1->Columns->Count; i++)
    row1[i]=rowView1->Row[i];
    table1->Rows->Add(row1);
    //获取控件中与数据表绑定的原来的数据
    rowView1->CancelEdit();
    //显示表内容
    DispView(table1);
}
```

（11）为"删除"按钮控件添加单击事件处理方法 On_Del，代码如下：

```
private:System::Void On_Del(System::Object ^sender, System::EventArgs ^e){
    //删除在 listView1 中选中的行
    if(listView1->SelectedIndices->Count<1){
        MessageBox::Show("请在左侧列表中选择要删除的记录行!","提示");
        return;
    }
    int nIndex=listView1->SelectedIndices[0];
    DataTable ^table1=dataSet1->Tables["TheData"];
    //不能删除当前行
```

```
if(nIndex==table1->Rows->Count-1)
    binding1->MoveFirst();
else
    binding1->MoveNext();
table1->Rows[nIndex]->Delete();
listView1->Items->RemoveAt(nIndex);
}
```

（12）为"修改"按钮控件添加单击事件处理方法 On_Change，代码如下：

```
private:System::Void On_Change(System::Object ^sender, System::EventArgs ^e){
    if(!CheckValid()) return;
    //获取当前项中由控件指定的数据
    DataRowView ^rowView1=(DataRowView^)binding1->Current;
    //修改在 listView1 中选中的行
    if(listView1->SelectedIndices->Count<1){
        MessageBox::Show("请在左侧列表中选择要修改的记录行!","提示");
        rowView1->CancelEdit();
        return;
    }
    rowView1->EndEdit();
    //显示表内容
    DispView(dataSet1->Tables["TheData"]);
}
```

（13）为"退出"按钮控件添加单击事件处理方法 On_ExitOK，确保数据的正常更新。

```
private:System::Void On_ExitOK(System::Object ^sender, System::EventArgs ^e){
    //由于是参照列表显示的内容来更新数据源的,所以
    DataRowView ^rowView1=(DataRowView^)binding1->Current;
    rowView1->CancelEdit();
    DataTable ^table1=dataSet1->Tables["TheData"];
    this->oleDbDataAdapter1->Update(table1);
    table1->AcceptChanges();//这是保证更新数据源的关键
    this->Close();
}
```

（14）为"查询"按钮添加单击事件的处理方法 On_Find，在该方法中根据用户输入的学号和课程号来生成 SELECT 语句，赋值给 DataAdapter 对象的 SelectCommand 属性，调用 oleDbDataAdapter1 实例的 Fill 方法将查询结果填充到 dataSet1 数据集的 TheData 表中。最后调用自定义函数 DispView 显示符合查询条件的记录内容。

```
private: System::Void On_Find(System::Object ^sender, System::EventArgs ^e){
    String ^selectSql=L"SELECT * FROM 学生表 WHERE";
    if(this->textBox1->Text==String::Empty) selectSql+=L"1>0";
    else selectSql+=L"姓名 LIKE '"+this->textBox1->Text+L"'";
```

```
selectSql+=L"AND";                    //学号和课程号查询条件
if(this->textBox2->Text==String::Empty) selectSql+=L"1>0";
else selectSql+=L"学号 LIKE '"+this->textBox2->Text+L"'";
this->dataSet1->Clear();       //清空 DataSet 中的数据
//执行查询(模糊查询)
this->oleDbDataAdapter1->SelectCommand->CommandText=selectSql;
this->oleDbDataAdapter1->Fill(this->dataSet1,"TheData");  //填充查询结果
DispView(dataSet1->Tables["TheData"]);
    }
}
```

(15) 编译并运行程序,进行测试。

4. 扩展练习

将数据显示的 ListView 控件改为使用 DataView 或 DataGridView 控件实现数据的显示。

思考与练习

1. 选择题

(1) 在 . NET Framework 中可以使用_____对象连接和访问数据库。

　A. MDI　　　　　　B. JIT　　　　　　C. ADO. NET　　　D. System. ADO

(2) 以下_____是 ADO. NET 的两个主要组件。

　A. Command 和 DataAdapter

　B. DataSet 和 DataTable

　C. . NET 数据提供程序和 DataSet

　D. . NET 数据提供程序和 DataAdapter

(3) 在 ADO. NET 中,OleDbConnection 类所在的命名空间是_____。

　A. System　　　　　　　　　　　B. System::Data

　C. System::Data::OleDb　　　　　D. System::Data::SqlClient

(4) Connection 对象的_____方法用于打开与数据库的连接。

　A. Close　　　　　　　　　　　　B. ConnectionString

　C. Open　　　　　　　　　　　　D. Database

(5) 利用 ADO. NET 访问数据库,在联机模式下,不需要使用_____对象。

　A. Connection　　B. Command　　C. DataReader　　D. DataAdapter

(6) 在脱机模式下,支持离线访问的关键对象是_____。

　A. Connection　　B. Command　　C. DataAdapter　　D. DataSet

(7) 以下_____类的对象是 ADO. NET 在非连接模式下处理数据内容的主要对象。

A. Command   B. Connection   C. DataAdapter   D. DataSet

（8）使用_____对象可以用只读的方式快速访问数据库中的数据。

　　A. DataAdapter   B. DataSet   C. DataReader   D. Connection

（9）在 ADO.NET 中，以下关于 DataSet 类的叙述错误的是_____。

　　A. 可以向 DataSet 的表集合中添加新表

　　B. DataSet 支持 ADO.NET 的不连贯连接及数据分布

　　C. DataSet 就好像是内存中的一个临时数据库

　　D. DataSet 中的数据是只读的，并且是只进的

（10）_____方法执行指定为 Commnd 对象的命令文本的 SQL 语句，并返回受 SQL 语句影响或检索的行数。

　　A. ExecuteNonQuery   B. ExecuteReader

　　C. ExecuteQuery   D. ExecuteScalar

（11）利用 Command 对象的 ExecuteNonQuery 方法执行 INSERT、UPDATE 或 DELETE 语句时，返回_____。

　　A. true 或 false   B. 1 或 0

　　C. 受影响的行数   D. −1

（12）在窗体上拖放一个 DataAdapter 对象后，可使用_____来配置其属性。

　　A. 数据适配器配置向导   B. 数据窗体向导

　　C. 对象浏览器   D. 服务器资源管理器

（13）在 ADO.NET 中，执行数据库的某个存储过程，至少需要创建_____并设置它们的属性，调用合适的方法。

　　A. 一个 Comnection 对象和一个 Command 对象

　　B. 一个 Comnection 对象和 DataSet 对象

　　C. 一个 Command 对象和一个 DataSet 对象

　　D. 一个 Command 对象和一个 DataAdapter 对象

（14）如果需要连接 SQL Server 数据库，则需要使用的连接类是_____。

　　A. SqlConnection   B. OleDbConnection

　　C. OdbcConnection   D. OracleConnection

（15）以下关于 DataSet 的说法中错误的是_____。

　　A. 在 DataSet 中可以创建多个表

　　B. DataSet 中的数据不能修改

　　C. DataSet 的数据存放在内存中

　　D. 在关闭数据库连接时，仍能使用 DataSet 中的数据

（16）在 ADO.NET 中，DataAdapter 对象的_____属性用于将 DataSet 中的新增记录保存到数据源。

　　A. InsertCommand   B. SelectComrmand

　　C. DeleteCommand   D. UpdateCommand

2. 简述题

（1）简述数据库中有哪些基本对象。

（2）简述 ADO.NET 模型的体系结构。

（3）简述 ADO.NET 的数据访问对象。

（4）数据库操作分为连接的与断开,这两种方式有哪些异同?

（5）请分别阐述连接的与断开的这两种方式在更改数据库数据时主要用到的类与方法。

（6）简述 DataSet 对象的特点。

（7）什么是数据绑定? 怎样建立数据绑定?

（8）数据绑定操作中常用到哪些类与方法?

第 13 章　GDI＋图形绘制

实训目的

- 掌握简单图形的绘制方法。
- 掌握画笔和画刷的定义及使用。
- 掌握简单动画图形的绘制。

13.1　基本知识提要

13.1.1　GDI＋组成

1. GDI＋概述

GDI＋(Graphics Device Interface plus)即图形设备接口,在 Windows 操作系统下,绝大多数具备图形处理功能的应用程序都使用 GDI,GDI 提供了大量函数,可供使用者在屏幕、打印机等输出设备上进行输出图形、文本等操作,也就是说,GDI 的主要功能是负责系统和绘图程序之间的信息交换,处理 Windows 程序的图形输出。

GDI＋具有设备无关性,即程序设计人员在使用 GDI＋时不需要考虑具体硬件设备的细节,只需调用 GDI＋提供的相关类的方法就可以实现图形操作。这样一来,编制图形程序就变得非常容易。

2. GDI＋的组成

GDI＋的组成如图 13-1 所示。

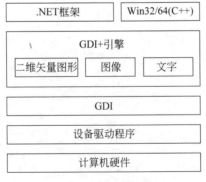

图 13-1　GDI＋的组成

1) 二维矢量图形

矢量图形是坐标系统中系列点指定的绘图基元,如直线、曲线、矩形、圆等。

GDI＋提供了绘制基本图形信息的类。例如,Graphics 类提供了用于绘制直线、矩形、路径和其他图形的方法,描述图形的形状、位置和尺寸;Pen 类用来描述线条的颜色、粗细及线型等信息;Brush 类用于图案填充等。

2）图像处理

图像通常比矢量图形要复杂得多,所以通过位图来描述图像信息。位图通过图像各像素点的颜色值来描述图像信息。

GDI＋提供了 Bitmap、Image 等类,它们可用于显示、操作和保存 BMP、JPG 和 GIF 等图像格式。

3）文字绘制

文字显示涉及多种文字的字体、尺寸及样式。可以利用 GDI＋提供的子像素反锯齿功能,以使文本在屏幕上呈现时显得比较平滑。

3．GDI＋类和结构

图 13-2 列出了 System∷Drawing 和 System∷Drawing∷Drawing2D 命名空间常见的类和结构。

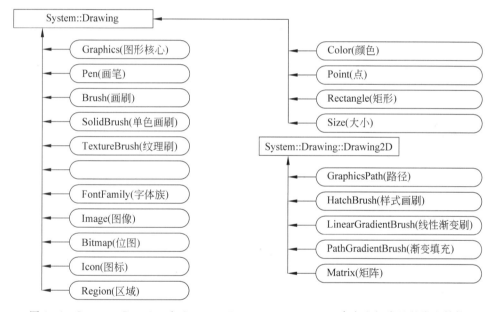

图 13-2 System∷Drawing 和 System∷Drawing∷Drawing2D 命名空间常见的类和结构

13.1.2 常用基本数据结构

1．Point、Size 和 Rectangle 结构及构造函数

Point 结构用来表示平面中定义的点或一个位置,其属性有 X 和 Y,分别表示点的水平坐标和垂直坐标。该结构的构造函数原型如下:

```
Point(int dw);
Point(Size sz);
Point(int x, int y);
```

Size 结构常用来表示一个矩形的大小，其属性有 Width 和 Height，分别表示宽度和高度。该结构的构造函数原型如下：

```
Size(Point pt);
Size(int width, int height);
```

Rectangle 结构用来表示一个矩形的位置和大小，其属性如表 13-1 所示。

表 13-1　Rectangle 结构的属性

属　性	说　明	属　性	说　明
Width	矩形宽度	Left	矩形左边的 X 坐标
Height	矩形高度	Right	矩形右边的 X 坐标
X、Y	矩形左上角的 X、Y 坐标	Top	矩形上边的 Y 坐标
Location	矩形左上角的位置	Bottom	矩形下边的 Y 坐标

Rectangle 的构造函数原型如下：

```
Rectangle(Point location, Size size);
Rectangle(int x, int y, int width, int height);
```

2. 基本运算符操作

1）"＋"操作
若 Point 对象加上 Size 对象，则返回 Point 对象。例如：

```
Drawing::Point pt=Drawing::Point(25,-18)+Drawing::Size(10,5);
```

2）"－"操作
若 Point 对象减去 Size 对象，则返回 Point 对象。例如：

```
Drawing::Point pt=Drawing::Point(25, -19)+Drawing::Size(15, 5);
```

3. Rectangle 结构的常用操作

1）扩大或缩小
成员方法 Inflate 用来扩大或缩小一个矩形，当参数为负值时，则操作的结果是缩小矩形，其原型如下：

```
void Inflate(Size size);
void Inflate(int width, int height);
```

2）相交和合并

成员方法 Intersect 和 Union 分别用来将两个矩形进行相交和合并。它们的原型如下：

```
void Intersect(Rectangle rect);
static Rectangle Intersect(Rectangle a, Rectangle b);     //静态方法
static Rectangle Union(Rectangle a, Rectangle b);         //静态方法
```

3）偏移

Offset 方法用来调整矩形的位置，但不改变大小，其原型如下：

```
void Offset(Point pos);
void Offset(int x, int y);
```

4）测试和判断

IntersectsWith 方法用来判断是否和指定的矩形相交，若相交，则返回 true，否则返回 false。其原型如下：

```
bool IntersectsWith(Rectangle rect);
```

Contains 方法用来判断点或矩形是否完全落在指定的矩形中，若是，则返回 true，否则返回 false。其原型如下：

```
bool Contains(Point pt);
bool Contains(int x, int y);
bool Contains(Rectangle rect);
```

13.1.3 图形绘制

GDI+ 中的 Graphics 类具有绘图、字体及颜色控制功能，并且提供了一系列与图形有关的处理方法。Graphics 类中常用的方法如表 13-2 所示。

表 13-2 Graphics 类中常用的方法

绘 图 方 法	说　　　明
DrawArc	绘制弧线，它是由坐标、宽度和高度指定的椭圆的一部分
DrawBezier	绘制由 4 个 Point 结构定义的贝塞尔曲线
DrawCurve	绘制经过指定的 Point 结构的曲线
DrawEllipse	绘制由坐标、高度和宽度指定的椭圆
DrawLine	绘制连接指定的两个点的线段
DrawPolygon	绘制由一组 Point 结构定义的多边形
DrawRectangle	绘制由坐标、宽度和高度指定的矩形

1. 创建 Graphics 对象

进行图形操作之前,必须创建 Graphics 对象,之后利用 Graphics 对象绘制图形,对图形进行处理。Graphics 类包含在 Drawing 命名空间中。

创建 Graphics 对象的方法很多,常见的有以下 3 种:

(1) 在窗体或控件的 Paint 事件中,图形对象作为一个 PaintEventArgs 类的实例提供。例如,从窗体的 Paint 事件中获取 Graphics 对象:

```
Graphics g=e->Graphics;
```

(2) 通过窗体或控件的 CreateGraphics 方法获取对 Graphics 对象的引用。例如:

```
Graphics g;
g=this->CreateGraphics();
```

(3) 从 Image 类派生的对象创建 Graphics 对象。例如:

```
Bitmap mybmp=new Bitmap ("c: \\1.bmp");
Graphics g=Graphics->FromImage(mybmp);
```

此时需要调用 Graphics 的 FromImage 方法实现。

2. Paint 事件

在 Windows 窗体应用程序中,窗体和控件常常需要绘制自己,以维持其界面的外观,此时就会引发 Paint 事件,在该事件的处理方法中添加代码就可实现相应的绘图操作。

```
System::Void On_Paint (System::Object ^ sender, System::Windows::Forms::
PaintEventArgs ^e)
```

e 有两个重要属性:

- Cliprectangle,绘制的区域大小。
- Graphics,要绘制的 Graphics 对象。

3. 绘图的一般过程

在使用 GDI＋中的 Graphics 类绘制二维矢量图形前,首先需要为 Graphics 对象创建相应的 Pen 对象。创建 Pen 对象时可以设置线条的颜色和宽度,还可以修改 Pen 对象的属性以表示更多的特性,然后调用 Graphics 对象的相关绘图方法(如 DrawLine 和 DrawRectangle 等)来绘制相应的二维矢量图形。例如:

```
Graphics ^graphic=label->CreateGraphics();        //取得 Graphics 对象
Pen ^pen=gcnew Pen(Color(255, 255, 0, 0), 4);      //创建 Pen 对象(红色,宽度 2)
graphic->DrawRectangle(pen, rect(120, 120, 300, 300));        //绘制一个矩形
```

13.1.4 画笔

Pen 类指定了直线或线条的宽度和样式。在创建 Pen 类的新对象时,可以为 Pen 类

的实例指定初始颜色或宽度。其中,Pen 类的 Width 属性指定了绘制图形对象的单位,而该度量单位通常为像素。PenType 属性用于描述线条的类型,其值由 Pen 类的 Brush 属性确定。画笔的类型及对应的画刷类如表 13-3 所示。

表 13-3 画笔类型及对应的画刷类型

画 笔 类 型	画 刷 类 型	描 述
SolidColor	SolidBrush	画笔最简单的形式,它用纯色进行填充
HatchFill	HatchBrush	类似于 SolidBrush,用指定的图案填充
TextureFill	TextureBrush	使用纹理(如图像)进行填充
PathGradient	PathGradientBrush	根据指定的路径使用渐变色进行填充
LinearGradient	LinearGradientBrush	使用渐变混合的两种颜色进行填充

DashStyle 属性指定线条的样式,其值是由 System::Drawing::Drawing2D 命名空间中的 DashStyle 枚举指定的。DashStyle 枚举中的成员及对应的线条样式如表 13-4 所示。

表 13-4 DashStyle 枚举中的成员及对应的线条样式

画 笔 样 式	描 述	图 例
Solid	实线风格	———————————————
Dash	虚线风格	- - - - - - - - - - - -
Dot	点线风格	··
DashDot	点画线风格	- · - · - · - · - · - · -
DashDotDot	双点画线风格	- ·· - ·· - ·· - ·· - ·· -
Custom	用户定义的线条样式	

在创建 Pen 对象时,可以用指定的颜色或 Brush 对象来初始化 Pen 类的新实例,并且还可以为画笔指定线条的宽度,默认宽度为 1 个像素。例如:

```
Pen ^pen1=gcnew Pen(Color::Red);          //默认宽度为 1 个像素的红色画笔
Pen ^pen2=gcnew Pen(Color::Blue, 2);      //宽度为 2 个像素的蓝色画笔
Pen ^pen3=gcnew Pen(Brushes::Gray);       //具有灰色画刷属性的 1 个像素宽的画笔
Pen ^pen4=gcnew Pen(Brushes::Black, 5);   //具有黑色画刷属性的 5 个像素宽的画笔
pen4->DashStyle=DashStyle::Dash;          //虚线
```

在使用该 Pen 对象绘制线条时,还可以通过 Pen 类的 StartCap 和 EndCap 属性来指定线条的起始点和结束点的线帽样式。这两个属性由 LineCap 枚举指定,其表现样式可以为扁平、方块、圆角、三角或者用户定义形状等。LineCap 枚举中的成员及其对应的表现样式如表 13-5 所示。

表 13-5　LineCap 枚举中的成员及其对应的表现样式

成 员 名 称	描　　述	表 现 样 式
Flat	平线帽	
Square	方线帽	
Round	圆线帽	
Triangle	三角线帽	
NoAnchor	没有锚头的线帽	
SquareAnchor	有方形锚头的线帽	
RoundAnchor	有圆角锚头的线帽	
DiamondAnchor	有菱形锚头的线帽	
ArrowAnchor	有箭头锚头的线帽	

在工程应用中，预定义的 DashStyle 有时并不能满足实际的需求，此时需要通过 Pen 类的 DashPattern 属性来指定线条样式，并需要将 DashStyle 属性设置为 DashStyle：：Custom。

13.1.5　画刷

1. SolidBrush

SolidBrush 类表示一个实心画刷，用于以纯色来填充图形，并且被包含在与 Bursh 类相同的命令空间 System：：Drawing 中。当需要创建一个实心画刷时，通过将保存在 Color 对象的颜色值传递给 SolidBrush 类的构造函数来实现。例如：

```
SolidBursh ^bush1=gcnew SolidBrush(Color::Blue);     //创建蓝色的实心画刷
```

2. HatchBrush

HatchBrush 类中定义了 54 种不同的填充样式。该类的 ForegroundColor 属性定义了线条的前景颜色值，BackgroundColor 属性定义了各线条之间间隙的背景颜色值，而 HatchStyle 属性则指定了实际的填充样式。HatchBrush 中的部分填充样式如表 13-6 所示。

3. TextureBrush

TextureBrush 类提供了用保存在图像文件中的图案来填充图形的纹理画刷，作为纹理的图像文件可以是 bmp、jpg、ico 及 gif 等格式的文件。TextureBrush 类被包含在 System：：Drawing 命名空间中。

表 13-6　HatchBrush 中的部分填充样式

填 充 样 式	图　例	填 充 样 式	图　例
BackwardDiagonoal		LargeGrid	
Cross		LightDownwardDiagonal	
DarkDownwardDiagonal		LightHorizontal	
DarkHorizontal		LightUpwardDiagonal	
DarkUpwardDiagonal		LightVertical	
DarkVertical		NarrowHorizontal	
DashedHorizontal		OutlinedDiamand	
DashedVertical		Shingle	
DiagonalBrick		SmallCheckerBoard	
DiagonalCross		SmallConfetti	
DottedDiamond		SolidDiamand	
Horizontal		Vertical	
HorizontalBrick		Wave	
LargeConfetti		ZigZag	

在创建一个纹理画刷时,可以通过将已加载图像的 Image 对象及由 WrapMode 枚举指定填充图形的纹理样式传递给 TextureBrush 类的构造函数来实现。例如:

```
Image ^image=Image::FromFile(L"background.bmp");        //加载纹理图像文件
TextureBrush ^brush=gcnew TextureBrush(image, WrapMode::Tile); //创建纹理画刷
```

枚举类型 WrapMode 被包含在 System::Drawing::Drawing2D 命名空间中,用于指定当纹理或渐变小于所填充的区域时平铺纹理或渐变的方式。WrapMode 枚举中的纹理样式如表 13-7 所示。

表 13-7　WrapMode 枚举中的纹理样式

纹 理 样 式	说　明
Clamp	把纹理或倾斜度固定在边界上,纹理不平铺
Tile	纹理平铺
TileFlipX	水平颠倒纹理,并平铺纹理
TileFlipY	垂直颠倒纹理,并平铺纹理
TileFlipXY	水平和垂直颠倒纹理,并平铺纹理

4. LinearGradientBrush

在创建渐变画刷对象时,除需要指定渐变的起始色和结束色外,还需要由 Rectangle

结构或 Point 结构指定渐变的范围和速度。如果实际填充的图形区域比这个范围小,则只有部分颜色被填充到区域中;如果实际填充的图形区域比这个范围大,则渐变颜色会依次重复出现以填充整个区域。例如:

```
Rectangle rect(0, 0, 100, 100);                    //渐变范围
LinearGradientBrush ^ brush = gcnew LinearGradientBrush (rect, Color:: Red,
Color::Black, LinearGradientMode::ForwardDiagonal);    //渐变画刷
```

5. PathGradientBrush

PathGradientBrush 类封装了路径渐变画刷功能,它常用的构造函数如下:

```
PathGradientBrush(GraphicsPath ^path);
PathGradientBrush(array<Point>^points);
PathGradientBrush(array<Point>^points, WrapMode wrapMode);
```

使用路径渐变画刷绘制的图形如图 13-3 所示。

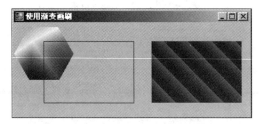

图 13-3 使用路径渐变画刷绘制的图形

13.1.6 二维图形绘制方法

表 13-8 列出了二维图形的基本绘制方法。

表 13-8 二维图形基本绘制方法

绘 制 方 法	功 能 描 述
DrawArc	绘制圆弧曲线,范围由起止角决定,大小由矩形或长宽值指定
DrawBezier	绘制贝塞尔曲线
DrawBeziers	绘制一组贝塞尔曲线
DrawClosedCurve	绘制封闭的样条曲线
DrawCurve	绘制样条曲线
DrawEllipse	绘制椭圆线,大小由矩形或长宽值指定
DrawLine	绘制直线
DrawPath	绘制由 GraphicsPath 定义的路径

续表

绘 制 方 法	功 能 描 述
DrawPie	绘制扇形（饼形）
DrawPolygon	绘制多边形
DrawRectangle	绘制矩形
FillEllipse	填充椭圆区域
FillPath	填充由路径指定的区域
FillPie	填充扇形（饼形）区域
FillPolygon	填充多边形区域
FillRectangle	填充矩形区域
FillRectangles	填充一系列矩形区域
FillRegion	填充区域

1. 绘制直线

Graphics 类的 DrawLine 方法用于绘制一条连接由坐标指定的两个点的直线。该方法根据传递的 Pen 对象及由 Point 结构指定的两点间绘制直线。DrawLine 方法的声明如下：

```
void DrawLine(Pen ^pen, Point pt1, Point pt2);
void DrawLine(Pen ^pen, int x1, int y1, int x2, int y2);
```

Pen 参数表示用于绘制线条的画笔对象，在调用 DrawLine 方法之前应该已经被创建；pt1 和 pt2 分别代表直线的起点和终点，而 x1、y1、x2 和 y2 分别表示起点和终点的坐标。

2. 绘制曲线

曲线是平滑地通过一组给定点的线条，由一系列点和张力参数定义，即曲线平滑地通过给定的每个点，张力参数影响曲线的弯曲方式。当绘制曲线时，首先需要创建 Graphics 对象，并将一个 Point 结构的数组传递给 DrawCurve 方法。DrawCurve 方法的声明如下：

```
void DrawCurve(Pen ^pen, array<Point>^points);
void DrawCurve(Pen ^pen, array<Point>^points, float tension);
```

points 参数是一个 Point 结构数组，其中包含了用于定义线条的一组顶点；tension 参数指定曲线的张力参数，该参数用于表示曲线的弯曲程度，其取值范围为 0.0～1.0，若该值为 0.0，DrawCurve 方法将以直线段连接各点。

3. 绘制贝塞尔曲线

贝塞尔曲线是最常见的非规则曲线之一,属于 3 次曲线。贝塞尔曲线由两个端点和两个控制点定义,即该曲线不通过控制点,但是控制点影响曲线从一个端点到另一个端点时的方向和弯曲程度。通过 4 个点便能够绘制该曲线,其中第一个点和第四个点是端点,而其他两个点是控制点,如图 13-4 所示。Graphic 类提供了 DrawBezier 方法来绘制贝塞尔曲线,该方法的声明如下:

```
void DrawBezier(Pen ^pen, Point pt1, Point pt2, Point pt3, Point pt4);
void DrawBezier(Pen ^pen, float x1, float y1, float x2, float y2, float x3, float
    y3, float x4, float y4);
```

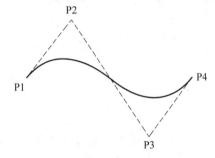

图 13-4　使用 DrawBezier 方法绘制贝塞尔曲线

4. 绘制矩形

Graphics 类的 DrawRectangle 方法用于绘制由坐标、宽度和高度指定的矩形。DrawRectangle 方法的声明如下:

```
void DrawRectangle(Pen ^pen, Rectangle rect);
void DrawRectangle(Pen ^pen, int x, int y, int width, int height);
```

参数 Pen 是需要使用的画笔对象,在调用 DrawRectangle 方法之前应该已经被创建。x 和 y 表示矩形的左上角坐标,而 width 和 height 指定了矩形的宽度和高度。同时,还可以通过 Rectangle 结构来指定要绘制的矩形。

5. 绘制多边形

多边形是由 3 个或 3 个以上的直边所组成的闭合图形。Graphics 类中的 DrawPolygon 方法可以根据指定的顶点来绘制多边形。DrawPolygon 方法的声明如下:

```
void DrawPolygon(Pen ^pen, array<Point>^points);
```

points 参数是一个 Point 结构的数组。数组中的每一个元素都代表多边形的一个顶点,两个相邻的顶点构成一条边。若最后一个顶点与第一个顶点不一致,将把它们连起来构成最后一条边。

6. 绘制圆和椭圆

圆和椭圆都是用 Graphics 类的 DrawEllipse 方法来绘制的。传递给 DrawEllipse 方法的参数同样是一个矩形,而该矩形作为所画的圆或椭圆的外接矩形,决定圆或椭圆的大小和形状。DrawEllipse 方法的声明如下:

```
void DrawEllipse(Pen ^pen, Rectangle rect);
void DrawEllipse(Pen ^pen, int x, int y, int width, int height);
```

7. 绘制弧线

弧线是圆或椭圆的圆周的一部分,可以通过 Graphics 类的 DrawArc 方法来绘制。DrawArc 方法的参数同样是一个圆或椭圆的外接矩形,另外还需要指定起始角度和扫描角度。DrawArc 方法的声明如下:

```
void DrawArc(Pen ^pen, Rectangle rect, float startAngle, float sweepAngle);
void DrawArc(Pen ^pen, int x, int y, int width, int height, int startAngle, int
    sweepAngle);
void DrawArc(Pen ^pen, float x, float y, float width, float height, float
    startAngle, float sweepAngle);
```

起始角度 startAngle 指定了弧线的起始点的角度,该角度的度量是以圆或椭圆向右的半径为 0°,沿顺时针方向增加。而扫描角度 sweepAngle 表示从起始角度开始按顺时针方向增加的角度。起始角度和扫描角度的值都可以是正值(顺时针),也可以是负值(逆时针),如图 13-5(a)所示。

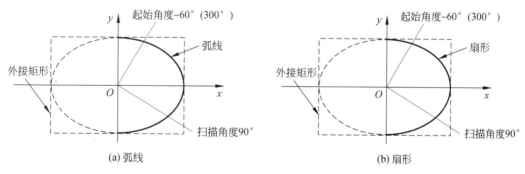

图 13-5　绘制弧线和扇形

8. 绘制扇形

扇形也称为饼形,它是圆或椭圆的一部分,但与弧线不同,扇形由弧和连接弧线两个端点的半径组成。扇形通过 Graphics 对象的 DrawPie 方法画制,它的使用方法与 DrawArc 方法完全相同,如图 13-5(b)所示。DrawPie 方法的声明如下:

```
void DrawPie(Pen ^pen, Rectangle rect, float startAngle, float sweepAngle);
```

```
void DrawPie(Pen ^pen, int x, int y, int width, int height, int startAngle, int
    sweepAngle);
void DrawPie(Pen ^pen, float x, float y, float width, float height, float
    startAngle, float sweepAngle);
```

13.2　实训操作内容

13.2.1　时钟精灵

1. 实训要求

设计一个"时钟精灵"的应用程序,采用表盘和表针方式实时同步显示时间,如图 13-6 所示。

图 13-6　时钟精灵应用程序

2. 设计分析

(1) 创建一个 Graphics 对象实例,设置好背景色以及画笔的颜色和宽度,先绘制表盘的圆边,再根据具体的时间计算出时针、分针、秒针的端点位置,使用不同的画笔绘制时针、分针和秒针。

(2) 利用定时控件实现时钟的更新,定时时间为 1s,在定时事件中先获取系统的当前时间的时、分、秒数值,在窗体标题中显示当前时间,再调用自定义函数 myClock 在表盘上显示时针、分针和秒针。

(3) 实现 3 根表针的动画显示,思路是:每次先用背景色擦除原来的表针,再增加 1s 的角度后,用前景色绘制新的表针。

3. 操作指导

(1) 创建一个项目名称为 ExClock 的 Windows 窗体应用程序项目,适当调整窗体的大小,并修改窗体的 Text 属性为"时钟精灵"。

(2) 要实现定时更新时间,需要在窗体中添加一个定时控件。添加一个图片框控件用来绘制时钟,图片框控件的 Dock 属性设置为 Fill,与窗体大小相同。添加 4 个文本框来标示表盘上的数字,如图 13-7 所示。

(3) 为 Form1 类定义 3 个常量,用来指定时针、分针和秒针的长度。

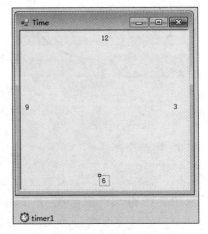

图 13-7　时钟精灵窗体界面设计

```
static const int h_pinlen=100;          //时针
static const int m_pinlen=75;           //分针
static const int s_pinlen=50;           //秒针
```

（4）在窗体打开时就直接显示时钟，故在窗体加载（Load）事件中打开定时器，设置定时器的 Enabled 属性设为 true。

```
this->timer1->Enabled=true;
```

（5）实现时间更新功能，为定时控件的 Tick 事件添加处理函数，添加下面的代码，代码中先获取系统的当前时间的时、分、秒数值，在窗体标题中显示当前时间，再调用自定义函数 myClock 在表盘上显示时针、分针和秒针。

```
private: System::Void timer1_Tick(System::Object ^sender, System::EventArgs
^e) {
    int h=(int)DateTime::Now.Hour;
    int m=DateTime::Now.Minute;
    int s=DateTime::Now.Second;
    myClock(h, m, s);
    this->Text="现在的时间是: "+h.ToString()+": "+m.ToString()+": "+
        s.ToString();
}
```

（6）添加自定义函数 myClock，实现 3 根表针的动画显示。

```
private:void myClock(int h, int m, int s){
    Graphics ^myGraphics=pictureBox1->CreateGraphics();
                                                //创建 Graphics 对象实例
    myGraphics->Clear(Color::White);            //设置背景色为白色
    Pen ^myPen=gcnew Pen(Color::Black, 1);      //设置画笔的颜色和宽度
    myGraphics->DrawEllipse(myPen, pictureBox1->ClientRectangle); //绘制椭圆
    Point CPoint=Point(pictureBox1->ClientRectangle.Width/2, pictureBox1->
        ClientRectangle.Height/2);
    Point SPoint=Point((int)(CPoint.X+(Math::Sin(6*s*Math::PI/180))*s_
        pinlen), (int)(CPoint.Y-(Math::Cos(6*s*Math::PI/180))*s_pinlen));
    Point MPoint=Point((int)(CPoint.X+(Math::Sin(6*m*Math::PI/180))*m_
        pinlen), (int)(CPoint.Y-(Math::Cos(6*m*Math::PI/180))*m_pinlen));
    Point HPoint=Point((int)(CPoint.X+(Math::Sin(((30*h)+(m/2))*Math::PI/
        180))*h_pinlen), (int)(CPoint.Y-(Math::Cos(((30*h)+(m/2))*Math::
        PI/180))*h_pinlen));
    myGraphics->DrawLine(myPen, CPoint, SPoint);    //绘制直线
    myPen=gcnew Pen(Color::Black, 2);
    myGraphics->DrawLine(myPen, CPoint, MPoint);
    myPen=gcnew Pen(Color::Black, 4);
    myGraphics->DrawLine(myPen, CPoint, HPoint);
}
```

（7）在文件头部添加绘图用到的 System∷Drawing∷Drawing2D 命名空间。

（8）对上面建立的程序进行编译、运行和测试，可以看到时钟精灵，与系统的时间同步显示。在测试时尝试改变窗体的大小，看看会出现什么问题，这时会发现表盘数字的位置不对，这个能解决吗？

解决的办法可以是：依据窗体的大小，计算出表盘数字的显示位置，再将 4 个表盘数字绘制出来。

4. 扩展练习

（1）增加一个定时的文本框，当达到设定时间时，能够发出定时提醒，跳出一个时钟精灵。

（2）当时间到达整点时，能够发出报时信息。

（3）绘制出 12 个有特色的表盘数字。

13.2.2 旋转的风扇

1. 实训要求

设计一个可调整速度的旋转风扇，风扇叶片使用 3 个不同颜色的半圆，通过改变旁边的调速旋钮来调整旋转的速度，再使用绘制连续线条的方式实现使用鼠标写字的功能。如图 13-8 所示。

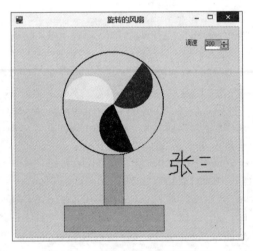

图 13-8 "旋转的风扇"应用程序

2. 设计分析

（1）将风扇分为两部分。风扇的底座和外圆轮廓为固定的部分，只绘制一次就可以，放在窗体 Form1 的 Paint 事件中绘制。3 个叶片为不断转动的动画部分，要定时更新绘制，使用一个定时器控件，在其事件处理中依据不同角度计算叶片的位置，采用 3 种不同颜色绘制出叶片动画。

（2）实现用鼠标写字的功能，就是处理鼠标的几个事件并用鼠标移动的轨迹来绘制连续线条。方法是：当鼠标左键按下时开始绘制，按照鼠标移动的轨迹绘制连续线条，即在移动时依次捕获移动的各个点，并在相邻点之间绘制短线，当鼠标左键放开时停止绘制。这里要用到一个局部变量来记录鼠标左键的状态，即鼠标左键按下（MouseDown）、移动（MouseMove）和弹起（MouseUp）3 个鼠标事件。

（3）在 MouseDown 事件处理代码中，改变左键状态为 true，即已按下，进入绘图状态，将当前鼠标的坐标点作为画线的始点。

（4）在 MouseMove 事件处理代码中，创建 Graphics 对象实例，如果是在绘图状态，就用 DrawLine 方法绘制一条从记录的始点到当前鼠标坐标点的直线，并将当前鼠标的坐标点更新为下次画线的始点。

（5）在 MouseUp 事件处理代码中，将左键状态改为 false，即左键已放开，结束绘图状态。

3．操作指导

（1）创建"旋转的风扇"窗体应用程序 Fan，适当调整窗体的大小，并修改窗体的 Text 属性为"旋转的风扇"。按照图 13-9 所示向窗体中添加一个标签和一个数字旋钮控件用来调速，一个控制动画显示的定时器控件，适当调整这些控件的大小及位置。并将数字旋钮的 value 值设置为 500，将最小值设置为 1。

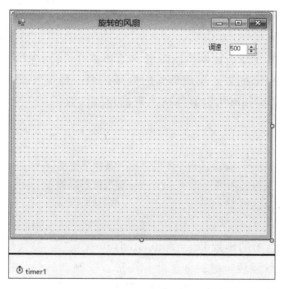

图 13-9 "旋转的风扇"窗体界面设计

（2）在 Form1.h 文件中，添加用到的头文件 math.h。使用 literal 定义常量 Pi：

```
#include "math.h"
literal float Pi=3.1415926;
```

（3）定义一些用到的全局静态整型变量，如累计变量 nNum、圆周所分的块数 nMaxNum。

```
static int nNum,nMaxNum;            //nNum 为累计变量,nMaxNum 为圆周所分的块数
```

（4）在 Form1_load 函数中给全局静态整型变量赋初值，并设置定时器为启动状态：

```
nNum=0, nMaxNum=20;
this->timer1->Enabled=true;
```

（5）添加 Form1 窗体的 Paint 事件处理代码，绘制固定的图形。在代码中，先构造 Graphics 对象实例句柄，定义绘图用的笔 nPen 和画刷 brush1，用 DrawEllipse 方法画出风扇的圆框轮廓，用 DrawRectangle 方法绘制风扇的底座外框，用 FillRectangle 方法填充风扇的底座。

```
private: System::Void Fan_Paint(System::Object ^sender, System::Windows::
Forms::PaintEventArgs ^e) {
    Graphics ^pGH=e->Graphics;
    Pen ^pPen=gcnew Pen(Color::Black,2);
    pGH->DrawEllipse(pPen,100-3,50-3,200+3,200+3);          //画圆框
    SolidBrush ^brush1=gcnew SolidBrush(Color::LawnGreen);   //画底座
    pGH->DrawRectangle(pPen,180,250,40,100);
    pGH->FillRectangle(brush1,180,250,40,100);
    pGH->DrawRectangle(pPen,100,350,200,50);
    pGH->FillRectangle(brush1,100,350,200,50);
}
```

（6）在定时器事件处理函数中绘制图形的动画部分，采用先擦除原来的图形，当前序数加 1 后再绘制新的图形的方法实现动画的效果。两次绘制图形方法相同，只是角度不同，这里使用静态变量 nNum 来计算每次出现的角度位置。

```
private: System::Void timer1_Tick(System::Object ^sender, System::EventArgs
^e) {
    DrawAnimated(sender,e,0);         //擦除原来的
    nNum++;                           //当前序数加 1
    DrawAnimated(sender,e,1);         //绘制新的
}
```

（7）添加自定义绘图的函数 DrawAnimated，其中第三个参数用来指定是擦除还是绘制新的。擦除是用背景颜色来绘制 3 个叶片图形。绘制新的是分别用 3 种颜色来绘制叶片图形。调用 FillPie 或 DrawPie 方法都可绘制出叶片的图形。

```
private: System::Void DrawAnimated(System::Object ^sender, System::EventArgs
^e,int drawflag){
    Pen ^pPen;
    SolidBrush ^brush1, ^brush2, ^brush3;
    double fAngle=(2 * Pi)/nMaxNum * nNum;
```

```
Graphics ^pGH=this->CreateGraphics();
if(drawflag==1)
{
    pPen=gcnew Pen(Color::Black,2);
    brush1=gcnew SolidBrush(Color::Red);        //画红色的叶片
    brush2=gcnew SolidBrush(Color::Blue);
    brush3=gcnew SolidBrush(Color::Yellow);      //画黄色的叶片
}
else
{
    pPen=gcnew Pen(this->BackColor);
    brush1=gcnew SolidBrush(this->BackColor);    //画红色的叶片
    brush2=gcnew SolidBrush(this->BackColor);
    brush3=gcnew SolidBrush(this->BackColor);    //画黄色的叶片
}
//red color
int nCenterX=(int)(200+50*cos(fAngle));
int nCenterY=(int)(150+50*sin(fAngle));
int startAngle=18*nNum;
int sweepAngle=180;
pGH->FillPie(brush1,nCenterX-50,nCenterY-50,100,100,startAngle,sweepAngle);
//blue color
nCenterX=(int)(200+50*cos(fAngle+2*Pi/3));
nCenterY=(int)(150+50*sin(fAngle+2*Pi/3));
startAngle=18*nNum+120;
sweepAngle=180;
pGH->FillPie(brush2,nCenterX-50,nCenterY-50,100,100,startAngle,sweepAngle);
//yello color
nCenterX=(int)(200+50*cos(fAngle+4*Pi/3));
nCenterY=(int)(150+50*sin(fAngle+4*Pi/3));
startAngle=18*nNum+240;;
sweepAngle=180;
pGH->FillPie(brush3,nCenterX-50,nCenterY-50,100,100,startAngle,
    sweepAngle);
}
```

(8) 为数字旋钮添加 ValueChanged 事件处理代码,实现调整速度的功能,先关闭定时器,读取数字旋钮的数值,按它设置为定时器的时间间隔,再打开定时器,这样就按新的定时间隔来调用定时器的事件处理函数,也就实现了改变风扇转动速度的功能。

```
private: System::Void numericUpDown1_ValueChanged(System::Object ^sender,
System::EventArgs ^e) {
    this->timer1->Enabled=false;
    int v=Convert::ToInt32(this->numericUpDown1->Text);
    this->timer1->Interval=v;
```

```
        this->timer1->Enabled=true;
    }
```

（9）在文件头部添加绘图用到的命名空间 System：：Drawing：：Drawing2D。

（10）编译运行上面的程序，观察风扇是否转动。调整不同的速度，观察风扇转动速度的变化情况。

（11）在 Form1 中增加定义全局变量，主要有记录左键是否按下的布尔型变量 m_bDraw，记录画线的起始坐标点变量 m_ptOrigin。

```
bool m_bDraw;                    //左键是否按下
Point m_ptOrigin;                //记录画线的起始点坐标
```

并在 Form1_load 事件处理中给这两个变量赋初值：

```
m_bDraw=false;                   //赋初值,左键未按下
m_ptOrigin=Point(0,0);           //为坐标原点
```

（12）分别添加鼠标左键按下（MouseDown）、移动（MouseMove）和弹起（MouseUp）3个鼠标事件的处理代码，如下：

```
private: System::Void Fan_MouseDown(System::Object ^sender, System::Windows::
Forms::MouseEventArgs ^e) {
    m_bDraw=true;                    //左键已按下
    m_ptOrigin=Point(e->X,e->Y);
}
private: System::Void Fan_MouseMove(System::Object ^sender, System::Windows::
Forms::MouseEventArgs ^e) {
    Graphics ^pGH=this->CreateGraphics();
    Point point(e->X,e->Y);
    Pen ^pPen=gcnew Pen(Color::Black,2);
    if(m_bDraw)
    {
        pGH->DrawLine(pPen,m_ptOrigin,point);
        m_ptOrigin=point;        //修改下次画线的始点
    }
}
private: System::Void Fan_MouseUp(System::Object ^sender, System::Windows::
Forms::MouseEventArgs ^e) {
    m_bDraw=false;   //在构造函数与 OnLButtonUp 函数中赋值,左键未按下
}
```

（13）编译并运行上面的程序，在转动的风扇旁边可以用鼠标写字了，试着签上你的名字。

4. 扩展练习

（1）提供速度挡位的选择，如 1、2、3 挡功能。

（2）增加风扇的开停按钮功能。

13.2.3　成绩统计图

1．实训要求

如果要统计一个班级中所有学生的考试成绩分布情况,那么,使用直方图将是一个不错的方法。直方图是一种对大量数据的总结性概括和图示;将各个分数段的人数对应的数据点连接起来就可绘制出折线图;各个分数段的人数占总人数的比例用饼形图显示,饼形图中的数据块显示本块占整个饼形图的百分比。

设计一个成绩分布图应用程序,对一组成绩进行统计,在窗体中用图形来表示一个班级某门课程的成绩分布,分别绘制出它的直方图、折线图和饼形图。在饼形图中,根据成绩将圆划分为 5 个部分,分别表示 60 分以下、60～69 分、70～79 分、80～89 分和 90 分以上分数段的人数比例,如图 13-10 所示。

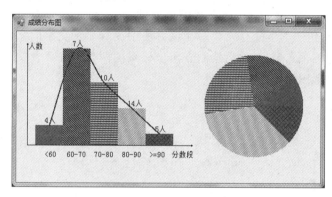

图 13-10　成绩分布图应用程序

2．设计分析

（1）本实验使用 GDI＋实现对数据的统计处理和统计结果呈现,利用统计数据来控制基本绘图函数的参数大小,控制图形的大小、形状、颜色,等等,即可绘制出直方图、折线图和饼形图等。

（2）利用直方图显示成绩的分布,要先计算各分数段的人数比例,计算出对应的直方图的顶点位置,再用不同的纹理画刷绘制出直方图。程序流程图如图 13-11 所示。

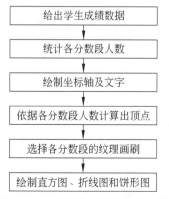

图 13-11　成绩分布图程序流程图

3．操作指导

（1）新建窗体 ScoreChart,适当调整窗体的大小,并修改窗体的 Text 属性为“成绩分布图”,适当调整窗体的大小。

（2）添加成员方法 ScoreStatis，有两个参数，其中一个是 double 类型数组对象，传递学生的成绩数据，另一个是 int 类型数组对象的参数，用来返回统计出的各分数段的人数。然后在该方法中统计各个分数段的人数，代码如下。

```cpp
private: System::Void ScoreStatis (array < double > ^ score, array < int > ^
scoreNum) {
    for each(double s in score) {
    if(s>=90) scoreNum[0]++;        //统计各分数段的人数
    else if(s>=80) scoreNum[1]++;
    else if(s>=70) scoreNum[2]++;
    else if(s>=60) scoreNum[3]++;
    else scoreNum[4]++;             //小于分的人数
    }
}
```

（3）为 Score 类添加一个成员方法 DrawScore。该方法有 3 个参数：第一个是 Graphics 对象实例；第二个是 int 类型数组对象的参数，传递各分数段的人数；第三个是 int 类型数值参数，传递学生的总人数。在该方法中设置显示文字的字体，直方图的纹理画刷，计算各图块的顶点坐标，然后绘制直角坐标系的两条坐标线及文字，再分别绘制直方图、折线图和饼形图。代码如下：

```cpp
private: System::Void DrawScore(System::Drawing::Graphics ^g, array<int>
^scoreNum,int Len) {
    FontFamily ^fontFamily=gcnew FontFamily(L"宋体");   //宋体
    Drawing::Font ^font=gcnew Drawing::Font(fontFamily, 10, FontStyle::
        Regular);
    SolidBrush ^brush1=gcnew SolidBrush(Color::Black);
    // 绘制直角坐标系的两条坐标线及文字
    Pen ^pen1=gcnew Pen(Color::Black);
    pen1->EndCap=LineCap::ArrowAnchor;                   //末端带箭头
    g->DrawLine(pen1, 20, 200,  20, 20);                 //垂直线
    g->DrawLine(pen1, 20, 200, 320, 200);                //水平线
    g->DrawString(L"人数", font, brush1, 20, 20);
    g->DrawString(L"<60", font, brush1, 50, 210);
    g->DrawString(L"60-70", font, brush1, 90, 210);
    g->DrawString(L"70-80", font, brush1, 140, 210);
    g->DrawString(L"80-90", font, brush1, 190, 210);
    g->DrawString(L">=90", font, brush1, 240, 210);
    g->DrawString(L"分数段", font, brush1, 280, 210);
    array<Point>^points=gcnew array<Point>{
        Point(60, 240-15 * scoreNum[4]),
        Point(110, 240-15 * scoreNum[3]),
        Point(160, 240-15 * scoreNum[2]),
        Point(210, 240-15 * scoreNum[1]),
```

```
            Point(260, 240-15 * scoreNum[0])
        };
        array<HatchBrush^>^brushes=gcnew array<HatchBrush^>{
            gcnew HatchBrush(HatchStyle::LightVertical, Color::Red, Color::Gray),
            gcnew HatchBrush(HatchStyle::LightDownwardDiagonal, Color::Yellow,
                Color::Blue),
            gcnew HatchBrush(HatchStyle::LightHorizontal, Color::White, Color::
                Green),
            gcnew HatchBrush(HatchStyle::LightUpwardDiagonal, Color::Yellow,
                Color::Orange),
            gcnew HatchBrush(HatchStyle::OutlinedDiamond, Color::Blue, Color::
                Red),
        };
        //直方图
        for(int i=4; i>=0; i--) {
            g->FillRectangle(brushes[i], points[i].X-25, points[i].Y, 50, 200-
                points[i].Y);
            g->DrawString(scoreNum[4-i]+L"人", font, brush1, points[i].X-10,
                points[i].Y-15);
        }
        //折线图
        Pen ^pen2=gcnew Pen(Color::Blue, 2);
        g->DrawCurve(pen2, points);                        //绘制曲线
        //饼形图
        float startAngle=0.0f, sweepAngle=0.0f;
        for(int i=4; i>=0; i--) {
            startAngle=startAngle+sweepAngle;              //起始角度
            sweepAngle=(float)scoreNum[i] * 360/Len;       //扫描角度
            g->FillPie(brushes[i], Rectangle(340, 40, 180, 180), startAngle,
                sweepAngle);
        }
    }
```

（4）实现绘图功能，为窗体添加 Paint 事件的处理方法，并在该方法中绘制图形。定义一个包含一组成绩值的数组，再定义一个成绩分类的整型数组，先调用 ScoreStatis 方法统计各个分数段的人数。再调用 DrawScore 方法绘制学生成绩分布的直方图、折线图和饼形图。

```
System::Void Form1Paint(System::Object ^sender,
                    System::Windows::Forms::PaintEventArgs ^e) {
    array<double>^score=gcnew array<double>{        //40 个成绩值
        66,82,79,74,86,67,60,45,44,77,
        98,65,90,66,76,66,62,83,84,97,
        43,67,57,60,60,71,74,60,72,81,
```

```
        69,79,91,69,71,42,82,77,69,81,
    };
    array<int>^scoreNum=gcnew array<int>(5){ 0 };
    ScoreStatis(score, scoreNum);
    DrawScore(e->Graphics, scoreNum, score->Length);        //绘制成绩分布图
}
```

（5）在文件头部添加绘图用到的命名空间：

```
using namespace System::Drawing::Drawing2D;
```

（6）编译并运行程序,可得到这组学生数据对应的统计结果图。

4. 扩展练习

增加如下一组数据再运行,会出现什么问题? 如何改进。

```
76,96,56,77,88,99,61,65
```

13.2.4 贪吃蛇游戏

1. 实训要求

贪吃蛇游戏是一款需要耐心的经典游戏,玩游戏时用键盘的上下左右 4 个方向键控制蛇前进的方向,寻找食物,尽可能吃更多的食物使自己变长,每吃掉一个食物,蛇身增长一格;同时,根据吃掉的食物的颜色获得相应的积分,吃掉红色食物得 1 分,吃掉蓝色食物得 2 分,吃掉黄色食物得 3 分。如碰边框,或碰到自己的身体,则游戏结束。身子越长,玩的难度就越大。等到了一定的分数,就能过关,然后继续玩下一关。请使用 GDI+基本绘图功能,并查找有关资料了解贪吃蛇的算法,设计一个贪吃蛇游戏。

游戏的界面如图 13-12 所示。

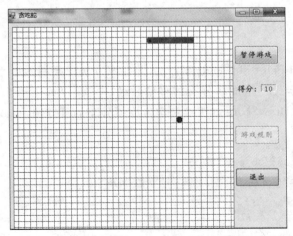
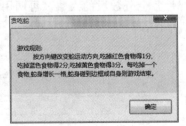

图 13-12 贪吃蛇游戏的界面

2. 设计分析

重点考虑以下问题：蛇身的数据结构(类)，运动和吃食物函数(成员函数)，控制蛇的运动，用 GDI+ 知识画出蛇的形状，等等。

(1) 在一个窗体的左边设计一定数量(40×40)的格子作为游戏界面，右边放置 3 个控制游戏使用的按钮控件和一个显示得分的文本框。

用多个绿色小格子构造的一条蛇以一定的速度在方框范围内移动，按方向键改变蛇的运动方向，使其能吃到画面中随机出现的食物。食物用不同颜色的小格子点来表示。

(2) 蛇的构造如图 13-13 所示，可以看到，蛇其实是由一个一个的正方形拼成的。每个正方形用左上角坐标定位。

在程序中，可以用一个数组表示一条蛇。数组的每个元素存放一个正方形的坐标，例如：

```
snakeArr=[(10,0),(20,0),(30,0),(40,0)];
```

在画蛇的时候，只需要遍历数组，根据数组中的坐标在画布上画出一个一个的正方体，就变成一条蛇了。

(3) 控制蛇的运动。判断用户按下的方向键来改变蛇行走的方向。蛇的行走算法如下。例如，下一步蛇往上走，画布上的图形就变成如图 13-14 所示。

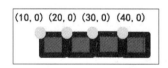

图 13-13 蛇的数据结构

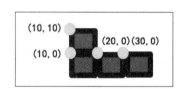

图 13-14 蛇向上走一步的数据结构

在对应的数组结构中，下一个点成为数组首元素，其横坐标不变，纵坐标加 10：

```
nextPoint=new Point(snakeArr[0].x,snakeArr[0].y+10);
```

接着在数组的头部插入 nextPoint，然后把数组尾部的数据去除。数组变成下面的样子：

```
snakeArr=[(10,10),((10,0),(20,0),(30,0)];
```

这种操作和数据结构中的队列很类似，在队头插入，在队尾删除。

接下来只要把画布清空，然后再根据蛇数组画出下一步的蛇形就实现了蛇的移动。

(4) 判断蛇是否吃到食物。判断蛇头位置 nextPoint 和食物的坐标是否一样，如果一样，就吃到食物了，并且增加食物相应的分数。

(5) 确定食物随机出现的位置。随机生成纵坐标和横坐标，生成 0～(列数－3)的随机数作为横坐标，生成 0～(行数－3)的随机数作为纵坐标。如果该格子已有食物，就重新生成一次。

(6) 在定时器的定时事件处理方法中行判断当前游戏所处的状态，如游戏已开始，则根据蛇的移动方向计算出蛇头的新位置，判断新位置是否碰到边框或自身，如果碰到则游戏结束。否则，判断新位置是否存在食物。如果有食物，蛇身增长一格，并获得积分；如无食物，蛇向前移动一格。

3. 操作指导

（1）新建窗体应用程序 EatingSnake，按图 13-12 设计游戏界面。在窗体中左边放置一个 PictureBox1 图片框，用代码生成 40×40 的格子作为游戏界面，右边放置一些控制游戏使用的按钮控件和显示得分的文本框。因为每隔一定时间，蛇要移动一格，为实现这种动态效果，要添加一个定时器控件。

（2）设计 Snake 类实现蛇的相关行为、方法。在 Snake.h 头文件中定义 Snake 类的数据成员及其游戏中用到的成员函数或方法，如 clearSnake、DrawSnake、move、eatFood、IsEatself 等成员函数。

```cpp
#define ROWS 40
#define COLUMNS 40
enum direction{ UP=0,DOWN,LEFT,RIGHT};
namespace EatingSnake
{
    using namespace System;
    using namespace System::Drawing;
    public ref class Snake {
    public:
        array<Point^> ^snakebody;
        System::Int32 numbers;
        System::Drawing::Color sideColor;
        System::Drawing::Color bodyColor;
    public:
        Snake(){
            snakebody=gcnew array<Point^>(ROWS * COLUMNS);
            numbers=4;
            sideColor=System::Drawing::Color::Yellow;
            bodyColor=System::Drawing::Color::Green;
        }
        property array<Point^> ^snakeBody{
            array<Point^> ^get(){return snakebody;}
        }
        void clearSnake(int sx0,int sy0)
        {
            numbers=4;
            snakebody[0]=System::Drawing::Point(sx0,sy0);
            for(int i=1;i<numbers;i++)
                snakebody[i]=System::Drawing::Point(snakebody[i-1]->X,
                    snakebody[i-1]->Y+1);
```

```
    }
void DrawSnake(Graphics ^g,int x0,int y0,int width,int dirt){
    Pen ^pen=gcnew Pen(sideColor,1);
    SolidBrush ^brush=gcnew SolidBrush(bodyColor);
    SolidBrush ^brush1=gcnew SolidBrush(System::Drawing::Color::
        Black);
    int x,y;
    for(int i=0;i<numbers;i++){
        Rectangle rect=Rectangle(x0+this->snakebody[i]->X * width,
            y0+this->snakebody[i]->Y * width, width, width);
        if(i==0){
            g->FillEllipse(brush,rect);
            if(dirt==UP){
                x=x0+this->snakebody[i]->X * width;
                y=y0+this->snakebody[i]->Y * width+width/2;
                rect=Rectangle(x,y,width,width/2);
            }
            if(dirt==DOWN){
                x=x0+this->snakebody[i]->X * width;
                y=y0+this->snakebody[i]->Y * width;
                rect=Rectangle(x,y,width,width/2);
            }
            if(dirt==LEFT){
                x=x0+this->snakebody[i]->X * width+width/2;
                y=y0+this->snakebody[i]->Y * width;
                rect=Rectangle(x,y,width/2,width);
            }
            if(dirt==RIGHT){
                x=x0+this->snakebody[i]->X * width;
                y=y0+this->snakebody[i]->Y * width;
                rect=Rectangle(x,y,width/2,width);
            }
            g->FillRectangle(brush,rect);
            x=x0+this->snakebody[i]->X * width+width/2-2;
            y=y0+this->snakebody[i]->Y * width+width/2-2;
            rect=Rectangle(x,y,5,5);
            g->FillEllipse(brush1,rect);
        }
        else
            g->FillRectangle(brush,rect);
    }
}
void move(int x,int y){
    int i;
```

```
            for(i=numbers-1;i>0;i--)snakebody[i]=snakebody[i-1];
            snakebody[i]=System::Drawing::Point(x,y);
        }
        void eatFood(int x,int y){
            numbers++;
            move(x,y);
        }
        bool IsEatself(int x,int y){
            for(int i=0;i<numbers;i++)
                if(snakebody[i]->X==x&&snakebody[i]->Y==y)return true;
            return false;
        }
    };
}
```

（3）在 EatingSnake. cpp 文件中，在♯include "Form1. h"之前添加包含头文件 Snake. h 的语句：

```
#include"Snake.h"
```

（4）在 Form1. h 文件的前面添加下面的常量定义：

```
#define ROWS 40   //行
#define COLUMNS 40
#define FOODCOUNT 3
...
enum gameState{ GAMESTART, GAMERUN, GAMEPAUSE };
```

格子的行数固定为 40，列数也固定为 40。食物有 3 种。行进有上下左右 4 个方向。游戏的状态有 3 个：开始、进行中和暂停。

（5）在 Form1 的构造函数中添加下列代码，创建一个 40×40 的二维数组，设置游戏的初始状态变量。

```
table=gcnew array<System::Int32, 2>(40, 40);
width=12;
score=0;
ranX=gcnew System::Random((int)System::DateTime::Now.ToBinary());
ranY=gcnew System::Random((int)System::DateTime::Now.ToBinary()+1);
ranF=gcnew System::Random((int)System::DateTime::Now.ToBinary()+2);
foodColor=gcnew array<System::Drawing::Color>(FOODCOUNT);
foodColor[0]=System::Drawing::Color::Red;
foodColor[1]=System::Drawing::Color::Blue;
foodColor[2]=System::Drawing::Color::Yellow;
snake=gcnew Snake;
gamestate=GAMESTART;     //游戏开始状态
dirt=UP;
```

（6）添加下列私有数据成员的定义：游戏区域数组、得分变量、蛇移动方向变量、游戏状态变量和蛇的对象实例等。

```
array<System::Int32, 2>^table;
System::Int32 x0, y0;
System::Int32 width;
System::Int32 score;
System::Random ^ranX, ^ranY, ^ranF;
array<System::Drawing::Color>^foodColor;
gameState gamestate;
Snake ^snake;
direction dirt;
```

（7）初始化设置。在 Form1 的 Load 事件处理函数中添加代码，设置蛇行走的初始点在图区的中间位置，设置游戏的速度（即定时时间间隔）为 300ms。

```
x0=(this->pictureBox1->Width-width * COLUMNS)/2;
y0=(this->pictureBox1->Height-width * ROWS)/2;
this->timer1->Interval=200;
```

（8）游戏图区的绘制。添加 pictureBox1 控件的 Paint 事件处理函数，即更新食物、蛇和表格的绘制。这里会调用自定义的函数 drawFood 和 drawTable。代码如下：

```
private: System::Void pictureBox1_Paint() {
    if(gamestate==GAMERUN){
        drawFood(e->Graphics);
        snake->DrawSnake(e->Graphics, x0, y0, width, dirt);
    }
    drawTable(e->Graphics);
}
System::Void drawFood(Graphics ^g){
    SolidBrush ^brush1=gcnew SolidBrush(foodColor[0]);
    SolidBrush ^brush2=gcnew SolidBrush(foodColor[1]);
    SolidBrush ^brush3=gcnew SolidBrush(foodColor[2]);
    for(int i=0; i<ROWS; i++){
        for(int j=0; j<COLUMNS; j++){
            if(table[i, j]==1)
                g->FillEllipse(brush1, Rectangle(x0+j * width, y0+i * width,
                    width, width));
            if(table[i, j]==2)
                g->FillEllipse(brush2, Rectangle(x0+j * width, y0+i * width,
                    width, width));
            if(table[i, j]==3)
                g->FillEllipse(brush3, Rectangle(x0+j * width, y0+i * width,
                    width, width));
```

```
            }
        }
    }
System::Void drawTable(Graphics ^g){
    int i;
    Pen ^pen=gcnew Pen(System::Drawing::Color::Gray, 1);
    Point beginPoint, endPoint;
    for(i=0; i<=ROWS; i++){
        beginPoint=Point(x0, y0+i * width);
        endPoint=Point(x0+COLUMNS * width, y0+i * width);
        g->DrawLine(pen, beginPoint, endPoint);
    }
    for(i=0; i<=COLUMNS; i++){
        beginPoint=Point(x0+i * width, y0);
        endPoint=Point(x0+i * width, y0+ROWS * width);
        g->DrawLine(pen, beginPoint, endPoint);
    }
}
```

(9) 添加定时器的定时事件处理方法 OnTick，在该方法中判断当前游戏所处的状态。如游戏已开始，则根据蛇的移动方向计算出蛇头的新位置，判断新位置是否碰到边框或自身，如碰到则游戏结束。否则判断新位置是否存在食物。如有食物，蛇身增长一格，并获得积分；如无食物，蛇向前移动一格。代码如下：

```
private: System::Void OnTick(System::Object ^sender, System::EventArgs ^e) {
    if(gamestate==GAMERUN){    //游戏正在运行
        int x, y;
        x=snake->snakebody[0]->X;
        y=snake->snakebody[0]->Y;
        switch(dirt){
            case UP:y--; break;
            case DOWN:y++; break;
            case LEFT:x--; break;
            case RIGHT:x++; break;
        }
        if(x<0 || y<0 || x>=COLUMNS || y>=ROWS || snake->IsEatself(x, y)){
            this->timer1->Stop();
            MessageBox::Show(L"游戏结束!", "贪吃蛇", MessageBoxButtons::OK);
            gamestate=GAMESTART;
            this->button1->Text="开始游戏";
            this->button2->Enabled=true;
        }
        else if(table[y, x]){
            snake->eatFood(x, y);
```

```
                score+=table[y, x];
                this->label2->Text=score.ToString();
                table[y, x]=0;
                createFood();
            }
            else snake->move(x, y);
                this->pictureBox1->Invalidate();
            }
        }
    }
    void createFood(){
        int fx, fy;            //格子的 x、y 坐标对应数组第 x 列第 y 行
        fx=ranX->Next(COLUMNS-2);//?-1
        fy=ranY->Next(ROWS-2);//?-1
        if(table[fy+1, fx+1]>0){
            createFood();
            return;
        }
        else table[fy+1, fx+1]=ranF->Next(FOODCOUNT)+1;
    }
```

（10）添加键盘的 KeyUp 事件处理方法，根据按下的方向键改变蛇移动的方向。代码如下：

```
private: System::Void Form1_KeyUp(System::Object ^sender, System::Windows::
Forms::KeyEventArgs ^e) {
    if(gamestate==GAMERUN){
        switch(e->KeyValue){
            case 38:if(dirt !=DOWN)dirt=UP; break;      //按下向上方向键
            case 40:if(dirt !=UP)dirt=DOWN; break;      //按下向下方向键
            case 37:if(dirt !=RIGHT)dirt=LEFT; break;   //按下向左方向键
            case 39:if(dirt !=LEFT)dirt=RIGHT; break;   //按下向右方向键
        }
    }
}
```

（11）其他要添加的事件处理函数主要有调整窗体大小的事件处理函数 Form1_Resize()、3 个按钮的单击事件处理函数和窗体关闭时确认退出游戏的事件处理函数 OnClose，具体可参考下面所给的程序代码。其中，调整窗体的大小时，只改变每个格子的大小，而格子的数量不变。

```
private: System::Void Form1_Resize(System::Object ^sender, System::EventArgs
^e) {
    if(gamestate==GAMESTART){
        this->pictureBox1->Size=System::Drawing::Size(this->ClientSize.
```

```
                    Width-this->button1->Width-40, this->ClientSize.Height);
            int w, h, d;
            w=this->ClientSize.Width-this->button1->Width-40;
            h=this->ClientSize.Height;
            d=w>h ? w: h;
            width=(d-20)/ROWS;
            if(width>18)width=18;
            x0=(this->pictureBox1->Width-width * COLUMNS)/2;
            y0=(this->pictureBox1->Height-width * ROWS)/2;
            this->pictureBox1->Invalidate();
        }
}
private: System::Void button1_Click(System::Object ^sender, System::EventArgs
^e) {
    if(gamestate==GAMESTART){
        for(int i=0; i<ROWS; i++)
            for(int j=0; j<COLUMNS; j++)table[i, j]=0;
        snake->clearSnake(COLUMNS/2, (ROWS-4)/2);
        for(int i=0; i<FOODCOUNT; i++)
            createFood();
        dirt=UP;
        score=0;
        this->label2->Text=score.ToString();
        gamestate=GAMERUN;
        this->pictureBox1->Invalidate();
        this->timer1->Start();
        this->button1->Text="暂停游戏";
        this->button2->Enabled=false;
    }
    else if(gamestate==GAMERUN){
        gamestate=GAMEPAUSE;
        this->timer1->Stop();
        this->button1->Text="继续游戏";
        this->button2->Enabled=true;
    }
    else if(gamestate==GAMEPAUSE){
        gamestate=GAMERUN;
        this->timer1->Start();
        this->button1->Text="暂停游戏";
        this->button2->Enabled=false;
    }
}
private: System::Void button2_Click(System::Object ^sender, System::EventArgs
^e) {
```

```
    if(gamestate !=GAMERUN)
        MessageBox::Show(L"游戏规则:\n 按方向键改变蛇运动方向,吃掉红色食物得 1 分,
        \n 吃掉蓝色食物得 2 分,吃掉黄色食物得 3 分。每吃掉一个 \n 食物,蛇身增长一格,蛇
        身碰到边框或自身则游戏结束。", "贪吃蛇", MessageBoxButtons::OK);
}
private: System::Void button3_Click(System::Object ^sender, System::EventArgs
^e) {
    this->Close();
}
private: System:: Void OnClose (System:: Object ^ sender, System:: Windows::
Forms::FormClosingEventArgs ^e) {
    e->Cancel=!IsQuit();
}
private: bool IsQuit() {
    if(gamestate !=GAMERUN)
        return true;
    else{
        if(gamestate==GAMERUN)this->timer1->Stop();
        System::Windows::Forms::DialogResult dlg;
        dlg=MessageBox::Show(L"游戏尚未结束,确定退出吗?", "贪吃蛇",
            MessageBoxButtons::YesNo);
        if(dlg==System::Windows::Forms::DialogResult::Yes)
            return true;
        else if(dlg==System::Windows::Forms::DialogResult::No){
            if(gamestate==GAMERUN) this->timer1->Start();
                return false;
        }
    }
    return false;
}
```

(12) 编译并运行程序,玩一玩自己制作的游戏,体验游戏的效果。

4. 扩展练习

在此基础上,可对游戏程序加以改进,如增加难易度等级、出现更多的食物等,达到一定的积分就算过关,过关后再提高难度,使游戏变得更有吸引力。

思考与练习

1. 选择题

(1) 在 GDI+的所有类中,_____类是核心,在绘制任何图形之前一定要先用它创建一个对象。

A. Graphics   B. Pen   C. Brush   D. Font

（2）Graphics 包含在_____命名空间中。

A. System   B. System：：Winforms

C. System：：Drawing   D. System：：Drawing：：Text

（3）调用_____方法可以绘制矩形。

A. DrawLine   B. DrawLines

C. DrawEllipse   D. DrawRectangle

（4）在 Windows 应用程序中，在界面上绘制矩形、弧、椭圆等图形对象，可以使用 System：：Drawing 命名空间的_____类来实现。

A. Brush   B. Pen   C. Color   D. Image

（5）如果要设置 Pen 对象绘制线条的宽度，应使用它的_____属性。

A. Color   B. Width   C. DashStyle   D. PenType

（6）_____画刷可以用预设的图案来填充图形。

A. SolidBrush   B. TextureBrush

C. HatchBrush   D. LinearGradientBrush

（7）通过 HatchBrush 对象的_____属性可设置 HatchBrush 对象的阴影样式。

A. BackgroundColor   B. ForegroundColor

C. ColorStyle   D. HatchStyle

2. 简述题

（1）什么是 GDI+？

（2）简述 GDI+在图形应用程序设计中的作用。

（3）简述创建 Graphics 对象的各种方法。

（4）创建 Graphics 对象有几种方法？各在什么情况下使用？

（5）什么是画刷？要使用纹理画刷，需要引用哪个命名空间？

第 14 章　GDI＋图像处理

实训目的

- 掌握简单图像的处理方法。
- 掌握图像特效的使用方法。
- 掌握图像几何变换的方法。

14.1　基本知识提要

14.1.1　图像处理的方法

1. 图像文件格式

GDI＋提供了 Image、Bitmap 等图像处理类，它们可用于显示、操作和保存 BMP、JPG 和 GIF 等图像格式。

在以往的图像处理中，常常要对图像文件的格式进行转换。图像文件的显示也是依靠对其数据结构的剖析，然后读取相关图像数据而实现的。现在，GDI＋提供了 Image 和 Bitmap 类使我们能轻松容易地处理图像。GDI＋支持大多数流行的图像文件格式，如 BMP、GIF、JPEG、TIFF 和 PNG 等。

2. 图像 Image 类和 Bitmap 类

GDI＋的 Image 类封装了对 BMP、GIF、JPEG、PNG、TIFF、WMF(Windows 元文件) 和 EMF(增强 WMF)图像文件的调入、格式转换以及简单处理的功能。而 Bitmap 是从 Image 类继承的一个图像类，它封装了 Windows 位图(光栅图像)操作的常用功能，可以用来加载和显示位图，并提供了加载、存储和管理位图图像的方法。例如，Bitmap：： SetPixel 和 Bitmap：：GetPixel 分别用来对位图进行像素读写操作，从而为图像的柔化和锐化处理提供了可能。

Bitmap 类采用数组的方式表示图形，并指定了每个像素的颜色。Bitmap 类的常用属性和方法如表 14-1 所示。

表 14-1　Bitmap 类的常用属性和方法

属性和方法名称	说　明
HorizontalResolution	表示此 Image 对象以像素或英寸为单位的水平分辨率
VerticalResolution	表示此 Image 对象以像素或英寸为单位的垂直分辨率
Height	表示此 Image 对象以像素为单位的高度

属性和方法名称	说　明
Width	表示此 Image 对象以像素为单位的宽度
Size	表示此 Image 对象以像素为单位的宽度和高度（Size 对象）
PhysicalDimension	表示此 Image 对象的实际宽度和高度，以像素为单位
Palette	表示此 Image 对象的调色板
PixelFormat	表示此 Image 对象的像素格式
RawFormat	表示此 Image 对象的文件格式
GetPixel	获取此 Bitmap 对象中指定像素的颜色
SetPixel	设置此 Bitmap 对象中指定像素的颜色
MakeTransparent	将一种颜色定义为透明颜色或 alpha 颜色
RotateFlip	旋转或翻转此 Bitmap 对象表示的图像
Save	将此 Image 对象保存到指定的流或文件，可以指定保存的图像格式
SetResolution	设置此 Bitmap 对象的水平分辨率和垂直分辨率

3. DrawImage 方法

DrawImage 是 GDI＋的 Graphics 类显示图像的核心方法，它的重载函数有许多个。常用的重载函数如下：

```
Status DrawImage(Image * image, int x, int y);
Status DrawImage(Image * image, const Rect& rect);
Status DrawImage(Image * image, const Point * destPoints, int count);
Status DrawImage(Image * image, int x, int y, int srcx, int srcy,int srcwidth,
    int srcheight, Unit srcUnit);
```

其中，x、y 用来指定 image 显示的位置，这个位置和 image 的左上角点相对应。rect 用来指定被图像填充的矩形区域，destPoints 和 count 分别用来指定一个多边形的顶点和顶点个数。count 为 3 时，则表示该多边形是一个平行四边形，另一个顶点由系统自动给出。此时，destPoints 中的数据依次对应于源图像的左上角、右上角和左下角的顶点坐标。srcx、srcy、srcwidth 和 srcheight 用来指定图像要显示的源图像的位置和大小，srcUnit 用来指定图像所使用的单位，默认时使用 PageUnitPixel，即用像素作为度量单位。

4. 调用和显示图像

在 GDI＋中调用和显示图像文件是非常容易的。在显示图像之前，需要加载图像并保存到一个 Image 对象中。可以通过 Image 类的构造函数创建一个包含指定图像的 Image 对象，还可以通过 Image 类的 FromFile 方法从外部文件中加载图像，还可以直接将 Bitmap 对象作为 Image 对象。然后调用 Graphics∷DrawImage 方法在指定位置处显示全部或部分图像。例如下面的代码：

```
Graphics ^pGH=e->Graphics;
Image ^image=Image::FromFile("Sunset.jpg");
```

或

```
Image ^image=Bitmap::FromFile("Sunset.jpg");
pGH->DrawImage(image, 10, 10);
Rectangle rect=Rectangle(130, 10, image->Width, image->Height);
pGH->DrawImage(image, rect);
```

还可以使用 Graphics 类的 DrawImageUnscaled 方法实现与 DrawImage 方法相同的功能，该方法使用图像的原始物理大小绘制图像。该方法的声明如下：

```
void DrawImageUnscaled(Image ^image, Point point);
void DrawImageUnscaled(Image ^image, int x, int y);
void DrawImageUnscaled(Image ^image, Rectangle rect);
```

point 和 x、y 参数指定了所绘制图像的左上角坐标。参数 rect 的 x 和 y 属性用于表示该坐标，但其宽度和高度属性将被忽略。例如：

```
Graphics ^graphic=label->CreateGraphics();        //取得 Graphics 对象
Image ^image=Image::FromFile(L"MyPicture.jpg");   //加载图像文件
graphic->DrawImageUnscaled(image, Point(60, 60)); //显示图像
```

5. 图像旋转和拉伸

图像的旋转和拉伸通常通过在 DrawImage 中指定 destPoints 参数来实现，destPoints 包含对新的坐标系定义的点的数据。destPoints 中的第一个点用来定义坐标原点，第二点用来定义 x 轴的方法和图像 x 方向的大小，第三个点用来定义 y 轴的方法和图像 y 方向的大小。若 destPoints 定义的新坐标系中两轴方向不垂直，就能达到图像扭曲的效果。

DrawImage 方法的重载方法中可以包含一个具有 3 个点的数组参数，通过这 3 个点可以对图像进行旋转、扭曲图像等操作。这些 DrawImage 方法的声明如下：

```
void DrawImage(Image ^image, array<Point>^points);
void DrawImage(Image ^image, array<Point>^points, Rectangle srcRect,
    GraphicsUnitsrcUnit);
```

points 参数是由 3 个 Point 结构组成的数组，用于确定一个平行四边形，原图像将被重新绘制到该平行四边形中。

图像的旋转和翻转可以使用 Image 类的 RotateFlip 方法来实现，它只有一个参数，用来指定图像的旋转和翻转的类型，该参数可以使用如表 14-2 所示的 RotateFlipType 枚举值。

表 14-2　RotateFlipType 枚举值

枚 举 值	说 明
Rotate180FlipNone	指定不翻转,顺时针旋转 180°
Rotate180FlipX	指定水平翻转,顺时针旋转 180°
Rotate180FlipXY	指定水平和垂直翻转,顺时针旋转 180°
Rotate180FlipY	指定垂直翻转,顺时针旋转 180°
Rotate270FlipNone	指定不翻转,顺时针旋转 270°
Rotate270FlipX	指定水平翻转,顺时针旋转 270°
Rotate270FlipXY	指定水平和垂直翻转,顺时针旋转 270°
Rotate270FlipY	指定垂直翻转,顺时针旋转 270°
Rotate90FlipNone	指定不翻转,顺时针旋转 90°
Rotate90FlipX	指定水平翻转,顺时针旋转 90°
Rotate90FlipXY	指定水平和垂直翻转,顺时针旋转 90°
Rotate90FlipY	指定垂直翻转,顺时针旋转 90 °
RotateNoneFlipNone	指定不旋转和翻转
RotateNoneFlipX	指定水平翻转,不旋转
RotateNoneFlipXY	指定水平和垂直翻转,不旋转
RotateNoneFlipY	指定垂直翻转,不旋转

6. 裁剪及缩放图像

Graphics 类的 DrawImage 方法有许多重载方法,其中某些重载方法包含了源矩形参数和目标矩形参数,用于裁剪和缩放图像。

使用 DrawImage 方法同样可以裁剪图像,它仅选取图像的一个矩形区域,并裁剪掉位于该矩形外部的部分图形。最终被裁剪的图像的大小通常要比原始图像小,并与裁剪区域的矩形的大小相同。

7. 图像格式转换

GDI+的 Image 类提供了 Save 方法,它可以用来将图像按指定的格式保存到文件或流中,这样就实现了图像格式的转换。它的常见原型如下:

```
void Save(String ^filename);
void Save(String ^filename, ImageFormat ^format);
```

其中,filename 用来指定要保存的文件名;format 用来指定要保存的格式,可以直接引用 ImageFormat 类的静态成员属性来指定,如表 14-3 所示。

表 14-3　ImageFormat 类的静态成员属性

属性名称	说　明
Bmp	获取位图(BMP)图像格式
Emf	获取增强型图元文件(EMF)图像格式
Exif	获取可交换图像文件(EXIF)图像格式
Gif	获取图形交换格式文件(GIF)图像格式
Icon	获取 Windows 图标图像格式
Jpeg	获取联合图像专家组(JPEG)图像格式
MemoryBmp	获取在内存中的位图的格式
Png	获取 W3C 可移植网络图形(PNG)图像格式
Tiff	获取标记图像文件格式(TIFF)图像格式
Wmf	获取 Windows 图元文件(WMF)图像格式

14.1.2　图像的特效处理

图像的特效处理是指可以将原始图像处理成浮雕、柔化、反色或黑白处理等特殊效果。

浮雕是雕刻形式的一种,特效中的"浮雕"是指图像的前景凸出于背景,或者前景凹进背景之中。

图像的柔化(平滑)处理是将原图像的每个像素的颜色值用与其相邻的 $n \times n$ 个像素的平均值来代替,可利用算术平均值或加权平均值来计算。

彩色图片的每个像素点是以 (R, G, B) 的形式存储的,所以对彩色图片进行反色处理时,只需要获得 $(255-R, 255-G, 255-B)$ 就行了。

黑白处理首先将原始图片变成灰度二位数组,再将灰度二位数组变成二值图像。灰度有 256 级,而黑白则是只保留黑和白这两级。

黑白图片的处理算法更简单:求 R、G、B 的平均值 Avg$=(R+G+B)/3$,如果 Avg$\geqslant$100,则新的颜色值为 $R=G=B=255$;如果 Avg$<$100,则新的颜色值为 $R=G=B=0$。255 就是白色,0 就是黑色(100 为经验值,可根据效果来调整,也可以设置为 128)。

14.1.3　图像几何变换

图像几何变换又称为图像空间变换,它将一幅图像中的坐标位置映射到另一幅图像中的新坐标位置。图像几何变换有 4 种,分别通过 Graphics 类提供的以下 4 种对应的方法来实现:

(1) 平移变换:TranslateTransform 方法。

(2) 旋转变换:RotateTransform 方法。

（3）伸缩变换：ScaleTransform 方法。

（4）矩阵变换：MultiplyTransform 方法。

14.2 实训操作内容

14.2.1 图像处理器 1

1. 实训要求

设计一个小型的图像处理器，它可以方便、高效地浏览和管理图像文件，并可以对图像进行各种效果处理、几何变换等操作。该程序共分为两大部分来实现。本节完成图像处理器的界面设计，并实现打开图像、保存图像、将某个文件夹的图像文件放在列表中供用户选择以及显示图像的功能，如图 14-1 所示。其余功能的实现在 14.2.2 节介绍。

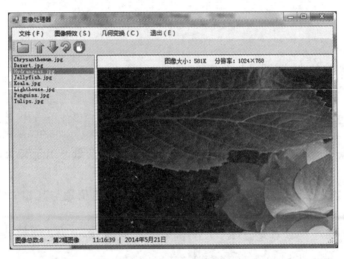

图 14-1 图像处理器运行效果

2. 设计分析

将窗体分为左右两大窗格，左边用一个 ListBox 控件显示图像文件列表，右边显示图像。单击左边的某个文件，就在右边显示对应的图像。在浏览图像时，单击右边的 PictureBox1 图片框，就能够将图像按原图最大化地显示出来。为此要添加图片框的单击事件，同时增加另外一个窗体 PictureMax 用来显示图像。图像处理器的界面设计如图 14-2 所示。

图像处理器应用程序的功能结构如图 14-3 所示。

3. 操作指导

（1）创建 Windows 窗体应用程序 ImagePro。在打开的窗体设计器中，单击 Form1 窗体，在窗体的属性窗口中，将 Text 属性内容修改成"图像处理器"，将窗体变大一些。

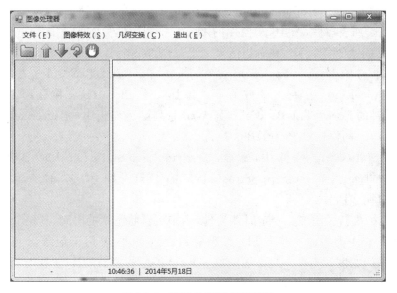

图 14-2　图像处理器界面设计

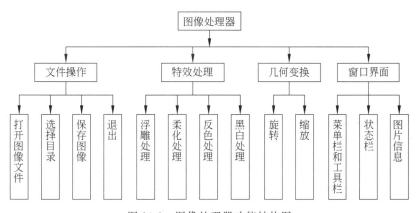

图 14-3　图像处理器功能结构图

（2）拖放一个 MenuStrip 组件、一个 ToolStrip 组件和一个 StatusStrip 组件到窗体中。设计如图 14-4 所示的菜单栏、工具栏和状态栏。

图 14-4　图像处理器的菜单栏、工具栏和状态栏设计

（3）向窗体添加一个 SplitContainer 控件，将窗体分为左右两个区域。在左边区域放置一个 ListBox 列表控件，ListBox 控件的 Dock＝Fill。然后右击 ListBox 控件，在快捷菜单中选择"锁定控件"命令。在右边区域的上部添加一个 Button 控件，用于显示图像的信息，Button 控件的 Dock＝Top，Text 为空，FlatStyle＝Flat，BackColor 为 Web 系列颜色面板中的 AliceBlue。在右边区域的下部添加一个 PictureBox 控件用来显示图像，PictureBox 控件的 Dock＝Fill，BackColor 为 Web 系列颜色面板中的 AliceBlue，SizeMode＝Zoom（Normal）。同样锁定 PictureBox 控件。

（4）在 StatusStrip 控件中，添加 6 个 toolStripStatusLabel 标签对象。其中 toolStripStatusLabel2 和 toolStripStatusLabel5 的 Text 分别为"—"和"|"，用来显示图像数量信息和日期、时间。

（5）状态栏更新。添加一个定时器控件，用来更新状态栏的时间、日期。

（6）为 Form1 类添加一些 public 类型的数据成员，主要用于记录当前图像的文件名、路径、图像的宽度和高度。再添加一些 private 类型的数据成员，主要有当前图像和备份图像的对象实例、当前图像的文件名等。

```
public:
    String ^sum;
    String ^picPath;
    String ^picName;
    String ^picWidth;
    String ^PicHeight;
private: Image ^curImage;
private: Image ^bakImage;
private: String ^curFileName;
```

（7）初始化设置。在 Form1_Load 中添加代码，用程序代码方式为"旋转"菜单项添加 RotateFlipType 枚举类型的子菜单项。方法是：用枚举类提供的 GetNames 方法获取 RotateFlipType 枚举类型项，存放在字符串数组 styleNames 中，再用代码将各类型项字符串添加为子菜单项。另外将当前图像、备份图像和当前图像文件名 3 个变量设为空。

```
private: System::Void Form1_Load(System::Object ^sender, System::EventArgs ^e)
{
    //为"旋转"菜单项添加 RotateFlipType 枚举子项
    array<String^>^styleNames=Enum::GetNames(RotateFlipType::typeid);
    for each(String ^itemText in styleNames)
        this->旋转 ToolStripMenuItem->DropDownItems->Add(itemText);
    curImage.=nullptr;
    bakImage.=nullptr;
    curFileName.=nullptr;
}
```

（8）为"打开"菜单项添加响应函数"打开 OToolStripMenuItem_Click"，通过使用 Image 类对象的 FromFile 方法实现图像的加载，具体是先使用打开文件对话框获取图像

文件名,判断如果是选择了图像文件,就使用 Image 类对象的 FromFile 方法将图像加载
到图片框控件中,在右上角的按钮中显示图像的大小和分辨率信息。记录当前图像,备份
图像和当前图像文件名三个量。代码如下:

```
private: System::Void 打开 OToolStripMenuItem_Click(System::Object ^sender,
System::EventArgs ^e) {
    OpenFileDialog ^openFileDialog=gcnew OpenFileDialog();    //打开文件对话框
    //判断是否选择了图像文件
    openFileDialog->InitialDirectory=
        System::Environment::CurrentDirectory->ToString();
    openFileDialog->Filter="JPG 文件(*.jpg)|*.jpg|GIF 文件(*.gif)|*.gif|
        位图文件(*.bmp)|*.bmp|所有(*.*)|*.*";
    openFileDialog->RestoreDirectory=true;
    openFileDialog->FilterIndex=1;    //默认过滤器为 jpg
    if(openFileDialog->ShowDialog() !=
        System::Windows::Forms::DialogResult::Cancel)
    {
        FileInfo ^fileinfo=gcnew FileInfo(openFileDialog->FileName);
        picName=openFileDialog->FileName;
        pictureBox1->BackColor=Color::Black;
        pictureBox1->Image=Image::FromFile(picName);
        //显示图像的大小和分辨率信息
        curImage=Image::FromFile(picName);
        bakImage=curImage;
        this->pictureBox1->Image=curImage;
        picWidth=Convert::ToString(pictureBox1->Image->Width);
        picHeight=Convert::ToString(pictureBox1->Image->Height);
        button1->Text="图像大小: "+(fileinfo->Length)/1024+"K "+"分辨率: "+
            picWidth+"×"+picHeight;
        pictureBox1->Invalidate();
    }
}
```

(9) 为"选择目录"菜单项添加响应函数"选择目录 ToolStripMenuItem_Click",它将
该目录下所有图像文件检索出来,显示到 ListBox 控件中以备选用,先打开文件夹浏览对
话框获取文件夹的路径,清除 ListBox 控件中的内容,用路径名创建一个 DirectoryInfo 对
象,使用 DirectoryInfo 对象实例的 GetFiles 方法遍历文件夹,获取指定的几种类型的图
像文件名,再将图像文件名添加到 ListBox 控件中。代码如下:

```
private: System::Void 选择目录 ToolStripMenuItem_Click(System::Object ^sender,
System::EventArgs ^e) {
    FolderBrowserDialog ^folderBrowserDialog1=gcnew FolderBrowserDialog();
                                                //打开文件夹浏览对话框
    folderBrowserDialog1->SelectedPath=
```

```
            System::Environment::CurrentDirectory->ToString();
        if(folderBrowserDialog1->ShowDialog() !=
            System::Windows::Forms::DialogResult::Cancel)
        {
            listBox1->Items->Clear();                    //清除 ListBox 控件中的内容
            picPath=folderBrowserDialog1->SelectedPath; //获取选择目录
            DirectoryInfo ^dir=gcnew DirectoryInfo(picPath);
                                                         //创建 DirectoryInfo 对象
            //使用 DirectoryInfo 对象的 GetFiles 方法遍历文件夹
            array<FileInfo^>^files=dir->GetFiles();
            if(files->Length>0){
                for each(FileInfo ^fileinfo in files){
                    if(fileinfo->Extension==".jpg" || fileinfo->Extension==
                        ".png" || fileinfo->Extension==".bmp" || fileinfo->
                        Extension==".gif" || fileinfo->Extension==".jpeg")
                    {
                        listBox1->Items->Add(fileinfo->Name);
                    }
                }
            }
            sum=Convert::ToString(listBox1->Items->Count);     //获取文件的总数
            toolStripStatusLabel1->Text="图像总数:"+sum; //显示当前目录中的图像总数
        }
    }
```

(10) 为"保存"菜单添加响应函数"保存 SToolStripMenuItem_Click"。先使用保存文件对话框获取图像文件名和图像类型,如果选择了保存图像文件,则用 Bitmap 类对象的 Save 方法依据不同的类型进行图像的保存。这里主要考虑了 BMP、JPEG、GIF、PNG 几种图像格式。代码如下:

```
private: System::Void 保存 SToolStripMenuItem_Click(System::Object ^sender,
System::EventArgs ^e) {
    SaveFileDialog ^saveFileDialog1=gcnew SaveFileDialog();
                                                         //打开保存文件对话框
    saveFileDialog1->Filter="BMP| * .bmp|JPEG| * .jpeg|GIF| * .gif|PNG| * .png";
    if(saveFileDialog1->ShowDialog()==System::Windows::Forms::
        DialogResult::OK)
    {
        String ^path=saveFileDialog1->FileName;
        //获取扩展名
        String ^picType=Path::GetExtension(path);
        if(picType==".bmp")
        {
            Bitmap ^bt=gcnew Bitmap(path);
```

```
        bt->Save(path,System::Drawing::Imaging::ImageFormat::Bmp);
    }
    if(picType==".jpg")
    {
        Bitmap ^bt1=gcnew Bitmap(pictureBox1->Image);
        bt1->Save(path,System::Drawing::Imaging::ImageFormat::Jpeg);
    }
    if(picType==".gif")
    {
        String ^FPath;
        String ^FName=Convert::ToString(listBox1->SelectedItem);
        FPath=picPath+"\\"+FName;
        Bitmap ^bt2=gcnew Bitmap(FPath);
        bt2->Save(path,System::Drawing::Imaging::ImageFormat::Gif);
    }
    if(picType==".png")
    {
        Bitmap ^bt3=gcnew Bitmap(pictureBox1->Image);
        bt3->Save(path,System::Drawing::Imaging::ImageFormat::Png);
    }
}
}
```

（11）处理左边列表框选择文件名事件的响应，为 ListBox1 控件添加 SelectedIndexChanged 事件的处理代码，当在 ListBox1 控件中选中某个图像文件名时，应在右边的图片框中显示该图像，方法是：先获取图像文件名，依据文件名和当前的路径生成一个图像文件的全名，使用 Image 类对象的 FromFile 方法将图像加载到图片框控件中，同时更新显示状态栏的信息。代码如下：

```
private:System::Void listBox1_SelectedIndexChanged(System::Object ^sender,
System::EventArgs ^e) {
    pictureBox1->BackColor=Color::Black;
    String^FName=Convert::ToString(listBox1->SelectedItem);
    picName=picPath+"\\"+FName;
    pictureBox1->Image=Image::FromFile(picName);
    curImage=Image::FromFile(picName);
    bakImage=curImage;
    FileInfo ^fileinfo=gcnew FileInfo(picName);
    picWidth=Convert::ToString(pictureBox1->Image->Width);
    picHeight=Convert::ToString(pictureBox1->Image->Height);
    button1->Text="图像大小: "+(fileinfo->Length)/1024+"K "+"分辨率:
        "+picWidth+"×"+picHeight;
    toolStripStatusLabel3->Text="第"+listBox1->SelectedIndex+"幅图像";
}
```

（12）为定时器控件添加 Tick 事件处理代码，定时获取系统当前时间并更新状态栏的日期和时间。代码如下：

```
private: System::Void timer1_Tick(System::Object ^sender, System::EventArgs
^e) {
    DateTime dateTime=DateTime::Now;          //获取系统当前时间
    toolStripStatusLabel4->Text=" "+dateTime.ToLongTimeString();   //显示时间
    toolStripStatusLabel6->Text=dateTime.ToLongDateString();        //显示日期
}
```

（13）为 Form1 窗体的"退出"菜单项添加代码，在退出前显示"真的要退出吗？"的退出确认提示信息。

```
private: System::Void 退出 EToolStripMenuItem_Click(System::Object ^sender,
System::EventArgs ^e) {
    String ^message="真的要退出吗?";
    String ^caption="退出确认提示信息";
    MessageBoxButtons buttons=MessageBoxButtons::YesNo;
    System::Windows::Forms::DialogResult result;
    result=MessageBox::Show(this, message, caption, buttons);
    if(result==System::Windows::Forms::DialogResult::Yes)
    {
        this->Close();
    }
}
```

（14）注意在 Form1.h 头文件添加 IO 和 Drawing2D 命名空间。

```
using namespace System::IO;
using namespace System::Drawing::Drawing2D;
```

（15）编译运行并测试。

到此利用 GDI＋实现了图像的基本操作及图像处理器软件的前期制作。可以打开一个图像文件，将其显示在窗体中；也可添加一个文件夹，会在列表中显示出所有的图像文件；单击某个文件时，会更新显示在图片框中。

14.2.2　图像处理器 2

1. 实训要求

在完成了图像处理器前期制作的基础上，本节继续实现图像的放大显示、图像特殊效果处理、几何变换等功能，如图 14-5 所示。

2. 设计分析

（1）在浏览图像时，单击 PictureBox1 图片框，能够将图像按原图大小显示出来。为

图 14-5　图像处理器的缩放效果

此就要添加图片框的单击事件响应函数,同时增加另外一个窗体用来显示图像。

(2)"浮雕处理"是将图像转换为位图,按位图的宽度和高度进行二重循环,通过取每一个像素点的 R、G、B 颜色分量值和它右下方的相邻像素点颜色值之间的差值,并加上 128 这个常数值进行转换,重新设置该像素的着色,然后更新显示转换后的图像,就得到了浮雕的效果。

(3)"反色处理"与"浮雕处理"方法类似,对每个像素点的颜色分量取补色,再重新设置该像素,然后更新显示转换后的图像,就得到了反色的效果。

(4)为"柔化处理"菜单项添加响应函数。柔化处理是对图像进行平滑处理,减少相邻像素间的颜色差别,与"浮雕处理"菜单项的方法类似,这里是对每个像素的颜色分量取 3×3 像素块,将中间的像素值改成这 9 个像素的平均像素值,再重新设置该像素,然后更新显示转换后的图像,从而达到柔化的效果。

(5)为"黑白处理"菜单项添加响应函数,黑白处理是对图像进行灰度图处理,就是将彩色图像转换为 R、G、B 分量等值的灰度图像,与前面的方法类似,这里使用加权平均法,即对每个像素点的 R、G、B 值按 $0.7R+0.2G+0.1B$ 进行加权计算,再重新设置该像素,然后更新显示转换后的图像,从而达到黑白处理的效果。

(6)为"几何变换"菜单下的"旋转"菜单项的 DropDownItemClicked 事件添加响应函数,采用集中处理的方法来响应各子菜单项,先获取当前被选中的子菜单项文本,将它转换成 RotateFlipType 枚举值,再使用 Image 类的 RotateFlip 方法对图像进行旋转,并更新图像。

(7)为"几何变换"菜单下的"缩放"下面的 4 个菜单项——On_S100、On_S75、On_S50 和 On_S25 分别添加菜单项响应函数。这 4 个函数的实现方法基本相同。On_S100

是原图的大小不变,重新取出备份图像再显示,就恢复了原图尺寸。其他 3 个是先获取当前图像的宽度和高度,分别按 3/4、1/2 和 1/4 比例缩小后更新显示。

3. 操作指导

(1) 添加新窗体。选择菜单"项目"→"添加类"命令,增加一个用于显示最大化图像的窗体 PictureMAX,其 Text 属性为"图像原始大小显示"。在该窗体中添加一个 PictureBox 控件,设置该控件的 Dock＝Fill,BackColor 为 Black,SizeMode＝Zoom。

(2) 为 PictureMAX 类添加 Public 类型的数据成员,主要用于记录当前图像的文件名以及图像的宽度和高度,在调用时传递图像的参数。

```
public:
    String ^PicName;
    String ^PicWidth;
    String ^PicHeight;
```

(3) 浏览图像时,单击 PictureBox1 图片窗口,将以模式对话弹出 PictureMAX 窗体,全屏显示图像,单击图像后关闭 PictureMAX 窗体,这样就要添加 PictureBox1 图片框单击事件处理函数代码,在当前的图片框有图像时,就将图像的相关信息传递给 PictureMAX 窗体,然后打开 PicturcMAX 窗体。

```
private: System::Void pictureBox1_Click (System::Object ^ sender, System::
EventArgs ^e) {
    if(pictureBox1->Image !=nullptr)
    {
        PictureMAX ^frmPicMax=gcnew PictureMAX();
        frmPicMax->PicName=this->picName;
        frmPicMax->PicWidth=this->picWidth;
        frmPicMax->PicHeight=this->picHeight;
        frmPicMax->ShowDialog();
    }
}
```

(4) 添加头文件:

```
#include "PictureMAX.h"
```

(5) 在打开 PictureMAX 窗体时应直接显示图像,这样就要添加 PictureMAX 窗体的 Load 事件处理函数,依据传递过来的图像文件名,使用 Image 类对象的 FromFile 方法将图像加载到图片框控件中,如果宽度大于 1024,则以全屏方式显示,否则以图像原始大小显示。

```
private: System:: Void PictureMAX _Load (System::Object ^ sender, System::
EventArgs ^e) {
    pictureBox1->Image=Image::FromFile(PicName);
    //如果宽度大于 1024,则以全屏方式显示
```

```
if(Convert::ToInt32(PicWidth)>1024||Convert::ToInt32(PicHeight)>768)
{
    WindowState=FormWindowState::Maximized;
}
else
{
    WindowState=FormWindowState::Normal;
    this->Width=Convert::ToInt32(pictureBox1->Image->Width);
    this->Height=Convert::ToInt32(pictureBox1->Image->Height);
}
this->Text="图像原始大小("+PicWidth+"×"+PicHeight+")";
}
```

（6）退出响应。添加 PictureMAX 窗体的 PictureBox1 控件的单击事件处理函数 pictureBox1_Click，单击图像就关闭当前单独显示放大图像的窗体。

```
private: System::Void pictureBox1_Click(System::Object ^sender, System::
EventArgs ^e)
{
    this->Close();
}
```

（7）回到 Form1 窗体，为"图像特效"菜单下的"浮雕处理"菜单项添加响应函数，代码如下：

```
private: System::Void 浮雕处理 ToolStripMenuItem_Click(System::Object ^sender,
System::EventArgs ^e)
{
    if(pictureBox1->Image==nullptr) return;
    Bitmap ^bitmap=gcnew Bitmap(pictureBox1->Image);   //将图像转换为位图
    int i, j, r, g, b;                                 //颜色的 R、G、B 分量值
    int width=bitmap->Width;                           //取得位图的宽度
    int height=bitmap->Height;                         //取得位图的高度
    for(i=0; i<width-1; i++) {
        for(j=0; j<height-1; j++) {
            Color c1=bitmap->GetPixel(i, j);           //当前像素的颜色值
            Color c2=bitmap->GetPixel(i+1, j+1);       //相邻像素的颜色值
            r=Math::Min(Math::Abs(c1.R-c2.R+128), 255); //红色分量差值<=255
            g=Math::Min(Math::Abs(c1.G-c2.G+128), 255); //绿色分量差值<=255
            b=Math::Min(Math::Abs(c1.B-c2.B+128), 255); //蓝色分量差值<=255
            bitmap->SetPixel(i, j, Color::FromArgb(r, g, b));  //重新设置该像素
        }
    }
    pictureBox1->Image=bitmap;                         //转换后的图像
    pictureBox1->Invalidate();                         //更新显示
}
```

(8) 为图像特效菜单下的"反色处理"菜单项添加响应函数,代码如下:

```cpp
private: System::Void 反色处理 ToolStripMenuItem_Click(System::Object ^sender,
System::EventArgs ^e) {
    if(pictureBox1->Image==nullptr) return;
    Bitmap ^bitmap=gcnew Bitmap(pictureBox1->Image);    //将图像转换为位图
    int i, j, r, g, b;                                  //颜色的 R、G、B 分量值
    int width=bitmap->Width;                            //取得位图的宽度
    int height=bitmap->Height;                          //取得位图的高度
    for(i=0; i<width; i++) {
        for(j=0; j<height; j++) {
            Color c1=bitmap->GetPixel(i, j);            //图像的像素颜色值
            r=255-c1.R;                                 //红色分量取补色
            g=255-c1.G;                                 //绿色分量取补色
            b=255-c1.B;                                 //蓝色分量取补色
            bitmap->SetPixel(i, j, Color::FromArgb(r, g, b));
        }
    }
    pictureBox1->Image=bitmap;                          //转换后的图像
    pictureBox1->Invalidate();                          //更新显示
}
```

(9) 为图像特效菜单下的"柔化处理"菜单项添加响应函数,代码如下:

```cpp
private: System::Void 柔化处理 ToolStripMenuItem_Click(System::Object ^sender,
System::EventArgs ^e) {
    if(pictureBox1->Image==nullptr) return;
    Bitmap ^bitmap=gcnew Bitmap(pictureBox1->Image);    //将图像转换为位图
    int i, j, m, n, r, g, b;                            //颜色的 R、G、B 分量值
    int width=bitmap->Width;                            //取得位图的宽度
    int height=bitmap->Height;                          //取得位图的高度
    for(i=1; i<width-1; i++) {
        for(j=1; j<height-1; j++) {
            r=g=b=0;
            for(m=-1; m<=1; m++) {                      //水平 3 行
                for(n=-1; n<=1; n++) {                  //垂直 3 列
                    Color c1=bitmap->GetPixel(i+m, j+n); //像素的颜色值
                    r+=c1.R; g+=c1.G; b+=c1.B;          //取得所有分量的和
                }
            }
            bitmap->SetPixel(i, j, Color::FromArgb(r/9, g/9, b/9));
        }
    }
    pictureBox1->Image=bitmap;                          //转换后的图像
    pictureBox1->Invalidate();                          //更新显示
}
```

（10）为图像特效菜单下的"黑白处理"菜单项添加响应函数，代码如下：

```
private: System::Void 黑白处理 ToolStripMenuItem_Click(System::Object ^sender,
System::EventArgs ^e) {
    if(pictureBox1->Image==nullptr) return;
    Bitmap ^bitmap=gcnew Bitmap(pictureBox1->Image);     //将图像转换为位图
    int i, j, r, g, b, Result;                           //颜色的 R、G、B 分量值
    int width=bitmap->Width;                             //取得位图的宽度
    int height=bitmap->Height;                           //取得位图的高度
    for(i=1; i<width-1; i++) {
        for(j=1; j<height-1; j++) {
            r=g=b=Result=0;
            Color cl=bitmap->GetPixel(i, j);
            r=cl.R;
            g=cl.G;
            b=cl.B;
            Result=((int)(0.7 * r)+(int)(0.2 * g)+(int)(0.1 * b));
            bitmap->SetPixel(i, j, Color::FromArgb(Result, Result, Result));
        }
    }
    pictureBox1->Image=bitmap;                           //转换后的图像
    pictureBox1->Invalidate();                           //更新显示
}
```

（11）为图像特效菜单下的"原始图像"菜单项添加响应函数，即依据保存的图像文件名重新加载图像到图片框中。代码如下：

```
private: System::Void 原始图像 ToolStripMenuItem_Click(System::Object ^sender,
System::EventArgs ^e) {
    pictureBox1->Image=Image::FromFile(picName);
    pictureBox1->Invalidate();
}
```

（12）为"几何变换"菜单下的"旋转"菜单项的 DropDownItemClicked 事件添加响应函数，采用集中处理的方法来响应各子菜单项，先获取当前被选中的子菜单项文本，将它转换成 RotateFlipType 枚举值，再使用 Image 类的 RotateFlip 方法对图像进行旋转，并更新图像。

```
private: System::Void 旋转 ToolStripMenuItem_DropDownItemClicked (System::
Object ^sender, System::Windows::Forms::ToolStripItemClickedEventArgs ^e) {
    if(pictureBox1->Image==nullptr) return;
    Image ^myImage=pictureBox1->Image;
    //获取当前被选中的子菜单项文本
    String ^strItem=e->ClickedItem->Text;
    //转换成 RotateFlipType 枚举
    Object ^oItem=Enum::Parse(RotateFlipType::typeid, strItem);
```

```
        RotateFlipType curType=(RotateFlipType)(oItem);
        myImage->RotateFlip(curType);
        pictureBox1->Image=myImage;
    }
```

(13) 为"几何变换"菜单下的"缩放"下面的 4 个菜单项——On_S100、On_S75、On_
S50 和 On_S25 分别添加菜单项响应函数，这 4 个函数的实现方法基本相同，代码如下：

```
private: System::Void  On_S100(System::Object ^sender, System::EventArgs ^e) {
        curImage=bakImage;
        this->pictureBox1->Image=curImage;
}
private: System::Void On_S75(System::Object ^sender, System::EventArgs ^e) {
        int nWidth=this->pictureBox1->Image->Width * 3/4;
        int nHeight=this->pictureBox1->Image->Height * 3/4;
        curImage=bakImage->GetThumbnailImage(nWidth, nHeight, nullptr,
            System::IntPtr::Zero);
        this->pictureBox1->Image=curImage;
}
private: System::Void On_S50(System::Object ^sender, System::EventArgs ^e) {
        int nWidth=this->pictureBox1->Image->Width/2;
        int nHeight=this->pictureBox1->Image->Height/2;
        curImage=bakImage->GetThumbnailImage(nWidth, nHeight, nullptr,
            System::IntPtr::Zero);
        this->pictureBox1->Image=curImage;
}
private; System;;Void On_S25(System::Object ^sender, System::EventArgs ^e) {
        int nWidth=this->pictureBox1->Image->Width/4;
        int nHeight=this->pictureBox1->Image->Height/4;
        curImage=bakImage->GetThumbnailImage(nWidth, nHeight, nullptr,
            System::IntPtr::Zero);
        this->pictureBox1->Image=curImage;
}
```

(14) 为"几何变换"菜单下的"添加单色文字"菜单项添加响应函数，创建一个单色画
刷，按指定的字体，使用 Graphics 类的 DrawString 方法在图片的矩形区域中绘制出
文字。

```
private: System::Void 添加文字 ToolStripMenuItem_Click(System::Object ^sender,
System::EventArgs ^e) {
        Graphics ^g=pictureBox1->CreateGraphics();
        SolidBrush ^brush1=gcnew SolidBrush(Color::Red);
        Drawing::Font ^font1=gcnew Drawing::Font("黑体",20);
        g->DrawString("单色文字效果",font1,brush1,Rectangle(120,5,280,120));
    }
```

（15）为"几何变换"菜单下的"添加渐变文字"菜单项添加响应函数，创建一个线性渐变画刷，按指定的字体，使用 Graphics 类的 DrawString 方法在图片的矩形区域中绘制出文字。

```
private: System::Void 添加渐变文字 ToolStripMenuItem_Click(System::Object
^sender, System::EventArgs ^e) {
    Graphics ^g=pictureBox1->CreateGraphics();
    LinearGradientBrush ^brush1=gcnew LinearGradientBrush(ClientRectangle,
        Color::Blue,Color::Red, LinearGradientMode::BackwardDiagonal);
    Drawing::Font ^font1=gcnew Drawing::Font("隶书",25);
    g->DrawString("这是添加的线性渐变文字效果",font1,brush1,Rectangle(120,50,
        280,100));
}
```

（16）为"几何变换"菜单下的"复制图像"菜单项添加响应函数，这里用一个 Rectangle 参数指定需要复制的原始位图的特定区域，使用 Bitmap 类的 Clone（克隆）方法创建现有图像的副本，把剪贴板 Forms::Clipboard 中的对象先清除，再用 Clipboard 类的 SetImage 方法将图像的副本保存到剪贴板中，最后显示"图片已复制到剪贴板"提示信息。

```
private: System::Void 复制图像 ToolStripMenuItem_Click(System::Object ^sender,
System::EventArgs ^e)
{
    if(pictureBox1->Image==nullptr) return;
    System::Windows::Forms::Clipboard::Clear();        //清除剪贴板中的对象
    Bitmap ^oriBitmap=gcnew Bitmap(bakImage);
    Rectangle size2(0, 0, oriBitmap->Width, oriBitmap->Height);
    Bitmap ^secBitmap=oriBitmap->Clone(size2, System::Drawing::Imaging::
        PixelFormat::DontCare);
    Clipboard::SetImage(secBitmap);                    //将图片保存到剪贴板
    MessageBox::Show("图片已复制到剪贴板","提示");
}
```

（17）工具栏有 5 个按钮，分别是"选择目录""向上""向下""旋转"和"退出"功能，如图 14-6 所示。

图 14-6　工具栏按钮设计

其中"选择目录"按钮对应"选择目录"菜单项响应函数"选择目录 ToolStripMenuItem_Click"，"退出"按钮对应"退出"菜单项响应函数，"向上"按钮和"向下"按钮分别对应下面的 toolStripButton3_Click 和 toolStripButton4_Click 响应函数，"旋转"按钮实现按枚举值为 Rotate90FlipXY 进行旋转，代码如下：

```
private: System::Void toolStripButton3_Click(System::Object ^sender, System::
```

```
EventArgs ^e) {
    //工具栏"向上"按钮
    if(listBox1->SelectedIndex>0)         //判断是否有选择项
        //使用 SelectedIndex 方法使被选项的索引减 1
        listBox1->SetSelected(listBox1->SelectedIndex-1,true);
}
private: System::Void toolStripButton4_Click(System::Object ^sender, System::
EventArgs ^e) {
    //工具栏"向下"按钮
    if(listBox1->SelectedIndex<listBox1->Items->Count-1)
                                    //判断选项是否为最后一项
    {    //使用 SelectedIndex 方法使被选项的索引加 1
        listBox1->SetSelected(listBox1->SelectedIndex+1,true);
    }
}
private: System::Void 旋转 ToolStripMenuItem_Click(System::Object ^sender,
System::EventArgs ^e)
{
    if(pictureBox1->Image==nullptr) return;
    Image ^myImage=pictureBox1->Image;
    myImage->RotateFlip(System::Drawing::RotateFlipType::Rotate90FlipXY);
    pictureBox1->Image=myImage;
}
```

(18) 编译并运行程序。

4. 扩展练习

(1) 在图形缩放过程中,不应随上一次的缩放而改变,即不同顺序的缩放操作效果应是一样的。

(2) 实现复制图像(屏幕复制)功能,可用鼠标指定区域大小。

14.2.3 拼图游戏

1. 实训要求

拼图游戏是一款有趣的益智小游戏。游戏的规则是:将一幅图分成 n 小块,随机打乱后,让用户通过移动各个拼块,重新拼接出与原图一样的图片。

本节就制作一个 Windows 应用程序,将一幅完整图像分成 $n×n$ 的格子,将 $n×n-1$ 个格子随机分布于各个格子中,隐藏右下角的一格图块(即使这一格空白),然后通过单击鼠标,利用空白的格子移动有图像的格子,最终恢复原图像。$3×3$ 的拼图游戏如图 14-7 所示。

图 14-7 3×3 的拼图游戏运行效果图

具体功能如下：

（1）开始时，先选择一幅图片，可以选择"图像"菜单下的图片，也可以选择其他的图片。

（2）选择"游戏"菜单下的"开始"，则图片被分成 9 格或 16 格，同时被随机打乱后显示在界面上，并开始计时，时间显示在状态栏上。

（3）游戏开始后，可以选择"帮助"菜单显示"拼图帮助"窗体，显示原图的缩略图。

（4）"游戏"菜单下的"容易""困难"菜单项用于将图片分成不同块数，分成 3×3＝9 块为容易，分成 4×4＝16 为困难。

（5）"选项"菜单下的"风格"菜单项用来改变图形控件的边框，"关于"菜单显示拼图游戏规则的信息提示框。

2. 设计分析

应用程序首先显示以正确顺序排列的图片缩略图。根据玩家设置的难度，将图片分割成 $n×n$ 的拼块，每个拼块为动态生成的 PictureBox 控件，并按顺序号动态生成一个大小为 $n×n$ 的数组 PicBox，存放 $0,1,2,…,n×n-1$ 的数字，每个数字代表一个拼块。游戏开始时，随机打乱这个数组，玩家用鼠标单击任意两个图片，即交换该 PicBox 数组中的对应元素，通过元素排列顺序来判断是否已经完成游戏。

截取图像的方法是：通过 Graphics::DrawImage 得到图片的某部分，将这一部分直接画到 Bitmap 上。

要考虑的关键问题如下：

（1）加载和拆分图片。使用 Image 类的 FromFile 方法加载图像，将图片分割为 n^2 块，使用 picBox 数组记录分割后的每个拼块的图像宽度、高度、定位点坐标等信息。

（2）图片的随机排列。拆分后的拼块应该是随机排列的，方法有两种：一是将按顺序显示在图片框上，然后随机布局图片框；二是先将拼块的顺序随机打乱，然后按打乱后的次序显示在图片框上。本例设计使用后一种方法。

（3）在程序中实现图片的移动。通过鼠标单击拼块来移动图片，先判断被鼠标单击的拼块是否与被隐藏的拼块(即空白相邻),如果是,则将该拼块与空白块交换,否则不进行交换。

3. 操作指导

(1)框架设计。创建 Windows 窗体应用程序"拼图游戏"。将 Form1 窗体 Text 属性内容修改成"拼图游戏"。在窗体中添加以下控件:一个面板(Panel)、16 个图片框、一个菜单栏、一个状态栏、一个打开文件对话框控件和一个定时器控件。

为保证图片的显示效果,设定窗体的大小为 543×521,去掉窗体的最大化、最小化按钮。面板 panel1 的 dock 属性为 Fill(填满窗体),16 个图片框设为不可见,位置和大小由后面的程序代码设置。

拼图游戏框架设计如图 14-8 所示。其菜单设计如图 14-9 所示。

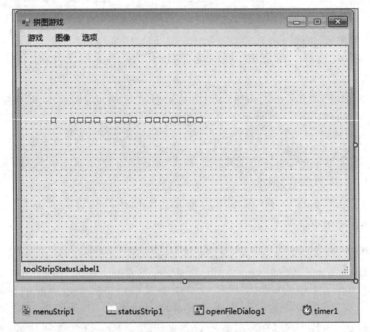

图 14-8 拼图游戏框架设计

图 14-9 拼图游戏菜单设计

(2)添加用到的变量。这里要用到很多中间的变量,所以在 Form1 类中定义这些变量及赋初值。

```
System::Drawing::Image ^image;
array<System::Windows::Forms::PictureBox^>^picBox;
System::Int32 xWidth,yHeight;
System::Boolean isLong;
System::Boolean picSelected;
System::Boolean isRand;
System::Boolean isEasy;
System::Boolean isCount;
System::Int32 hour,minute,second;
System::Boolean style3D;
System::Int32 x0,y0,width,height,xmove;
System::Random ^ran;
```

在 Form1 的构造函数中添加以下代码：

```
picSelected=false;
isRand=false;
isEasy=true;
this->picBox=gcnew array<System::Windows::Forms::PictureBox^>(16);
picBox[0]=this->pictureBox1;
picBox[1]=this->pictureBox2;
picBox[2]=this->pictureBox3;
picBox[3]=this->pictureBox4;
picBox[4]=this->pictureBox5;
picBox[5]=this->pictureBox6;
picBox[6]=this->pictureBox7;
picBox[7]=this->pictureBox8;
picBox[8]=this->pictureBox9;
picBox[9]=this->pictureBox10;
picBox[10]=this->pictureBox11;
picBox[11]=this->pictureBox12;
picBox[12]=this->pictureBox13;
picBox[13]=this->pictureBox14;
picBox[14]=this->pictureBox15;
picBox[15]=this->pictureBox16;
isLong=false;
style3D=false;
isCount=false;
hour=minute=second=0;
x0=0;y0=0;
width=525;height=435;
xmove=0;
ran=gcnew System::Random((int)System::DateTime::Now.ToBinary());
```

（3）为窗体添加 Load 事件处理代码，将"容易"和"平面"菜单项设置为默认选中，设置"帮助"菜单项为不可用,对每个拼块的大小和位置及状态栏的显示信息进行设置。

```
private:System::Void Form1_Load(System::Object ^sender, System::EventArgs ^e)
{
    this->容易 ToolStripMenuItem->Checked=true;
    this->平面 ToolStripMenuItem->Checked=true;
    this->帮助 ToolStripMenuItem->Enabled=false;
    this->timer1->Interval=1000;
    int n,i,j;
    if(isEasy) n=3;
    else n=4;
    xWidth=width/n;
    yHeight=height/n;
    for(i=0; i<n; i++){
        for(j=0; j<n; j++){
            picBox[i*n+j]->Size=System::Drawing::Size(xWidth,yHeight);
            picBox[i*n+j]->Location=System::Drawing::Point(x0+i*xWidth,
                y0+j*yHeight);
        }
    }
    this->toolStripStatusLabel1->Text="请选择一幅图片";
    this->toolStripStatusLabel2->Text="时间: "+hour.ToString()+"时"
        +minute.ToString()+"分"+second.ToString()+"秒";
}
```

(4) 为"图像"菜单下的各个菜单项添加菜单响应函数。设置当前菜单项为选中,其他菜单项为未选中,再调用加载图像的方法 OnLoadImage 加载对应的图片。

```
private:System::Void 鸭子 ToolStripMenuItem_Click(System::Object ^sender,
System::EventArgs ^e)
{
    this->鸭子 ToolStripMenuItem->Checked=true;
    this->helloKittyToolStripMenuItem->Checked=false;
    this->猫 ToolStripMenuItem->Checked=false;
    this->女孩 ToolStripMenuItem->Checked=false;
    this->其他图片 ToolStripMenuItem->Checked=false;
    this->开始 ToolStripMenuItem->Checked=false;
    this->帮助 ToolStripMenuItem->Enabled=false;
    this->toolStripStatusLabel1->Text="单击开始进行拼图!";
    OnLoadImage("Duck.png");
}
private:System::Void helloKittyToolStripMenuItem_Click(System::Object
    ^sender, System::EventArgs ^e)
{…}
private:System::Void 猫 ToolStripMenuItem_Click(System::Object ^sender,
```

```
    System::EventArgs ^e)
{…}
private:System::Void 女孩 ToolStripMenuItem_Click(System::Object ^sender,
    System::EventArgs ^e)
{…}
```

（5）为"其他图片"添加菜单响应函数。使用"打开文件对话框"获取文件名，然后用
Path 类的静态方法取出文件的扩展名，判断是否为所要求的图片格式。设置"其他图片"
菜单项为选中，其他菜单项为未选中，再调用加载图像的方法 OnLoadImage 加载对应的
图片。

```
private: System::Void 其他图片 ToolStripMenuItem_Click(System::Object ^sender,
System::EventArgs ^e)
{
    System::Windows::Forms::DialogResult dlg;
    openFileDialog1->Filter="图片文件(＊.bmp;＊.jpg;＊.png)|＊.bmp;
        ＊.jpg;＊.png|所有文件(＊.＊)|＊.＊";
    openFileDialog1->FileName="";
    dlg=openFileDialog1->ShowDialog();
    if(dlg!=System::Windows::Forms::DialogResult::OK)return;
    System::String ^fileExt=Path::GetExtension(openFileDialog1->FileName);
    if(fileExt->ToLower()!=".bmp"&&fileExt->ToLower()!=".jpg"&&fileExt->
        ToLower()!=".png")
        MessageBox::Show(L"选择的不是图片格式的文件! 无效","错误",
            MessageBoxButtons::OK);
    else{
        this->鸭子 ToolStripMenuItem->Checked=false;
        this->helloKittyToolStripMenuItem->Checked=false;
        this->猫 ToolStripMenuItem->Checked=false;
        this->女孩 ToolStripMenuItem->Checked=false;
        this->其他图片 ToolStripMenuItem->Checked=true;
        this->开始 ToolStripMenuItem->Checked=false;
        this->帮助 ToolStripMenuItem->Enabled=false;
        OnLoadImage(openFileDialog1->FileName);
    }
}
```

同时添加用到的命名空间：

```
using namespace System::IO;
using namespace System::Drawing::Drawing2D;
```

（6）添加自定义函数 OnLoadImage 的代码。先加载图像，判断是否超出图片框的大
小，获取图像的缩略图，将图像拆分成 $n \times n$ 个图片，对应赋值给 $n \times n$ 个图片框，使各图片
框可见，并重绘图片框，更新状态栏的显示信息。

```
void OnLoadImage(System::String ^filename){
```

```
        image=Image::FromFile(filename);
        xmove=0;
        isLong=false;
        if(image->Width!=width||image->Height!=height) {
            if(image->Width>=image->Height){
                xmove=0;
                isLong=false;
            }
            else {
                xmove=(width-300)/2;
                isLong=true;
            }
            image=image->GetThumbnailImage(width-xmove*2,height,nullptr,
                (IntPtr)nullptr);
        }
        int n,i,j;
        if(isEasy){
            n=3;
            for(i=n*n;i<16;i++)
                this->picBox[i]->Visible=false;
        }
        else
            n=4;
        for(i=0;i<n;i++)
            for(j=0;j<n;j++){
                this->picBox[i*n+j]->Visible=true;
                picBox[i*n+j]->Location=System::Drawing::Point(x0+i*xWidth,
                    y0+j*yHeight);
                this->picBox[i*n+j]->Invalidate();
            }
        picSelected=true;isRand=false;isCount=false;
        this->toolStripStatusLabel1->Text="单击开始进行拼图!";
        hour=minute=second=0;
        this->toolStripStatusLabel2->Text="计时: "+hour.ToString()+"时"+minute.
            ToString()+"分"+second.ToString()+"秒";
    }
```

(7) 依次选中 16 个图片框,为它们添加重绘(Paint)事件的处理方法 pictureBox_
Paint,调用 Graphics 的 DrawImage 方法在需要重绘的图格中显示图像的分块。

```
private: System:: Void pictureBox _Paint (System:: Object ^ sender, System::
Windows::Forms::PaintEventArgs ^e)
{
    Graphics ^g=e->Graphics;
    Rectangle srect;
```

```
int n,i,j;
if(isEasy)n=3;
else n=4;
if(picSelected){
    for(i=0;i<n;i++){
        for(j=0;j<n;j++){
            if(sender==picBox[i * n+j]){
                if(isLong&&i==0){
                    srect=System::Drawing::Rectangle(i * xWidth,
                        j * yHeight, xWidth-xmove, yHeight);
                    g->DrawImage(image,xmove,0,srect,GraphicsUnit::
                        Pixel);
                }
                else{
                    srect=System::Drawing::Rectangle(i * xWidth-xmove,
                        j * yHeight, xWidth, yHeight);
                    g->DrawImage(image,0,0,srect,GraphicsUnit::Pixel);
                }
                break;
            }
        }
    }
}
```

（8）为"游戏"菜单下的"容易"和"困难"菜单项添加菜单响应函数，设置菜单的选中状态，再修改 n^2 个图格的大小和位置。

```
private: System::Void OnEasy(System::Object ^sender, System::EventArgs ^e) {
    if(!isRand){
        isEasy=true;
        this->容易 ToolStripMenuItem->Checked=true;
        this->困难 ToolStripMenuItem->Checked=false;
        this->toolStripStatusLabel1->Text="加油!";
        int n,i,j;
        n=3;
        xWidth=width/n;
        yHeight=height/n;
        for(i=0; i<n; i++){
            for(j=0; j<n; j++){
                picBox[i * n+j]->Size=System::Drawing::Size(xWidth,yHeight);
                picBox[i * n+j]->Location=System::Drawing::Point(x0+i *
                    xWidth,y0+j * yHeight);
                if(picSelected) picBox[i * n+j]->Invalidate();
            }
```

```
            }
            for(i=9; i<16; i++)
            this->picBox[i]->Visible=false;
        }
    }
private: System::Void OnHard(System::Object ^sender, System::EventArgs ^e) {
        if(!isRand){
            isEasy=false;
            this->容易 ToolStripMenuItem->Checked=false;
            this->困难 ToolStripMenuItem->Checked=true;
            this->toolStripStatusLabel1->Text="有点困难!";
            int n,i,j;
            n=4;
            xWidth=width/n;
            yHeight=height/n;
            for(i=9;i<16;i++)
                if(picSelected) this->picBox[i]->Visible=true;
            for(i=0;i<n;i++){
                for(j=0;j<n;j++){
                    picBox[i*n+j]->Size=System::Drawing::Size(xWidth,yHeight);
                    picBox[i*n+j]->Location=System::Drawing::Point(x0+i*
                        xWidth,y0+j*yHeight);
                    if(picSelected) picBox[i*n+j]->Invalidate();
                }
            }
        }
    }
```

（9）为"风格"菜单下的"平面"和 3D 菜单项添加菜单响应函数，设置菜单的选中状态，再修改 n^2 个图格的边框风格。

```
private: System::Void On3D(System::Object ^sender, System::EventArgs ^e) {
        this->dToolStripMenuItem->Checked=true;
        this->平面 ToolStripMenuItem->Checked=false;
        this->panel1->BorderStyle=System::Windows::Forms::BorderStyle::Fixed3D;
        int n,i,j;
        n=4;
        for(i=0;i<n;i++)
            for(j=0;j<n;j++)
                //自动刷新
                this->picBox[i*n+j]->BorderStyle=System::Windows::Forms::
                    BorderStyle::Fixed3D;
    }
private: System::Void OnSingle(System::Object ^sender, System::EventArgs ^e) {
        this->dToolStripMenuItem->Checked=false;
```

```
this->平面 ToolStripMenuItem->Checked=true;
this->panel1->BorderStyle=System::Windows::Forms::BorderStyle::
    FixedSingle;
int n,i,j;
n=4;
for(i=0;i<n;i++)
    for(j=0;j<n;j++)
        //自动刷新
        this->picBox[i*n+j]->BorderStyle=System::Windows::Forms::
            BorderStyle::FixedSingle;
}
```

（10）为"开始"菜单项添加菜单响应函数。先判断是否选择了拼块及是否对拼块进行了随机置乱，如果未做，则先调用 Rnd 方法进行随机置乱，然后设置"开始"菜单项为选中状态，设置"帮助"菜单项为可用，再启动定时器开始计时。

```
private:System::Void OnBegin(System::Object ^sender, System::EventArgs ^e) {
    if(picSelected&&!isRand){
        Rnd();
        isRand=true;
        isCount=true;
        hour=minute=second=0;
        this->开始 ToolStripMenuItem->Checked=true;
        this->帮助 ToolStripMenuItem->Enabled=true;
        this->toolStripStatusLabel1->Text="单击空格周围的图块来拼图!";
        this->timer1->Start();
    }
}
```

（11）添加 Rnd 自定义函数实现对拼块进行随机置乱功能，利用随机数类的实例 ran 获得指定范围（8 or 15）的随机数，然后根据随机数的值将原图片中右下角的拼块（隐藏格）与左、右、上、下拼块进行交换，从而保证置乱后的拼块可以拼回原图，然后将交换到新位置处的拼块隐藏。

```
void Rnd() {
    int num,i,j,rand;
    if(isEasy)num=8;
    else num=15;
    Point point;
    for(i=0;i<=1000;i++){
        rand=ran->Next(4);
        if(rand==0){
            for(j=0;j<num;j++)
                if(picBox[j]->Location.Y==picBox[num]->Location.Y &&
                    picBox[j]->Location.X==picBox[num]->Location.X-xWidth)
```

```
                {
                    point=picBox[j]->Location;
                    picBox[j]->Location=picBox[num]->Location;
                    picBox[num]->Location=point;
                }
        }
        if(rand==1){
            for(j=0;j<num;j++)
                if(picBox[j]->Location.Y==picBox[num]->Location.Y &&
                    picBox[j]->Location.X==picBox[num]->Location.X+xWidth)
                {
                    point=picBox[j]->Location;
                    picBox[j]->Location=picBox[num]->Location;
                    picBox[num]->Location=point;
                }
        }
        if(rand==2){
            for(j=0;j<num;j++)
                if(picBox[j]->Location.X==picBox[num]->Location.X &&
                    picBox[j]->Location.Y==picBox[num]->Location.Y-yHeight)
                {
                    point=picBox[j]->Location;
                    picBox[j]->Location=picBox[num]->Location;
                    picBox[num]->Location=point;
                }
        }
        if(rand==3){
            for(j=0;j<num;j++)
                if(picBox[j]->Location.X==picBox[num]->Location.X &&
                    picBox[j]->Location.Y==picBox[num]->Location.Y+yHeight)
                {
                    point=picBox[j]->Location;
                    picBox[j]->Location=picBox[num]->Location;
                    picBox[num]->Location=point;
                }
        }
    }
    picBox[num]->Visible=false;
}
```

(12) 依次为 Form1 窗体中 16 个图片框控件添加共用的鼠标单击事件处理函数 OnClick,先判断选中的拼块是哪一个,再对该拼块调用 moveImage 方法移动拼块,之后再调用 IsWin 方法判断拼块是否成功。

```
private: System::Void OnClick(System::Object ^sender, System::EventArgs ^e) {
```

```
    int n,i;
    if(isRand){
        if(isEasy)n=8;
        else n=15;
        for(i=0;i<n;i++){
            if(sender==picBox[i]){
                moveImage(i);
                break;
            }
        }
        if(IsWin()){
            isCount=false;
            isRand=false;
            this->timer1->Stop();
            this->toolStripStatusLabel1->Text="祝贺你！拼出来了!";
        }
    }
}
```

（13）添加 moveImage 自定义方法实现移动拼块的功能。先判断被鼠标单击的拼块是否位于被隐藏拼块的四周，如果是，则将该拼块与被隐藏拼块进行交换，否则不进行交换。

```
void moveImage(int n){
    int num;
    if(isEasy) num=8;
    else num=15;
    Point point;
    if(n !=num){
        if(picBox[n]->Location.Y==picBox[num]->Location.Y &&
            picBox[n]->Location.X==picBox[num]->Location.X-xWidth)
        {
            point=picBox[n]->Location;
            picBox[n]->Location=picBox[num]->Location;
            picBox[num]->Location=point;
        }
        else if(picBox[n]->Location.Y==picBox[num]->Location.Y &&
            picBox[n]->Location.X==picBox[num]->Location.X+xWidth)
        {
            point=picBox[n]->Location;
            picBox[n]->Location=picBox[num]->Location;
            picBox[num]->Location=point;
        }
        else if(picBox[n]->Location.X==picBox[num]->Location.X &&
            picBox[n]->Location.Y==picBox[num]->Location.Y-yHeight)
```

```
        {
            point=picBox[n]->Location;
            picBox[n]->Location=picBox[num]->Location;
            picBox[num]->Location=point;
        }
        else if(picBox[n]->Location.X==picBox[num]->Location.X &&
            picBox[n]->Location.Y==picBox[num]->Location.Y+yHeight)
        {
            point=picBox[n]->Location;
            picBox[n]->Location=picBox[num]->Location;
            picBox[num]->Location=point;
        }
    }
}
```

（14）添加 IsWin 自定义方法实现代码，判断是否拼图成功，如成功，则显示被隐藏的拼块，并返回 true，否则返回 false。

```
bool IsWin(){
    int i,j,n,win=0;
    if(isEasy)n=3;
    else n=4;
    for(i=0;i<n;i++){
        for(j=0;j<n;j++){
            if(picBox[i * n+j]->Location.X==x0+i * xWidth && picBox[i * n+j]->
                Location.Y==y0+j * yHeight)
                win++;
        }
    }
    if(win==n * n){
        picBox[n * n-1]->Visible=true;
        return true;
    }
    return false;
}
```

（15）实现帮助功能。在游戏状态下，选择"帮助"菜单，将弹出"拼图帮助"对话框，显示原图的缩略图。为此需要添加一个对话框窗体 HelpDlg，将窗体的 Text 属性设为"拼图帮助"，再按要求修改该窗体的其他属性，添加一个图片框控件和一个"确定"按钮控件。窗体的 AcceptButton 属性设置为"确定"按钮。

```
private:System::Void HelpDlg_Load(System::Object ^sender, System::EventArgs ^e) {
    int x0,y0;
    x0=(this->Width-picWidth)/2;
    y0=this->pictureBox1->Location.Y;
```

```
    this->pictureBox1->Location=System::Drawing::Point(x0,y0);
    this->pictureBox1->Size=System::Drawing::Size(picWidth, picHeight);
}
```

(16) 在 HelpDlg.h 头文件中为 HelpDlg 类添加 3 个数据成员,用于加载图片的 Image 类对象实例 pic 和存放图片的高度、宽度的整型变量。

```
//必需的设计器变量
System::Drawing::Image ^pic;
System::Int32 picWidth, picHeight;
```

为 HelpDlg 类添加一个带参的构造函数,为添加的数据成员赋值。

```
HelpDlg(Image ^image,int w,int h){
    InitializeComponent();
    pic=image; picWidth=w; picHeight=h;
}
```

(17) 为 HelpDlg 窗体的图片框控件添加重绘(Paint)事件的处理方法,使用图片框对象实例 pic 生成所拼图片的缩略图,然后显示该缩略图。

```
private: System::Void pictureBox1_Paint (System::Object ^ sender, System::
Windows::Forms::PaintEventArgs ^e) {
    Graphics ^g=e->Graphics;
    Image ^pic1=pic->GetThumbnailImage(this->pictureBox1->Width,
        this->pictureBox1->Height, nullptr,(IntPtr)nullptr);
    g->DrawImage(pic1,0,0);
}
```

(18) 为"帮助"菜单项添加响应函数,先判断图片的宽度和高度的大小关系,再用不同的参数创建帮助对话框实例,再调用显示对话框。

```
private:System::Void OnHelp(System::Object ^sender, System::EventArgs ^e) {
    HelpDlg ^dlg;
    if(!isLong)
        dlg=gcnew HelpDlg(image,210,168);
    else
        dlg=gcnew HelpDlg(image,105,168);
    dlg->ShowDialog();
}
```

同时添加头文件:

```
#include "HelpDlg.h"
```

(19) 为"关于"菜单项添加响应函数,使用信息提示对话框显示游戏的规则内容。同时为"退出"菜单项添加响应函数。

```
private: System::Void OnAbout(System::Object ^sender, System::EventArgs ^e) {
```

```
    MessageBox::Show(L"游戏规则:\n      先选取图片,单击开始将拼块随机置乱,\n 之后单
击空格周围拼块进行拼图。","拼图游戏",MessageBoxButtons::OK);
}
private: System::Void OnExit(System::Object ^sender, System::EventArgs ^e) {
    this->Close();
}
```

（20）为定时器的定时事件添加处理函数，实现计时功能，并在状态栏中显示计时
信息。

```
private: System::Void timer1_Tick(System::Object ^sender, System::EventArgs ^e) {
    if(isCount){
        second++;
        if(second==60){
            second=0;
            minute++;
            if(minute==60){
                minute=0;
                hour++;
            }
        }
        this->toolStripStatusLabel2->Text="计时: "+hour.ToString()+" 时 "
        +minute.ToString()+" 分 "+second.ToString()+" 秒";
    }
}
```

（21）完成以上操作后，就可编译并运行程序，观察游戏效果，再打开程序代码理解程
序的设计。

4. 扩展练习

对游戏进行改进，可以添加一些音乐和动画效果，使游戏更加生动有趣。作为开发者
的你，也可想一想其他的改进方案，例如：

（1）"图像"菜单下的各个菜单处理函数是分开处理的，可以修改为集中处理，添加图
像菜单的 DropDownItemClicked 事件处理方法。对两种方法做个对比。

添加图像 DropDownItemClicked 事件，在函数中集中处理：

```
String ^strItem=e->ClickedItem->Text->Trim();
for(int i=0;i<图像 ToolStripMenuItem->DropDownItems->Count;i++)
    {
    if(strItem->Equals(图像 ToolStripMenuItem->DropDownItems[i]->Text->
        Trim()))
    ...
    }
```

（2）在"图像"菜单中添加另外一个图，修改上面的处理函数。

在网上可以找到很多关于拼图游戏的算法，想更多地了解算法和对游戏进行改进的

同学可以上网查一下。

思考与练习

1. 选择题

（1）以下对图像处理目的的描述中错误的是_____。

  A. 突出重要内容　　　　　　　　　　B. 抑制不重要内容

  C. 改善图像质量　　　　　　　　　　D. 提高图像信息量

  E. 增强图像显示效果

（2）以下关于像素的说法中正确的是_____。

  A. 像素是组成图像的基本单元　　　B. 像素大小与扫描野成反比

  C. 像素大小与矩阵成正比　　　　　D. 像素与体素无任何关系

（3）以下图像技术中，_____属于图像处理技术。

  A. 图像检索　　　B. 图像合成　　　C. 图像增强　　　D. 图像分类

（4）在表示同一幅图像时，_____格式所需的内存存储单元最多。

  A. BMP　　　　　B. GIF　　　　　C. TIFF　　　　　D. JPEG

2. 简答题

（1）简述图像几何变换与图像变换的区别。

（2）简述二值图像与灰度图像的区别。

第 15 章　序列化、文本绘制与打印

实训目的

- 掌握序列化数据存取。
- 掌握文本的图形绘制。
- 掌握打印功能的使用。
- 掌握文字特效与添加引用的方法。
- 掌握添加 COM 组件、与 Word 和 Excel 的交互方法。

15.1　基本知识提要

简单的文本和数据可采用序列化与反序列化方式进行存取，文本的显示可使用图形绘制方式显示，并可按格式进行打印和预览打印效果。文本内容还可通过 COM 组件与其他软件进行交互，如 Office 的 Word 和 Excel。

15.1.1　序列化数据存取

序列化又称串行化，是.NET 运行时环境用来支持用户定义类型的流化的机制。其目的是以某种存储形式使自定义对象持久化，或者将这种对象从一个地方传输到另一个地方。串行化可使对象被转换为某种外部的形式，例如以文件存储的形式供程序使用，或通过程序间的通信发送到另一个处理过程。转换为外部形式的过程称为序列化，而逆过程称为反序列化。

.NET 框架提供了 3 种序列化的方式：

(1) 使用 BinaryFormatter 进行串行化。

(2) 使用 SoapFormatter 进行串行化。

(3) 使用 XmlSerializer 进行串行化。

第一种方式提供了一个简单的二进制数据流以及某些附加的类型信息；而第二种方式将数据流格式化为 XML 存储；第三种方式其实和第二种方式差不多，也是 XML 的格式存储，只不过比第二种方式的 XML 格式要简化很多（去掉了 SOAP 特有的额外信息）。

为了使某个类类型的对象能够被序列化，首先需要使用[Serializable]属性来说明该类能够被序列化。如果某个类的元素不需要或者不可以被序列化，对于 BinaryFormatter 方式和 SoapFormatter 方式可以使用[NonSerialized]属性来标志，而对于 XmlSerializer 方式可以使用[XmlIgnore]来标志。例如：

```
[Serializable]
public ref class MySerializeClass
```

```
{
    public:
    [NonSerialized]
    int value;
    //类的其他定义部分
};
```

序列化有下列要求：

(1) 只序列化 public 的成员变量和属性。

(2) 类必须有默认构造函数。

(3) 如果类没实现自定义序列化,那么将按默认方式序列化。

虽然通过[NonSerialized]属性标记的数据成员将不会被序列化,但是当整个对象在序列化时,该数据成员将并不会进行任何处理。可以通过[OnSerializing]属性来说明类类型中的某个公有方法,以便当该类类型的对象被序列化时调用这个方法,并处理未被序列化的数据成员。例如:

```
using namespace System::Runtime::Serialization;
[Serializable]
public ref class MySerializeClass
{
public:
    [NonSerialized]
    int value;
    [OnSerializing]
    void FixNonSerializedData(StreamingContext context)
    {//对未序列化成员的必要处理
    }
    //类的其他定义部分
};
```

可以通过[OnDeserialized]属性来说明类类型中的某个公有方法,以在反序列化对象时处理未被序列化的数据成员。例如:

```
using namespace System::Runtime::Serialization;
[Serializable]
public ref class MySerializeClass
{
public:
    [NonSerialized]
    int value;
    [OnSerializing]
    void FixNonSerializedData(StreamingContext context)
    {    //对未序列化成员的必要处理
    }
    [OnDeserialized]
```

```
        void ReconstructData(StreamingContext context)
        {    //对未序列化成员的必要处理
        }
        //类的其他定义部分
};
```

二进制格式的对象序列化和反序列化是由 BinaryFormatter 类实现的,该类被包含在 System::Runtime::Serialization::Formatter::Binary 命名空间中。

BinaryFormatter 类包含两个重要的方法：Serialize 和 Deserialize。其中,Serialize 方法用于将对象序列化给指定的流对象,而 Deserialize 方法则根据流反序列化对象。这两个方法的声明如下：

```
virtual void Serialize(Stream ^serializationStream, Object ^object) sealed;
virtual Object ^Deserialize(Stream ^serializationStream) sealed;
```

15.1.2　文本的图形绘制

1. 文本 Font 类的定义

Font 类用于定义特定的文本格式,包括文本的字体、字号和字形等属性。在构造 Font 类的实例对象时,需要传递一个 FontFamily 对象,并指定字体的宽度等属性。Font 类的常用构造函数的声明如下：

```
public: Font(FontFamily ^family, float emSize);
public: Font(String ^familyName, float emSize);
public: Font(FontFamily ^family, float emSize, FontStyle style);
pubilc: Font(String ^familyName, float emSize, FontStyle style);
public: Font(FontFamily ^family, float emSize, GraphicsUnit unit);
public: Font(String ^familyName, float emSize, GraphicsUnit unit);
public: Font(FontFamily ^family, float emSize, FontStyle style, GraphicsUnit
    unit);
public: Font(String ^familyName, float emSize, FontStyle style, GraphicsUnit
    unit);
```

2. 用 DrawString 方法绘制文本

Graphics 类的 DrawString 方法可以用于在指定位置或矩形内部绘制文本。在调用 DrawString 方法绘制文本时,需要说明所要绘制的文本内容、文本的字体、填充文本的画刷及绘制的坐标点或矩形区域。

DrawString 方法的声明如下：

```
void DrawString(String ^s, Font ^font, Brush ^brush, PointF point);
void DrawString(String ^s, Font ^font, Brush ^brush, float x, float y);
void DrawString(String ^s, Font ^font, Brush ^brush, RectangleF rect);
```

使用 DrawString 方法绘制文本时，还可以指定绘制字符串的格式。此时，可以给
DrawString 方法传递一个 StringFormat 对象的参数以指定字符串的格式。DrawString
方法的声明如下：

```
void DrawString(String ^s, Font ^font, Brush ^brush, PointF point, StringFormat
    ^format);
void DrawString(String ^s, Font ^font, Brush ^brush, float x, float y,
    StringFormat ^format);
void DrawString(String ^s, Font ^font, Brush ^brush, RectangleF rect,
    StringFormat ^format);
```

3. 文本的对齐

StringFormat 类中的 Alignment 属性用来指定文本在矩形内的对齐方式，其取值类
型为 StringAlignment 枚举。StringAlignment 枚举包含 3 个成员，分别用于表示靠左、居
中和靠右对齐方式。StringAlignment 枚举中的成员如表 15-1 所示。

表 15-1 StringAlignment 枚举成员

成员名称	说　明
Near	指定文本靠近布局对齐。在左到右布局中，近端位置是左；在右到左布局中，近端位置是右
Center	指定文本在布局矩形中居中对齐
Far	指定文本远离布局矩形的原点位置对齐。在左到右布局中，远端位置是右；在右到左布局中，远端位置是左

文本对齐方式的应用如图 15-1 所示。

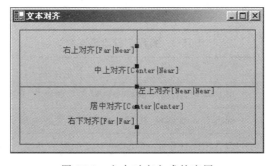

图 15-1　文本对齐方式的应用

4. 文本排列方向

还可以设置 StringFormat 类的 FormatFlags 属性来指定输出文本的排列方向，该属
性的取值为 StringFormatFlags 枚举。StringFormatFlags 枚举中的常用成员如表 15-2
所示。

表 15-2   StringFormatFlags 枚举成员

成 员 名 称	说 明
DirectionRightToLeft	按从右到左的顺序显示文本
DirectionVertical	文本垂直对齐
DislpayFormatControl	控制字符(如从左到右标记)随具有代表性的标志符号一起显示在输出中
LineLimit	在格式化的矩形中限制为只在整行显示
NoClip	允许显示标志符号的伸出部分和延伸到边框外的未换行文本
NoFontFallback	对于请求的字体中不支持的字符,禁用回退到可选字体,缺失的任何字符都用缺失标志符号表示,通常是一个小方框
NoWrap	在矩形内设置格式时,禁用文本换行功能

5. 制表位

当使用 DrawString 方法绘制文本时,可以通过 StringFormat 对象设置制表位以调整文本的位置。其中,StringFormat 类的 SetTabStops 方法用来设置一组制表位的偏移量。该方法的声明如下:

```
void SetTabStops(float firstTabOffset, array<float> ^tabStops);
```

15.1.3   打印及打印预览

在 Windows 窗体应用程序中,打印功能是由 System::Drawing::Printing 命名空间和一组 Windows Forms 组件支持的,其中包括用于管理打印过程的 PrintDocument 类和 3 个提供必要的用户交互支持的对话框类,如表 15-3 所示。

表 15-3   打印及打印预览类

类 名	描 述
PrintDocument	可复用组件,用于向打印机发送打印输出
PrintDialog	标准打印对话框,提供与打印机有关的选项
PrintPreviewDialog	包含 PrintPreviewControl 对象的对话框控件,提供打印预览支持
PrintSetupDialog	打印设置对话框,允许用户更改与一个打印文档相关联的页面设置

1. PrintDocument 类

PrintDocument 类是 Windows 窗体应用程序中支持打印的核心类,该类封装了当前的打印设置及所有与打印有关的属性和事件等。PrintDocument 类包含了几个重要的属性和事件,用于控制打印机的打印过程,这些属性及事件如表 15-4 所示。

表 15-4 PrintDocument 类的属性及事件

属性及事件	说　明
DefaultPageSettings 属性	默认页面设置信息，如打印纸张大小和方向等
DocumentName 属性	在打印文档时显示的文档名(可以在"打印状态"对话框中显示)
PrintController 属性	指定打印进程的打印控制器
PrinterSettings 属性	保存打印机的设置信息，可以通过"打印"对话框修改
BeginPrint 事件	打印文档的第一页前产生的事件
EndPrint 事件	打印完文档最后一页时产生的事件
PrintPage 事件	打印当前的每一页时产生的打印事件

2. 打印相关的对话框

System::Windows::Forms 命名空间中的 PageSetupDialog 和 PrintDialog 类用于向用户提供"页面设置"对话框和标准的"打印"对话框。"页面设置"对话框允许用户更改与打印页面相关的打印设置。"打印"对话框可以让用户选择一台打印机，并选择文档中需要打印的部分。"页面设置"对话框和"打印"对话框如图 15-2 所示。

图 15-2 "页面设置"对话框和"打印"对话框

在通过 PageSetupDialog 对象更改页面设置前，需要为该对象的 Document 属性指定一个有效的 PrintDocument 对象。PageSetupDialog 对象显示的对话框将对 PrintDocument 对象的 PageSettings 和 PrinterSettings 属性进行修改，其中包括控制打印页边距和纸张方向、大小及来源等信息。例如：

```
System::Void button1_Click(System::Object ^sender, System::EventArgs ^e) {
    PageSetupDialog ^pageSetupDialog=gcnew PageSetupDialog();
    pageSetupDialog->Document=this->printDocument1;
    if(pageSetupDialog->ShowDialog() !=DialogResult::OK) return;
}
```

PrintDocument 类的 BeginPrint、EndPrint 和 PrintPage 事件的处理方法中都分别包含一个 PrintPageEventArgs 类型的参数,该参数包含了打印过程中的所有相关信息。PrintPageEventArgs 类的属性如表 15-5 所示。

表 15-5　PrintPageEventArgs 类的属性

属 性 名 称	说　　明
Cancel	获取或设置打印任务是否应该被取消
Graphics	获取用于绘制页面的 Graphics 对象
HasMorePages	获取或设置在打印完当前页面之后是否还需要打印其他页面
MarginBounds	获取页面的可打印区域,它是页面边缘以内的矩形
PageBounds	获取页面区域,表示整个页面,并以矩形显示
PageSettings	获取 PageSettings 对象,该对象表示当前页面的打印设置

3. 图形打印

PrintPageEventArgs 类的 Graphics 属性用于获取实现绘制的 Graphics 对象,因此可以使用 Graphics 类的方法 DrawImage 实现打印时绘图。DrawImage 有以下几种重载形式:

```
DrawImage(Image^,Int32,Int32,Int32,Int32)
//在指定位置并且按指定大小绘制指定的图像
DrawImage(Image^,Int32,Int32)
//在由坐标指定的位置,使用图像的原始物理大小绘制指定的图像
DrawImage(Image^, Int32, Int32, Rectangle, GraphicsUnit)
//在指定的位置绘制图像的一部分
```

15.2　实训操作内容

15.2.1　学生成绩管理系统 1

1. 实训要求

创建"学生成绩管理系统"应用程序,如图 15-3 所示,通过序列化和反序列化管理学生成绩。

2. 设计分析

主要考虑下面几个问题的编程实现:

(1) 学生成绩类的定义及序列化。定义一个可序列化的学生成绩类 StuScore,数据成员有学号、姓名、3 科成绩和平均成绩,提供一个构造函数。数据存储在 Form1 类中定

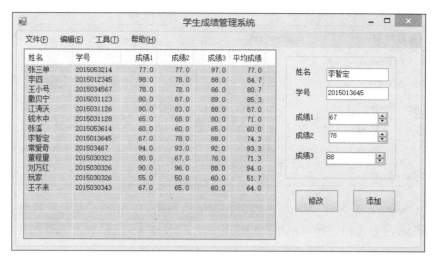

图 15-3   学生成绩管理系统运行效果图

义的线性列表对象 scoresList 中。

（2）文件的调入。调用"打开文件"对话框获取文件名，用 FileStream 打开文件，用 BinaryFormatter 对象的反序列化方法 Deserialize 将数据转存到线性列表对象 scoresList，然后关闭文件流，更新数据。

（3）学生数据的添加。用右边的面板输入学生数据，然后用这些数据构造一个学生成绩类对象实例，再将这个对象实例添加到线性列表对象 scoresList 中。

（4）学生数据的保存。调用"保存文件"对话框获取文件名，用 FileInfo 对象的 Open 方法打开要写的文件，再用 BinaryFormatter 对象的序列化方法 Serialize 将数据转存到文件中，最后关闭这个文件流。

（5）学生数据的显示与更新。用 ListView 控件显示数据，首先清空 ListView 控件中的数据，通过遍历线性列表对象 scoresList 获取所有学生的成绩信息，利用每行信息创建一个列表项 item，再将这个列表项添加到 ListView 控件中。

3. 操作指导

（1）新建 Windows 窗体应用程序 Scores，适当调整窗体的大小，并修改窗体的 Text 属性为"学生成绩管理系统"。

（2）按照图 15-3 所示向窗体中添加相应的控件，并适当调整这些控件的大小及位置。在"属性"窗口中修改这些控件的 Text 属性，并将 ListView 控件的 View 和 GridLines 属性分别修改为 Details、True，将 FullRowSelect 属性修改为 True（选定项的所有子项），将 MultiSelect 属性修改为 False。同时为 ListView 控件添加如表 15-6 所示的列。

（3）选择菜单"项目"→"添加新项"命令，在弹出的对话框中选择"头文件（.h）"项，并在"名称"文本框中输入 StuScore。单击"添加"按钮新建该头文件。

表 15-6　为 ListView 控件添加的列

添加的列	Text	TextAlign	Width
columnHeader1	姓名	Left（默认）	80
columnHeader2	学号	Left（默认）	80
columnHeader3	成绩 1	right	60（默认）
columnHeader4	成绩 2	right	60（默认）
columnHeader5	成绩 3	right	60（默认）
columnHeader6	平均成绩	right	60（默认）

在 StuScore.h 头文件中创建一个 StuScore 引用类,并用 Serializable 属性标记声明
该引用类为可序列化的。同时向该类中添加几个成员变量,通过构造函数初始化这些成
员变量。添加下列代码,定义一个可序列化的 StuScore 类:

```
using namespace System;
using namespace System::Runtime::Serialization;
using namespace System::Windows::Forms;
namespace Scores {
    [Serializable]
    public ref class StuScore
    {
    public:
        String ^strID, ^strName;                    //学号及姓名
        float fScore1, fScore2, fScore3, fAverage;  //3科成绩及平均成绩
    public:
        [NonSerialized]
        ListViewItem ^dataItem;                     //关联的列表项,不序列化
        StuScore()
        {
            dataItem=nullptr;
        }
    };
}
```

(4) 在 Form1.h 头文件中包含 StuScore.h 头文件,导入 System::IO 和支持序列化
的命名空间。

```
using namespace System::IO;
using namespace System::Runtime::Serialization::Formatters::Binary;
```

(5) 切换到 Form1.h 头文件中添加 StuScore.h 头文件必需的命名空间:

```
#include "StuScore.h"
...
using namespace System::Drawing;
using namespace System::Runtime::Serialization::Formatters::Binary;
```

```
using namespace System::IO;
```

（6）为窗体添加 Load 事件处理方法 Form1_Load，并添加下列代码：

```
private: System::Void Form1_Load(System::Object ^sender, System::EventArgs
^e)
{
    this->button1->Enabled=false;
}
```

（7）为列表视图控件 listView1 添加 ItemSelectionChanged（当前选择项发生改变）事件处理方法 On_ItemSelChange，并添加下列代码：

```
private: System::Void On_ItemSelChange(System::Object ^sender,
    System::Windows::Forms::ListViewItemSelectionChangedEventArgs ^e)
{
    if(listView1->SelectedItems->Count<1) return;
    //获取当前选择的列表项
    ListViewItem ^item1=listView1->SelectedItems[0];
    //获取当前选择的列表项内容赋给"学生成绩"区域中的控件
    textBox1->Text=item1->SubItems[0]->Text;           //姓名
    textBox2->Text=item1->SubItems[1]->Text;           //学号
    numericUpDown1->Text=item1->SubItems[2]->Text;     //成绩 1
    numericUpDown2->Text=item1->SubItems[3]->Text;     //成绩 2
    numericUpDown3->Text=item1->SubItems[4]->Text;     //成绩 3
    this->button1->Enabled=true;                       //"修改"按钮可以使用
}
```

（8）菜单设计。在 Form1 窗体中添加菜单控件 MenuStrip1，通过添加标准菜单方式，按照图 15-4 所示向 MenuStrip1 控件中添加相应的菜单项，并分别修改这些菜单项的 Text 属性。

图 15-4　菜单控件 MenuStrip1 的菜单设计

（9）依次为 3 个菜单项"清空""打开""保存"和 2 个按钮"修改""添加"添加单击事件处理方法 On_Clear、On_DataLoad、On_DataSave、On_Change 和 On_Add，并添加下列代码：

```
private: System::Void On_Clear(System::Object ^sender, System::EventArgs ^e)
{
    listView1->Items->Clear();
    this->button1->Enabled=false;
}
private: System::Void On_DataLoad(System::Object ^sender, System::EventArgs ^e)
{
    OpenFileDialog ^pOFD=gcnew OpenFileDialog();
    pOFD->Filter="学生成绩文件(＊.dat)|＊.dat|所有文件(＊.＊)|＊.＊";
    pOFD->DefaultExt="dat";
    if(pOFD->ShowDialog() !=System::Windows::Forms::DialogResult::OK) return;
    FileStream ^fs=gcnew FileStream(pOFD->FileName, FileMode::Open);
    BinaryFormatter ^formatter=gcnew BinaryFormatter;
    StuScore ^stu=nullptr;
    while((fs->Length>fs->Position) &&
        (stu=dynamic_cast<StuScore^>(formatter->Deserialize(fs))))
    {
        stu->dataItem=gcnew ListViewItem(stu->strName);
        stu->dataItem->SubItems->Add(stu->strID);
        stu->dataItem->SubItems->Add(stu->fScore1.ToString("0.0"));
        stu->dataItem->SubItems->Add(stu->fScore2.ToString("0.0"));
        stu->dataItem->SubItems->Add(stu->fScore3.ToString("0.0"));
        stu->dataItem->SubItems->Add(stu->fAverage.ToString("0.0"));
        listView1->Items->Add(stu->dataItem);
    }
    fs->Close();
}
private: System::Void On_DataSave(System::Object ^sender, System::EventArgs ^e) {
    if(listView1->Items->Count<1) return;
    SaveFileDialog ^pSFD=gcnew SaveFileDialog();
    pSFD->Filter="学生成绩文件(＊.dat)|＊.dat|所有文件(＊.＊)|＊.＊";
    pSFD->DefaultExt="dat";
    pSFD->FileName="＊.dat";
    if(pSFD->ShowDialog() !=System::Windows::Forms::DialogResult::OK) return;
    FileStream ^fs=gcnew FileStream(pSFD->FileName, FileMode::Create);
    BinaryFormatter ^formatter=gcnew BinaryFormatter;
    for each(ListViewItem ^item in listView1->Items)
    {
        StuScore ^stu=gcnew StuScore;
        stu->strName=item->SubItems[0]->Text;
        stu->strID=item->SubItems[1]->Text;
        stu->fScore1=float::Parse(item->SubItems[2]->Text);
        stu->fScore2=float::Parse(item->SubItems[3]->Text);
        stu->fScore3=float::Parse(item->SubItems[4]->Text);
```

```
            stu->fAverage=float::Parse(item->SubItems[5]->Text);
            formatter->Serialize(fs, stu);
        }
        fs->Flush();
        fs->Close();
    }
    private: System::Void On_Change(System::Object ^sender, System::EventArgs
    ^e) {
        if(listView1->SelectedItems->Count<1)
        {
            MessageBox::Show("当前还没有指定的项!");
            this->button1->Enabled=false;
            return;
        }
        String ^strName=textBox1->Text->Trim();        //姓名
        String ^strID=textBox2->Text->Trim();          //学号
        if(String::IsNullOrEmpty(strName) || String::IsNullOrEmpty(strID))
        {
            MessageBox::Show("姓名或学号不能为空!");
            return;
        }
        //获取当前选择的列表项
        ListViewItem ^item1=listView1->SelectedItems[0];
        //修改选择的列表项的内容
        item1->SubItems[0]->Text=strName;
        item1->SubItems[1]->Text=strID;
        item1->SubItems[2]->Text=numericUpDown1->Text;
        item1->SubItems[3]->Text=numericUpDown2->Text;
        item1->SubItems[4]->Text=numericUpDown3->Text;
        float avg=(float)Math::Round((numericUpDown1->Value+numericUpDown2->
            Value+numericUpDown2->Value)/3, 1);
        item1->SubItems[5]->Text=avg.ToString();
    }
    private: System::Void On_Add(System::Object ^sender, System::EventArgs ^e) {
        String ^strName=textBox1->Text->Trim();        //姓名
        String ^strID=textBox2->Text->Trim();          //学号
        if(String::IsNullOrEmpty(strName) || String::IsNullOrEmpty(strID))
        {
            MessageBox::Show("姓名或学号不能为空!");
            return;
        }
        //添加列表项
        ListViewItem ^item1=gcnew ListViewItem(strName);
        item1->SubItems->Add(strID);
```

```
    item1->SubItems->Add(numericUpDown1->Text);  //成绩 1
    item1->SubItems->Add(numericUpDown2->Text);  //成绩 2
    item1->SubItems->Add(numericUpDown3->Text);  //成绩 3
    float avg=(float)Math::Round((numericUpDown1->Value+numericUpDown2->
        Value+numericUpDown3->Value)/3,1);
    item1->SubItems->Add(avg.ToString());           //计算平均成绩
    ListViewItem ^addItem=this->listView1->Items->Add(item1);
    addItem->Selected=true;         //设置当前添加的列表项为当前选择项
}
```

（10）编译并运行程序。观察运行效果，测试这部分的功能。输入部分学生数据，保存到文件中，以备后面调试使用。

（11）为"学生成绩管理系统"添加打印功能，在"工具箱"窗口中选择 PrintDocument 控件并添加到窗体中，然后在"属性"窗口中分别为"打印预览"和"打印"菜单命令添加单击事件的处理方法，并在这两个方法中分别弹出 PrintPreviewDialog 和 PrintDialog 对话框。代码如下：

```
System::Void 打印预览 VToolStripMenuItem_Click(System::Object ^sender,
    System::EventArgs ^e)
{
    PrintPreviewDialog ^previewDlg=gcnew PrintPreviewDialog();
                                                //打印预览对话框
    previewDlg->Document=this->printDocument1;       //设置打印文档对象
    previewDlg->ShowDialog();                         //显示打印预览对话框
}
System::Void 打印 PToolStripMenuItem_Click(System::Object ^sender,
        System::EventArgs ^e)
{
    PrintDialog ^printDlg=gcnew PrintDialog();        //打印对话框
    printDlg->Document=this->printDocument1;          //设置打印文档
    if(printDlg->ShowDialog()==System::Windows::Forms::DialogResult::OK)
        this->printDocument1->Print();                //开始打印
}
```

（12）在"属性"窗口中为新添加的 PrintDocument 控件添加 PrintPage 事件的处理方法，然后在该方法中打印 ListView 控件中的所有数据。代码如下：

```
System::Void printDocument1_PrintPage(System::Object ^sender,
    System::Drawing::Printing::PrintPageEventArgs ^e)
{
    Graphics ^g=e->Graphics;
    int left=e->MarginBounds.Left;                   //左上角 x 坐标
    int top=e->MarginBounds.Top;                     //左上角 y 坐标
    int width=e->MarginBounds.Width;                 //有效区域宽度
    int height=e->MarginBounds.Height;               //有效区域高度
```

```
//打印页头(宋体,26号)
Drawing::Font ^headerFont=gcnew Drawing::Font(L"宋体", 26, FontStyle::
    Regular);
g->DrawString(L"学生成绩表", headerFont, Brushes::Black, left+230, top);
//打印标题(背景灰色,宋体,12号)
Drawing::Pen ^tablesPen=gcnew Drawing::Pen(Color::Black);
g->FillRectangle(Brushes::LightGray, Rectangle(left, top, width, 30));
g->DrawLine(tablesPen, left, top+30, left+width, top+30);
Drawing::Font ^titlesFont=gcnew Drawing::Font(L"宋体", 12, FontStyle::
    Bold);
g->DrawString(L"学号", titlesFont, Brushes::Black, left+40, top+5);
g->DrawLine(tablesPen, left+120, top, left+120, top+30);        //列分隔线
g->DrawString(L"姓名", titlesFont, Brushes::Black, left+160, top+5);
g->DrawLine(tablesPen, left+240, top, left+240, top+30);
g->DrawString(L"成绩1", titlesFont, Brushes::Black, left+260, top+5);
g->DrawLine(tablesPen, left+335, top, left+335, top+30);
g->DrawString(L"成绩2", titlesFont, Brushes::Black, left+355, top+5);
g->DrawLine(tablesPen, left+430, top, left+430, top+30);
g->DrawString(L"成绩3", titlesFont, Brushes::Black, left+450, top+5);
g->DrawLine(tablesPen, left+525, top, left+525, top+30);
g->DrawString(L"平均成绩", titlesFont, Brushes::Black, left+535, top+5);
//打印页表
top+=30, height -=30;
Drawing::Font ^tablesFont=gcnew Drawing::Font(L"宋体", 12, FontStyle::
    Regular);
for each(ListViewItem ^item in this->listView1->Items) {
    g->DrawString(item->SubItems[0]->Text, tablesFont, Brushes::Black, l
        eft+30, top+5);                //学号
    g->DrawLine(tablesPen, left+120, top, left+120, top+30);    //列分隔线
    g->DrawString(item->SubItems[1]->Text, tablesFont, Brushes::Black,
        left+150, top+5);               //姓名
    g->DrawLine(tablesPen, left+240, top, left+240, top+30);
    g->DrawString(item->SubItems[2]->Text, tablesFont, Brushes::Black,
        left+270, top+5);               //成绩1
    g->DrawLine(tablesPen, left+335, top, left+335, top+30);
    g->DrawString(item->SubItems[3]->Text, tablesFont, Brushes::Black,
        left+365, top+5);               //成绩2
    g->DrawLine(tablesPen, left+430, top, left+430, top+30);
    g->DrawString(item->SubItems[4]->Text, tablesFont, Brushes::Black,
        left+460, top+5);               //成绩3
    g->DrawLine(tablesPen, left+525, top, left+525, top+30);
    g->DrawString(item->SubItems[5]->Text, tablesFont, Brushes::Black,
        left+555, top+5);               //平均成绩
    g->DrawLine(tablesPen, left, top+30, left+width, top+30);
```

```
        top+=30, height -=30;
    }
    e->HasMorePages=false;
}
```

（13）在文件中导入 System∷Drawing∷Printing 和 System∷Drawing∷Drawing2D 命名空间。

（14）再次编译并运行程序。

15.2.2 学生成绩管理系统 2

1. 实训内容

（1）在学生成绩管理系统中使用制表符按表格形式显示学生成绩表，如图 15-5 所示。

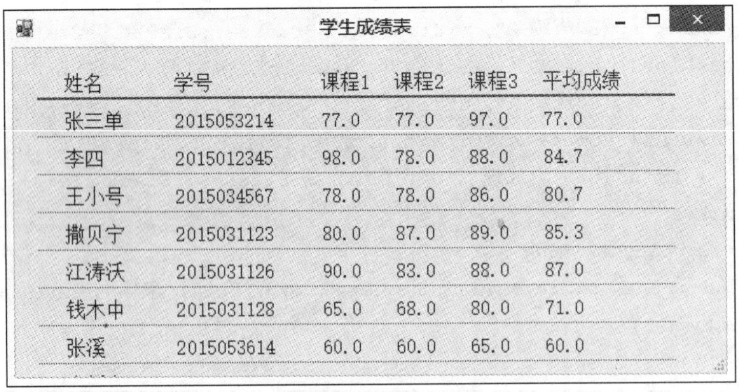

姓名	学号	课程1	课程2	课程3	平均成绩
张三单	2015053214	77.0	77.0	97.0	77.0
李四	2015012345	98.0	78.0	88.0	84.7
王小号	2015034567	78.0	78.0	86.0	80.7
撒贝宁	2015031123	80.0	87.0	89.0	85.3
江涛沃	2015031126	90.0	83.0	88.0	87.0
钱木中	2015031128	65.0	68.0	80.0	71.0
张溪	2015053614	60.0	60.0	65.0	60.0

图 15-5　按表格形式显示学生成绩表

（2）设计学生成绩管理系统中的打印预览和打印功能。增加一个快捷菜单，可以调入其他图像进行显示和打印，如图 15-6 所示。

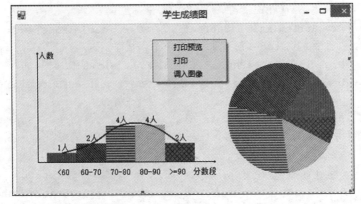

图 15-6　学生成绩信息的图形显示和打印

2. 设计分析

（1）学生信息的传递。在新建的子窗体中定义一个局部变量 ListView 类型的实例 listView1，在打开对话框时就将主窗体的 listView1 信息赋给子窗体局部变量实例 listView1，代码如下：

```
ScoreTab ^dlg=gcnew ScoreTab();
dlg->listView1=listView1;
```

这样在子窗体中就可通过遍历 listView1 的各行记录获取学生的信息。

（2）格式表的显示。在新建的窗体中通过设置制表位来格式化输出学生成绩表，制表位的宽度设置在 tabStops 数组中。构建 Graphics 对象，设定有效区域，先用 DrawString 绘制页头"学生成绩表"，绘制表格各列的标题、标题分隔线，再利用循环逐行绘制列表的学生成绩信息，在各行信息之间使用 DrawLine 绘制列表线。

（3）格式表的打印。为学生成绩表添加打印和打印预览功能，设置其打印输出的格式和内容。向窗体添加 PrintDocument 控件，并为控件添加 PrintPage 事件的处理方法，用于打印 ListView 控件中的学生成绩数据。在代码中构建 Graphics 对象，设定有效区域。先打印页头"学生成绩表"，再依次打印表格各列的标题和各行学生成绩数据，在各行、列数据之间使用 DrawLine 打印行、列分隔线。通过窗体的快捷菜单项"打印预览"和"打印"实现学生成绩表的打印功能。

（4）成绩图的显示与打印。在新建窗体其 BarPrint 中添加一个 Panel 面板，在其中绘制学生成绩图。为窗体添加 Load 事件的处理方法，在该方法中调用自定义的函数 DrawScore，以直方图和饼图显示学生的成绩信息。在类中增加 ListView 类型的实例 listView1，用于从 Form1 窗体的 ListView 中获取表格的数据。

（5）图像的打印。为 BarPrint 窗体添加实现打印的 PrintDocument 控件快捷菜单 ContextMenuStrip 控件和相应的菜单项。为 PrintDocument 控件添加 PrintPage 事件的处理方法，打印 Panel 控件的背景图形，这样就实现了图形的打印和打印预览。"调入图像"菜单命令的实现方法如下：用 OpenFileDialog 打开文件对话框，获取图像文件名，用 Image 类的 FromFile 方法加载这个图像到 panel1 面板的背景中，在 panel1 面板中显示这幅图像。利用右键的快捷菜单可实现图像的打印和打印预览功能。

3. 操作指导

（1）打开 15.2.1 节的应用程序项目，为 Form1 主窗体的"工具"菜单添加如图 15-7 所示的 5 个菜单项。

（2）添加一个 ScoreTab 窗体，为该窗体添加 Paint 事件的处理方法 ScoreTab_Paint，然后在该方法中设置制表位，并格式化输出学生的成绩表。在 ScoreTab 类中增加 ListView 类型的实例 listView1，用于从 Form1 窗体的 ListView 中获取表格的数据。

图 15-7　"工具"菜单的菜单项

```
public: System::Windows::Forms::ListView ^listView1;
private: System::Void ScoreTab_Paint(System::Object ^sender,
    System::Windows::Forms::PaintEventArgs ^e)
{
    if(listView1->Items->Count<1)return;
    Graphics ^g=e->Graphics;
    Drawing::Font ^font=gcnew Drawing::Font(L"宋体", 12, FontStyle::Regular);
    SolidBrush ^brush1=gcnew SolidBrush(Color::Blue);          //蓝色文本
    StringFormat ^format=gcnew StringFormat();
    array<float>^tabStops=gcnew array<float>{90.0f, 120.0f, 60.0f,60.0f, 60.0f};
    format->SetTabStops(0.0f, tabStops);                      //设置制表位
    g->DrawString(L"姓名\t学号\t课程1\t课程2\t课程3\t平均成绩", font,
        brush1, Point(40, 20), format);
    Pen ^pen1=gcnew Pen(Color::Gray, 2);
    g->DrawLine(pen1, 20, 40, 540, 40);                       //标题分隔线
    Pen ^pen2=gcnew Pen(Color::Gray, 1);
    pen2->DashStyle=DashStyle::Dot;
    String ^str;
    int i=0;
    for each(ListViewItem ^item in listView1->Items)
    {   //输出所有成绩信息
        str=String::Format("{0}\t", item->SubItems[0]->Text);
        str+=String::Format(item->SubItems[1]->Text);
        str+=String::Format("\t{0}{1}", item->SubItems[2]->Text, "\t");
        str+=String::Format(item->SubItems[3]->Text);
        str+=String::Format("\t{0}\t", item->SubItems[4]->Text);
        str+=String::Format(item->SubItems[5]->Text);
        g->DrawString(str, font, brush1, Point(40, 50+i*30), format);
        g->DrawLine(pen2, 20, 70+i*30, 540, 70+i*30);        //列表分隔线
        i++;
    }
}
```

同时添加命名空间：

```
using namespace System::Drawing::Drawing2D;
```

（3）为 ScoreTab 窗体添加一个 PrintDocument 控件，并为该控件添加 PrintPage 事件的处理方法 printDocument1_PrintPage，然后在该方法中打印 ListView 控件中的学生成绩数据。再添加快捷菜单，菜单项为"打印预览"和"打印"，并为两个菜单项添加事件处理方法。代码如下：

```
private: System::Void 打印预览 ToolStripMenuItem_Click(System::Object ^sender,
System::EventArgs ^e) {
    PrintPreviewDialog ^previewDlg=gcnew PrintPreviewDialog();
                                                    //打印预览对话框
```

```
    previewDlg->Document=this->printDocument1;
    previewDlg->ShowDialog();
}
private: System::Void 打印 ToolStripMenuItem_Click(System::Object ^sender,
System::EventArgs ^e)
{
    PrintDialog ^printDlg=gcnew PrintDialog();          //打印对话框
    printDlg->Document=this->printDocument1;            //设置打印文档
    if(printDlg->ShowDialog()==System::Windows::Forms::DialogResult::OK)
        this->printDocument1->Print();                 //开始打印
}
System::Void printDocument1_PrintPage(System::Object ^sender,
    System::Drawing::Printing::PrintPageEventArgs ^e)
{
    Graphics ^g=e->Graphics;
    int left=e->MarginBounds.Left;                     //左上角 x 坐标
    int top=e->MarginBounds.Top;                       //左上角 y 坐标
    int width=e->MarginBounds.Width;                   //有效区域宽度
    int height=e->MarginBounds.Height;                 //有效区域高度
    //打印页头(宋体,26 号)
    Drawing::Font ^headerFont=gcnew Drawing::Font(L"宋体", 26, FontStyle::
        Regular);
    g->DrawString(L"学生成绩表", headerFont, Brushes::Black, left+230, top);
    top+=60;
    //打印标题(背景灰色,宋体,12 号)
    Drawing::Pen ^tablesPen=gcnew Drawing::Pen(Color::Black);
    g->FillRectangle(Brushes::LightGray, Rectangle(left, top, width, 30));
    g->DrawLine(tablesPen, left, top+30, left+width, top+30);
    Drawing::Font ^titlesFont=gcnew Drawing::Font(L"宋体", 12, FontStyle::
        Bold);
    g->DrawString(L"姓名", titlesFont, Brushes::Black, left+40, top+5);
    g->DrawLine(tablesPen, left+120, top, left+120, top+30);//列分隔线
    g->DrawString(L"学号", titlesFont, Brushes::Black, left+180, top+5);
    g->DrawLine(tablesPen, left+240, top, left+240, top+30);
    g->DrawString(L"成绩 1", titlesFont, Brushes::Black, left+260, top+5);
    g->DrawLine(tablesPen, left+335, top, left+335, top+30);
    g->DrawString(L"成绩 2", titlesFont, Brushes::Black, left+355, top+5);
    g->DrawLine(tablesPen, left+430, top, left+430, top+30);
    g->DrawString(L"成绩 3", titlesFont, Brushes::Black, left+450, top+5);
    g->DrawLine(tablesPen, left+525, top, left+525, top+30);
    g->DrawString(L"平均成绩", titlesFont, Brushes::Black, left+535, top+5);
    //打印页表
    top+=30, height -=30;
    Drawing::Font ^tablesFont=gcnew Drawing::Font(L"宋体", 12, FontStyle::
```

```
        Regular);
    for each(ListViewItem ^item in this->listView1->Items) {
        g->DrawString(item->SubItems[0]->Text, tablesFont, Brushes::Black,
            left+30, top+5);           //姓名
        g->DrawLine(tablesPen, left+120, top, left+120, top+30);      //列分隔线
        g->DrawString(item->SubItems[1]->Text, tablesFont, Brushes::Black,
            left+130, top+5);          //学号
        g->DrawLine(tablesPen, left+240, top, left+240, top+30);
        g->DrawString(item->SubItems[2]->Text, tablesFont, Brushes::Black,
            left+270, top+5);          //成绩1
        g->DrawLine(tablesPen, left+335, top, left+335, top+30);
        g->DrawString(item->SubItems[3]->Text, tablesFont, Brushes::Black,
            left+365, top+5);          //成绩2
        g->DrawLine(tablesPen, left+430, top, left+430, top+30);
        g->DrawString(item->SubItems[4]->Text, tablesFont, Brushes::Black,
            left+460, top+5);          //成绩3
        g->DrawLine(tablesPen, left+525, top, left+525, top+30);
        g->DrawString(item->SubItems[5]->Text, tablesFont, Brushes::Black,
            left+555, top+5);          //平均成绩
        g->DrawLine(tablesPen, left, top+30, left+width, top+30);
        top+=30, height -=30;
    }
    e->HasMorePages=false;
}
```

（4）为"工具"菜单下的菜单项"学生成绩表"添加响应事件函数：

```
private: System::Void 学生成绩表 ToolStripMenuItem_Click(System::Object
^sender, System::EventArgs ^e)
{
    ScoreTab ^dlg=gcnew ScoreTab();
    dlg->listView1=listView1;
    dlg->ShowDialog();
}
```

同时在在 form1.h 中添加头文件：

```
# include "ScoreTab.h"
```

（5）添加一个 BarPrint 窗体，窗体标题为"学生成绩图"。为窗体添加一个 Panel 控件，用来显示图形。为 BarPrint 窗体添加 Load 事件的处理方法 BarPrint_Load，在该方法中调用自定义的函数 DrawScore，以直方图和饼图显示学生的成绩信息。在 BarPrint 类中增加 ListView 类型的实例 listView1，用于从 Form1 窗体的 ListView 中获取表格的数据。

```
public: System::Windows::Forms::ListView ^listView1;
```

```
private: System::Void BarPrint_Load(System::Object ^sender, System::EventArgs
^e) {
    array<double>^score=gcnew array<double>{  };        //40个成绩值
    Bitmap ^bitM=gcnew Bitmap(this->panel1->Width, this->panel1->Height);
    Graphics ^g=Graphics::FromImage(bitM);
    DrawScore(g, score);                               //绘制成绩分布图
    this->panel1->BackgroundImage=bitM;
}
private: System::Void DrawScore(System::Drawing::Graphics ^g, array<double>^
score) {
    array<int>^scoreNum=gcnew array<int>(5){ 0 };
    int stunum=0;
    float s;
    for each(ListViewItem ^item in listView1->Items)
    {
        s=float::Parse(item->SubItems[5]->Text);
        if(s>=90) scoreNum[0]++;                       //统计各分数段的人数
        else if(s>=80) scoreNum[1]++;
        else if(s>=70) scoreNum[2]++;
        else if(s>=60) scoreNum[3]++;
        else scoreNum[4]++;                            //低于60分的人数
        stunum++;
    }
    FontFamily ^fontFamily=gcnew FontFamily(L"宋体");   //宋体
    Drawing::Font ^font=gcnew Drawing::Font(fontFamily, 10, FontStyle::
        Regular);
    SolidBrush ^brush1=gcnew SolidBrush(Color::Black);
    //绘制直角坐标系的两条坐标线及文字
    Pen ^pen1=gcnew Pen(Color::Black);
    pen1->EndCap=LineCap::ArrowAnchor;                 //末端带箭头
    g->DrawLine(pen1, 20, 200, 20, 20);                //垂直线
    g->DrawLine(pen1, 20, 200, 320, 200);              //水平线
    g->DrawString(L"人数", font, brush1, 20, 20);
    g->DrawString(L"<60", font, brush1, 50, 210);
    g->DrawString(L"60-70", font, brush1, 90, 210);
    g->DrawString(L"70-80", font, brush1, 140, 210);
    g->DrawString(L"80-90", font, brush1, 190, 210);
    g->DrawString(L">=90", font, brush1, 240, 210);
    g->DrawString(L"分数段", font, brush1, 280, 210);
    array<Point>^points=gcnew array<Point>{
        Point(60, 200-15 * scoreNum[4]),
        Point(110, 200-15 * scoreNum[3]),
        Point(160, 200-15 * scoreNum[2]),
        Point(210, 200-15 * scoreNum[1]),
```

```
                Point(260, 200-15 * scoreNum[0])
        };
        array<HatchBrush^> ^brushes=gcnew array<HatchBrush^>{
            gcnew HatchBrush(HatchStyle::LightVertical, Color::Red, Color::Gray),
            gcnew HatchBrush(HatchStyle::LightDownwardDiagonal, Color::
                Yellow, Color::Blue),
            gcnew HatchBrush(HatchStyle::LightHorizontal, Color::White, Color::
                Green),
            gcnew HatchBrush(HatchStyle::LightUpwardDiagonal, Color::Yellow,
                Color::Orange),
            gcnew HatchBrush(HatchStyle::OutlinedDiamond, Color::Blue, Color::
                Red),
        };
        //直方图
        for(int i=4; i>=0; i--) {
            g->FillRectangle(brushes[i], points[i].X-25, points[i].Y, 50, 200-
                points[i].Y);
            g->DrawString(scoreNum[4-i]+L"人", font, brush1, points[i].X-10,
                points[i].Y-15);
            }
        //曲线图
        Pen ^pen2=gcnew Pen(Color::Blue, 2);
        g->DrawCurve(pen2, points);                      //曲线
        //饼形图
        float startAngle=0.0f, sweepAngle=0.0f;
        for(int i=4; i>=0; i--) {
            startAngle=startAngle+sweepAngle;             //起始角度
            sweepAngle=(float)scoreNum[i] * 360/stunum;   //扫描角度
            g->FillPie(brushes[i], Rectangle(340, 40, 180, 180),
                startAngle, sweepAngle);
        }
}
```

同时在 BarPrint.h 中添加命名空间：

```
using namespace System::Drawing::Drawing2D;
```

（6）为"工具"菜单下的菜单项"学生成绩图"添加响应事件函数：

```
private: System::Void 学生成绩图 ToolStripMenuItem_Click(System::Object
^sender, System::EventArgs ^e)
{
    BarPrint ^dlg=gcnew BarPrint();
    dlg->listView1=listView1;
    dlg->ShowDialog();
}
```

同时在 form1.h 中添加头文件：

```
#include "BarPrint.h"
```

（7）在"工具箱"窗口中选择 PrintDocument 控件并添加到 BarPrint 窗体中，再在"工具栏"中选择 ContextMenuStrip 控件并拖到窗体中，按照图 15-8 所示向 ContextMenuStrip 控件中添加相应的菜单项，并分别修改这些菜单项的 Text 属性。然后为 PrintDocument 控件添加 PrintPage 事件的处理方法，为"打印预览""打印"和"调入图像"菜单命令添加单击事件的处理方法。其中"调入图像"用来显示和打印指定图像的功能。然后将 BarPrint 窗体的 ContextMenuStrip 设置为 ContextMenuStrip1。

图 15-8 BarPrint 窗体的
快捷菜单

```
private: System::Void printDocument1_PrintPage(System::Object ^sender,
    System::Drawing::Printing::PrintPageEventArgs ^e)
{
    Graphics ^g=e->Graphics;
    try
    {
        g->Graphics::DrawImage(panel1->BackgroundImage, 50, 50, 650, 550);
    }
    catch(Exception ^e)
    {
        MessageBox::Show(e->Message);
    }
}
private: System::Void 打印预览 ToolStripMenuItem_Click(System::Object
^sender, System::EventArgs ^e) {
    PrintPreviewDialog ^previewDlg=gcnew PrintPreviewDialog();
                                                    //打印预览对话框
    previewDlg->Document=this->printDocument1;
    previewDlg->ShowDialog();
}
private: System::Void 打印 ToolStripMenuItem_Click (System::Object ^ sender,
System::EventArgs ^e) {
    PrintDialog ^printDlg=gcnew PrintDialog();        //打印对话框
    printDlg->Document=this->printDocument1;          //设置打印文档
    if(printDlg->ShowDialog()==System::Windows::Forms::DialogResult::OK)
        this->printDocument1->Print();                //开始打印
}
private: System::Void 调入图像 ToolStripMenuItem_Click(System::Object ^sender,
System::EventArgs ^e) {
    OpenFileDialog ^openFileDialog1=gcnew OpenFileDialog();
```

```
//设置打开图像的类型
openFileDialog1->Filter="*.jpg,*.jpeg,*.bmp,*.gif,*.ico,*.png,*.
    tif,*.wmf | *.jpg;*.jpeg;*.bmp;*.gif;*.ico;*.png;*.tif;*.wmf";
openFileDialog1->ShowDialog();                        //打开对话框
Bitmap ^bitM=gcnew Bitmap(this->panel1->Width, this->panel1->Height);
this->panel1->BackgroundImage=Image::FromFile(openFileDialog1->
    FileName);                                       //显示打开的图像
}
```

（8）编译并运行程序，测试运行结果。

15.2.3　学生成绩管理系统 3

1. 实训要求

（1）增加可以显示验证码和对其进行验证的功能。如果验证通过，则在屏幕下部模拟显示卡拉 OK 的字幕变色功能，如图 15-9 所示。

图 15-9　验证码和字幕变色运行效果

（2）将学生成绩管理系统中的信息导出到 Word 文档中，如图 15-10 所示。

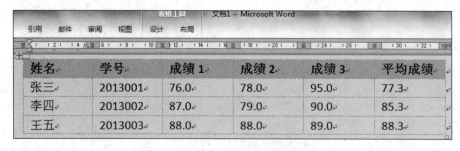

姓名	学号	成绩1	成绩2	成绩3	平均成绩
张三	2013001	76.0	78.0	95.0	77.3
李四	2013002	87.0	79.0	90.0	85.3
王五	2013003	88.0	88.0	89.0	88.3

图 15-10　导出到 Word 文档的效果

（3）将学生成绩管理系统中的信息导出到 Excel 文档中，如图 15-11 所示。

2. 设计分析

（1）验证码的生成与显示。

验证码设为 4 位，由随机产生的数字和字符组成，存放在局部变量 checkstr。在图片

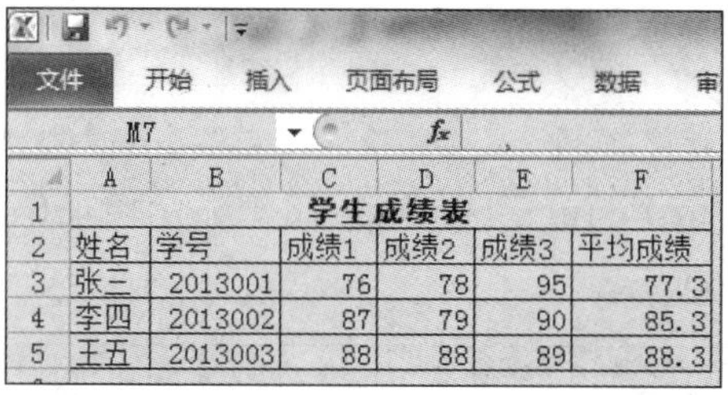

图 15-11　导出到 Excel 文档的效果

框中用 DrawString 绘制出验证码，依据验证码的字符串长度创建 Bitmap 对象 image，利用 image 的 FromImage 方法构造一个 Graphics 对象，用 DrawString 方法绘制出验证码字符。利用随机数类对象产生 4 条直线的两端点坐标值，按这些坐标绘制 4 条随机的干扰直线。再产生 150 个随机坐标点和像素颜色，绘制相应的小矩形点，作为验证码的干扰图案。最后把生成的验证码图像作为图片框的背景显示出来。

（2）模拟显示卡拉 OK 的字幕变色功能。

卡拉 OK 的字幕变色功能是利用定时器不断用不同颜色字体更新显示区域和字幕内容来实现的，因此在窗体中添加一个定时器控件，并添加它的定时事件响应函数 timer1_Tick。使用 StringFormat 封装文本布局信息（如对齐方式、方向和制表位）、显示操作（如省略号插入和区域数字替换）和 OpenType 功能。用指定的 StringFormatFlags 枚举初始化新的 StringFormat 对象，用 DrawString 将格式化的文本更新输出。

（3）导出到 Word 和 Excel 文档。

使用 COM 组件引用来实现将数据导出到 Word 和 Excel 的功能。首先添加 COM 组件引用，将 Microsoft Word 15.0 Object Library 和 Microsoft Excel 15.0 Object Library 组件引用到项目中，并在 Form1.h 文件中添加命名空间的引用。

在导出到 Word 的代码中创建 Word 的应用程序、文档、选择项和表格对象实例。再定义一个存放学生成绩数据的二维数组，获取 listView1 中的学生成绩数据。然后给 Word 的应用程序、文档、选择项和表格实例分别赋值，为表格的标题行设置背景色，输出标题内容，再逐行输出各个学生的数据。这时采用 try-catch 结构，如果操作有错，则会显示"导出到 Word 出错"及错误代码的信息。如果导出成功，则会创建并显示一个 Word 文档，里面有导出的数据。

与导出到 Word 的代码基本类似，在导出到 Excel 的代码中创建 Excel 的应用程序、workbook 集合、workbook、worksheet 和单元格对象实例。再定义一个存放学生成绩数据的二维数组，获取 listView1 中的学生成绩数据，然后给 Excel 的应用程序、workbook 集合、workbook 对象实例分别赋值，在当前 workbook 的第一个 worksheet 中选择 A1 到 D1 区域合并单元格，输出标题文字，再输出各列的标题并逐行输出各个学生的数据。这里也采用 try-catch 结构，如果操作有错，则会显示"导出到 Excel 出错"及错误代码的信息。如果导出成功，则会创建并显示一个 Excel 文档，里面有导出的数据。

3. 操作指导

（1）打开之前的应用程序项目，添加一个 CodeImage 窗体，用来显示验证码并对其进行验证。在窗体中添加一个 PictureBox 控件，用于显示验证码。其他控件参照图 15-12 添加。

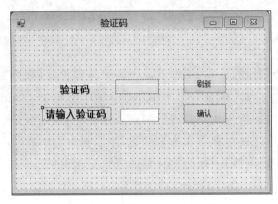

图 15-12 "验证码"界面设计

（2）为 CodeImage 窗体添加 Load 事件处理函数，当窗体出现时就显示验证码。在 CodeImage 窗体类中增加字符串 checkstr，用来传递验证码。自定义私有函数 CkeckCode，用来产生验证码，函数 CreatCodeImage 用来在图片框中显示验证码。

```
String ^checkstr;
private: System:: Void CodeImage _ Load (System:: Object ^ sender, System::
EventArgs ^e) {
    checkstr=CkeckCode()->Trim();
    CreatCodeImage(checkstr);
}
private:String ^CkeckCode(void)
{
    int number;
    String ^code;
    String ^checkcode="";
    Random ^random=gcnew System::Random();
    for(int i=0; i<4; i++)
    {
        number=random->Next();
        if(number %2==0)
            code=((wchar_t)(Convert::ToInt32('0'+(number%10)))).ToString();
                                                                //数字
        else
            code=((wchar_t)(Convert::ToInt32('A')+(number %26))).ToString();
                                                                //字母
```

```
            checkcode+=""+code->ToString();              //添加到 checkcode 字符串中
        }
        return checkcode;
    }
    private: void CreatCodeImage(String ^checkcode)
    {
        if(checkcode=="" || checkcode->Trim()=="") return;
        System::Drawing::Bitmap ^image=gcnew
            System::Drawing::Bitmap((int)Math::Ceiling((checkcode->Length * 18)),
                30);
        Graphics ^g=Graphics::FromImage(image);
        Random ^random=gcnew Random();
        g->Clear(Color::White);
        for(int i=0; i<3; i++)
        {
            int x1=random->Next(image->Width);
            int x2=random->Next(image->Width);
            int y1=random->Next(image->Height);
            int y2=random->Next(image->Height);
            g->DrawLine(gcnew Pen(Color::Black), x1, y1, x2, y2);
        }
        System::Drawing::Font ^font=gcnew System::Drawing::Font("Arial", 19,
            (System::Drawing::FontStyle::Bold));
        g->DrawString(checkcode, font, gcnew SolidBrush(Color::Blue), 2, 2);
        for(int i=0; i<150; i++)              //绘制干扰线
        {
            int x=random->Next(image->Width);
            int y=random->Next(image->Height);
            image->SetPixel(x, y, Color::FromArgb(random->Next()));
        }
        g->DrawRectangle(gcnew Pen(Color::Silver), 0, 0, image->Width+3, image->
            Height+3);
        this->pictureBox1->Width=image->Width;
        this->pictureBox1->Height=image->Height;
        this->pictureBox1->BackgroundImage=image;
        return;
    }
```

（3）在窗体的 Paint 事件响应代码中用线性渐变画刷显示文字"欢迎使用 GDI＋!"。
代码如下：

```
private: System::Void CodeImage_Paint(System::Object ^sender,
    System::Windows::Forms::PaintEventArgs ^e)
{
    Graphics ^g=e->Graphics;
```

```
    Rectangle rect(100,0,110,10);
    LinearGradientBrush ^brush=gcnew LinearGradientBrush(rect,Color::Red,
        Color::Blue, LinearGradientMode::ForwardDiagonal);
    Drawing::Font ^font1=gcnew Drawing::Font(L"宋体",30,FontStyle::Bold);
    g->DrawString(L"欢迎使用 GDI+!",font1,brush,100,0);
}
```

同时在 CodeImage.h 中添加命名空间：

```
using namespace System::Drawing::Drawing2D;
```

（4）为"刷新"按钮添加事件处理函数，代码如下：

```
private: System::Void button1_Click(System::Object ^sender, System::EventArgs
^e) {
    checkstr=CkeckCode()->Trim();
    CreatCodeImage(checkstr);
}
```

（5）为"确认"按钮添加事件处理函数，对验证码进行检查，如果验证通过，则在屏幕下部模拟显示卡拉 OK 的字幕变色功能。字幕变色功能是采用定时器定时调用 DrawString 绘制字幕来实现的，为此，向窗体中添加一个定时控件 timel，并添加定时事件处理函数。代码如下：

```
private: System::Void button2_Click(System::Object ^sender, System::EventArgs
^e) {
    String ^str=checkstr+"不正确";
    if(checkstr->Equals(this->textBox1->Text->Trim()))
    {
        this->timer1->Enabled=true;
    }
    else
    {
        MessageBox::Show(str);
        this->timer1->Enabled=false;
    }
}
static int m_nWidth=0;
private: System::Void timer1_Tick(System::Object ^sender, System::EventArgs ^
e) {
    Graphics ^pGH=this->CreateGraphics();
    Drawing::Font ^font=gcnew Drawing::Font("Arial", 24.0F);
    int nMax=80;
    float w=m_nWidth * 5.0+10.0;
    RectangleF rcF=RectangleF(10.0f, 200.0f, w, 30.0f);
    RectangleF rcFMax=RectangleF(10.0f, 200.0f, nMax * 5+10.0f, 30.0f);
```

```
StringFormat ^sf=gcnew StringFormat;
sf->FormatFlags=StringFormatFlags(StringFormatFlags::NoWrap+sf->
    FormatFlags);
String^str="123456789ABCDEFGHIJKLMN";
m_nWidth+=2;
if(m_nWidth>=nMax || m_nWidth<3)        //nMax=80 可以修改,如何计算?
{
    if(m_nWidth>=nMax) m_nWidth=0;
    pGH->DrawString(str, font, Brushes::Red, rcFMax, sf);
}
else
    pGH->DrawString(str, font, Brushes::Black, rcF, sf);
}
```

同时添加头文件:

```
#include "CodeImage.h"
```

(6) 为"工具"菜单下的菜单项"验证码"添加响应事件函数:

```
private: System::Void 验证码 ToolStripMenuItem_Click(System::Object ^sender,
System::EventArgs ^e) {
    CodeImage ^dlg=gcnew CodeImage();      //创建子窗体对象
    dlg->Show();                           //无模式显示子窗体
}
```

(7) 为"工具"菜单下的菜单项"导出到 Word"添加响应事件函数:

```
private: System::Void 导出到 WORDToolStripMenuItem_Click(System::Object ^sender,
    System::EventArgs ^e)
{
    //导出到 Word 文件
    Microsoft::Office::Interop::Word::ApplicationClass ^MyWord; //Word 程序
    Microsoft::Office::Interop::Word::_Document ^MyDoc;          //Word 文档
    Microsoft::Office::Interop::Word::Selection ^MySelection;    //选择
    Microsoft::Office::Interop::Word::Table ^MyTable;            //表格
    array<System::Object^, 2>^MyData=gcnew array<System::Object^, 2>(50,
        30);          //存放数据的数组
    //获取 listView1 中的学生数据
    array<String ^, 2>^stu=gcnew array<String ^, 2>(listView1->Items->Count, 6);
    int k, l=0;
    for each(ListViewItem ^item in this->listView1->Items)
    {
        for(k=0; k<6; k++)
            stu[l, k]=item->SubItems[k]->Text;
        l=l+1;
    }
```

```
array<String ^>^title={ "姓名", "学号", "成绩 1", "成绩 2", "成绩 3", "平均成
    绩" };            //标题
System::Object ^MyObj;
int MyRows, MyColumns, i, j;
try
{
    MyObj=System::Reflection::Missing::Value;
    MyWord=gcnew Microsoft::Office::Interop::Word::ApplicationClass();
    MyWord->Visible=true;
    MyDoc=MyWord->Documents->Add(MyObj, MyObj, MyObj, MyObj);
    MyDoc->Select();
    MySelection=MyWord->Selection;
    MyRows=1;
    MyColumns=6;
    MyTable=MyDoc->Tables->Add(MySelection->Range, MyRows+1, MyColumns,
        MyObj, MyObj);
    //设置列宽
    for(i=1; i<MyColumns+1; i++)
    {
        MyTable->Columns[i]->SetWidth(70, Microsoft::Office::Interop::
            Word::WdRulerStyle::wdAdjustNone);
    }
    //设置第一行的背景颜色
    MyTable->Rows[1]->Cells->Shading->BackgroundPatternColorIndex=
        Microsoft::Office::Interop::Word::WdColorIndex::wdGray25;
    //设置第一行的字体
    MyTable->Rows[1]->default->Bold=1;
    //输出列标题数据
    for(i=0; i<MyColumns; i++)
    {
        MyDoc->Tables[1]->Cell(1, i+1)->default->InsertAfter(title[i]);
    }
    //输出数据库记录
    for(j=2; j<MyRows+2; j++)
    {
        for(i=0; i<MyColumns; i++)
        {
            MyDoc->Tables[1]->Cell(j, i+1)->default->InsertAfter(stu[j
            -2, i]);
        }
    }
}
catch(Exception ^MyEx)
{
```

```
        MessageBox::Show("导出到 Word 出错:"+MyEx->Message, "信息提示",
            MessageBoxButtons::OK, MessageBoxIcon::Information);
    }
}
```

（8）为"工具"菜单下的菜单项"导出到 Excel"添加响应事件函数：

```
private: System::Void 导出到 EXCELToolStripMenuItem_Click(System::Object
^sender, System::EventArgs
^e)
{
    //导出到 Excel 表
    Excel::ApplicationClass ^MyExcel;                   //Excel 程序
    Excel::Workbooks ^MyWorkBooks;                      //workbook 集合
    Excel::Workbook ^MyWorkBook;                        //workbook
    Excel::Worksheet ^MyWorkSheet;                      //worksheet
    Excel::Range ^MyRange;                              //单元格
    array<System::Object^, 2>^MyData=gcnew array<System::Object^, 2>(50,
        30);
    int Count, i, j;
    try
    {
        MyExcel=gcnew Excel::ApplicationClass();        //打开 Excel 程序
        MyExcel->Visible=true;                          //显示
        MyWorkBooks=MyExcel->Workbooks;                 //获取 workbook 集合
        MyWorkBook=MyWorkBooks->Add(Missing::Value);    //新建 workbook
        MyWorkSheet=(Excel::Worksheet^)MyWorkBook->Worksheets[1];
                                    //获取当前 workbook 的第一个 worksheet
        //获取 A1~D1 区域
        MyRange=MyWorkSheet->Range["A1", "D1"];
        Count=6;
        //设标题为黑体字
        MyWorkSheet->Range[MyWorkSheet->Cells[1, 1], MyWorkSheet->Cells[1,
            Count]]->Font->Name="黑体";
        //标题字体加粗
        MyWorkSheet->Range[MyWorkSheet->Cells[1, 1], MyWorkSheet->Cells[1,
            Count]]->Font->Bold=true;
        //设置表格边框样式
        MyWorkSheet->Range[MyWorkSheet->Cells[1, 1], MyWorkSheet->Cells
            [listView1->Items->Count+2, Count]]->Borders->LineStyle=1;
        j=1;
        array<String ^, 2>^stu=gcnew array<String ^, 2>(listView1->Items->
            Count, 6);
        int k, l=0;
```

```
        for(l=0; l<listView1->Items->Count; l++)
        {
            for(k=0; k<6; k++)
                stu[l, k]=listView1->Items[l]->SubItems[k]->Text;
        }
        //合并单元格
        Excel::Range ^excelRange=MyWorkSheet->Range[MyWorkSheet->Cells[1,
            1], MyWorkSheet->Cells[1, 6]];
        excelRange->Merge(0);
        excelRange->Font->Bold=true;
        excelRange->HorizontalAlignment=Excel::XlVAlign::xlVAlignCenter;
        MyData[0, 0]="学生成绩表";
        array<String ^>^title={ "姓名", "学号", "成绩 1", "成绩 2", "成绩 3", "平均
            成绩" };         //标题
        //输出数据
        for(i=0; i<6; i++)
        {
            MyData[1, i]=title[i];
        }
        for(j=2; j<l+2; j++)
        for(i=0; i<6; i++)
            MyData[j, i]=stu[j-2, i];
        MyRange=MyRange->Resize[l+2, 6];
        MyRange->Value2=MyData;
        MyRange->EntireColumn->AutoFit();
    }
    catch(Exception ^MyEx)
    {
        MessageBox::Show(MyEx->Message, "信息提示", MessageBoxButtons::OK,
            MessageBoxIcon::Information);
    }
}
```

（9）为 Form1 窗体添加 COM 组件引用，选择菜单"项目"→"Scores 属性"命令，在弹出的属性页窗口中，选择"添加新引用"按钮，在弹出的"添加引用"对话框中，添加对 Word 和 Excel 的引用，如图 15-13 和图 15-14 所示。

（10）在 Form1.h 文件的头部添加如下的命名空间：

```
//引用 Word 和 Excel
namespace Word=Microsoft::Office::Interop::Word;
namespace Excel=Microsoft::Office::Interop::Excel;
using namespace System::Reflection;
```

（11）编译并运行程序，观察效果。

图 15-13　添加对 Word 的引用

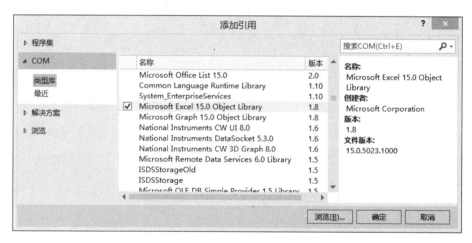

图 15-14　添加对 Excel 的引用

思考与练习

1. 选择题

（1）在界面上创建字体的类是_____。

    A. Font   B. Brush   C. Pen   D. Graphics

（2）在界面上绘制文本使用 Graphics 对象的_____方法。

    A. FillEllipse   B. DrawString   C. FillPie   D. DrawPie

（3）在类上加_____关键字来标记该类支持序列化。

    A. ［Serializable］   B. ［Formatable］

    C. ［Stream］   D. ［ATAThread］

2. 简述题

（1）序列化与反序列化的作用是什么？

（2）如何理解 StringFormat 类的 SetTabStops 方法？说明以下方法原型中各参数的含义。

```
void SetTabStops(float firstTaboffset, array<float> ^tabStops)
```

（3）如何实现 ListViewItem 类与 array<double>^类型变量的数据传递？

（4）如果在验证码的显示要加上形如"3＋5＝"的算术式，填写验证码时要输入正确的计算结果才能通过，如何实现这一功能？

（5）实现数据导出到 Word 和 Excel 文档需要添加什么引用和什么命名空间？

（6）从本章实训的程序代码中了解使用代码控制 Excel 表格属性的方法。

第 16 章　多媒体设计及应用程序部署

实训目的

- 掌握多媒体组件的应用。
- 掌握应用程序的部署。

16.1　基本知识提要

16.1.1　多媒体文件的播放

Windows Media Player 是微软公司出品的一款免费的播放器,是 Microsoft Windows 的一个组件,通常简称 WMP。它支持通过插件增强功能,可以直接嵌入 Web 应用程序或 Windows 应用程序中使用。该软件可以播放 MP3、WMA、WAV 和 MIDI 等格式的音频文件,可以播放 AVI、WMV、MPEG-1、MPEG-2、DVD 等格式的视频文件。

Windows Media Player 的常用功能都已集成在控件提供的接口中,只需要编写少量的代码,就可以实现多媒体文件的播放。

AxWindowsMediaPlayer 类是所有 Windows Media Player 控件的基类,其常用属性如表 16-1 所示。

表 16-1　AxWindowsMediaPlayer 类的常用属性

属性名称	功　能　描　述
URL	指定媒体位置,为本机或网络地址
uiMode	播放器界面模式,可为 Full、Mini、None、Invisible(不区分大小写)
PlayState	播放状态。这个属性改变时引发 PlayStateChange 事件与 StateChange 事件:1 为停止,2 为暂停,3 为播放,6 为正在缓冲,9 为正在连接,10 为准备就绪
FullScreen	指定是否全屏显示
Ctlcontrols	提供播放器基本控制
Settings	提供播放器基本设置
CurrentMedia	当前媒体属性

AxWindowsMediaPlayer 类的常用方法如表 16-2 所示。

AxWindowsMediaPlayer 常用事件是 PlayStateChange,它在播放当前文件状态改变(如播放结束)时触发。

表 16-2　AxWindowsMediaPlayer 类的常用方法

方法名称	功能描述	方法名称	功能描述
Play	播放	FastReverse	快退
Pause	暂停	Next	下一曲
Stop	停止	Previous	上一曲
FastForward	快进		

16.1.2　应用程序的部署

1. 软件安装程序和配置服务

开发完应用程序之后，还不能将源代码交给用户使用，还要将其翻译成可执行程序。为了便于用户创建、更新和删除应用程序，通常使用 Visual Studio 提供的部署功能为用户提供一个安装包。

部署就是将应用程序分发到要安装的计算机上的过程。在 Visual Studio 2012 之前，部署 Windows 应用程序时一般都是使用 Visual Studio 自带的安装包制作工具 Windows installer 来创建安装包的；在 Visual Studio 2012 以后，改为使用 Install Shield 制作安装包了。

2. 安装和使用 Install Shield Limited Edition

在使用 Visual Studio 2013 创建安装包之前，需要安装 Install Shield，其中 Limited Edition 是一个可以申请免费账号的版本。

安装完 Limited Edition 版后，可以在 Visual Studio 的"新建项目"对话框中看到一个安装包的创建工程模板，如图 16-1 所示。

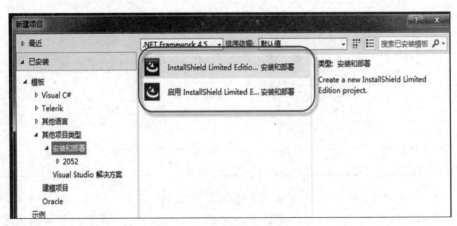

图 16-1　"新建项目"对话框

3. 配置 InstallShield 安装包的信息

创建一个基于 InstallShield 的安装包工程后,就会出现 Project Assistant (工程助手),包含了 6 个步骤的内容,如图 16-2 所示。软件安装包按照这 6 个步骤进行配置就可以了。

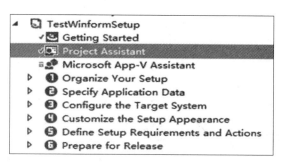

图 16-2　Project Assistant

(1) 设置应用程序信息。首先配置公司名称,软件名称、版本、网站地址、程序包图标等基本信息。

(2) 设置安装包所需条件。做安装前的预备工作。InstallShield 会提示用户安装.NET 框架或 SQL Server 等软件。

(3) 添加安装包目录和文件,并添加相应的 DLL。

(4) 创建安装程序功能入口。在启动菜单创建对应的菜单,并在桌面创建快捷方式等。

(5) 设置程序安装注册表项。一般可不进行设置。

(6) 安装界面设置。设置必要的安装包对话框,如许可协议、欢迎界面、安装确认等对话框,以及一些自定义的界面。

4. 自定义对话框背景和文字

自定义对话框的背景以及安装界面中的文字,使软件设计更为个性化,看起来也更专业一些。

5. 软件生成和安装

一个应用程序可以按两种模式进行编译:Debug 与 Release。Debug 模式的优点是便于调试,生成的 exe 文件中包含许多调试信息,因而容量较大,运行速度较慢;而 Release 模式不包含这些调试信息,运行速度较快。一般在开发时采用 Debug 模式,而在最终发布时采用 Release 模式。在.NET 中,可以在工具栏上直接选择 Debug 或 Release 模式。在部署 Windows 应用程序之前,通常需要以 Release 模式编译应用程序。

按照上面的步骤对 Windows 应用程序进行打包部署后,就可生成用于发布的软件,将安装包分发给用户,用户就可以安装这个应用程序了。

16.2 实训操作内容

16.2.1 多媒体播放器

1. 实训要求

用 Windows Media Player 设计一个多媒体播放器应用程序,其运行的界面如图 16-3 所示,界面中包括菜单栏、工具栏、播放列表以及播放窗口。

图 16-3 多媒体播放器运行界面

2. 设计分析

(1) 多媒体播放器应用程序的设计主要是播放器窗体的设计,使用微软公司提供的 Windows Media Player 的 COM 组件实现,这个组件已经有了自己的界面,直接使用即可。

(2) 设计思路是:首先创建一个基于 CLR 的 Windows 窗体应用程序,接下来在应用程序的窗体中添加一个 AxWindowsMediaPlayer 控件,然后利用控件的属性和方法实现媒体的播放和控制操作。此外,还要添加菜单栏,用于打开文件、添加播放媒体列表、选择播放文件、控制播放及退出应用程序等操作,添加状态栏,用于显示媒体的标题和文件类型信息。

(3) 多媒体播放器软件的功能结构如图 16-4 所示。

(4) 具体播放的多媒体文件和调用组件有关,可通过菜单调用来实现。

(5) "文件"菜单如图 16-5 的左图所示。其中,"打开"菜单项用于打开某个多媒体文件并直接播放;"添加媒体"菜单项用于打开文件对话框,让用户选择多个媒体文件,将其

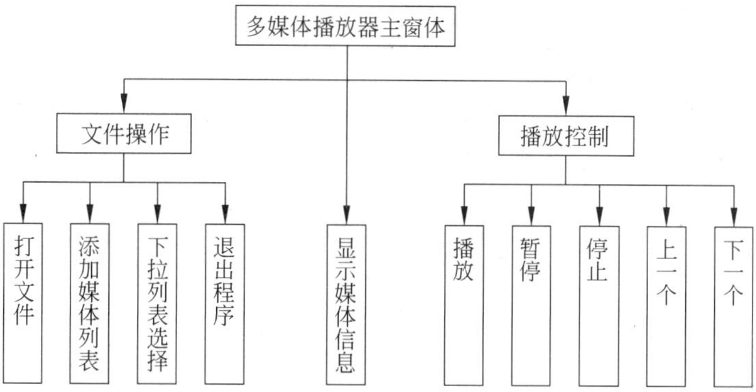

图 16-4　多媒体播放器的功能结构图

添加到播放列表中。

（6）"控制"菜单如图 16-5 的右图所示。其中，"播放""停止"和"暂停"菜单项通过调用组件的方法就可实现，"上一个"和"下一个"菜单项从播放列表中取出媒体文件名再播放。实现"上一个"菜单项时要考虑是否已到媒体列表的头部，若已经是第一个，则跳到最后一个媒体文件。实现"下一个"菜单项时要考虑是否已到媒体列表的尾部，若已经是最后一个，则跳到第一个媒体文件。

图 16-5　菜单设计

3. 操作指导

（1）创建播放器项目。创建一个 Windows 窗体应用程序，项目名称为 WMPlayer。修改窗体 Form1 的 Text 属性为"播放器"，将 StartPosition 设置为 CenterScreen。

（2）添加控件。将窗体 Form1 调整到适当大小，从工具箱中拖放一个 MenuStrip 控件、一个 StatusStrip 控件、一个 OpenFileDialog 控件、一个下拉列表框组件到 Form1 窗体中。

（3）添加 COM 组件。打开工具箱，右击任意处，在快捷菜单中选择"选择项"命令，在弹出的"选择工具箱项"对话框中单击"COM 组件"选项卡，选中 Windows Media Player，如图 16-6 所示，单击"确定"按钮完成 COM 组件的添加。在工具箱中出现了 Windows Media Player 组件，将此组件拖放到窗体中。

（4）设计菜单。在菜单栏控件 menuStrip1 中，分别添加"文件""控制"和"帮助"3 个主菜单。其中，在"文件"主菜单中添加"打开""添加媒体"和"退出"3 个菜单项，在"控制"主菜单中添加"播放""停止""暂停""上一个"和"下一个"菜单项。

（5）设置打开文件对话框 openFileDialog1。将 FileName 设置为"空值"，将 Filter 设置为"mp3 文件｜＊.mp3｜wma 文件｜＊.wma｜所有文件＊.＊｜＊.＊"，将 MultiSelect 设置为 True。

将 axWindowsMediaPlayer1 控件的 Dock 属性设置为 Fill。

将 StatusStrip1 设置为 5 个标签。

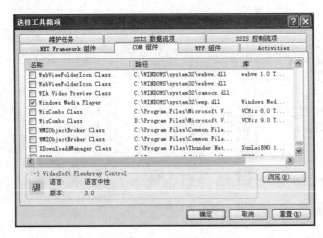

图 16-6　添加 Windows Media Player 组件

（6）修改 Form1 的函数，在 Form1 中添加以下数组和全局变量：

```
static array<System::String ^>^list=gcnew array<System::String ^>(30);
static int num=0;                          //媒体的数量
static int currentItem;                    //当前播放序号
static String ^currentFile;                //当前播放文件名
static bool ifPause;                       //是否处于暂停状态
```

（7）添加菜单事件代码：

```
private: System::Void 打开 OToolStripMenuItem_Click(System::Object ^sender,
    System::EventArgs ^e)
{
    //"文件"→"打开"菜单
    OpenMediaFile->FileName="";             //设置默认文件名
    OpenMediaFile->InitialDirectory="C:\\"; //设置默认路径
    //设置文件过滤类型
    OpenMediaFile->Filter="Media Files|*.mpg;*.avi;*.flv;*.wma;
        *.mov;*.rmvb;*.asf;*.wav;*.mp2;*.mp3;*.rm|All Files|*.*";
    //当选中文件并单击"确定"按钮时
    if(System::Windows::Forms::DialogResult::OK==OpenMediaFile->ShowDialog())
    {
        //设置播放文件名(包含路径)
        axWindowsMediaPlayer1->URL=OpenMediaFile->FileName;
        ShowInfo();                         //显示当前播放的媒体文件的信息
    }
}
private: System::Void 播放 ToolStripMenuItem_Click(System::Object ^sender,
    System::EventArgs ^e)
{
    if(ifPause==false)                      //是否处于暂停标记状态
```

```
    {
        axWindowsMediaPlayer1->URL=currentFile;
        axWindowsMediaPlayer1->Ctlcontrols->play();
    }
    else
    {    //保持当前的 URL 属性继续播放
        axWindowsMediaPlayer1->Ctlcontrols->play();
        ifPause=false;
    }
}
private: System::Void toolStripMenuItem2_Click(System::Object ^sender,
    System::EventArgs ^e)
{
    //"退出"菜单
    axWindowsMediaPlayer1->close();
    Application::Exit();
}
private: System::Void 停止 ToolStripMenuItem_Click(System::Object ^sender,
    System::EventArgs ^e)
{
    axWindowsMediaPlayer1->Ctlcontrols->stop();
}
private: System::Void 暂停 ToolStripMenuItem_Click(System::Object ^sender,
    System::EventArgs ^e)
{
    axWindowsMediaPlayer1->Ctlcontrols->pause();
}
private: System::Void 添加媒体 ToolStripMenuItem_Click(System::Object ^sender,
    System::EventArgs ^e)
{
    OpenMediaFile->FileName="";                     //设置默认文件名
    OpenMediaFile->InitialDirectory="C:\\";         //设置默认路径
    OpenMediaFile->Filter="Media Files|*.mpg;*.avi;*.flv;*.wma;*.mov;
        *.rmvb;*.asf;*.wav;*.mp2;*.mp3;*.rm|All Files|*.*";
    if(OpenMediaFile->ShowDialog()==System::Windows::Forms::DialogResult::
    OK)
    {
        String ^path=this->OpenMediaFile->FileName;
        toolStripComboBox1->Text=path;
        list[num]=path;
        num++;
        this->toolStripComboBox1->Items->Add(path);
    }
```

```
    }
public: void ShowInfo(void)
{
    toolStripStatusLabel1->Text="正在播放: ";
    toolStripStatusLabel2->Text=axWindowsMediaPlayer1->
        currentMedia->getItemInfo("Title");
    toolStripStatusLabel3->Text="|";
    toolStripStatusLabel4->Text="媒体类型: ";
    toolStripStatusLabel5->Text=axWindowsMediaPlayer1->currentMedia->
        getItemInfo("FileType");
}
private: System::Void toolStripComboBox1_DropDownClosed(System::Object ^sender,
    System::EventArgs ^e)
{
    //若在列表项中选择了文件,则播放选中的文件
    if(toolStripComboBox1->SelectedIndex>=0)
    {
        currentItem=toolStripComboBox1->SelectedIndex;
        axWindowsMediaPlayer1->URL=list[currentItem];
        ShowInfo();
    }
}
private: System::Void toolStripComboBox1_DropDown(System::Object ^sender,
    System::EventArgs ^e)
{
    //播放列表显示在 comboBox 中,在其下拉事件响应函数中添加以下代码,作用是
    //下拉时刷新 ComboBox 中的所有列表项
    this->toolStripComboBox1->Items->Clear();
    for(int i=0;i<num;i++)
    {
        this->toolStripComboBox1->Items->Add(list[i]);
    }
}
private: System::Void 下一个 ToolStripMenuItem_Click(System::Object ^sender,
    System::EventArgs ^e)
{
    currentItem++;
    if(currentItem>num-1)          //若已经是最后一个,则跳回第一个媒体文件
    {
        currentItem=0;
    }
    toolStripComboBox1->Text=list[currentItem];
    this->axWindowsMediaPlayer1->URL=list[currentItem];
    ShowInfo();
```

```
}
private: System::Void 上一个 ToolStripMenuItem_Click(System::Object ^sender,
    System::EventArgs ^e)
{
    currentItem--;
    if(currentItem<0)                //若已经是第一个,则跳到最后一个媒体文件
    {
        currentItem=num-1;
    }
    toolStripComboBox1->Text=list[currentItem];
    this->axWindowsMediaPlayer1->URL=list[currentItem];
    ShowInfo();
}
```

（8）编译并运行程序,测试运行效果。

16.2.2　应用程序部署

1. 实训要求

对 16.2.1 节设计的多媒体播放器软件进行安装包部署与发布。

2. 操作指导

1）新建软件安装包部署项目

新建项目,选择"其他项目类型"→"安装与部署"→InstallShield Limited Edition,然后设置安装包的名称和位置,单击"确定"按钮进入 Project Assistant 界面。

2）配置 InstallShield 安装包的信息

（1）设置应用程序信息。

首先需要配置好公司名称、软件名称、版本、网站地址、程序包图标等基本信息。

详细的程序信息可以通过 General Information 功能进行设置,如安装包语言、软件名称、介绍等,如图 16-7 所示。

单击 General Information,出现一个更详细的安装参数设置界面,根据提示设置相关的内容即可,这一步要注意的是:

图 16-7　应用程序安装信息界面

- 设置为简体中文,否则当安装路径中使用了中文时就会出问题。
- 设置默认安装路径。
- 修改默认字体。
- 每次升级,重新打包时,只需要单击 Product Code 这一行右侧的"…"按钮,就会重新生成代码,安装时就会自动覆盖老版本,如图 16-8 所示。

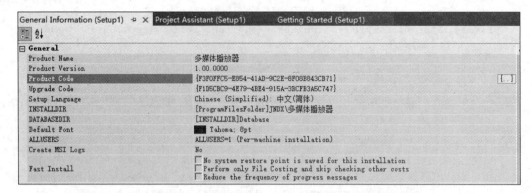

图 16-8 General Information 安装参数设置界面

（2）设置安装包所需条件。

安装软件时，一般都要求用户准备好相关的环境。如果用户没有准备好，可以提示用户先安装.NET 框架。本步骤就是做这些安装前的预备工作的。

这里的安装包是基于.NET Framework 4.5 的，因此选择对应版本的.NET 框架就可以，如图 16-9 所示。如果还需要预先安装 SQL Server 等，也可以在此设置。

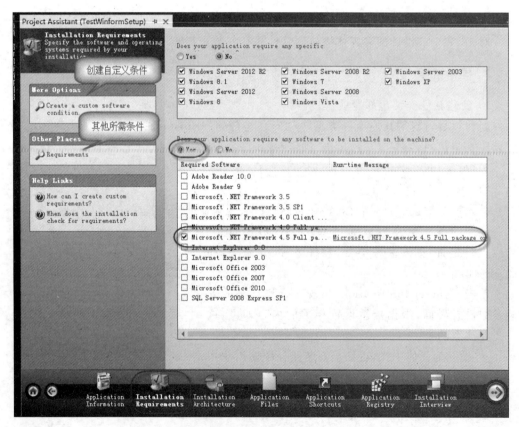

图 16-9 设置安装包所需条件的界面

（3）添加安装包目录和文件。

这是制作安装包的一个重要步骤，在 Application Files 中可以添加安装包的目录和
文件，还可以添加相应的 DLL，非常方便。也可以在主文件中查看它依赖的 DLL，如
图 16-10 所示，去掉一些不需要的 DLL。

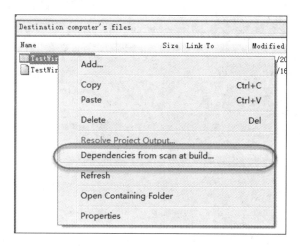

图 16-10　查看主文件依赖的 DLL

（4）创建安装程序功能入口。

在 Application Shortcuts 中，可以在启动菜单中创建对应的菜单项，并在桌面创建快
捷方式等。也可以通过 Shortcuts 功能进入更加直观的界面显示，如图 16-11 所示。

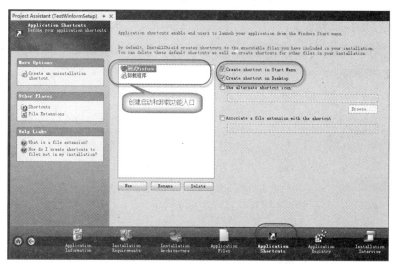

图 16-11　添加快捷键

（5）设置程序安装注册表项。

一般的应用程序在安装时不需要考虑程序的注册表项，此步骤可以略过。

（6）安装界面设置。

InstallShield 提供了很好的安装对话框界面设置，在这里设置需要的安装包对话框，如许可协议、欢迎界面、安装确认等，以及一些自定义的界面，如图 16-12 所示。

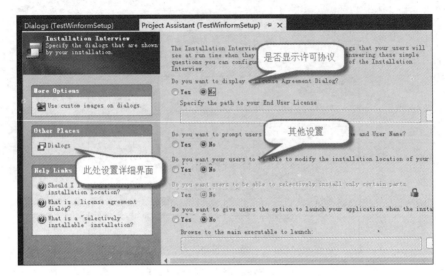

图 16-12　安装界面的设置

单击 Dialogs，可以展示更详细的界面设置。

3）自定义对话框背景和文字

设置好上面的内容，生成安装包后，用户就能够顺利进行安装了，不过安装包默认的图片背景是 InstallShield 的标准界面。

如果希望自定义对话框的背景以及安装界面的文字，可以在对应的路径下找到这些文件并替换为想要的文件即可。

背景图片位置如下：

```
C:\Program Files (x86)\InstallShield\2013LE\Support\Themes\InstallShield
Blue Theme
```

文字位置如下：

```
C:\Program Files (x86)\InstallShield\2013LE\Languages
```

4）软件生成和安装

按照上面的步骤打包部署 Windows 应用程序后，选择菜单"生成"→"生成解决方案"命令，生成成功后，打开解决方案文件夹下的 debug 文件夹，就可以找到生成的安装文件 Setup.exe。

将安装包分发给用户，用户就可以运行 Setup.exe 文件安装应用程序了。完成安装过程后，在启动菜单中就可以看到应用程序的菜单了，桌面也会出现对应的快捷方式。

思考与练习

简述题

（1）什么是部署？

（2）试比较应用程序的两种编译模式——Debug 与 Release 的优缺点。

参 考 文 献

[1] 郑阿奇. Visual C++ .NET 程序设计教程. 2 版. 北京：机械工业出版社, 2013.

[2] 郑阿奇. Visual C++ .NET 2010 开发实践——基于 C++/CLI. 北京：电子工业出版社, 2010.

[3] 杜青, 庄严, 丁宋涛. VC++ .NET(2008)课程设计经典案例——基于 C++/CLI. 北京：清华大学出版社, 2012.

[4] 梁兴柱. Visual C++ .NET 程序设计. 北京：清华大学出版社, 2017.

[5] 李春葆. C#程序设计教程. 3 版. 北京：清华大学出版社, 2015.

[6] 曾宪权, 曹玉松. .NET 应用程序开发技术与项目实践(C#版). 北京：清华大学出版社, 2017.

[7] 夏敏捷, 罗菁. Visual C# .NET 基础与应用教程. 2 版. 北京：清华大学出版社, 2017.

[8] 张淑芬, 刘丽, 陈学斌, 等. C#程序设计教程. 2 版. 北京：清华大学出版社, 2017.